第二版

R 資料科學
資料匯入、整理、變換、視覺化與模型建立

2ND EDITION

R for Data Science
Import, Tidy, Transform, Visualize, and Model Data

Hadley Wickham, Mine Çetinkaya-Rundel
& Garrett Grolemund　著

黃銘偉　譯

O'REILLY®

目錄

第二篇　視覺化

導言

資料科學（data science）是一門令人興奮的學科，它能讓你將原始資料轉化為理解、洞察和知識。R 資料科學的目標是幫助你學習 R 中最重要的工具，讓你能夠以有效率、可重現的方式進行資料科學研究，並在過程中獲得一些樂趣！讀完本書後，你將掌握各種工具，利用 R 的最佳部分應對各種資料科學挑戰。

第二版序言

歡迎來到《R 資料科學》（R for Data Science，R4DS）的第二版！這是對第一版的重大更新，刪除了我們認為不再有用的素材，添加了我們希望當初有包含在第一版中的內容，並對文字和程式碼進行了全面更新，以反映最佳實務做法的變化。我們也非常高興歡迎一位新的合著者：Mine Çetinkaya-Rundel，她是著名的資料科學教育家，也是我們在 Posit（前身為 RStudio 的公司）的同事之一。

下面簡要介紹一下最大的變化：

- 本書的第一篇更名為「遊戲全貌（Whole Game）」。這篇的目的是在我們深入探討資料科學的細節之前，向你簡介資料科學這「整個遊戲」的粗略樣貌。

- 本書的第二篇是「視覺化（Visualize）」。與第一版相比，本篇更全面地介紹資料視覺化工具和最佳實務做法。獲取所有詳細資訊的最佳途徑仍然是 ggplot2（*https://oreil.ly/HNIie*）一書，但現在 R4DS 涵蓋了更多最重要的技巧。

- 本書的第三篇現在稱為「變換（Transform）」，新增了關於數字、邏輯向量（logical vectors）和缺失值（missing values）的章節。這些內容之前是資料變換章節的一部分，但需要更多的篇幅來涵蓋所有細節。

- 本書的第四篇名為「匯入（Import）」。這是一組新的章節，除了讀取平面文字檔案外，還包括處理試算表（spreadsheets）、從資料庫（databases）獲取資料、運用大資料（big data）、矩形化階層式資料（rectangling hierarchical data）以及從網站上搜刮資料（scraping data）。

- 「程式（Program）」這篇仍然保留，但已從上到下重新編寫過，把焦點放在函式編寫和迭代最重要的部分。函式編寫現在涵蓋如何包裹 tidyverse 的函式（以因應 tidy evaluation 之挑戰）的細節，因為這在過去幾年中變得更加容易且重要。我們新增了一章，介紹你可能會在「野生」R 程式碼中看到的重要基礎 R 函式。

- 「建模（Modeling）」篇已被刪除。我們從來都沒有足夠的空間來充分介紹建模，而且現在已有更好的資源可用。我們通常會推薦使用 tidymodels 套件（*https://oreil.ly/0giAa*）並閱讀 Max Kuhn 和 Julia Silge 合著的《*Tidy Modeling with R*》（*https://oreil.ly/9Op9s*，O'Reilly 出版）。

- 「溝通（Communicate）」篇依然保留，但已全面更新，以 Quarto（*https://oreil.ly/_6LNH*）取代 R Markdown。本書的這一版是用 Quarto 編寫的，它顯然是未來的工具。

你會學到什麼

資料科學是一個廣闊的領域，你不可能只閱讀一本書就掌握所有知識。本書旨在為你打下堅實的基礎，讓你知曉最重要的工具並擁有足夠的知識，以便在必要時能找到讓你進一步學習的資源。我們典型的資料科學專案步驟之模型如圖 I-1 所示。

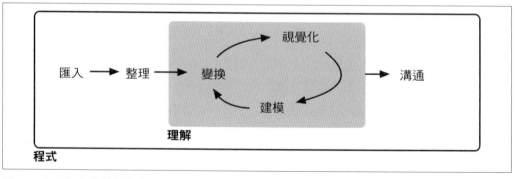

圖 I-1　在我們的資料科學流程模型中，首先是資料匯入和整理。然後，透過變換、視覺化和建模的迭代循環來理解你的資料。最後，將結果傳達給其他人來完成整個流程首先，你必須將資料匯入（*import*）到 R 之中。這通常意味著，將儲存在檔案、資料庫或 Web API（application programming interface）中的資料載入（load）到 R 的某個資料框（data frame）中。如果你沒辦法將資料匯入 R，就不能進行資料科學研究！

匯入資料後，最好對其進行整理（*tidy*）。整理資料意味著以一致的形式儲存資料，使資料集（dataset）的語意（semantics）與儲存方式相匹配。簡而言之，你的資料經過整理後，每一欄（column）都會是一個變數（variable），每一列（row）則都是一個觀測值（observation）。資料的整理非常重要，因為一致的結構可以讓你集中精力回答資料相關的問題，而非為了不同的函式將資料變換成正確的形式而奮鬥。

有了整齊的資料後，下一步通常是對資料進行變換（*transform*）。變換包括縮小感興趣的觀測值之範圍（如一個城市的所有人口或去年的所有資料），建立作為現有變數之函數的新變數（如根據距離和時間計算出速度），以及計算一組彙總統計量（如計數值或平均值）。整理和變換合在一起被稱為「整頓（*wrangling*）」，因為將資料轉變為一種方便處理的自然形式，往往讓人感覺像在戰鬥（wrangling 原本有「吵架、爭論」的意思）！

一旦獲得了包含所需變數的整齊資料，知識的產生就會有兩個主要的引擎：視覺化（visualization）和建模（modeling）。它們的優缺點互補，因此任何真正的資料分析工作都會在它們之間反覆迭代多次。

視覺化（*visualization*）本質上是一種人類活動。好的視覺化能向你展示你意想不到的東西，或提出有關資料的新問題。良好的視覺化還可能暗示你問錯了問題，或者你需要蒐集不同的資料。視覺化可以為你帶來驚喜，但它們的規模擴充性並不是特別好，因為需要人類來解讀。

模型（*models*）是視覺化的補充工具。一旦你讓問題變得足夠精確，就可以使用模型來回答。從根本上說，模型是數學或計算工具，因此它們通常具有良好的規模擴充性。即使碰到並非如此的情況，購買更多的電腦通常也比購買更多的大腦便宜！但是，每個模型都有假設（assumptions），而就其本質而言，模型無法質疑自己的假設。也就是說，模型基本上不可能讓你感到驚訝。

資料科學的最後一步是溝通（*communication*），這是任何資料分析專案絕對關鍵的部分。如果你無法將結果傳達給他人，那麼你的模型和視覺化有多能幫助你理解資料，就一點也不重要了。

圍繞在所有這些工具之外的，是程式設計（*programming*）。程式設計是一種貫穿各領域的工具，幾乎在資料科學專案的每個部分都會用到。要想成為一名成功的資料科學家

（data scientist），你並不需要成為一名專業的程式設計師，但學習更多的程式設計知識是會有回報的，因為成為一名更好的程式設計師可以讓你更輕鬆地自動化常見任務並解決新問題。

在每個資料科學專案中，你都會用到這些工具，但對於大多數專案來說，這些工具並不足夠。這裡有一個粗略的 80/20 規則：使用本書所學的工具，你可以解決每個專案中大約 80% 的問題，但你還需要其他工具來解決剩下的 20%。在本書中，我們將為你提供資源，讓你知道哪裡可以學到更多。

本書的組織方式

前面對資料科學工具的描述，大致是按照你在分析中使用這些工具的順序來編排的（當然，你會多次重複迭代使用這些工具）。不過，根據我們的經驗，先學習資料匯入和整理不是最理想的，因為在 80% 的時間裡，這都會是例行公事且枯燥乏味，而在另外 20% 的時間裡，這會是古怪且令人沮喪的事情。那不是學習新主題的良好起點！取而代之，我們將從已經匯入和整理過的資料之視覺化和變換開始。如此一來，攝入並整理自己的資料時，你還是能夠維持高動機，因為你知道那些痛苦是值得忍受的。

在每一章中，我們都會盡量遵循一種統一的模式：從一些激勵性的例子開始，讓你看到全局，然後深入細節。本書的每個章節都配有習題，幫助你實際演練所學到的知識。雖然跳過習題很有誘惑力，但沒有比在實際問題中練習運用知識更好的學習方法了。

你不會學到什麼

本書並未涉及幾個重要的主題。我們認為，重要的是要堅持不懈地專注於基本內容，這樣才能盡快上手並開始實作。這意味著本書不可能涵蓋到所有重要的主題。

建模

建模（modeling）對於資料科學來說超級重要，但這是一個很大的主題，遺憾的是，我們沒有足夠的空間在此對其進行完整的介紹。要瞭解建模的更多資訊，強烈推薦我們的同事 Max Kuhn 和 Julia Silge 合著的《*Tidy Modeling with R*》（*https://oreil.ly/9Op9s*，O'Reilly 出版）。這本書將向你介紹 tidymodels 系列套件，正如你可能從名稱中猜到的，它們與我們在本書中使用的 tidyverse 套件共享許多慣例。

大資料（Big Data）

我們自負地將本書的重點放在記憶體內的小型資料集。這是本書的正確起點，因為如果沒有處理小資料的經驗，就無法處理大資料。你在本書大部分內容中學到的工具可以輕鬆處理數百 MB 的資料，只要稍加注意，你通常可以使用它們來處理幾 GB 的資料。我們還將向你展示如何從資料庫和 parquet 檔案中獲取資料，這兩者經常被用來儲存大資料。你不一定能處理整個資料集，但那不是問題，因為你只需要一個子集（subset）或子樣本（subsample）來回答你感興趣的問題。

如果你經常需要處理較大型的資料（比如 10 ～ 100 GB），我們建議你多學習 data.table（*https://oreil.ly/GG4Et*）。在此我們不會教授它，因為它使用的介面和 tidyverse 不一樣，需要你學習一些不同的慣例。不過，它的速度快得令人難以置信，如果你正在處理大型資料，它的效能回報值得你投入一些時間去學習。

Python、Julia 和其他朋友

在本書中，你不會學到關於 Python、Julia 或其他對資料科學有用的程式語言的任何知識。這並不是因為我們認為這些工具不好，它們並不差！在實務上，大多數資料科學團隊會混合使用多種語言，通常至少會使用 R 和 Python。但我們堅信，一次最好只試圖精通一種工具，而 R 就是一個很好的開始。

預備知識

為了讓你從本書中獲得最大的收穫，我們對你已經掌握的知識做了一些假設。一般來說，你應該具備一定的數字識讀能力（numerically literate），如果你已經有了一些基本的程式設計經驗，會對你有所幫助。如果你以前從未學過程式設計，Garrett Grolemund 所著的《*Hands-On Programming with R*》（*https://oreil.ly/8uiH5*，O'Reilly 出版）可以是本書的重要輔助讀物。

要執行本書中的程式碼，你需要四樣東西：R、RStudio、被稱為 *tidyverse* 的 R 套件集合，以及其他一些套件。套件（packages）是可重現（reproducible）的 R 程式碼的基本單元。它們包括可重複使用的函式、描述如何使用它們的說明文件以及範例資料。

R

要下載 R，請前往 CRAN（*https://oreil.ly/p3_RG*），即 *comprehensive R archive network*。R 的主要版本（major version）每年釋出一次，次要版本（minor releases）每年釋出二

到三次。定期更新是個好主意。升級可能有點麻煩，尤其是需要重新安裝你所有套件的主要版本，但拖延只會讓情況更糟。本書推薦使用 R 4.2.0 或更高版本。

RStudio

RStudio 是用於 R 程式設計的 IDE（integrated development environment），你可以從 RStudio 下載頁面（*https://oreil.ly/pxF-k*）取得。RStudio 每年會更新幾次，有新版本釋出時，它會自動通知你，因此無須回頭自行檢查。定期升級是個好主意，這樣才能運用最新、最強大的功能。就本書而言，請確保你至少有 RStudio 2022.02.0。

啟動 RStudio 時，如圖 I-2 所示，你會看到介面中有兩個關鍵區域：主控台窗格（console pane）和輸出窗格（output pane）。現在，你只需在主控台窗格中鍵入 R 程式碼，然後按 Enter 執行即可。隨著我們往前進，你會學習到更多[1]！

Tidyverse

你還需要安裝一些 R 套件。R 套件是函式、資料和說明文件的集合，可擴充基礎 R 的能力。使用套件是成功運用 R 的關鍵。你將在本書中學到的大多數套件都屬於所謂的 tidyverse。tidyverse 中的所有套件在資料和 R 程式設計方面都有著共同的理念，並被設計為可以一起作業。

只需一行程式碼，你就可以安裝完整的 tidyverse：

```
install.packages("tidyverse")
```

在電腦上，於主控台打入這行程式碼，然後按 Enter 執行。R 將從 CRAN 下載套件並安裝到你的電腦上。

在載入套件之前，你都無法使用套件中的函式、物件或說明檔案。安裝套件後，可以使用 library() 函式載入它：

```
library(tidyverse)
#> ── Attaching core tidyverse packages ───────────────── tidyverse 2.0.0 ──
#> ✓ dplyr     1.1.0.9000    ✓ readr     2.1.4
#> ✓ forcats   1.0.0         ✓ stringr   1.5.0
#> ✓ ggplot2   3.4.1         ✓ tibble    3.1.8
#> ✓ lubridate 1.9.2         ✓ tidyr     1.3.0
#> ✓ purrr     1.0.1
#> ── Conflicts ───────────────────────────────── tidyverse_conflicts() ──
#> ✗ dplyr::filter() masks stats::filter()
```

1　如果你想對 RStudio 的所有功能有個全面的總覽，請參閱 RStudio User Guide（*https://oreil.ly/pRhEK*）。

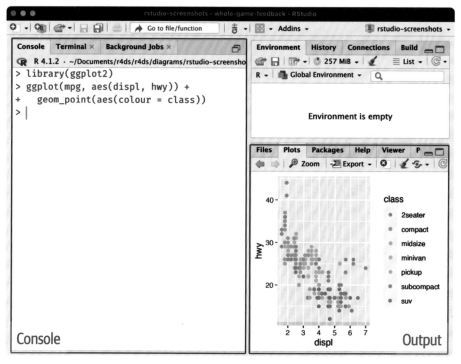

圖 I-2　RStudio IDE 有兩個關鍵區域：在左邊的主控台窗格中輸入 R 程式碼，並在右邊的輸出窗格
中找尋繪製好的圖表

```
#> ✘ dplyr::lag()    masks stats::lag()
#> ℹ Use the conflicted package (<http://conflicted.r-lib.org/>) to force all
#>   conflicts to become errors
```

這告訴你 tidyverse 載入了九個套件：dplyr、forcats、ggplot2、lubridate、purrr、readr、stringr、tibble 和 tidyr。這些套件被視為 tidyverse 的**核心**，因為幾乎所有分析都會用到它們。

tidyverse 中的套件變化相當頻繁。你可以透過執行 `tidyverse_update()` 檢查是否有更新。

其他套件

還有許多其他優秀的套件不屬於 tidyverse，因為它們解決的是不同領域的問題，或者是根據不同的基本原則而設計的。這並不意味著它們更好或更差，只是使它們不同而已。換句話說，與「tidyverse（整齊宇宙）」互補的，並非「messyverse（混亂宇宙）」，而是相互關聯的套件所組成的許多其他宇宙。使用 R 處理更多資料科學專案時，你就會學到新的套件和思考資料的新方式。

在本書中，我們將使用來自 tidyverse 之外的許多套件。舉例來說，我們將使用以下套件，因為它們提供有趣的資料集，供我們在學習 R 的過程中使用：

```
install.packages(c("arrow", "babynames", "curl", "duckdb", "gapminder", "ggrepel",
"ggridges", "ggthemes", "hexbin", "janitor", "Lahman", "leaflet", "maps",
"nycflights13", "openxlsx", "palmerpenguins", "repurrrsive", "tidymodels", "writexl"))
```

我們還將在一次性範例中使用一些其他套件。你現在不需要安裝它們，只要記住每當你看到類似這樣的錯誤時：

```
library(ggrepel)
#> Error in library(ggrepel) : there is no package called 'ggrepel'
```

就意味著你需要執行 install.packages("ggrepel") 來安裝該套件。

執行 R 程式碼

上一節向你展示了執行 R 程式碼的幾個範例。書中的程式碼看起來會像這樣：

```
1 + 2
#> [1] 3
```

若在本地端主控台執行相同的程式碼，結果看起來會像這樣：

```
> 1 + 2
[1] 3
```

主要有兩個差異。在主控台中，你鍵入的內容位於 > 之後，稱為提示符號（*prompt*）；而我們在本書中不顯示提示符號，輸出會用 #> 註解；而在主控台中，那會直接出現在程式碼之後。這兩點不同意味著，如果你正在使用本書的電子版，你可以很輕易地從書中複製程式碼並貼到主控台中。

在整本書中，我們使用一套前後一致的慣例來指涉程式碼：

- 函式以程式碼字型（code font）顯示，後面接著括弧（parentheses），如 sum() 或 mean()。

- 其他的 R 物件（如資料或函式引數）使用程式碼字型，但不帶括弧，如 flights 或 x。

- 有時，為了清楚地說明某個物件來自哪裡，我們會在套件名稱後使用兩個冒號（colons），如 dplyr::mutate() 或 nycflights13::flights。這也是有效的 R 程式碼。

本書編排慣例

本書使用下列排版慣例：

斜體字（*Italic*）

　　代表 URL、電子郵件位址。中文以楷體表示。

定寬字（`Constant width`）

　　用於程式碼列表，還有正文段落裡參照到程式元素的地方，例如變數或函式名稱、資料庫、資料型別、環境變數、述句、關鍵字和檔案名稱。

定寬粗體字（**`Constant width bold`**）

　　顯示應該逐字由使用者輸入的命令或其他文字。

定寬斜體字（*`Constant width italic`*）

　　顯示應該以使用者所提供的值或由上下文決定的值來取代的文字。

　　這個元素代表一般註記。

　　這個元素代表警告或注意事項。

致謝

這本書不僅僅是 Hadley、Mine 和 Garrett 的心血結晶，也是我們與 R 社群的許多人進行了多次對話（當面和線上）後的成果。我們非常感恩與你們的交流，非常感謝你們！

感謝我們的技術審閱者提供的寶貴回饋意見：Ben Baumer、Lorna Barclay、Richard Cotton、Emma Rand 與 Kelly Bodwin。

本書是以開放的方式編寫的，許多人透過 pull requests 做出了貢獻。在此特別感謝所有 259 位透過 GitHub pull requests 貢獻改善建議的朋友（按使用者名稱的字母順序排列）：@a-rosenberg、Tim Becker (@a2800276)、Abinash Satapathy (@Abinashbunty)、Adam Gruer (@adamgruer)、adi pradhan (@adidoit)、A. s. (@Adrianzo)、Aep Hidyatuloh

(@aephidayatuloh)、Andrea Gilardi (@agila5)、Ajay Deonarine (@ajay-d)、@AlanFeder、Daihe Sui (@alansuidaihe)、@alberto-agudo、@AlbertRapp、@aleloi、pete (@alonzi)、Alex (@ALShum)、Andrew M. (@amacfarland)、Andrew Landgraf (@andland)、@andyhuynh92、Angela Li (@angela-li)、Antti Rask (@AnttiRask)、LOU Xun (@aquarhead)、@ariespirgel、@august-18、Michael Henry (@aviast)、Azza Ahmed (@azzaea)、Steven Moran (@bambooforest)、Brian G. Barkley (@BarkleyBG)、Mara Averick (@batpigandme)、Oluwafemi OYEDELE (@BB1464)、Brent Brewington (@bbrewington)、Bill Behrman (@behrman)、Ben Herbertson (@benherbertson)、Ben Marwick (@benmarwick)、Ben Steinberg (@bensteinberg)、Benjamin Yeh (@bentyeh)、Betul Turkoglu (@betulturkoglu)、Brandon Greenwell (@bgreenwell)、Bianca Peterson (@BinxiePeterson)、Birger Niklas (@BirgerNi)、Brett Klamer (@bklamer)、@boardtc、Christian (@c-hoh)、Caddy (@caddycarine)、Camille V Leonard (@camillevleonard)、@canovasjm、Cedric Batailler (@cedricbatailler)、Christina Wei (@christina-wei)、Christian Mongeau (@chrMongeau)、Cooper Morris (@coopermor)、Colin Gillespie (@csgillespie)、Rademeyer Vermaak (@csrvermaak)、Chloe Thierstein (@cthierst)、Chris Saunders (@ctsa)、Abhinav Singh (@curious-abhinav)、Curtis Alexander (@curtisalexander)、Christian G. Warden (@cwarden)、Charlotte Wickham (@cwickham)、Kenny Darrell (@darrkj)、David Kane (@davidkane9)、David (@davidrsch)、David Rubinger (@davidrubinger)、David Clark (@DDClark)、Derwin McGeary (@derwinmcgeary)、Daniel Gromer (@dgromer)、@Divider85、@djbirke、Danielle Navarro (@djnavarro)、Russell Shean (@DOH-RPS1303)、Zhuoer Dong (@dongzhuoer)、Devin Pastoor (@dpastoor)、@DSGeoff、Devarshi Thakkar (@dthakkar09)、Julian During (@duju211)、Dylan Cashman (@dylancashman)、Dirk Eddelbuettel (@eddelbuettel)、Edwin Thoen (@EdwinTh)、Ahmed El-Gabbas (@elgabbas)、Henry Webel (@enryH)、Ercan Karadas (@ercan7)、Eric Kitaif (@EricKit)、Eric Watt (@ericwatt)、Erik Erhardt (@erikerhardt)、Etienne B. Racine (@etiennebr)、Everett Robinson (@evjrob)、@fellennert、Flemming Miguel (@flemmingmiguel)、Floris Vanderhaeghe (@florisvdh)、@funkybluehen、@gabrivera、Garrick Aden-Buie (@gadenbuie), Peter Ganong (@ganong123)、Gerome Meyer (@GeroVanMi)、Gleb Ebert (@gl-eb)、Josh Goldberg (@GoldbergData)、bahadir cankardes (@gridgrad)、Gustav W Delius (@gustavdelius)、Hao Chen (@hao-trivago)、Harris McGehee (@harrismcgehee)、@hendrikweisser、Hengni Cai (@hengnicai)、Iain (@Iain-S)、Ian Sealy (@iansealy)、Ian Lyttle (@ijlyttle)、Ivan Krukov (@ivan-krukov)、Jacob Kaplan (@jacobkap)、Jazz Weisman (@jazzlw)、John Blischak (@jdblischak)、John D. Storey (@jdstorey)、Gregory Jefferis (@jefferis)、Jeffrey Stevens (@JeffreyRStevens)、蔣雨蒙 (@JeldorPKU)、Jennifer (Jenny) Bryan (@jennybc)、Jen Ren (@jenren)、Jeroen Janssens (@jeroenjanssens)、@jeromecholewa、Janet Wesner (@jilmun)、Jim Hester (@jimhester)、JJ Chen (@jjchern)、Jacek Kolacz (@jkolacz)、

Joanne Jang (@joannejang)、@johannes4998、John Sears (@johnsears)、@jonathanflint、Jon Calder (@jonmcalder)、Jonathan Page (@jonpage)、Jon Harmon (@jonthegeek)、JooYoung Seo (@jooyoungseo)、Justinas Petuchovas (@jpetuchovas)、Jordan (@jrdnbradford)、Jeffrey Arnold (@jrnold)、Jose Roberto Ayala Solares (@jroberayalas)、Joyce Robbins (@jtr13)、@juandering、Julia Stewart Lowndes (@jules32)、Sonja (@kaetschap)、Kara Woo (@karawoo)、Katrin Leinweber (@katrinleinweber)、Karandeep Singh (@kdpsingh)、Kevin Perese (@kevinxperese)、Kevin Ferris (@kferris10)、Kirill Sevastyanenko (@kirillseva)、Jonathan Kitt (@KittJonathan)、@koalabearski、Kirill Müller (@krlmlr)、Rafał Kucharski (@kucharsky)、Kevin Wright (@kwstat)、Noah Landesberg (@landesbergn)、Lawrence Wu (@lawwu)、@lindbrook、Luke W Johnston (@lwjohnst86)、Kara de la Marck (@MarckK)、Kunal Marwaha (@marwahaha)、Matan Hakim (@matanhakim)、Matthias Liew (@MatthiasLiew)、Matt Wittbrodt (@MattWittbrodt)、Mauro Lepore (@maurolepore)、Mark Beveridge (@mbeveridge)、@mcewenkhundi、mcsnowface, PhD (@mcsnowface)、Matt Herman (@mfherman)、Michael Boerman (@michaelboerman)、Mitsuo Shiota (@mitsuoxv)、Matthew Hendrickson (@mjhendrickson)、@MJMarshall、Misty Knight-Finley (@mkfin7)、Mohammed Hamdy (@mmhamdy)、Maxim Nazarov (@mnazarov)、Maria Paula Caldas (@mpaulacaldas)、Mustafa Ascha (@mustafaascha)、Nelson Areal (@nareal)、Nate Olson (@nated-olson)、Nathanael (@nateaff)、@nattalides、Ned Western (@NedJWestern)、Nick Clark (@nickclark1000)、@nickelas、Nirmal Patel (@nirmalpatel)、Nischal Shrestha (@nischalshrestha)、Nicholas Tierney (@njtierney)、Jakub Nowosad (@Nowosad)、Nick Pullen (@nstjhp)、@olivier6088、Olivier Cailloux (@oliviercailloux)、Robin Penfold (@p0bs)、Pablo E. Garcia (@pabloedug)、Paul Adamson (@padamson)、Penelope Y (@penelopeysm)、Peter Hurford (@peterhurford)、Peter Baumgartner (@petzi53)、Patrick Kennedy (@pkq)、Pooya Taherkhani (@pooyataher)、Y. Yu (@PursuitOfDataScience)、Radu Grosu (@radugrosu)、Ranae Dietzel (@Ranae)、Ralph Straumann (@rastrau)、Rayna M Harris (@raynamharris)、@ReeceGoding、Robin Gertenbach (@rgertenbach)、Jajo (@RIngyao)、Riva Quiroga (@rivaquiroga)、Richard Knight (@RJHKnight)、Richard Zijdeman (@rlzijdeman)、@robertchu03、Robin Kohrs (@RobinKohrs)、Robin (@Robinlovelace)、Emily Robinson (@robinsones)、Rob Tenorio (@robtenorio)、Rod Mazloomi (@RodAli)、Rohan Alexander (@RohanAlexander)、Romero Morais (@RomeroBarata)、Albert Y. Kim (@rudeboybert)、Saghir (@saghirb)、Hojjat Salmasian (@salmasian)、Jonas (@sauercrowd)、Vebash Naidoo (@sciencificity)、Seamus McKinsey (@seamus-mckinsey)、@seanwilliams、Luke Smith (@seasmith)、Matthew Sedaghatfar (@sedaghatfar)、Sebastian Kraus (@sekR4)、Sam Firke (@sfirke)、Shannon Ellis (@ShanEllis)、@shoili、Christian Heinrich (@Shurakai)、S'busiso Mkhondwane (@sibusiso16)、SM Raiyyan (@sm-raiyyan)、Jakob Krigovsky (@sonicdoe)、Stephan Koenig (@stephan-koenig)、Stephen

Balogun (@stephenbalogun)、Steven M. Mortimer (@StevenMMortimer)、Stéphane Guillou (@stragu)、Sulgi Kim (@sulgik)、Sergiusz Bleja (@svenski)、Tal Galili (@talgalili)、Alec Fisher (@Taurenamo)、Todd Gerarden (@tgerarden)、Tom Godfrey (@thomasggodfrey)、Tim Broderick (@timbroderick)、Tim Waterhouse (@timwaterhouse)、TJ Mahr (@tjmahr)、Thomas Klebel (@tklebel)、Tom Prior (@tomjamesprior)、Terence Teo (@tteo)、@twgardner2、Ulrik Lyngs (@ulyngs)、Shinya Uryu (@uribo)、Martin Van der Linden (@vanderlindenma)、Walter Somerville (@waltersom)、@werkstattcodes、Will Beasley (@wibeasley)、Yihui Xie (@yihui)、Yiming (Paul) Li (@yimingli)、@yingxingwu、Hiroaki Yutani (@yutannihilation)、Yu Yu Aung (@yuyu-aung)、Zach Bogart (@zachbogart)、@zeal626 與 Zeki Akyol (@zekiakyol)。

線上版

本書的線上版本可從本書的 GitHub 儲存庫（*https://oreil.ly/8GLe7*）獲取。它將在實體書再版之間繼續演化。本書的原始碼可在此取得：*https://oreil.ly/Q8z_O*。本書採用 Quarto（*https://oreil.ly/_6LNH*）製作，它讓我們可以輕鬆編寫結合文字和可執行程式碼的書籍。

## 第一篇

遊戲全貌

這篇的目標是要讓你快速瞭解資料科學的主要工具：匯入、整理、變換和視覺化資料，如圖 I-1 所示。我們希望向你展示資料科學的「遊戲全貌」，讓你對所有主要部分有足夠的瞭解，這樣你就能處理真實的簡單資料集。本書後續的部分將更深入地討論每個主題，從而增加你可以應對的資料科學挑戰之範圍。

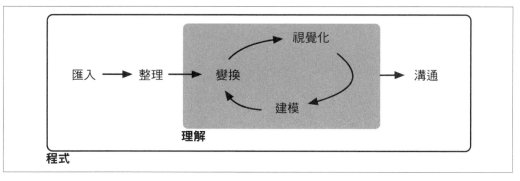

圖 I-1　你將在此篇學習如何匯入、整理、變換和視覺化資料

其中四章重點介紹資料科學的工具：

* 視覺化是開始學習 R 程式設計的絕佳起點，因為它的回報是顯而易見的：你可以繪製優雅而詳實的圖表，幫助你理解資料。在第 1 章中，你將深入學習視覺化，瞭解 ggplot2 圖表的基本結構，以及將資料轉化為圖表的強大技巧。

* 僅有視覺化通常是不夠的，因此在第 3 章中，你將學習一些關鍵動詞，讓你能夠選擇重要變數、篩選出關鍵觀測值、創建新變數並計算摘要。

- 在第 5 章中，你將學到整齊的資料（tidy data），這是一種前後一致的資料儲存方式，能讓變換、視覺化和建模變得更容易。你將瞭解其基本原理以及如何將資料轉化為整齊的形式。

- 在變換和視覺化資料之前，你需要先把資料弄到 R 裡面。在第 7 章中，你將學習將 .csv 檔案匯入 R 的基礎知識。

在這些章節中，還有其他四章關於 R 的工作流程（R workflow）。在第 2 章、第 4 章和第 6 章中，你將學習到編寫和組織 R 程式碼的良好工作流程實務做法。長遠來看，這些將為你的成功奠定基礎，因為它們會為你提供在處理實際專案時保持條理清晰的工具。最後，第 8 章將教你如何獲得幫助並持續學習。

## 第一章

資料視覺化

簡介

「簡單的圖表為資料分析師帶來的資訊，比任何其他工具都還要多。」

—John Tukey

R 有數個製圖系統，而 ggplot2 是其中最優雅、功能最多樣的一個。ggplot2 實作了圖形文法（*grammar of graphics*），這是一個用於描述和建置圖形的連貫系統。透過 ggplot2，你可以只學習一個系統並將其應用於多個地方，藉此更快地完成更多工作。

本章將教你如何使用 ggplot2 將資料視覺化。我們首先建立一個簡單的散佈圖（scatterplot），並用它來介紹美學映射（aesthetic mappings）和幾何物件（geometric objects），也就是 ggplot2 的基本構件。然後，我們將引導你對單一變數的分佈（distributions）進行視覺化，以及視覺化兩個或更多個變數之間的關係（relationships）。最後，我們將介紹如何儲存圖表和疑難排解的訣竅。

先決條件

本章的焦點放在 tidyverse 的核心套件之一 ggplot2。要存取本章使用的資料集、說明頁面和函式，請執行以下命令載入 tidyverse：

```
library(tidyverse)
#> ─ Attaching core tidyverse packages ──────────── tidyverse 2.0.0 ─
#> ✔ dplyr     1.1.0.9000     ✔ readr     2.1.4
#> ✔ forcats   1.0.0          ✔ stringr   1.5.0
#> ✔ ggplot2   3.4.1          ✔ tibble    3.1.8
#> ✔ lubridate 1.9.2          ✔ tidyr     1.3.0
```

```
#> ✓ purrr      1.0.1
#> ─ Conflicts ──────────────────────────── tidyverse_conflicts() ─
#> ✗ dplyr::filter() masks stats::filter()
#> ✗ dplyr::lag()    masks stats::lag()
#> ℹ Use the conflicted package (<http://conflicted.r-lib.org/>) to force all
#>   conflicts to become errors
```

那一行程式碼會載入核心 tidyverse，也就是你在幾乎所有資料分析中都會用到的套件。它還會告訴你，tidyverse 中的哪些函式與基礎 R 中的函式（或你可能載入的其他套件中的函式）相衝突[1]。

如果你執行這段程式碼，得到的錯誤訊息是 there is no package called 'tidyverse'（沒有名為「tidyverse」的套件），你就得先安裝它，然後再次執行 library()：

```
install.packages("tidyverse")
library(tidyverse)
```

你只需安裝一次套件，但每次啟動新的工作階段（session）時都需要載入它。

除 tidyverse 外，我們還將使用 palmerpenguins 套件，其中包括 penguins 資料集（包含 Palmer Archipelago 三個島嶼上企鵝的身體測量資料）和 ggthemes 套件（提供對色盲友善的調色盤）。

```
library(palmerpenguins)
library(ggthemes)
```

最初的步驟

鰭肢（flippers）長的企鵝比鰭肢短的企鵝重還是輕呢？你可能已經有了答案，但請試著讓你的答案更加精確。鰭肢長和體重之間的關係是怎樣的？是正相關？負相關？線性關係？非線性？企鵝的種類不同，兩者之間的關係也會不同嗎？企鵝生活的島嶼也會有影響嗎？讓我們建立視覺化來回答這些問題。

penguins 資料框

你可以使用 palmerpenguins（即 palmerpenguins::penguins）中的 penguins 資料框（data frame）查驗這些問題的答案。資料框是變數（欄中的）和觀測值（列中的）的矩形集合。

---

1 使用 conflicted 套件可以消除該訊息，並在需要時強制進行衝突解析，隨著你載入更多的套件，這會變得越來越重要。有關 conflicted 的更多資訊，請前往該套件的網站（*https://oreil.ly/01bKz*）。

penguins 包含 Kristen Gorman 博士和 Antarctica LTER 的 Palmer Station 蒐集到並提供出來的 344 個觀測值[2]。

為了讓討論更容易進行，我們來定義一些術語：

變數（*Variable*）

可以測量（measure）的數量（quantity）、特質（quality）或特性（property）。

值（*Value*）

測量一個變數時，它的狀態（state）。不同次的測量，變數的值可能會發生變化。

觀測值（*Observation*）

在相似條件下進行的一組測量（你通常會在同一時間對同一物體做出一次觀測中的所有測量動作）。一個觀測值將包含多個值，每個值與一個不同的變數相關聯。我們有時會把一個觀測值稱為一個資料點（*data point*）。

表格式資料（*Tabular data*）

一組值，每個值與一個變數和一個觀測值相關聯。如果每個值都放在自己的「單元格（cell）」中，每個變數都放在自己的欄（column）中，而且每個觀測值都放在自己的列（row）中，那麼表格式資料就是整齊（*tidy*）的。

在這種情境下，一個變數指涉的是所有企鵝的某個屬性（attribute），而觀測值指的是單隻企鵝的所有屬性。

在主控台中鍵入資料框的名稱，R 將印出其內容的預覽。注意到，在這個預覽的頂端寫著 tibble。在 tidyverse 中，我們使用名為 *tibbles* 的特殊資料框，你很快就會學到。

```
penguins
#> # A tibble: 344 × 8
#>   species island    bill_length_mm bill_depth_mm flipper_length_mm
#>   <fct>   <fct>            <dbl>         <dbl>             <int>
#> 1 Adelie  Torgersen         39.1          18.7               181
#> 2 Adelie  Torgersen         39.5          17.4               186
#> 3 Adelie  Torgersen         40.3          18                 195
#> 4 Adelie  Torgersen         NA            NA                  NA
#> 5 Adelie  Torgersen         36.7          19.3               193
#> 6 Adelie  Torgersen         39.3          20.6               190
#> # … with 338 more rows, and 3 more variables: body_mass_g <int>, sex <fct>,
#> #   year <int>
```

2 Horst AM, Hill AP, Gorman KB (2020). palmerpenguins: Palmer Archipelago (Antarctica) penguin data. R package version 0.1.0. *https://oreil.ly/ncwc5*. doi: 10.5281/zenodo.3960218.

這個資料框包含八欄。要檢視所有變數和每個變數的前幾個觀測值，請使用 `glimpse()`。或者，若是在 RStudio 中，請執行 `View(penguins)` 來開啟互動式資料檢視器（data viewer）。

```
glimpse(penguins)
#> Rows: 344
#> Columns: 8
#> $ species           <fct> Adelie, Adelie, Adelie, Adelie, Adelie, Adelie, A…
#> $ island            <fct> Torgersen, Torgersen, Torgersen, Torgersen, Torge…
#> $ bill_length_mm    <dbl> 39.1, 39.5, 40.3, NA, 36.7, 39.3, 38.9, 39.2, 34.…
#> $ bill_depth_mm     <dbl> 18.7, 17.4, 18.0, NA, 19.3, 20.6, 17.8, 19.6, 18.…
#> $ flipper_length_mm <int> 181, 186, 195, NA, 193, 190, 181, 195, 193, 190, …
#> $ body_mass_g       <int> 3750, 3800, 3250, NA, 3450, 3650, 3625, 4675, 347…
#> $ sex               <fct> male, female, female, NA, female, male, female, m…
#> $ year              <int> 2007, 2007, 2007, 2007, 2007, 2007, 2007, 2007, 2…
```

penguins 的變數包括：

species

　　企鵝的種類（Adelie、Chinstrap 或 Gentoo）

flipper_length_mm

　　企鵝鰭肢的長度，以公釐（millimeters）為單位

body_mass_g

　　企鵝的體重，以公克（grams）為單位。

要瞭解有關 penguins 的更多資訊，請執行 ?penguins 開啟說明頁面。

最終目標

本章的最終目標是在考慮到企鵝種類（species）的情況下，重建以下視覺化圖表，顯示這些企鵝的鰭長（flipper lengths）和體重（body masses）之間的關係。

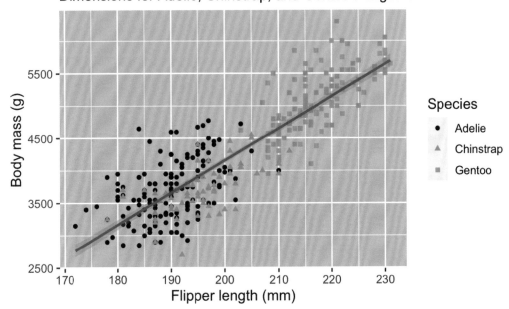
Body mass and flipper length
Dimensions for Adelie, Chinstrap, and Gentoo Penguins

創建一個 ggplot

讓我們逐步重建這個圖表。

使用 ggplot2 時，首先要用函式 ggplot() 定義一個圖表物件（plot object），然後為它新增圖層（*layers*）。ggplot() 的第一個引數是要在圖中使用的資料集，因此 ggplot(data = penguins) 會建立一個經過預填的空圖，可用來顯示 penguins 的資料，但由於我們還沒有告訴它如何將資料視覺化，所以現在它還是空的。這並不是一個非常令人興奮的圖表，但你可以把它想像成一塊空白畫布，其中你可以繪製圖表的其餘圖層。

```
ggplot(data = penguins)
```

接下來,我們需要告訴 ggplot() 如何以視覺化的方式呈現我們資料中的資訊。ggplot() 函式的 mapping 引數定義如何將資料集中的變數映射(mapped to)到圖表的視覺特性(*aesthetics*,美學元素)上。mapping 引數在 aes() 函式中總是有定義的,而 aes() 的 x 和 y 引數指定了要映射到 x 軸和 y 軸的變數。ggplot2 會在 data 引數(本例中為 penguins)中尋找所映射的變數。

下列圖表顯示了新增這些映射後的結果。

```
ggplot(
  data = penguins,
  mapping = aes(x = flipper_length_mm, y = body_mass_g)
)
```

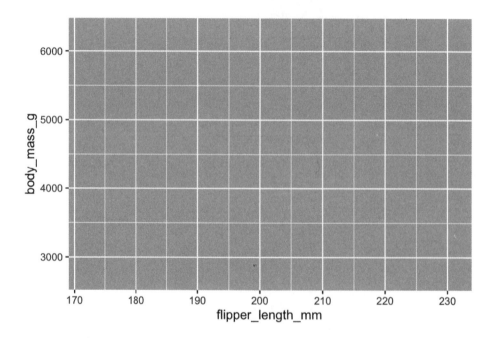

我們的空畫布現在有了更多的結構:很明顯地,鰭肢的長度將會顯示(在 x 軸上),而身體質量也將顯示(在 y 軸上)。但是那些企鵝本身還沒有出現在圖上。這是因為我們尚未在程式碼中闡明如何在圖表裡呈現資料框中的觀測值。

為此,我們需要定義一個 *geom*:圖表用來表示資料的幾何物件(geometrical object)。在 ggplot2 中,以 geom_ 開頭的函式供應那些幾何物件。人們經常透過圖表所用的 geom 類型來描述圖表。舉例來說,長條圖(bar charts)使用 bar geoms(geom_bar());折線圖(line charts)使用 line geoms(geom_line());盒狀圖(boxplots)使用 boxplot geoms（`geom_boxplot()`）；散佈圖（scatterplots）使用 point geoms（`geom_point()`），諸如此類。

函式 `geom_point()` 會在圖表上新增一層圖點，從而建立散佈圖。ggplot2 附有許多 geom 函式，每個函式都會在圖表中加上不同類型的圖層。在本書中，特別是第 9 章，你將學習到大量的 geom 函式。

```
ggplot(
  data = penguins,
  mapping = aes(x = flipper_length_mm, y = body_mass_g)
) +
  geom_point()
#> Warning: Removed 2 rows containing missing values (`geom_point()`).
```

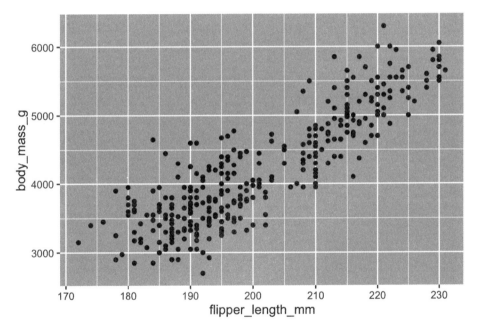

現在，我們有了一個看起來像「散佈圖（scatterplot）」的東西。它還不是符合我們「最終目標」的圖表，但利用這個圖就可以開始回答促使我們進行探索的問題了：「鰭長和體重之間的關係是怎樣的？」。這種關係似乎是正相關的（鰭肢的長度增加，體重也增加）、相當線性（點集中在一條直線而非一條曲線周圍）和中等強度（在這樣一條線周圍沒有太多分散的點）。鰭長的企鵝通常身體質量較高。

在為這個圖表新增更多圖層之前，我們先暫停一下，回顧我們得到的警告訊息：

Removed 2 rows containing missing values (geom_point()).

我們之所以會看到這條訊息，是因為我們的資料集中有兩隻企鵝缺少體重或鰭長值，而 ggplot2 無法在沒有這兩個值的情況下於圖上表示它們。和 R 一樣，ggplot2 也認為缺失值不應該無聲無息地被忽略。這種類型的警告可能是你在處理真實資料時，最常見的警告類型之一：缺少某些值是一種常見問題，你將在本書中瞭解到更多有關它們的處理方式，尤其是在第 18 章中。在本章的其他圖表中，我們將抑制這種警告，這樣就不會在繪製每幅圖表時都印出這種警告。

新增美學元素和圖層

散佈圖對於顯示兩個數值變數之間的關係非常有用，但對於兩個變數之間的任何明顯關係，我們都應該抱持懷疑態度，並詢問是否有其他變數可以解釋或改變這種明顯關係的本質。舉例來說，鰭長和體重之間的關係是否因種類（species）而異？讓我們在圖表中加入種類，看看這是否能揭示這些變數之間明顯關係的任何額外洞見。我們將用不同顏色的點來表示種類。

為了達成這一目標，我們需要修改 aesthetic（美學元素）還是 geom（幾何物件）呢？如果你猜的是「在 aes() 內的美學映射（aesthetic mapping）中」，那麼你就已經掌握了使用 ggplot2 建立資料視覺化的訣竅！若非如此，也不用擔心。在本書中，你將製作更多的 ggplots，並有更多機會在製作過程中檢驗自己的直覺。

```
ggplot(
  data = penguins,
  mapping = aes(x = flipper_length_mm, y = body_mass_g, color = species)
) +
  geom_point()
```

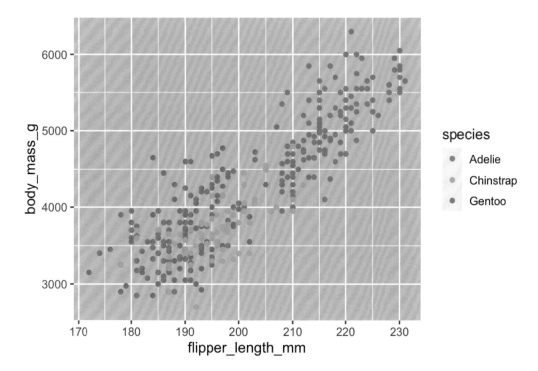

當一個類別變數（categorical variable）映射到一個 aesthetic 時，ggplot2 會自動為變數的每一個級別（level，三個種類中的每一個）配置一個唯一的美學元素值（aesthetic，在此為一種唯一的顏色），這個過程被稱為 *scaling*（標定）。ggplot2 還會新增一個圖例（legend），解釋哪個值對應哪個級別。

現在讓我們再新增一層：一條顯示體重與鰭長之間關係的平滑曲線（smooth curve）。繼續之前，請參考前面的程式碼，並思考如何將其添加到我們現有的圖表中。

由於這是一個代表我們資料的新幾何物件，我們將新增一個新的 geom 作為 point geom 上的一層：geom_smooth()。然後使用 method = "lm" 指出我們想要根據線性模型（linear model）繪製最佳擬合線。

```
ggplot(
  data = penguins,
  mapping = aes(x = flipper_length_mm, y = body_mass_g, color = species)
) +
  geom_point() +
  geom_smooth(method = "lm")
```

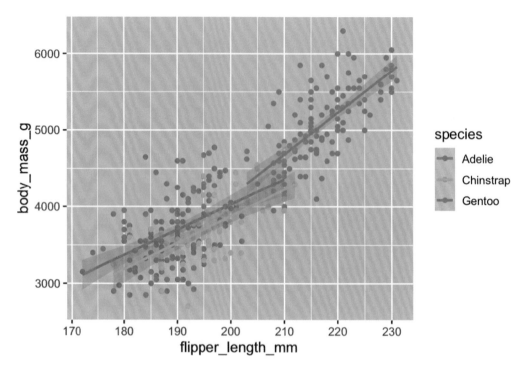

我們已經成功添加了線條，但這幅圖看起來並不像第 6 頁「最終目標」中的那幅圖，因為在那幅圖中，整個資料集只有一條線，而不是每個企鵝種類都有單獨的線條。

在 ggplot() 中定義了全域層級（*global* level）的美學映射（aesthetic mappings）後，這些映射會向下傳到圖表的每個後續的 geom 層。不過，ggplot2 中的每個 geom 函式也可以接受一個 mapping 引數，這樣就允許區域層級（*local* level）的美學映射被加到從全域層級繼承而來的那些美學映射之上。

由於我們希望根據種類（species）對點進行著色，但又不希望為它們分別繪製線條，因此我們應該只為 geom_point() 指定 color = species。

```
ggplot(
  data = penguins,
  mapping = aes(x = flipper_length_mm, y = body_mass_g)
) +
  geom_point(mapping = aes(color = species)) +
  geom_smooth(method = "lm")
```

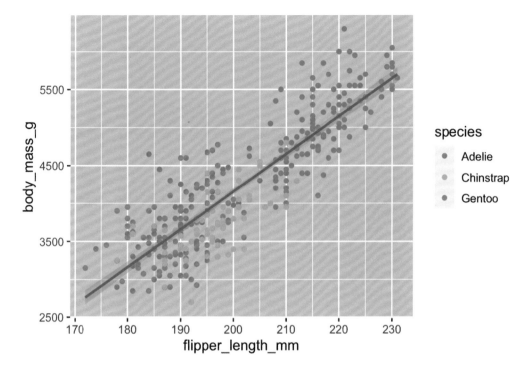

大功告成！雖然還不夠完美，但我們已經有了一個看起來非常像我們最終目標的東西。我們還需要為每種企鵝使用不同的形狀，並改善標籤（labels）。

一般來說，在圖表中只用顏色來表示資訊並不是一個好主意，因為人們會因為色盲或其他色覺差異而對顏色產生不同的感知。因此，除了色彩，我們還可以將 species 映射到 shape 美學元素。

```
ggplot(
  data = penguins,
  mapping = aes(x = flipper_length_mm, y = body_mass_g)
) +
  geom_point(mapping = aes(color = species, shape = species)) +
  geom_smooth(method = "lm")
```

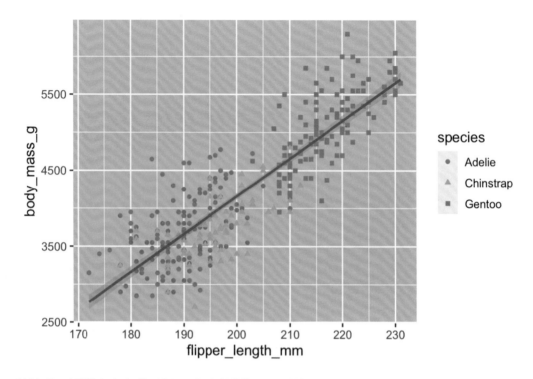

請注意，圖例也會自動更新，以反映點的不同形狀。

最後，我們可以在新圖層中使用 labs() 函式來改良我們圖表的標籤。labs() 的一些引數可能不言自明：title 新增一個標題（title），而 subtitle 新增一個副標題（subtitle）。其他引數則與美學映射相匹配：x 是 x 軸標籤，y 是 y 軸標籤，而 color 和 shape 則定義了圖例的標籤。此外，我們還可以使用 ggthemes 套件中的 scale_color_colorblind() 函式來改善調色盤，使其具有色盲友善性（color-blind safe）。

```
ggplot(
  data = penguins,
  mapping = aes(x = flipper_length_mm, y = body_mass_g)
) +
  geom_point(aes(color = species, shape = species)) +
  geom_smooth(method = "lm") +
  labs(
    title = "Body mass and flipper length",
    subtitle = "Dimensions for Adelie, Chinstrap, and Gentoo Penguins",
    x = "Flipper length (mm)", y = "Body mass (g)",
    color = "Species", shape = "Species"
  ) +
  scale_color_colorblind()
```

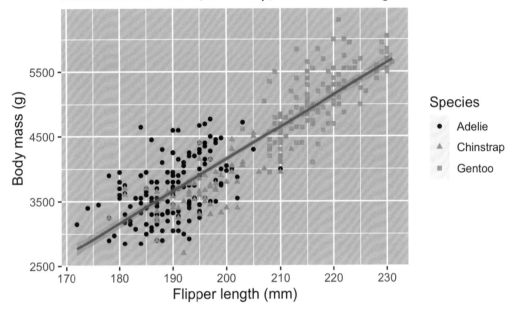

Body mass and flipper length
Dimensions for Adelie, Chinstrap, and Gentoo Penguins

我們終於有了一個完全符合我們「最終目標」的圖表！

習題

1. penguins 有多少列（rows）？有多少欄（columns）？

2. penguins 資料框中的 bill_depth_mm 變數描述什麼？請閱讀 ?penguins 的說明以瞭解詳情。

3. 繪製 bill_depth_mm vs. bill_length_mm 的散佈圖（scatterplot）。也就是說，請製作一個散佈圖，其中 bill_depth_mm 在 y 軸，而 bill_length_mm 在 x 軸。描述這兩個變數之間的關係。

4. 若是繪製出 species vs. bill_depth_mm 的散佈圖，會發生什麼事？什麼會是更好的 geom 選擇？

5. 為什麼下列程式碼會出現錯誤，你要如何解決呢？

```
ggplot(data = penguins) +
  geom_point()
```

6. 在 geom_point() 中，na.rm 引數有什麼作用？該引數的預設值是什麼？請建立一個散佈圖，在其中成功地使用設為 TRUE 的該引數。

7. 在前一個練習中繪製的圖表上新增以下標題：「Data come from the palmerpenguins package.」。提示：請參閱 labs() 的說明文件。

8. 重建以下的視覺化圖表。應該將 bill_depth_mm 映射到什麼美學元素呢？而它應該在全域層級還是在 geom 層級進行映射？

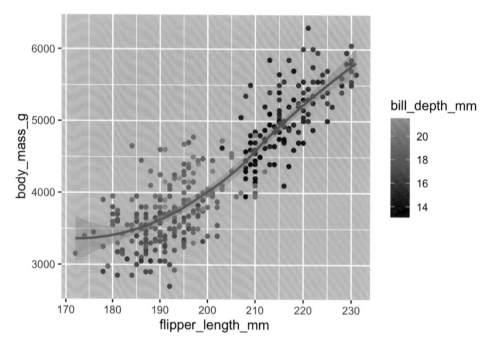

9. 在你的腦中執行這段程式碼，預測輸出看起來會是怎樣。然後，在 R 中執行程式碼並檢查你的預測。

```
ggplot(
  data = penguins,
  mapping = aes(x = flipper_length_mm, y = body_mass_g, color = island)
) +
  geom_point() +
  geom_smooth(se = FALSE)
```

10. 這兩個圖表看起來會不同嗎？為什麼一樣或為何不同？

```
ggplot(
  data = penguins,
  mapping = aes(x = flipper_length_mm, y = body_mass_g)
```

```
  ) +
    geom_point() +
    geom_smooth()

  ggplot() +
    geom_point(
      data = penguins,
      mapping = aes(x = flipper_length_mm, y = body_mass_g)
    ) +
    geom_smooth(
      data = penguins,
      mapping = aes(x = flipper_length_mm, y = body_mass_g)
    )
```

ggplot2 呼叫

當我們離開這些介紹性章節往前移動，我們將過渡到更簡潔的 ggplot2 程式碼表達方式。到目前為止，我們都非常明確，這對學習很有幫助：

```
  ggplot(
    data = penguins,
    mapping = aes(x = flipper_length_mm, y = body_mass_g)
  ) +
    geom_point()
```

通常，函式的前一兩個引數都非常重要，你應該熟記在心。ggplot() 的前兩個引數是 data 和 mapping；在本書的其餘部分，我們將不提供那些名稱。這樣可以節省打字時間，並且藉由減少額外的文字量，可以更輕易看出不同圖表之間的差異。這是一個非常重要的程式設計問題，我們將在第 25 章中再次討論。

將前面的圖表改寫得更簡潔，結果會是：

```
  ggplot(penguins, aes(x = flipper_length_mm, y = body_mass_g)) +
    geom_point()
```

今後，你還會學到管線（pipe）|> 的用法，你可以用它像這樣來建立圖表：

```
  penguins |>
    ggplot(aes(x = flipper_length_mm, y = body_mass_g)) +
    geom_point()
```

分佈的視覺化

如何視覺化一個變數的分佈（distribution）取決於變數的類型：是類別（categorical）變數，還是數值（numerical）變數。

類別變數

如果一個變數只能取一小組值中的一個，那麼它就是**類別**（*categorical*）的。要檢視類別變數的分佈情況，可以使用長條圖（bar chart）。長條圖的高度顯示了觀測到每個 x 值幾次。

```
ggplot(penguins, aes(x = species)) +
  geom_bar()
```

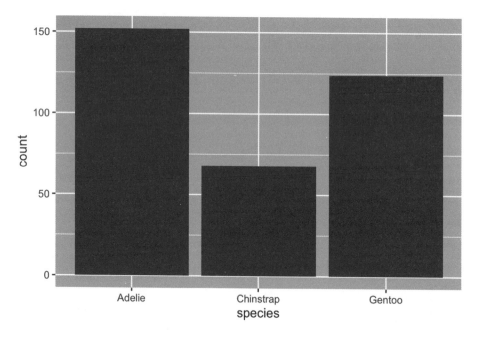

在無序級別（nonordered levels）的類別變數長條圖中（如前面的企鵝 species），通常最好根據長條圖的出現次數（frequencies）重新排序。這樣做需要將該變數轉換為一個因子（factor，即 R 處理類別資料的方式），然後對那個因子的級別（levels）進行重新排序。

```
ggplot(penguins, aes(x = fct_infreq(species))) +
  geom_bar()
```

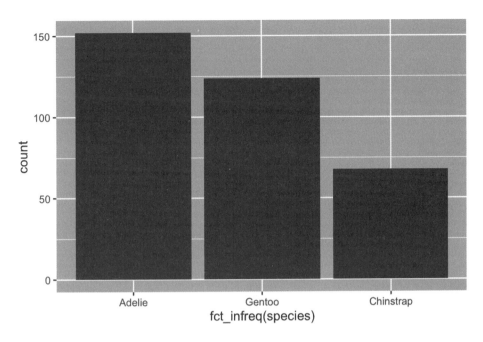

你將在第 16 章中進一步瞭解因子和處理因子的函式（如 `fct_infreq()`）。

數值變數

如果一個變數可以接受範圍廣泛的數值，而且對那些數值進行加減或取平均值是合理的，那麼它就是**數值**（*numerical*，或「定量（quantitative）」）的。數值變數可以是連續的（continuous），也可以是離散的（discrete）。

直方圖（histogram）是連續變數分佈的一種常用視覺化方式。

```
ggplot(penguins, aes(x = body_mass_g)) +
  geom_histogram(binwidth = 200)
```

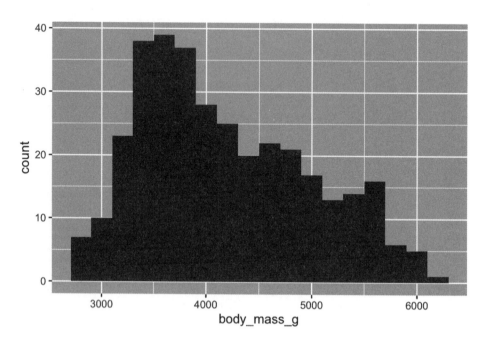

直方圖將 x 軸劃分為等間距的區間（bins，或稱「組別」），然後使用長條的高度來顯示落在每個區間內觀測值的數量。在上圖中，最高的長條顯示 39 個觀測值有介於 3,500 公克和 3,700 公克之間的 body_mass_g 值，也就是該長條的左右邊緣。

你可以使用 binwidth 引數設定直方圖中區間的寬度（width），該引數以 x 變數的單位來計算。在使用直方圖時，你應該總是探索各種 binwidth 值，因為不同的 binwidth 值可能揭露不同的模式。在下面的圖表中，20 的 binwidth 太窄，導致長條過多，難以確定分佈的形狀。同樣地，2,000 的 binwidth 則過高，導致所有資料只分為三個區間，也難以判斷分佈的形狀。200 的 binwidth 則是較為平衡的一個合理值。

```
ggplot(penguins, aes(x = body_mass_g)) +
  geom_histogram(binwidth = 20)
ggplot(penguins, aes(x = body_mass_g)) +
  geom_histogram(binwidth = 2000)
```

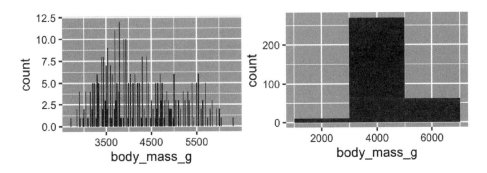

密度圖（density plot）是數值變數分佈的另一種視覺化方式。密度圖是直方圖的平滑化版本，也是一種實用的替代做法，尤其適用於平滑分佈的連續資料。關於 geom_density() 如何估算密度，我們就不贅述了（相關的詳細資訊，請參閱函式說明文件），下面我們透過一個類比來解釋密度曲線是如何繪製的。假設有一個用木塊拼成的直方圖。然後，想像你把一根煮熟的義大利麵條線放在上面，麵條垂在木塊上的形狀就可以看作密度曲線的形狀。與直方圖相比，密度曲線顯示的細節較少，但卻能讓人更容易快速瞭解分佈的形狀，尤其是眾數（modes，或稱「峰值」）和偏態（skewness，或稱「偏度」）。

```
ggplot(penguins, aes(x = body_mass_g)) +
  geom_density()
#> Warning: Removed 2 rows containing non-finite values (`stat_density()`).
```

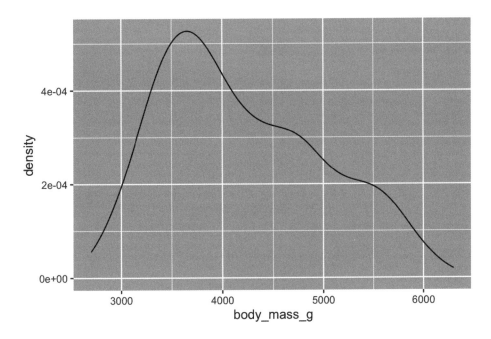

習題

1. 繪製 penguins 的 species 長條圖，其中你把 species 指定給 y 美學元素。請問這幅圖會有什麼不同？

2. 下面兩幅圖有什麼不同？在改變長條圖的顏色時，color 和 fill 中哪種美學元素更有用？

   ```
   ggplot(penguins, aes(x = species)) +
     geom_bar(color = "red")

   ggplot(penguins, aes(x = species)) +
     geom_bar(fill = "red")
   ```

3. geom_histogram() 中的 bins 引數有什麼作用？

4. 製作 diamonds 資料集中 carat 變數的直方圖，該資料集在載入 tidyverse 套件時就可使用。嘗試使用不同的 binwidth 值。哪個值最能顯示有趣的模式？

關係的視覺化

要將關係（relationship）視覺化，我們至少需要把兩個變數映射到一個圖表的美學元素（aesthetics）。在下面的章節中，你會學到用來視覺化兩個或多個變數之間關係的常用圖表，以及用於建立那些圖表的 geoms。

一個數值變數和一個類別變數

為了視覺化數值變數和類別變數之間的關係，我們可以使用並列的盒狀圖（side-by-side box plots）。盒狀圖（*boxplot*）是描述分佈的位置度量（percentiles，百分位數）的一種視覺化速記法。它還有助於識別出潛在的離群值（outliers）。如圖 1-1 所示，每個盒狀圖由以下部分組成：

- 一個方盒表示中間一半資料的範圍，這個距離稱為四分位距（*interquartile range*，IQR），從分佈的第 25 百分位數（25th percentile）延伸到第 75 百分位數。方盒中間的一條線顯示了分佈的中位數（median），即第 50 百分位數。透過這三條線，你可以大致掌握分佈的離度（spread），以及分佈是圍繞中位數對稱，還是偏向一側。

- 視覺點顯示的觀測值距離方盒任一邊緣超過 IQR 的 1.5 倍。這些離群點很不尋常，因此個別繪製。

- 從方盒的兩端延伸到分佈中最遠的非離群點的一條線（或稱「whisker（鬚）」）。

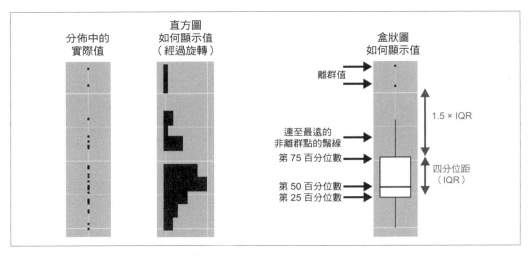

圖 1-1　描述盒狀圖如何建立的示意圖

我們用 geom_boxplot() 來看看不同種類（species）的體重（body mass）分佈情況：

```
ggplot(penguins, aes(x = species, y = body_mass_g)) +
  geom_boxplot()
```

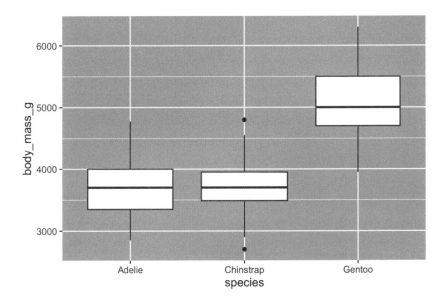

又或者，我們可以使用 geom_density() 繪製密度圖：

```
ggplot(penguins, aes(x = body_mass_g, color = species)) +
  geom_density(linewidth = 0.75)
```

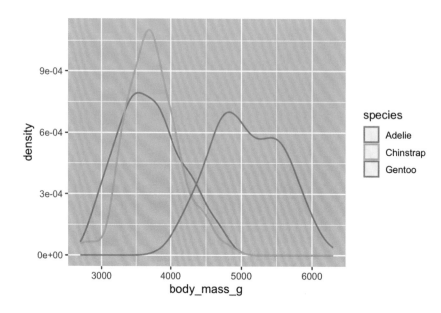

我們還使用 linewidth 引數自訂了線條的粗細，使它們在背景中更加突出。

此外，我們還可以將 species 映射到 color 和 fill 美學元素，並使用 alpha 美學元素為填滿的密度曲線加上透明度。這個美學元素值介於 0（完全透明）和 1（完全不透明）之間。在下面的圖中，它被設定為 0.5：

```
ggplot(penguins, aes(x = body_mass_g, color = species, fill = species)) +
  geom_density(alpha = 0.5)
```

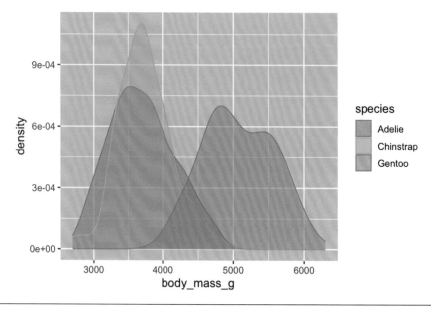

請注意我們在這裡使用的術語：

- 如果我們希望美學元素（aesthetic）所代表的視覺屬性隨著變數值的改變而變化，我們就會將變數映射（map）到美學元素上。
- 否則，我們就會設定（set）一個美學元素值。

兩個類別變數

我們可以使用堆疊起來的長條圖來視覺化兩個類別變數之間的關係。舉例來說，下面兩個堆疊長條圖都顯示了 island（島嶼）和 species（種類）之間的關係，或者具體地說，直觀顯示了每個島嶼內 species 的分佈情況。

第一幅圖顯示了各個島嶼上每個企鵝種類的數量。這個次數圖（plot of frequencies）顯示，每個島嶼上的 Adelies 企鵝數量相等，但我們並不能很好地瞭解每個島嶼內部的企鵝種類相對比例。

```
ggplot(penguins, aes(x = island, fill = species)) +
  geom_bar()
```

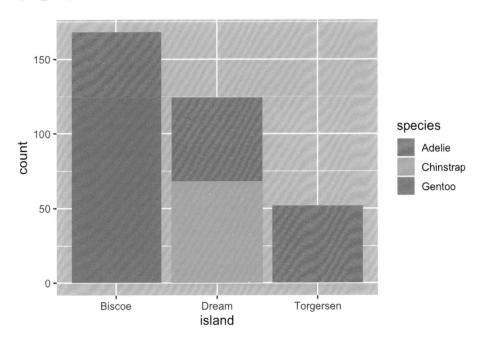

第二幅圖是相對次數圖（relative frequency plot），透過在 geom 中設定 position = "fill" 來繪製，由於它不會受到各島企鵝數量不等的影響，因此在比較各島企鵝種類分佈情況時更加有用。透過該圖我們可以看到，Gentoo 企鵝全部生活在 Biscoe 島，約佔該島企鵝總數的 75%；Chinstrap 企鵝全部生活在 Dream 島，約佔該島企鵝總數的 50%；Adelie 企鵝在所有的三個島上都看得到，而且 Torgersen 島上全部都是這種企鵝。

```
ggplot(penguins, aes(x = island, fill = species)) +
  geom_bar(position = "fill")
```

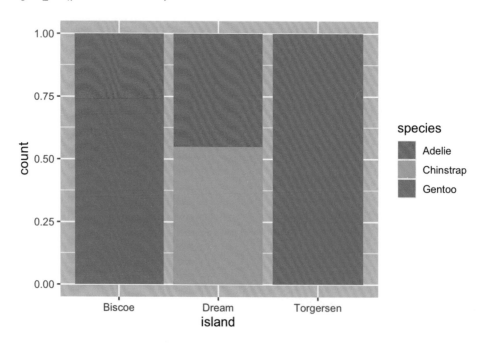

在建立這些長條圖時，我們把會被分隔成長條的變數映射到 x 美學元素，並將會改變長條內顏色的變數映射到 fill 美學元素。

兩個數值變數

到目前為止，你已經學到了散佈圖（用 geom_point() 建立）和平滑曲線（用 geom_smooth() 建立），用來直觀顯示兩個數值變數之間的關係。散佈圖（scatterplot）可能是視覺化兩個數值變數之間關係最常用的圖。

```
ggplot(penguins, aes(x = flipper_length_mm, y = body_mass_g)) +
  geom_point()
```

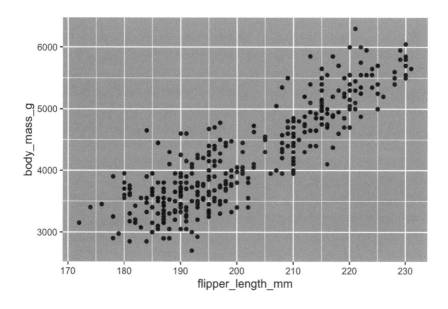

三或更多個變數

正如我們在第 10 頁「新增美學元素和圖層」中所看到的，我們可以透過將更多變數映射到其他的美學元素（aesthetics），從而將更多變數整合到圖表中。舉例來說，在下面的散佈圖中，點的顏色代表種類，點的形狀代表島嶼：

```
ggplot(penguins, aes(x = flipper_length_mm, y = body_mass_g)) +
  geom_point(aes(color = species, shape = island))
```

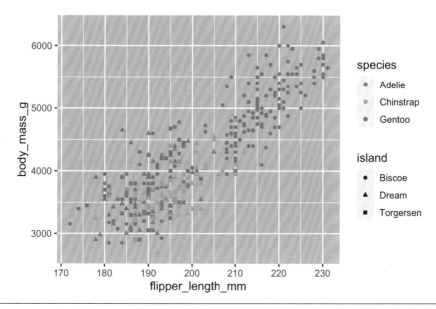

不過，在圖表中新增過多的美學映射會使圖表變得雜亂無章，難以理解。另一種方法是將圖表分割成不同**面向**（*facets*），即分別顯示一個資料子集的子圖表（subplots），這對類別變數特別有用。

要藉由單一變數對圖表進行分面（facet），就使用 facet_wrap()。facet_wrap() 的第一個引數是一個公式（formula）[3]，在 ~ 後面接著一個變數名稱來建立。傳入給 facet_wrap() 的變數應該是類別（categorical）變數。

```
ggplot(penguins, aes(x = flipper_length_mm, y = body_mass_g)) +
  geom_point(aes(color = species, shape = species)) +
  facet_wrap(~island)
```

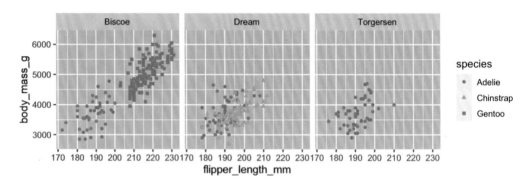

你將在第 9 章中學到更多視覺化變數分佈和變數間關係的其他 geoms。

習題

1. 與 ggplot2 套件捆裝在一起的 mpg 資料框包含美國環境保護局（US Environmental Protection Agency）蒐集的關於 38 種車型的 234 個觀測值。mpg 中哪些變數是<u>類別</u>變數？哪些變數是數值變數？（提示：鍵入 ?mpg 閱讀該資料集的說明文件。）執行 mpg 時，如何檢視那些資訊呢？

2. 使用 mpg 資料框製作 hwy vs. displ 的散佈圖。接下來，將第三個數值變數映射到 color 上，接著是 size，然後是 color 和 size，最後是 shape。對於類別變數和數值變數，這些美學元素的表現有何不同？

3. 在 hwy 與 displ 的散佈圖中，若將第三個變數映射到 linewidth，會發生什麼事？

4. 如果將同一個變數映射到多個美學元素，會發生什麼情況？

3　在這裡，「公式（formula）」是 ~ 所創造之事物的名稱，而非「方程式（equation）」的同義詞。

5. 繪製 bill_depth_mm vs. bill_length_mm 的散佈圖，並依據 species 為點著色。按種類
   （species）著色能揭示這兩個變數之間的什麼關係？依照種類進行分面（faceting）
   又如何呢？

6. 為什麼下列程式碼會產生兩個不同的圖例？你要如何修正，才能將兩個圖例合併？

```
ggplot(
  data = penguins,
  mapping = aes(
    x = bill_length_mm, y = bill_depth_mm,
    color = species, shape = species
  )
) +
  geom_point() +
  labs(color = "Species")
```

7. 繪製下面兩個堆疊長條圖。你能用第一個圖回答什麼問題？可以用第二個圖回答什
   麼問題？

```
ggplot(penguins, aes(x = island, fill = species)) +
  geom_bar(position = "fill")
ggplot(penguins, aes(x = species, fill = island)) +
  geom_bar(position = "fill")
```

儲存你的圖表

繪製圖表完成後，你可能希望將其從 R 中儲存為影像，以便在其他地方使用。這就是
ggsave() 的工作，它會將最新近建立的圖表儲存到磁碟中：

```
ggplot(penguins, aes(x = flipper_length_mm, y = body_mass_g)) +
  geom_point()
ggsave(filename = "penguin-plot.png")
```

這會把圖表儲存到你的工作目錄（working directory）中，你將在第 6 章進一步瞭解這
一概念。

如果不指定 width（寬）和 height（高），它們將取自當前圖表繪製裝置的尺寸。為了程
式碼的可重現性，你會想要指定它們。有關 ggsave() 的更多資訊，請參閱說明文件。

不過，一般來說，我們建議你使用 Quarto 撰寫最終報告，這是一個具可重現性的編寫
系統（reproducible authoring system），允許你將程式碼和散文交錯在一起，並自動將圖
表納入文章中。你將在第 28 章中瞭解到更多有關 Quarto 的資訊。

習題

1. 執行以下幾行程式碼。請問兩幅圖中哪一幅儲存為 `mpg-plot.png`？原因為何？

```
ggplot(mpg, aes(x = class)) +
  geom_bar()
ggplot(mpg, aes(x = cty, y = hwy)) +
  geom_point()
ggsave("mpg-plot.png")
```

2. 若要將圖表儲存為 PDF 而非 PNG，需要對前面的程式碼做哪些修改？如何確定哪些類型的影像檔案在 `ggsave()` 中可以使用？

常見問題

開始執行 R 程式碼時，很可能會遭遇問題。別擔心，每個人都會這樣。我們都寫 R 程式碼那麼多年了，但每天我們依然會寫出無法一試就通的程式碼！

首先，仔細比較你遇到的程式碼與書中的程式碼。R 是非常挑剔的，一個錯位的字元可能會造成很大的差異。確保每個 (都有與一個) 匹配；每個 " 都有與另一個 " 配對。有時你執行了程式碼卻什麼也沒發生。請檢查主控台的左側：若有一個 +，則表示 R 認為你輸入的運算式不完整，正在等待你完成它。在這種情況下，通常只要按下 Escape 鍵就能輕易放棄處理當前命令，從頭開始。

建立 ggplot2 圖形時的一個常見問題是把 + 放錯了位置：它必須出現在行尾，而不是行首。換句話說，請確保你沒有不小心寫了這樣的程式碼：

```
ggplot(data = mpg)
+ geom_point(mapping = aes(x = displ, y = hwy))
```

如果還是卡住了，請試試幫助（help）功能。在主控台執行 `?function_name` 或在 RStudio 中反白選取函式名稱並按 F1 鍵，就能獲得有關任何 R 函式的說明。如果幫助功能看起來沒什麼幫助，也不用擔心，你可以往下跳到範例中，尋找與你要做的事情相符的程式碼。

如果還是無濟於事，請仔細閱讀錯誤訊息。有時，答案就埋藏在其中！但如果你是 R 的新手，即使答案就在錯誤訊息中，你也可能還不知道如何理解它。另一個好工具是 Google：試著在 Google 上搜尋錯誤訊息，因為很可能已經有人遇過同樣的問題，並在線上得到了幫助。

總結

在本章中，你已經學習了使用 ggplot2 進行資料視覺化的基礎知識。我們從支撐 ggplot2 的基本理念開始：視覺化是從你資料中的變數到位置、顏色、大小和形狀等美學特性（aesthetic properties）的映射（mapping）。然後，你學到如何逐層提高圖表的複雜性並改善其表現形式。你還將學到一些常用的圖表，這些圖表可用來視覺化單個變數的分佈（distribution），以及透過額外的美學映射（aesthetic mappings）或使用分面（faceting）功能，將圖表分割成多個面向來視覺化二或更多個變數之間的關係。

我們將在本書中反覆使用視覺化技術，在必要時引進新的技巧，並在第 9 章至第 11 章深入探討使用 ggplot2 建立視覺化圖表的技術。

現在你已經瞭解視覺化的基礎知識，在下一章中，我們將切換一下思路，為你提供一些實用的工作流程建議。我們在本書的這部分將工作流程建議與數據科學工具穿插在一起，因為這能幫助你在編寫越來越多的 R 程式碼時，保持條理清晰。

## 第二章

工作流程：基礎知識

現在你已經有了一些執行 R 程式碼的經驗。我們並沒有為你提供太多細節，但你顯然已經掌握了基礎知識，不然你早就沮喪地扔掉這本書了！開始使用 R 設計程式時，遭受挫折是很自然的，因為它對標點符號的要求非常嚴格，哪怕只是一個錯放的字元都會引起它的抱怨。不過，雖然你應該預期會感到有點受挫，但請相信這種經歷是典型且暫時的：每個人都會遇到這種情況，而克服它的唯一辦法就是繼續努力。

在進一步學習之前，讓我們先確保你已經為執行 R 程式碼打下了堅實的基礎，並知道一些最有幫助的 RStudio 功能。

程式設計基礎

我們回顧一下到目前為止為了讓你儘快繪製出圖表而省略的一些基礎知識。你可以使用 R 進行基本的數學計算：

```
1 / 200 * 30
#> [1] 0.15
(59 + 73 + 2) / 3
#> [1] 44.66667
sin(pi / 2)
#> [1] 1
```

你可以使用指定運算子（assignment operator）<- 來創建新物件：

```
x <- 3 * 4
```

注意到 x 的值並不會被印出來，只是儲存起來而已。如果要檢視該值，請在主控台鍵入 x。

你可以用 c() 將多個元素組合（combine）成一個向量（vector）：

```
primes <- c(2, 3, 5, 7, 11, 13)
```

向量的基本算術運算會套用到向量的每個元素：

```
primes * 2
#> [1]  4  6 10 14 22 26
primes - 1
#> [1]  1  2  4  6 10 12
```

所有建立物件的 R 述句，即指定述句（assignment statements），都有相同的形式：

```
object_name <- value
```

閱讀這段程式碼時，請在腦海中默唸「object name gets value（物件名稱取得值）」。

你將進行大量的指定，但 <- 打起來很麻煩。你可以使用 RStudio 的快捷鍵來節省時間：Alt +-（減號）。請注意，RStudio 會自動在 <- 周圍加上空格（spaces），這是一種良好的程式碼格式化做法。即使是在美好的一天，程式碼讀起來也可能很費勁，所以請饒過你的眼睛，善用空格。

註解

R 將忽略一行中接在 # 後面的任何文字。這就讓你得以編寫註解（comments），即 R 會忽略但人類可以閱讀的文字。我們有時會在範例中加入註解，以解釋程式碼中發生了什麼。

註解有助於簡要說明程式碼的作用：

```
# 建立質數所構成的向量
primes <- c(2, 3, 5, 7, 11, 13)

# 將那些質數乘以 2
primes * 2
#> [1]  4  6 10 14 22 26
```

對於像這樣的簡短程式碼，也許沒必要為每一行程式碼都留下註解。但是當你編寫的程式碼變得越來越複雜時，註解就能為你（和你的協作者）節省大量用來搞懂程式碼做了什麼的時間。

使用註解來解釋程式碼做事情的原因（why），而不是如何（how）做或做什麼（what）。程式碼中的「做什麼」和「如何做」總是可以透過仔細閱讀來弄清楚，即使那可能會很乏味。如果你在註解中描述了每一個步驟，然後又修改了程式碼，那麼你就必須記得更新註解，否則將來回頭看你的程式碼時就會很混亂。

想知道為什麼某件事情要這樣做，即便並非不可能，但也困難得多。舉例來說，geom_smooth() 有一個名為 span 的引數，用於控制曲線的平滑程度（smoothness），值越大曲線就越平滑。假設你決定將 span 的值從預設的 0.75 改為 0.9，未來的讀者很容易理解你做了什麼，但除非你在註解中說明你的想法，否則沒有人會理解為什麼要更改預設值。

對於資料分析程式碼，使用註解來解釋你的整體攻略，並記錄你遇到的重要見解。從程式碼本身是無法重新捕捉這些知識的。

名稱中包含什麼？

物件名稱必須以一個字母（letter）開頭，並且只能包含字母、數字、_ 和 .。你希望物件名稱具有描述性，因此需要對多個單詞（words）採用一種慣例。我們推薦使用 *snake_case*（蛇形大小寫），即用 _ 分隔小寫單詞。

```
i_use_snake_case
otherPeopleUseCamelCase
some.people.use.periods
And_aFew.People_RENOUNCEconvention
```

在第 4 章討論程式碼風格（code style）時，我們將再次討論名稱。

你可以透過鍵入名稱來檢視一個物件：

```
x
#> [1] 12
```

進行另一次指定：

```
this_is_a_really_long_name <- 2.5
```

要檢視此物件，請嘗試使用 RStudio 的自動完成機能：鍵入 *this*，按下 Tab 鍵，新增字元直到有一個唯一的前綴為止，然後按下 Return 鍵。

假設你犯了一個錯誤：this_is_a_really_long_name 的值應該是 3.5，而非 2.5。你可以使用另一個快捷鍵來幫忙修正。舉例來說，你可以按下 ↑ 鍵調出你輸入的最後一道命令並對其進行編輯。或者，鍵入 *this*，然後按下 Cmd/Ctrl + ↑ 鍵，就會列出你輸入過的、以那些字母開頭的所有命令。使用方向鍵巡覽，然後按下 Enter 鍵重新輸入該命令。將 2.5 改為 3.5 並重新執行。

再做另一個指定：

```
r_rocks <- 2^3
```

讓我們試著檢視它：

```
r_rock
#> Error: object 'r_rock' not found
R_rocks
#> Error: object 'R_rocks' not found
```

這闡明了你和 R 之間的隱含契約：R 將為你完成繁瑣的計算，但作為交換，你必須完全精確地發出指令。若非如此，你很可能會得到一個錯誤訊息，指出並沒有找到你要找的物件。錯別字有關係；R 無法讀懂你的心思，然後說：「哦，他們輸入 r_rock 時可能指的是 r_rocks。大小寫也很重要；同樣地，R 無法讀心，然後說：「哦，他們輸入 R_rocks 時可能是指 r_rocks」。

呼叫函式

R 有大量可以像這樣呼叫的內建函式（built-in functions）：

```
function_name(argument1 = value1, argument2 = value2, ...)
```

我們試著使用 seq()，它可以製作有規律的數字序列（*sequences of numbers*），同時我們還可以學到 RStudio 的更多實用功能。鍵入 se 並按下 Tab 鍵。彈出視窗會顯示可能的補全方式。輸入更多的鍵（一個 q）來消除歧義，或使用 ↑ / ↓ 方向鍵進行選擇，以指定 seq()。注意彈出的浮動工具提示，它會提醒你函式的引數和用途。若需要更多幫助，請按下 F1 鍵，在右下方窗格的 help 分頁中獲取所有的詳細資訊。

選定想要的函式後，再次按下 Tab 鍵。RStudio 會為你新增成對的開頭（()）和結尾（()）括弧（parentheses）。鍵入第一個引數的名稱 from，並將其設定為 1。然後鍵入第二個引數的名稱 to，並將其設定為 10。最後按下 Return 鍵。

```
seq(from = 1, to = 10)
#> [1]  1  2  3  4  5  6  7  8  9 10
```

在函式呼叫中，我們經常會省略前幾個引數的名稱，因此可以將其改寫如下：

```
seq(1, 10)
#> [1]  1  2  3  4  5  6  7  8  9 10
```

鍵入以下程式碼,並注意到使用成對的引號(quotation marks)時, RStudio 也會提供類似的協助:

```
x <- "hello world"
```

引號和括弧必須總是成對出現。RStudio 會盡力幫助你,但還是有可能弄錯,導致不匹配。若出現這種情況,R 將顯示接續字元(continuation character),也就是 +:

```
> x <- "hello
+
```

+ 表示 R 正在等待更多的輸入;它認為你還沒有輸入完成。通常,這意味著你忘記了一個 " 或)。要麼補上缺少的一對,要麼按下 Esc 鍵放棄運算式並再試一次。

請注意,右上窗格中的 Environment 分頁會顯示你建立過的所有物件:

習題

1. 為什麼這段程式碼行不通?

```
my_variable <- 10
my_varıable
#> Error in eval(expr, envir, enclos): object 'my_varıable' not found
```

看仔細!(這看似是無意義的練習,但訓練你的大腦注意到哪怕是最微小的差別,在程式設計時都會有所回報。)

2. 調整以下每道 R 命令,使其正確執行:

```
libary(todyverse)

ggplot(dTA = mpg) +
  geom_point(maping = aes(x = displ y = hwy)) +
  geom_smooth(method = "lm")
```

3. 按下 Option+Shift+K/Alt+Shift+K。會發生什麼事？如何使用選單到達相同的位置？

4. 讓我們重溫一下第 30 頁「儲存你的圖表」中的練習。執行以下程式碼。兩個圖表中哪個會被儲存為 mpg-plot.png？為什麼？

```
my_bar_plot <- ggplot(mpg, aes(x = class)) +
  geom_bar()
my_scatter_plot <- ggplot(mpg, aes(x = cty, y = hwy)) +
  geom_point()
ggsave(filename = "mpg-plot.png", plot = my_bar_plot)
```

總結

現在你已經對 R 程式碼的工作原理有了更多的一些瞭解，並掌握了一些訣竅，可以幫助你在未來回頭閱讀 R 程式碼時理解程式碼，在下一章中，我們將繼續你的資料科學之旅，教你如何使用 dplyr，這個 tidyverse 套件可以幫助你變換資料，無論是選擇重要的變數、篩選感興趣的列，還是計算摘要性統計量。

## 第三章

資料變換

簡介

視覺化（visualization）是產生洞察力（insight）的重要工具，但獲得資料時，資料就剛好以能夠製作出你想要的圖表的確切形式存在，是很罕見的情況。通常，你需要建立一些新的變數或摘要（summaries）來回答你對資料的疑問，或者你可能只是想要重新命名變數或重新排列觀測值，使資料更容易處理。在本章中，你將學會如何做到所有的這些（還有更多！），本章會向你介紹如何使用 dplyr 套件進行資料變換（data transformation），並有關於 2013 年從紐約市出發的航班的一個新資料集。

本章的目的是讓你對變換資料框的所有關鍵工具有一個概觀。我們將從對資料框的列（rows）和欄（columns）進行運算的函式開始，然後回過頭來進一步討論管線（pipe），這是你會用來組合動詞（verbs）的重要工具。然後，我們將介紹分組功能。在本章的最後，我們將透過一個案例研究來展示這些函式的實際應用，在往後的章節中，當我們開始深入探討特定型別的資料（如數字、字串、日期）時，我們將更詳細地介紹這些函式。

先決條件

在本章中，我們將重點介紹 dplyr 套件，它是 tidyverse 的另一個核心成員。我們將使用來自 nycflights13 套件的資料來說明其中的關鍵思想，並使用 ggplot2 來幫助我們理解這些資料。

```
library(nycflights13)
library(tidyverse)
#> ── Attaching core tidyverse packages ──────────────── tidyverse 2.0.0 ──
```

```
#> ✓ dplyr      1.1.0.9000   ✓ readr      2.1.4
#> ✓ forcats    1.0.0        ✓ stringr    1.5.0
#> ✓ ggplot2    3.4.1        ✓ tibble     3.1.8
#> ✓ lubridate  1.9.2        ✓ tidyr      1.3.0
#> ✓ purrr      1.0.1
#> — Conflicts ─────────────────────────────────── tidyverse_conflicts() —
#> ✗ dplyr::filter() masks stats::filter()
#> ✗ dplyr::lag()    masks stats::lag()
#> ℹ Use the conflicted package (<http://conflicted.r-lib.org/>) to force all
#>   conflicts to become errors
```

請注意載入 tidyverse 時印出的衝突訊息。它告訴你 dplyr 覆寫了基礎 R 的某些函式。如果你想在載入 dplyr 後使用那些函式的基礎版本，你需要使用它們的全名：stats::filter() 和 stats::lag()。到目前為止，我們大多忽略函式來自哪個套件，因為大多數時候那並不重要。不過，知道來源套件方便我們查詢說明和相關函式，因此需要精確地知道某個函式（function）來自哪個套件（package）時，我們將使用與 R 相同的語法：packagename::functionname()。

nycflights13

為了探索基本的 dplyr 動詞，我們將使用 nycflights13::flights。該資料集包含 2013 年從紐約市（New York City）出發的所有 336,776 次航班。資料來自美國交通統計局（US Bureau of Transportation Statistics），說明文件在 ?flights 中。

```
flights
#> # A tibble: 336,776 × 19
#>    year month   day dep_time sched_dep_time dep_delay arr_time sched_arr_time
#>   <int> <int> <int>   <int>          <int>     <dbl>    <int>          <int>
#> 1  2013     1     1     517            515         2      830            819
#> 2  2013     1     1     533            529         4      850            830
#> 3  2013     1     1     542            540         2      923            850
#> 4  2013     1     1     544            545        -1     1004           1022
#> 5  2013     1     1     554            600        -6      812            837
#> 6  2013     1     1     554            558        -4      740            728
#> # … with 336,770 more rows, and 11 more variables: arr_delay <dbl>,
#> #   carrier <chr>, flight <int>, tailnum <chr>, origin <chr>, dest <chr>, …
```

flights 是一個 tibble，它是一種特殊型別的資料框（data frame），tidyverse 用它來避免一些常見的問題。tibbles 和資料框之間最重要的區別在於 tibbles 的列印方式；tibbles 是為大型資料集所設計的，因此只會顯示前幾列（rows）和螢幕畫面容納得下的欄位（columns）。有幾種方法可以檢視所有的資料。如果你使用的是 RStudio，最方便的可能是 View(flights)，它會開啟一個可捲動（scrollable）且可過濾（filterable）的互動式視圖（view）。否則，可以使用 print(flights, width = Inf) 來顯示所有的欄位，或者使用 glimpse()：

```
glimpse(flights)
#> Rows: 336,776
#> Columns: 19
#> $ year          <int> 2013, 2013, 2013, 2013, 2013, 2013, 2013, 2013, 2013…
#> $ month         <int> 1, 1, 1, 1, 1, 1, 1, 1, 1, 1, 1, 1, 1, 1, 1, 1, 1, 1…
#> $ day           <int> 1, 1, 1, 1, 1, 1, 1, 1, 1, 1, 1, 1, 1, 1, 1, 1, 1, 1…
#> $ dep_time      <int> 517, 533, 542, 544, 554, 554, 555, 557, 557, 558, 55…
#> $ sched_dep_time <int> 515, 529, 540, 545, 600, 558, 600, 600, 600, 600, 60…
#> $ dep_delay     <dbl> 2, 4, 2, -1, -6, -4, -5, -3, -3, -2, -2, -2, -2, -2,…
#> $ arr_time      <int> 830, 850, 923, 1004, 812, 740, 913, 709, 838, 753, 8…
#> $ sched_arr_time <int> 819, 830, 850, 1022, 837, 728, 854, 723, 846, 745, 8…
#> $ arr_delay     <dbl> 11, 20, 33, -18, -25, 12, 19, -14, -8, 8, -2, -3, 7,…
#> $ carrier       <chr> "UA", "UA", "AA", "B6", "DL", "UA", "B6", "EV", "B6"…
#> $ flight        <int> 1545, 1714, 1141, 725, 461, 1696, 507, 5708, 79, 301…
#> $ tailnum       <chr> "N14228", "N24211", "N619AA", "N804JB", "N668DN", "N…
#> $ origin        <chr> "EWR", "LGA", "JFK", "JFK", "LGA", "EWR", "EWR", "LG…
#> $ dest          <chr> "IAH", "IAH", "MIA", "BQN", "ATL", "ORD", "FLL", "IA…
#> $ air_time      <dbl> 227, 227, 160, 183, 116, 150, 158, 53, 140, 138, 149…
#> $ distance      <dbl> 1400, 1416, 1089, 1576, 762, 719, 1065, 229, 944, 73…
#> $ hour          <dbl> 5, 5, 5, 5, 6, 5, 6, 6, 6, 6, 6, 6, 6, 6, 5, 6, 6…
#> $ minute        <dbl> 15, 29, 40, 45, 0, 58, 0, 0, 0, 0, 0, 0, 0, 0, 59…
#> $ time_hour     <dttm> 2013-01-01 05:00:00, 2013-01-01 05:00:00, 2013-01-0…
```

在這兩種視圖中，變數名後面都有縮寫，告訴你每個變數的型別：<int> 是 integer（整數）的縮寫；<dbl> 是 double（雙精度浮點數，又稱「實數（real numbers）」）的縮寫；<chr> 是 character（字元，又稱「字串」）的縮寫，而 <dttm> 是 date-time 的縮寫。這些非常重要，因為對欄進行的運算在很大程度上取決於它的「型別」。

dplyr 基礎知識

你即將學習的 dplyr 主要動詞（函式）將幫助你解決資料操作的絕大多數難題。但在討論它們的個別差異之前，我們應該先說明一下它們的共通點：

- 第一個引數始終是一個資料框（data frame）。

- 隨後的引數通常使用變數名稱（不帶引號）描述要對哪些欄（columns）進行運算。

- 輸出總是一個新的資料框。

由於每個動詞只做好一件事，因此要解決複雜的問題，通常需要將多個動詞組合在一起，我們將使用管線 |> 來做到這一點。我們將在第 52 頁的「管線」中進一步討論管線

（pipe），但簡而言之，管線會將其左邊的事物傳入給其右邊的函式，因此 x |> f(y) 等同於 f(x, y)，而 x |> f(y) |> g(z) 等同於 g(f(x, y), z)。要唸出管線，最簡單方法是稱它為「then（然後）」。如此一來，即使你還不瞭解細節，也能對下列程式碼有初步的認識：

```
flights |>
  filter(dest == "IAH") |>
  group_by(year, month, day) |>
  summarize(
    arr_delay = mean(arr_delay, na.rm = TRUE)
  )
```

根據所運算的對象之不同，dplyr 的動詞分為四種：列（*rows*）、欄（*columns*）、分組（*groups*）和表格（*tables*）。在接下來的章節中，你將學習到針對列、欄和分組最重要的動詞；然後，我們將在第 19 章討論針對表格的聯結動詞（join verbs）。一起來深入探索吧！

列

對資料集的列進行運算的最重要動詞是 filter()，它可以控制哪些列會出現，而不改變其順序，以及 arrange()，它可以改變列的順序而不改變哪些列會出現。這兩個函式都只影響列，欄則保持不變。我們還將討論 distinct()，它可以找尋具有唯一值（unique values）的列，但與 arrange() 和 filter() 不同的是，它還可以選擇性地修改欄。

filter()

filter() 能讓你根據欄的值保留列[1]。第一個引數是資料框。第二個引數及其後的引數是為了保留該列必須為真的條件。舉例來說，我們可以找出延誤超過 120 分鐘（兩小時）起飛的航班：

```
flights |>
  filter(dep_delay > 120)
#> # A tibble: 9,723 × 19
#>    year month   day dep_time sched_dep_time dep_delay arr_time sched_arr_time
#>   <int> <int> <int>    <int>          <int>     <dbl>    <int>          <int>
#> 1  2013     1     1      848           1835       853     1001           1950
#> 2  2013     1     1      957            733       144     1056            853
#> 3  2013     1     1     1114            900       134     1447           1222
#> 4  2013     1     1     1540           1338       122     2020           1825
```

1　稍後，你將學到 slice_*() 系列函式，它允許你根據其位置來選擇列。

```
#> 5  2013     1     1      1815          1325       290     2120          1542
#> 6  2013     1     1      1842          1422       260     1958          1535
#> # … with 9,717 more rows, and 11 more variables: arr_delay <dbl>,
#> #   carrier <chr>, flight <int>, tailnum <chr>, origin <chr>, dest <chr>, …
```

除了 >（大於），你還可以使用 >=（大於或等於）、<（小於）、<=（小於或等於）、==（等於）和 !=（不等於）。你也可以用 & 或 , 來組合條件，表示「and（且）」（兩個條件都檢查），或用 | 表示「or（或）」（檢查任一條件）：

```
# 在 1 月 1 日出發的航班
flights |>
  filter(month == 1 & day == 1)
#> # A tibble: 842 × 19
#>    year month   day dep_time sched_dep_time dep_delay arr_time sched_arr_time
#>   <int> <int> <int>    <int>          <int>     <dbl>    <int>          <int>
#> 1  2013     1     1      517            515         2      830            819
#> 2  2013     1     1      533            529         4      850            830
#> 3  2013     1     1      542            540         2      923            850
#> 4  2013     1     1      544            545        -1     1004           1022
#> 5  2013     1     1      554            600        -6      812            837
#> 6  2013     1     1      554            558        -4      740            728
#> # … with 836 more rows, and 11 more variables: arr_delay <dbl>,
#> #   carrier <chr>, flight <int>, tailnum <chr>, origin <chr>, dest <chr>, …


# 在 1 月或 2 月出發的航班
flights |>
  filter(month == 1 | month == 2)
#> # A tibble: 51,955 × 19
#>    year month   day dep_time sched_dep_time dep_delay arr_time sched_arr_time
#>   <int> <int> <int>    <int>          <int>     <dbl>    <int>          <int>
#> 1  2013     1     1      517            515         2      830            819
#> 2  2013     1     1      533            529         4      850            830
#> 3  2013     1     1      542            540         2      923            850
#> 4  2013     1     1      544            545        -1     1004           1022
#> 5  2013     1     1      554            600        -6      812            837
#> 6  2013     1     1      554            558        -4      740            728
#> # … with 51,949 more rows, and 11 more variables: arr_delay <dbl>,
#> #   carrier <chr>, flight <int>, tailnum <chr>, origin <chr>, dest <chr>, …
```

在組合 | 和 == 時，有一個實用的捷徑：%in%。它可以保留變數等於右側值之一的列：

```
# 選出在 1 月或 2 月出發的航班較簡潔的方式
flights |>
  filter(month %in% c(1, 2))
#> # A tibble: 51,955 × 19
#>    year month   day dep_time sched_dep_time dep_delay arr_time sched_arr_time
#>   <int> <int> <int>    <int>          <int>     <dbl>    <int>          <int>
```

```
#> 1  2013    1    1    517          515        2      830          819
#> 2  2013    1    1    533          529        4      850          830
#> 3  2013    1    1    542          540        2      923          850
#> 4  2013    1    1    544          545       -1     1004         1022
#> 5  2013    1    1    554          600       -6      812          837
#> 6  2013    1    1    554          558       -4      740          728
#> # … with 51,949 more rows, and 11 more variables: arr_delay <dbl>,
#> #   carrier <chr>, flight <int>, tailnum <chr>, origin <chr>, dest <chr>, …
```

我們將在第 12 章詳細介紹這些比較和邏輯運算子。

執行 filter() 時，dplyr 會進行過濾運算（filtering operation），創建一個新的資料框，然後將之列印出來。它不會修改現有的 flights 資料集，因為 dplyr 函式從不修改它們的輸入。要儲存結果，得使用指定運算子 <- ：

```
jan1 <- flights |>
  filter(month == 1 & day == 1)
```

常見錯誤

剛開始使用 R 時，最容易犯的錯誤就是在測試相等性（equality）時使用 = 而非 ==。發生這種情況時，filter() 會告訴你：

```
flights |>
  filter(month = 1)
#> Error in `filter()`:
#> ! We detected a named input.
#> ℹ This usually means that you've used `=` instead of `==`.
#> ℹ Did you mean `month == 1`?
```

另一個錯誤是像寫英文一樣寫出「or」述句：

```
flights |>
  filter(month == 1 | 2)
```

從不會擲出錯誤的意義上來說，這是「可行」的，但它並沒有達到你的要求，因為 | 會先檢查的條件是 month == 1，然後再檢查條件 2，而那並不是一個合理的檢查條件。我們將在第 295 頁的「Boolean 運算」中進一步瞭解這裡發生的事情及其原因。

arrange()

arrange() 會根據欄的值改變列的順序。它接受一個資料框和一組欄位名稱（或更複雜的運算式）作為排序的依據。如果提供的欄名不只一個，則每個額外的欄名都將用於打破前幾欄值的「平手」關係。舉例來說，下面的程式碼按起飛時間（departure time）排序，起飛時間分散在四欄中。我們先得到最早的年份，然後是一年內最早的月份，依此類推。

```
flights |>
  arrange(year, month, day, dep_time)
#> # A tibble: 336,776 × 19
#>    year month   day dep_time sched_dep_time dep_delay arr_time sched_arr_time
#>    <int> <int> <int>    <int>          <int>     <dbl>    <int>          <int>
#> 1  2013     1     1      517            515         2      830            819
#> 2  2013     1     1      533            529         4      850            830
#> 3  2013     1     1      542            540         2      923            850
#> 4  2013     1     1      544            545        -1     1004           1022
#> 5  2013     1     1      554            600        -6      812            837
#> 6  2013     1     1      554            558        -4      740            728
#> # … with 336,770 more rows, and 11 more variables: arr_delay <dbl>,
#> #   carrier <chr>, flight <int>, tailnum <chr>, origin <chr>, dest <chr>, …
```

你可以在 arrange() 內的某一欄上使用 desc()，根據該欄以遞減順序（descending order，從大到小）重新排列資料框。舉例來說，這段程式碼會將航班從延誤時間最長到最短排列：

```
flights |>
  arrange(desc(dep_delay))
#> # A tibble: 336,776 × 19
#>    year month   day dep_time sched_dep_time dep_delay arr_time sched_arr_time
#>    <int> <int> <int>    <int>          <int>     <dbl>    <int>          <int>
#> 1  2013     1     9      641            900      1301     1242           1530
#> 2  2013     6    15     1432           1935      1137     1607           2120
#> 3  2013     1    10     1121           1635      1126     1239           1810
#> 4  2013     9    20     1139           1845      1014     1457           2210
#> 5  2013     7    22      845           1600      1005     1044           1815
#> 6  2013     4    10     1100           1900       960     1342           2211
#> # … with 336,770 more rows, and 11 more variables: arr_delay <dbl>,
#> #   carrier <chr>, flight <int>, tailnum <chr>, origin <chr>, dest <chr>, …
```

請注意，列數沒有改變。我們只是在排序資料，而不是過濾資料。

distinct()

distinct() 會找出資料集中所有唯一的列（unique rows），因此從技術意義上來說，它主要對列進行運算。不過，大多數情況下，你需要的是某些變數完全不同的組合（distinct combination），因此也可以選擇提供欄名：

```
# 移除重複的列，如果有的話
flights |>
  distinct()
```

```
#> # A tibble: 336,776 × 19
#>    year month   day dep_time sched_dep_time dep_delay arr_time sched_arr_time
#>   <int> <int> <int>    <int>          <int>     <dbl>    <int>          <int>
#> 1  2013     1     1      517            515         2      830            819
#> 2  2013     1     1      533            529         4      850            830
#> 3  2013     1     1      542            540         2      923            850
#> 4  2013     1     1      544            545        -1     1004           1022
#> 5  2013     1     1      554            600        -6      812            837
#> 6  2013     1     1      554            558        -4      740            728
#> # … with 336,770 more rows, and 11 more variables: arr_delay <dbl>,
#> #   carrier <chr>, flight <int>, tailnum <chr>, origin <chr>, dest <chr>, …

# 找出所有唯一的來源地與目的地
flights |>
  distinct(origin, dest)
#> # A tibble: 224 × 2
#>   origin dest
#>   <chr>  <chr>
#> 1 EWR    IAH
#> 2 LGA    IAH
#> 3 JFK    MIA
#> 4 JFK    BQN
#> 5 LGA    ATL
#> 6 EWR    ORD
#> # … with 218 more rows
```

又或者，若想在篩選唯一列時保留其他欄，可以使用 .keep_all = TRUE 選項：

```
flights |>
  distinct(origin, dest, .keep_all = TRUE)
#> # A tibble: 224 × 19
#>    year month   day dep_time sched_dep_time dep_delay arr_time sched_arr_time
#>   <int> <int> <int>    <int>          <int>     <dbl>    <int>          <int>
#> 1  2013     1     1      517            515         2      830            819
#> 2  2013     1     1      533            529         4      850            830
#> 3  2013     1     1      542            540         2      923            850
#> 4  2013     1     1      544            545        -1     1004           1022
#> 5  2013     1     1      554            600        -6      812            837
#> 6  2013     1     1      554            558        -4      740            728
#> # … with 218 more rows, and 11 more variables: arr_delay <dbl>,
#> #   carrier <chr>, flight <int>, tailnum <chr>, origin <chr>, dest <chr>, …
```

所有的這些不同航班都在 1 月 1 日，這並非巧合：distinct() 會找出資料集中第一次出現的唯一列，然後丟棄其他列。

若想找出現的次數，最好將 distinct() 換成 count()，並使用 sort = TRUE 引數按出現次數遞減順序排列。有關 count 的更多資訊，請參閱第 232 頁的「計數」。

```
flights |>
  count(origin, dest, sort = TRUE)
#> # A tibble: 224 × 3
#>   origin dest       n
#>   <chr>  <chr> <int>
#> 1 JFK    LAX   11262
#> 2 LGA    ATL   10263
#> 3 LGA    ORD    8857
#> 4 JFK    SFO    8204
#> 5 LGA    CLT    6168
#> 6 EWR    ORD    6100
#> # … with 218 more rows
```

習題

1. 為每個條件使用單一管線，找出符合下列條件的所有航班：

   - 抵達時間延誤兩小時或兩小時以上

   - 飛往 Houston（IAH 或 HOU）

   - 由 United、American 或 Delta 航空營運

   - 在夏季出發（七月、八月和九月）

   - 晚了超過兩個多小時抵達，但離開時間並沒有延遲

   - 延誤至少一小時，但在飛行中補足了 30 分鐘以上的時間

2. 對 flights 進行排序，找出起飛延誤時間最長的航班。查詢早上最早起飛的航班。

3. 對航班進行排序，找出最快的航班。（提示：嘗試在函式中加入數學計算。）

4. 2013 年每天都有航班嗎？

5. 哪些航班飛行距離最遠？哪些飛行距離最短？

6. 如果同時使用 filter() 和 arrange()，使用的順序重要嗎？為什麼重要 / 為何不重要？思考一下結果以及這些函式需要做多少工作。

欄

有四個重要的動詞在不改變列的情況下影響著欄（columns）：mutate() 從現有的欄衍生創建出新欄位；select() 改變哪些欄會出現；rename() 改變欄的名稱，而 relocate() 則改變欄的位置。

mutate()

mutate() 的作用是根據現有欄的計算結果添加新的欄位。在變換的章節中，你將學到大量可以用來操作不同型別變數的函式。至於現在，我們將繼續使用基本代數，這允許我們計算 gain，即延誤航班在空中飛行時所彌補的時間，以及以英里每小時（miles per hour）為單位的 speed：

```
flights |>
  mutate(
    gain = dep_delay - arr_delay,
    speed = distance / air_time * 60
  )
#> # A tibble: 336,776 × 21
#>    year month   day dep_time sched_dep_time dep_delay arr_time sched_arr_time
#>   <int> <int> <int>    <int>          <int>     <dbl>    <int>          <int>
#> 1  2013     1     1      517            515         2      830            819
#> 2  2013     1     1      533            529         4      850            830
#> 3  2013     1     1      542            540         2      923            850
#> 4  2013     1     1      544            545        -1     1004           1022
#> 5  2013     1     1      554            600        -6      812            837
#> 6  2013     1     1      554            558        -4      740            728
#> # … with 336,770 more rows, and 13 more variables: arr_delay <dbl>,
#> #   carrier <chr>, flight <int>, tailnum <chr>, origin <chr>, dest <chr>, …
```

預設情況下，mutate() 會在資料集的右側添加新欄，因此很難看到這裡發生了什麼事。我們可以使用 .before 引數將變數新增到左側[2]：

```
flights |>
  mutate(
    gain = dep_delay - arr_delay,
    speed = distance / air_time * 60,
    .before = 1
  )
#> # A tibble: 336,776 × 21
#>    gain speed  year month   day dep_time sched_dep_time dep_delay arr_time
#>   <dbl> <dbl> <int> <int> <int>    <int>          <int>     <dbl>    <int>
#> 1    -9  370.  2013     1     1      517            515         2      830
#> 2   -16  374.  2013     1     1      533            529         4      850
#> 3   -31  408.  2013     1     1      542            540         2      923
#> 4    17  517.  2013     1     1      544            545        -1     1004
#> 5    19  394.  2013     1     1      554            600        -6      812
#> 6   -16  288.  2013     1     1      554            558        -4      740
#> # … with 336,770 more rows, and 12 more variables: sched_arr_time <int>,
#> #   arr_delay <dbl>, carrier <chr>, flight <int>, tailnum <chr>, …
```

---

2 請記住，在 RStudio 中，檢視欄位很多的資料集最簡單的方法是 View()。

那個 . 表示 .before 是函式的一個引數，而不是我們要建立的第三個新變數之名稱。你也可以使用 .after 在變數後進行新增，而在 .before 和 .after 中，你都可以使用變數名稱而非位置。舉例來說，我們可以在 day 之後加上新變數：

```
flights |>
  mutate(
    gain = dep_delay - arr_delay,
    speed = distance / air_time * 60,
    .after = day
  )
```

此外，你也可以使用 .keep 引數來控制哪些變數會被保留。一個特別有用的引數是 "used"，它指出我們只保留在 mutate() 步驟中有涉及或被建立的欄。舉例來說，下面的輸出將只包含變數 dep_delay、arr_delay、air_time、gain、hours 和 gain_per_hour：

```
flights |>
  mutate(
    gain = dep_delay - arr_delay,
    hours = air_time / 60,
    gain_per_hour = gain / hours,
    .keep = "used"
  )
```

請注意，由於我們沒有將之前的計算結果指定回給 flights，因此新變數 gain、hours 和 gain_per_hour 只會被列印出來，而不會儲存在資料框中。如果我們希望將這些變數儲存在資料框中，以備將來使用，就應該仔細考慮是將計算結果指定回給 flights，用更多的變數覆寫原來的資料框，還是指定給一個新的物件。一般情況下，正確的答案是建立一個新物件，並以詳實的名稱標明其內容，如 delay_gain，但也可能有充分的理由覆寫 flights。

select()

擁有數百甚至數千個變數的資料集並不少見。在這種情況下，面臨的第一個挑戰往往只是專注於你感興趣的變數。select() 允許你使用基於變數名稱的運算快速拉近到有用的子集：

• 按名稱選擇欄：

```
flights |>
  select(year, month, day)
```

- 選擇年和日之間的所有欄（包括年和日）：

```
flights |>
  select(year:day)
```

- 選擇從年到日（包含兩端）以外的所有欄：

```
flights |>
  select(!year:day)
```

你也可以使用 - 代替！（而你很有可能會在真實程式碼中看到那樣的用法）；我們推薦使用！，因為它讀作「not（不）」，並能很好地與 & 和 | 結合使用。

- 選擇是字元的所有欄：

```
flights |>
  select(where(is.character))
```

你可以在 select() 中使用數個輔助函式（helper functions）：

starts_with("abc")

匹配以「abc」開頭的名稱

ends_with("xyz")

匹配以「xyz」結尾的名稱

contains("ijk")

匹配包含「ijk」的名稱

num_range("x", 1:3)

匹配 x1、x2 和 x3

詳情請參閱 ?select。學到正規表達式（regular expressions，第 15 章的主題）後，還可以使用 matches() 來選擇與某個模式（pattern）匹配的變數。

透過 select() 選擇變數時，可以使用 = 來重新命名變數。新名稱出現在 = 的左側，舊變數出現在右側：

```
flights |>
  select(tail_num = tailnum)
#> # A tibble: 336,776 × 1
#>   tail_num
#>   <chr>
#> 1 N14228
```

```
#> 2 N24211
#> 3 N619AA
#> 4 N804JB
#> 5 N668DN
#> 6 N39463
#> # … with 336,770 more rows
```

rename()

如果你想保留所有的既存變數，只想重新命名幾個變數，可以使用 rename() 代替
select()：

```
flights |>
  rename(tail_num = tailnum)
#> # A tibble: 336,776 × 19
#>    year month   day dep_time sched_dep_time dep_delay arr_time sched_arr_time
#>   <int> <int> <int>    <int>          <int>     <dbl>    <int>          <int>
#> 1  2013     1     1      517            515         2      830            819
#> 2  2013     1     1      533            529         4      850            830
#> 3  2013     1     1      542            540         2      923            850
#> 4  2013     1     1      544            545        -1     1004           1022
#> 5  2013     1     1      554            600        -6      812            837
#> 6  2013     1     1      554            558        -4      740            728
#> # … with 336,770 more rows, and 11 more variables: arr_delay <dbl>,
#> #   carrier <chr>, flight <int>, tail_num <chr>, origin <chr>, dest <chr>, …
```

如果你有一堆命名不一致的欄，而手工修正它們又很麻煩，那麼可以試試
janitor::clean_names()，它提供一些實用的自動清理功能。

relocate()

使用 relocate() 來移動變數。你可能想把相關變數集中在一起，或者把重要變數移到前
面。預設情況下，relocate() 會將變數移到前面：

```
flights |>
  relocate(time_hour, air_time)
#> # A tibble: 336,776 × 19
#>   time_hour           air_time  year month   day dep_time sched_dep_time
#>   <dttm>                 <dbl> <int> <int> <int>    <int>          <int>
#> 1 2013-01-01 05:00:00      227  2013     1     1      517            515
#> 2 2013-01-01 05:00:00      227  2013     1     1      533            529
#> 3 2013-01-01 05:00:00      160  2013     1     1      542            540
#> 4 2013-01-01 05:00:00      183  2013     1     1      544            545
#> 5 2013-01-01 06:00:00      116  2013     1     1      554            600
#> 6 2013-01-01 05:00:00      150  2013     1     1      554            558
```

```
#> # … with 336,770 more rows, and 12 more variables: dep_delay <dbl>,
#> #   arr_time <int>, sched_arr_time <int>, arr_delay <dbl>, carrier <chr>, …
```

你還可以使用 .before 和 .after 引數指定要將它們放在哪裡，就像在 mutate() 中一樣：

```
flights |>
  relocate(year:dep_time, .after = time_hour)
flights |>
  relocate(starts_with("arr"), .before = dep_time)
```

習題

1. 比較 dep_time、sched_dep_time 和 dep_delay。你認為這三個數字之間有什麼關係？

2. 想出盡可能多的方法從 flights 中選擇 dep_time、dep_delay、arr_time 和 arr_delay。

3. 若在 select() 呼叫中多次指定同一變數的名稱，會發生什麼事？

4. any_of() 函式有什麼作用？為什麼與這個向量結合使用會有幫助？

   ```
   variables <- c("year", "month", "day", "dep_delay", "arr_delay")
   ```

5. 執行以下程式碼的結果是否令你感到驚訝？預設情況下，select 輔助函式是如何處理大小寫字母的？如何更改預設值？

   ```
   flights |> select(contains("TIME"))
   ```

6. 將 air_time 重新命名為 air_time_min，以表示測量單位，並將其移至資料框的開頭。

7. 為什麼下面的程式碼沒有作用，錯誤訊息說明了什麼？

   ```
   flights |>
     select(tailnum) |>
     arrange(arr_delay)
   #> Error in `arrange()`:
   #> i In argument: `..1 = arr_delay`.
   #> Caused by error:
   #> ! object 'arr_delay' not found
   ```

管線

我們已經向你展示過管線的簡單範例，但當你開始組合多個動詞時，它真正威力才會顯現出來。

舉例來說，假設你想找出飛往 Houston IAH 機場的快速航班：你需要結合使用
filter()、mutate()、select() 和 arrange()：

```
flights |>
  filter(dest == "IAH") |>
  mutate(speed = distance / air_time * 60) |>
  select(year:day, dep_time, carrier, flight, speed) |>
  arrange(desc(speed))
#> # A tibble: 7,198 × 7
#>    year month   day dep_time carrier flight speed
#>   <int> <int> <int>    <int> <chr>    <int> <dbl>
#> 1  2013     7     9      707 UA         226  522.
#> 2  2013     8    27     1850 UA        1128  521.
#> 3  2013     8    28      902 UA        1711  519.
#> 4  2013     8    28     2122 UA        1022  519.
#> 5  2013     6    11     1628 UA        1178  515.
#> 6  2013     8    27     1017 UA         333  515.
#> # … with 7,192 more rows
```

儘管這個管線有四個步驟，但由於動詞出現在每一行的開頭，因此很容易大略瞭解
它的意思：從 flights 資料開始，接著過濾（filter），然後變動（mutate），再做選擇
（select），最後排列（arrange）。

如果沒有管線會怎樣？我們可以將每個函式呼叫巢狀內嵌（nest）在前一個呼叫中：

```
arrange(
  select(
    mutate(
      filter(
        flights,
        dest == "IAH"
      ),
      speed = distance / air_time * 60
    ),
    year:day, dep_time, carrier, flight, speed
  ),
  desc(speed)
)
```

或者，我們可以使用一些中介物件（intermediate objects）：

```
flights1 <- filter(flights, dest == "IAH")
flights2 <- mutate(flights1, speed = distance / air_time * 60)
flights3 <- select(flights2, year:day, dep_time, carrier, flight, speed)
arrange(flights3, desc(speed))
```

雖然這兩種形式都有其發揮用處的時機和地點，但管線通常能產生更易於編寫和閱讀的資料分析程式碼。

要在程式碼中新增管線，我們建議使用內建的快捷鍵 Ctrl/Cmd+Shift+M。你需要更改 RStudio 選項，以使用 |> 代替 %>%，如圖 3-1 所示；稍後將詳細介紹 %>%。

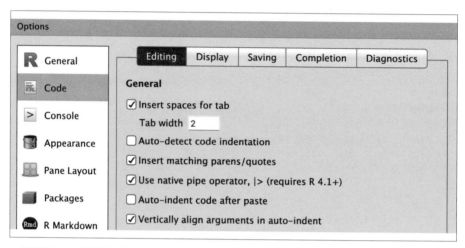

圖 3-1　要插入 |>，請確定「Use native pipe operator」選項有勾選

magrittr

如果你使用 tidyverse 已經一段時間了，你可能會熟悉 magrittr 套件提供的 %>% 管線。magrittr 套件包含在核心 tidyverse 中，因此你可以在載入 tidyverse 後使用 %>%：

```
library(tidyverse)

mtcars %>%
  group_by(cyl) %>%
  summarize(n = n())
```

在簡單的情況下，|> 和 %>% 的行為完全相同。那麼，為什麼我們推薦使用基礎管線呢？首先，因為它是基礎 R 的一部分，即使不使用 tidyverse，也可以隨時使用。其次，|> 比 %>% 要簡單得多：從 2014 年發明 %>% 到 2021 年將 |> 納入 R 4.1.0 的這段時間，我們對管線有了更深入的理解。這使得基礎實作可以捨棄不常用和不太重要的功能。

分組

到目前為止，你已經學到了處理列和欄的函式，若再加上處理分組（groups）的功能，dplyr 將變得更加強大。在本節中，我們將重點介紹最重要的函式：group_by()、summarize() 和 slice 系列函式。

group_by()

使用 group_by() 將資料集切割成對分析有意義的組別：

```
flights |>
  group_by(month)
#> # A tibble: 336,776 × 19
#> # Groups:   month [12]
#>    year month   day dep_time sched_dep_time dep_delay arr_time sched_arr_time
#>   <int> <int> <int>    <int>          <int>     <dbl>    <int>          <int>
#> 1  2013     1     1      517            515         2      830            819
#> 2  2013     1     1      533            529         4      850            830
#> 3  2013     1     1      542            540         2      923            850
#> 4  2013     1     1      544            545        -1     1004           1022
#> 5  2013     1     1      554            600        -6      812            837
#> 6  2013     1     1      554            558        -4      740            728
#> # … with 336,770 more rows, and 11 more variables: arr_delay <dbl>,
#> #   carrier <chr>, flight <int>, tailnum <chr>, origin <chr>, dest <chr>, …
```

group_by() 不會改變資料，但若仔細觀察輸出結果，就會發現結果指出資料的顯示是「依據」月份「分組」（"grouped by" month，Groups: month [12]）的。這意味著後續運算將「按月（by month）」進行。group_by() 會把這種分組特徵（稱為類別，*class*）新增到資料框中，從而改變後續動詞套用於資料時的行為。

summarize()

最重要的分組運算是摘要（summary），若用來計算單個摘要統計量，會將資料框縮減為每組只有一列。在 dplyr 中，這一運算由 summarize()[3] 進行，如下範例所示，它會按月計算平均的出發延遲（departure delay）時間：

```
flights |>
  group_by(month) |>
  summarize(
    avg_delay = mean(dep_delay)
  )
```

---

3 如果你喜歡英式英語，也可以用 summarise() 來表達。

```
#> # A tibble: 12 × 2
#>   month avg_delay
#>   <int>    <dbl>
#> 1     1       NA
#> 2     2       NA
#> 3     3       NA
#> 4     4       NA
#> 5     5       NA
#> 6     6       NA
#> # … with 6 more rows
```

糟糕！出錯了！我們的所有結果都是 NA（讀作「N-A」），R 用以表示缺失值（missing value）的符號。出現這種情況的原因是，所觀測的航班中有些在延遲那欄中缺少資料，因此當我們計算包括那些值在內的平均值時，得到的結果會是 NA。我們將在第 18 章回頭詳細討論缺失值，但現在單純把引數 na.rm 設為 TRUE，告訴 mean() 函式忽略所有缺失值：

```
flights |>
  group_by(month) |>
  summarize(
    delay = mean(dep_delay, na.rm = TRUE)
  )
#> # A tibble: 12 × 2
#>   month delay
#>   <int> <dbl>
#> 1     1  10.0
#> 2     2  10.8
#> 3     3  13.2
#> 4     4  13.9
#> 5     5  13.0
#> 6     6  20.8
#> # … with 6 more rows
```

只需呼叫一次 summarize()，就可以建立任意數量的摘要。在接下來的章節中，你將學到各種實用的摘要，但其中一個有用的摘要是 n()，它會回傳每組中的列數：

```
flights |>
  group_by(month) |>
  summarize(
    delay = mean(dep_delay, na.rm = TRUE),
    n = n()
  )
#> # A tibble: 12 × 3
#>   month delay     n
#>   <int> <dbl> <int>
#> 1     1  10.0 27004
```

```
#> 2      2  10.8 24951
#> 3      3  13.2 28834
#> 4      4  13.9 28330
#> 5      5  13.0 28796
#> 6      6  20.8 28243
#> # … with 6 more rows
```

在資料科學領域，平均值（means）和計數（counts）意外地有助於解決很多問題！

slice_ 系列函式

有五個方便的函式可以提取每組中的特定列：

df |> slice_head(n = 1)

取出每組的第一列

df |> slice_tail(n = 1)

取出每組中的最後一列

df |> slice_min(x, n = 1)

取出 x 欄數值最小的一列

df |> slice_max(x, n = 1)

取出 x 欄數值最大的一列

df |> slice_sample(n = 1)

隨機取一列

你可以變化 n 來選取一列以上，也可以使用 prop = 0.1 來選擇每組中 10% 的列，而非使用 n =。舉例來說，下面的程式碼可以找出到達每個目的地時，延誤時間最長的航班：

```
flights |>
  group_by(dest) |>
  slice_max(arr_delay, n = 1) |>
  relocate(dest)
#> # A tibble: 108 × 19
#> # Groups:   dest [105]
#>   dest   year month   day dep_time sched_dep_time dep_delay arr_time
#>   <chr> <int> <int> <int>    <int>          <int>     <dbl>    <int>
#> 1 ABQ    2013     7    22     2145           2007        98      132
#> 2 ACK    2013     7    23     1139            800       219     1250
#> 3 ALB    2013     1    25      123           2000       323      229
```

```
#> 4 ANC    2013    8   17    1740        1625        75   2042
#> 5 ATL    2013    7   22    2257         759       898    121
#> 6 AUS    2013    7   10    2056        1505       351   2347
#> # … with 102 more rows, and 11 more variables: sched_arr_time <int>,
#> #   arr_delay <dbl>, carrier <chr>, flight <int>, tailnum <chr>, …
```

請注意，目的地有 105 個，但我們在這裡得到了 108 列。發生了什麼事？slice_min() 和 slice_max() 會保留平手的值（tied values），所以 n = 1 意味著我們會得到具有最高值的所有列。如果希望每組剛好一列，可以設定 with_ties = FALSE。

這類似於用 summarize() 計算最大延遲，但得到的是相應的一整列（或多列，如果出現平手），而不是單一的摘要統計量。

依據多個變數進行分組

你可以使用多個變數建立分組。舉例來說，我們可以為每個日期建立一個組別：

```
daily <- flights |>
  group_by(year, month, day)
daily
#> # A tibble: 336,776 × 19
#> # Groups:   year, month, day [365]
#>    year month   day dep_time sched_dep_time dep_delay arr_time sched_arr_time
#>   <int> <int> <int>    <int>          <int>     <dbl>    <int>          <int>
#> 1  2013     1     1      517            515         2      830            819
#> 2  2013     1     1      533            529         4      850            830
#> 3  2013     1     1      542            540         2      923            850
#> 4  2013     1     1      544            545        -1     1004           1022
#> 5  2013     1     1      554            600        -6      812            837
#> 6  2013     1     1      554            558        -4      740            728
#> # … with 336,770 more rows, and 11 more variables: arr_delay <dbl>,
#> #   carrier <chr>, flight <int>, tailnum <chr>, origin <chr>, dest <chr>, …
```

針對由一個以上的變數進行分組的 tibble 計算摘要時，每次摘要都會剝離最後一個組別。事後看來，以這種方式實現這個功能並不是最理想的，但要修改它而不破壞現有程式碼卻是相當困難的。為了清楚說明發生了什麼事，dplyr 會顯示一條訊息，告訴你如何改變這種行為：

```
daily_flights <- daily |>
  summarize(n = n())
#> `summarise()` has grouped output by 'year', 'month'. You can override using
#> the `.groups` argument.
```

如果你對這種行為感到滿意，可以明確要求它抑制該訊息：

```
daily_flights <- daily |>
  summarize(
    n = n(),
    .groups = "drop_last"
  )
```

或者，透過設定不同的值來更改預設行為，舉例來說，設定 "drop" 來捨棄所有分組，或設定 "keep" 來保留相同的分組。

解除分組（Ungrouping）

你可能還想在不使用 summarize() 的情況下移除資料框中的分組。你可以使用 ungroup() 來做到這一點：

```
daily |>
  ungroup()
#> # A tibble: 336,776 × 19
#>    year month   day dep_time sched_dep_time dep_delay arr_time sched_arr_time
#>   <int> <int> <int>    <int>          <int>     <dbl>    <int>          <int>
#> 1  2013     1     1      517            515         2      830            819
#> 2  2013     1     1      533            529         4      850            830
#> 3  2013     1     1      542            540         2      923            850
#> 4  2013     1     1      544            545        -1     1004           1022
#> 5  2013     1     1      554            600        -6      812            837
#> 6  2013     1     1      554            558        -4      740            728
#> # … with 336,770 more rows, and 11 more variables: arr_delay <dbl>,
#> #   carrier <chr>, flight <int>, tailnum <chr>, origin <chr>, dest <chr>, …
```

現在，讓我們看看摘要未分組的資料框時會發生什麼事：

```
daily |>
  ungroup() |>
  summarize(
    avg_delay = mean(dep_delay, na.rm = TRUE),
    flights = n()
  )
#> # A tibble: 1 × 2
#>   avg_delay flights
#>       <dbl>   <int>
#> 1      12.6  336776
```

由於 dplyr 將未分組資料框中的所有列都視為屬於同一個組別，因此你只得到單一列。

.by

dplyr 1.1.0 包含一種新的實驗性語法，用於按運算分組（per-operation grouping），即 .by 引數。group_by() 和 ungroup() 不會消失，但你現在也可以使用 .by 引數在單一運算內進行分組：

```
flights |>
  summarize(
    delay = mean(dep_delay, na.rm = TRUE),
    n = n(),
    .by = month
  )
```

或者，如果你想依據多個變數來分組：

```
flights |>
  summarize(
    delay = mean(dep_delay, na.rm = TRUE),
    n = n(),
    .by = c(origin, dest)
  )
```

.by 適用於所有動詞，其優點是無須使用 .groups 引數來抑制分組訊息，也無須在完成後使用 ungroup() 取消分組。

我們在本章中沒有重點介紹這種語法，因為編寫本書時，它還是一種非常新的語法。之所以想提及它，是因為我們認為它大有可為，而且很可能會大受歡迎。你可以在 dplyr 1.1.0 部落格貼文（*https://oreil.ly/ySpmy*）中瞭解更多。

習題

1. 哪家航空公司的平均延誤最嚴重？挑戰：你是否能將糟糕的機場和糟糕的航空公司的影響區分開來？為何可以／為何不能？（提示：思考 flights |> group_by (carrier, dest) |> summarize(n())。）

2. 查詢從每個目的地出發時延誤最嚴重的航班。

3. 一天中的延遲時間有何變化？請用圖表說明你的答案。

4. 如果向 slice_min() 及其系列函式提供負值的 n，會發生什麼情況？

5. 用你剛學到的 dplyr 動詞解釋一下 count() 在做什麼事。count() 的 sort 引數有什麼作用？

6. 假設我們有以下小型資料框：

```
df <- tibble(
  x = 1:5,
  y = c("a", "b", "a", "a", "b"),
  z = c("K", "K", "L", "L", "K")
)
```

a. 寫下你認為的輸出結果；然後檢查你是否正確，並描述 `group_by()` 的作用。

```
df |>
  group_by(y)
```

b. 寫下你認為的輸出結果；然後檢查你是否正確，並描述 `arrange()` 的作用。同時描述它與 (a) 部分中的 `group_by()` 有何不同。

```
df |>
  arrange(y)
```

c. 寫下你認為的輸出結果；然後檢查你是否正確，並描述這個管線的作用。

```
df |>
  group_by(y) |>
  summarize(mean_x = mean(x))
```

d. 寫下你認為的輸出結果；然後檢查你是否正確，並描述這個管線所做的事情。然後，對訊息的內容進行評論。

```
df |>
  group_by(y, z) |>
  summarize(mean_x = mean(x))
```

e. 寫下你認為的輸出結果；然後檢查你是否正確，並描述這個管線的作用。在此，輸出與 (d) 部分的輸出有何不同？

```
df |>
  group_by(y, z) |>
  summarize(mean_x = mean(x), .groups = "drop")
```

f. 寫下你認為的輸出結果；然後檢查你是否正確，並描述每條管線的作用。這兩條管線的輸出有何不同？

```
df |>
  group_by(y, z) |>
  summarize(mean_x = mean(x))

df |>
  group_by(y, z) |>
  mutate(mean_x = mean(x))
```

案例研究：彙總和樣本大小

每當你進行任何彙總（aggregation）時，最好都包含一個計數（n()）。這樣就能確保你不是基於極少量的資料得出結論。我們將用 Lahman 套件中的一些棒球資料來演示這一點。具體而言，我們將比較一名球員獲得安打（H）的次數與他們試著把球擊入場內的次數（AB）的比例：

```
batters <- Lahman::Batting |>
  group_by(playerID) |>
  summarize(
    performance = sum(H, na.rm = TRUE) / sum(AB, na.rm = TRUE),
    n = sum(AB, na.rm = TRUE)
  )
batters
#> # A tibble: 20,166 × 3
#>   playerID  performance      n
#>   <chr>           <dbl>  <int>
#> 1 aardsda01           0      4
#> 2 aaronha01       0.305  12364
#> 3 aaronto01       0.229    944
#> 4 aasedo01            0      5
#> 5 abadan01       0.0952     21
#> 6 abadfe01        0.111      9
#> # … with 20,160 more rows
```

當我們將擊球手的技術（用平均打擊率來衡量，即 performance）與擊球機會的數量（用擊球次數來衡量，即 n）進行對比時，我們會發現兩種模式：

- 擊球次數較少的球員的 performance 變異較大。這幅圖表的形狀很有特點：每當你繪製平均值（或其他摘要統計量）與群體規模（group size）的對比圖時，你會發現隨著樣本數（sample size）的增加，變異（variation）也會減小[4]。

- 技術（performance）和擊球機會（n）之間存在正相關（positive correlation），因為球隊希望給他們最好的擊球手最多的擊球機會。

```
batters |>
  filter(n > 100) |>
  ggplot(aes(x = n, y = performance)) +
  geom_point(alpha = 1 / 10) +
  geom_smooth(se = FALSE)
```

---

4 也就是：大數法則（law of large numbers）。

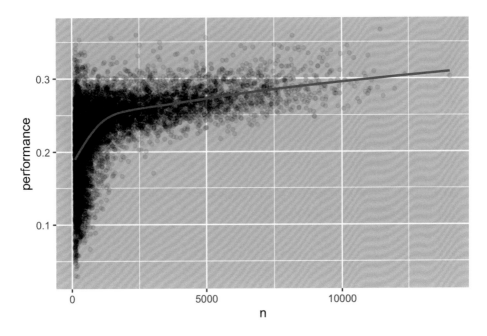

請注意結合 ggplot2 和 dplyr 的便捷模式。你只需記住將用於資料集處理的 |> 切換為用來為圖表新增圖層的 +。

這對排名也有重要影響。如果你天真地按照 desc(performance) 進行排序，那麼平均打擊率最高的人，顯然是那些很少試著將球擊入場內並碰巧獲得安打的人，他們不一定是技術最好的球員：

```
batters |>
  arrange(desc(performance))
#> # A tibble: 20,166 × 3
#>   playerID performance    n
#>   <chr>          <dbl> <int>
#> 1 abramge01          1     1
#> 2 alberan01          1     1
#> 3 banisje01          1     1
#> 4 bartocl01          1     1
#> 5 bassdo01           1     1
#> 6 birasst01          1     2
#> # … with 20,160 more rows
```

你可以在 David Robinson（*https://oreil.ly/OjOwY*）和 Evan Miller（*https://oreil.ly/wgS7U*）的部落格文章中找到對這一問題的詳細解釋和克服方法。

總結

在本章中，你學到了 dplyr 所提供的用來處理資料框的工具。這些工具大致分為三類：操作列（rows）的工具（如 filter() 和 arrange()）；操作欄（columns）的工具（如 select() 和 mutate()），以及操作分組（groups）的工具（如 group_by() 和 summarize()）。在本章中，我們重點介紹了這些「全資料框（whole data frame）」工具，但對於如何使用單個變數，我們還沒有學到太多。我們將在第三篇回頭討論這個問題，其中每一章都將為你提供處理特定型別變數的工具。

在下一章中，我們將回到工作流程，討論程式碼風格的重要性，保持程式碼井井有條，讓自己和他人都能輕鬆閱讀和理解程式碼。

## 第四章

工作流程：程式碼風格

良好的編程風格（coding style）就像正確的標點符號：沒有它你還是可以做事情，但它確實能讓你寫出來的東西更容易閱讀。即使是一個新手程式設計師，也不妨在程式碼風格上下點功夫。使用前後一致的風格會讓其他人（包括未來的你！）更容易閱讀你的作品，如果你需要別人的幫助，這一點尤為重要。本章將介紹貫穿本書的 tidyverse 風格指南（tidyverse style guide，*https://oreil.ly/LykON*）的要點。

以特定風格撰寫程式碼一開始會感覺有點繁瑣，但如果多加練習，很快就會成為本能反應。此外，還有一些很棒的工具可以快速調整現有程式碼的風格，比如 Lorenz Walthert 製作的 styler（*https://oreil.ly/8_Z1c*）套件。使用 `install.packages("styler")` 安裝後，可以透過 RStudio 的 *command palette*（命令調色盤）輕鬆使用。透過 command palette，你可以使用任何內建的 RStudio 命令以及套件所提供的許多附加功能（addins）。按 Cmd/Ctrl+Shift+P 開啟 palette，然後輸入 *styler* 以檢視 styler 提供的所有捷徑。圖 4-1 顯示了結果。

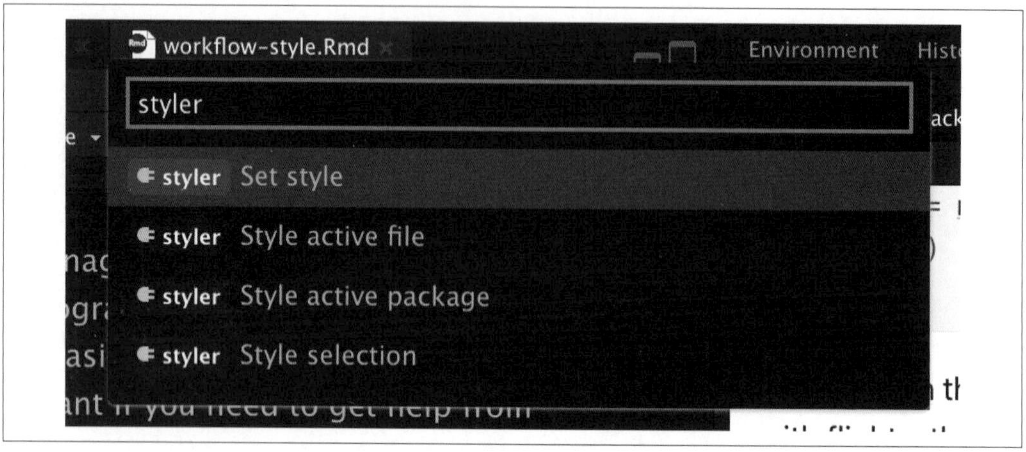

圖 4-1　透過 RStudio 的 command palette，只需使用鍵盤就能輕鬆存取每個 RStudio 命令

在本章中，我們將使用 tidyverse 和 nycflights13 套件作為程式碼範例。

```
library(tidyverse)
library(nycflights13)
```

名稱

我們在第 35 頁的「名稱中包含什麼？」中簡要討論過名稱。請記住，變數名稱（由 <-
建立的名稱和由 mutate() 所建立的名稱）應該只使用小寫字母、數字和 _。使用 _ 來分
隔名稱中的單詞（words）。

```
# 盡量使用：
short_flights <- flights |> filter(air_time < 60)

# 避免：
SHORTFLIGHTS <- flights |> filter(air_time < 60)
```

作為通用的經驗法則，最好選擇描述性強、易於理解的長名稱，而不是輸入速度快的精
簡名稱。編寫程式碼時，簡短名稱所節省的時間相對較少（特別是在自動完成功能可以
幫助你補完輸入的現在），而且當你回到舊程式碼時，將不得不費時費力地拼湊出一個
隱晦縮寫的意義。

如果你有一堆相關事物的名稱，請盡量保持前後一致。若你忘記了以前的慣例，就很容易出現不一致的情況，所以如果你不得不回頭重新命名一些東西，也不要覺得太糟。一般來說，如果你有幾個變數是某個主題的變化，最好給它們一個共同的前綴（prefix），而不是共同的後綴（suffix），因為自動完成功能在變數的開頭效果最好。

空格

除了 ^ 以外，請在數學運算子（例如 +、-、==、< 等等）和指定運算子（<-）兩側加上空格。

```
# 盡量使用
z <- (a + b)^2 / d

# 避免
z<-( a + b ) ^ 2/d
```

對於常規的函式呼叫，不要在括弧（parentheses）內外留空格。逗號（comma）後一定要有空格，就像標準英語用法一樣。

```
# 盡量使用
mean(x, na.rm = TRUE)

# 避免
mean (x ,na.rm=TRUE)
```

如果可以改善對齊情況，新增額外的空格也是可以的。舉例來說，如果你在 mutate() 中建立了多個變數，你可能想要加上空格，讓所有的 = 都能對齊排列[1]。這樣可以更輕易瀏覽程式碼。

```
flights |>
  mutate(
    speed      = distance / air_time,
    dep_hour   = dep_time %/% 100,
    dep_minute = dep_time %%  100
  )
```

1　由於 dep_time 採用的是 HMM 或 HHMM 格式，我們使用整數除法（%/%）來取得小時，並使用餘數運算（%%，也稱為「模數（modulo）」）得到分鐘。

管線

|> 前應始終有一個空格，通常應是一行上最後一個東西。這樣更容易添加新步驟、重新
安排現有步驟、修改步驟中的元素，而且只要略讀左邊的動詞就能取得宏觀的視野。

```
# 盡量使用
flights |>
  filter(!is.na(arr_delay), !is.na(tailnum)) |>
  count(dest)

# 避免
flights|>filter(!is.na(arr_delay), !is.na(tailnum))|>count(dest)
```

如果你以管線連接的函式有具名引數（就像 mutate() 或 summarize() 那樣），請將每個引
數放在新的一行。如果函式沒有具名引數（如 select() 或 filter()），則應將所有引數
都放在一行中，除非放不下，在那種情況下，應將每個引數都放在自己的單獨一行中。

```
# 盡量使用
flights |>
  group_by(tailnum) |>
  summarize(
    delay = mean(arr_delay, na.rm = TRUE),
    n = n()
  )

# 避免
flights |>
  group_by(
    tailnum
  ) |>
  summarize(delay = mean(arr_delay, na.rm = TRUE), n = n())
```

在管線的第一步之後，每行內縮兩個空格。RStudio 會自動在 |> 之後的一個分行符號
（line break）後為你加上那些空格。若要將每個引數放在其獨立的一行，則要多縮排
兩個空格。請確保) 位於自己單獨的一行，並且不縮排，以便與函式名稱的水平位置
匹配。

```
# 盡量使用
flights |>
  group_by(tailnum) |>
  summarize(
    delay = mean(arr_delay, na.rm = TRUE),
    n = n()
  )
```

```
# 避免
flights|>
  group_by(tailnum) |>
  summarize(
        delay = mean(arr_delay, na.rm = TRUE),
        n = n()
      )

# 避免
flights|>
  group_by(tailnum) |>
  summarize(
  delay = mean(arr_delay, na.rm = TRUE),
  n = n()
  )
```

如果你的管線可以很輕易放入一行中，那麼你可以不遵守其中的一些規則。但根據我們的集體經驗，短的程式碼片段變長的情況很常見，所以一開始就使用足夠的垂直空間，長期而言能夠節省時間。

```
# 這可緊湊地放入一行中
df |> mutate(y = x + 1)

# 雖然這佔用的行數是原來的 4 倍，但將來
# 很容易擴充更多變數和更多步驟
df |>
  mutate(
    y = x + 1
  )
```

最後，不要寫出太長的管線，例如超過 10 ～ 15 行的那種。盡量將它們拆解成更小型的子任務，並給予每個任務一個資訊豐富的名稱。這些名稱將幫助讀者瞭解正在發生的事情，並更容易檢查中間結果是否符合預期。只要有辦法賦予某項任務取一個具有描述性的名稱，你就應該那麼做，例如當你從根本上改變資料之結構時，像是在樞紐轉換（pivoting）或摘要之後。不要指望第一次就能取得正確的結果！這就意味著，若有中間狀態可以獲得好名稱，就有必要打破冗長的管線。

ggplot2

適用於管線的基本規則同樣適用於 ggplot2；只需把 + 視為 |> 來做相同處理即可：

```
flights |>
  group_by(month) |>
  summarize(
    delay = mean(arr_delay, na.rm = TRUE)
  ) |>
  ggplot(aes(x = month, y = delay)) +
  geom_point() +
  geom_line()
```

同樣地，如果無法將函式的所有引數都寫在單一行內，請把每個引數都放在自己的一行上：

```
flights |>
  group_by(dest) |>
  summarize(
    distance = mean(distance),
    speed = mean(distance / air_time, na.rm = TRUE)
  ) |>
  ggplot(aes(x = distance, y = speed)) +
  geom_smooth(
    method = "loess",
    span = 0.5,
    se = FALSE,
    color = "white",
    linewidth = 4
  ) +
  geom_point()
```

要注意從 |> 到 + 的過渡。我們也希望這種過渡並非必要，但不幸的是，ggplot2 是在管線被發現之前編寫的。

分段註解

當你的指令稿（scripts）變長時，可以使用分段註解（*sectioning* comments）將檔案分割成易於管理的片段：

```
# Load data -------------------------------------

# Plot data -------------------------------------
```

RStudio 提供建立這些標頭（headers）的快捷鍵（Cmd/Ctrl+Shift+R），並將其顯示在編輯器左下角的程式碼瀏覽下拉選單（code navigation drop-down）中，如圖 4-2 所示。

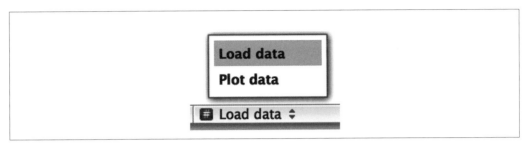

圖 4-2　在指令稿中新增分段註解後，可以使用指令稿編輯器左下角的程式碼瀏覽工具輕鬆前往那些註解

習題

1. 按照前面的風格指南重新設計以下管線：

```
flights|>filter(dest=="IAH")|>group_by(year,month,day)|>summarize(n=n(),
delay=mean(arr_delay,na.rm=TRUE))|>filter(n>10)

flights|>filter(carrier=="UA",dest%in%c("IAH","HOU"),sched_dep_time>
0900,sched_arr_time<2000)|>group_by(flight)|>summarize(delay=mean(
arr_delay,na.rm=TRUE),cancelled=sum(is.na(arr_delay)),n=n())|>filter(n>10)
```

總結

在本章中，你學到了程式碼風格最重要的原則。一開始，這些原則可能會讓人覺得是一套武斷的規則（因為它們確實是！），但隨著時間的推移，當你編寫了更多程式碼並與更多人共享程式碼時，你就會發現風格一致有多麼重要。此外，別忘了 styler 套件：它是快速提升風格不佳的程式碼之品質的好方法。

下一章，我們將回到資料科學工具，學習整理資料。整齊資料（tidy data）是組織資料框的一種前後一致的方式，在整個 tidyverse 中都會使用。這種一致性讓你的工作更輕鬆，因為一旦你有了整齊資料，它就能與絕大多數 tidyverse 的函式一起使用。當然，生活從來都不會是一帆風順的，你在「野外」遇到的大多數資料集都不會剛好是整齊的。因此，我們還將教你如何使用 tidyr 套件來整理不整齊的資料。

## 第五章

資料整理

簡介

> 「幸福的家庭都是相似的,但每一個不幸的家庭都有自己不幸的方式。」
>
> —Leo Tolstoy

> 「整齊的資料集都是相似的,但每一個凌亂的資料集都有自己凌亂的方式。」
>
> —Hadley Wickham

在本章中,你將學習如何使用一種名為「tidy data(整齊資料)」的系統在 R 中以一致的方式組織資料。將資料變換成這種格式需要一些前置作業,但這些工作長期來說會帶來回報。一旦你擁有了整齊資料(tidy data)和由 tidyverse 中的套件提供的整理工具(tidy tools),你只需花費更少的時間就能將資料從一種表示法轉換到另一種表示法,從而將更多的時間花在你關心的資料問題上。

在本章中,首先你將學習整齊資料(tidy data)的定義,並將其套用到一個簡單的玩具資料集。然後,我們將深入探討用來整理資料的主要工具:樞紐轉換(pivoting)。樞紐轉換功能允許你在不改變任何值的情況下改變資料的形式。

先決條件

在本章中,我們將重點介紹 tidyr,它是提供大量工具的一個套件,可幫忙你整理凌亂的資料集。tidyr 是核心 tidyverse 的成員。

```
library(tidyverse)
```

從本章開始，我們將抑制來自 library(tidyverse) 的載入訊息。

整齊的資料

你能以多種方式表示（represent）相同的底層資料。下面的範例顯示了以三種不同方式組織的相同資料。每個資料集都顯示了相同值的四個變數：*country*（國家）、*year*（年份）、*population*（人口）和記錄在案的結核病（tuberculosis，TB）病例數，但每個資料集都以不同的方式組織那些值。

```
table1
#> # A tibble: 6 × 4
#>   country     year  cases population
#>   <chr>       <dbl> <dbl>      <dbl>
#> 1 Afghanistan 1999    745   19987071
#> 2 Afghanistan 2000   2666   20595360
#> 3 Brazil      1999  37737  172006362
#> 4 Brazil      2000  80488  174504898
#> 5 China       1999 212258 1272915272
#> 6 China       2000 213766 1280428583

table2
#> # A tibble: 12 × 4
#>   country     year  type            count
#>   <chr>       <dbl> <chr>           <dbl>
#> 1 Afghanistan 1999 cases             745
#> 2 Afghanistan 1999 population   19987071
#> 3 Afghanistan 2000 cases            2666
#> 4 Afghanistan 2000 population   20595360
#> 5 Brazil      1999 cases           37737
#> 6 Brazil      1999 population  172006362
#> # … with 6 more rows

table3
#> # A tibble: 6 × 3
#>   country     year  rate
#>   <chr>       <dbl> <chr>
#> 1 Afghanistan 1999 745/19987071
#> 2 Afghanistan 2000 2666/20595360
#> 3 Brazil      1999 37737/172006362
#> 4 Brazil      2000 80488/174504898
#> 5 China       1999 212258/1272915272
#> 6 China       2000 213766/1280428583
```

這些都是相同底層資料的不同表示，但它們並不同樣易於使用。其中的 table1 在
tidyverse 中更容易處理，因為它是整齊（*tidy*）的。

有三條相互關聯的規則使資料集變得整齊：

1. 每個變數（variable）都為一欄（column）；每欄都是一個變數。

2. 每個觀測值（observation）都為一列（row）；每列都是一個觀測值。

3. 每個值（value）都是一個單元格（cell）；每個單元格都是單一個值。

圖 5-1 以視覺化的方式顯示了這些規則。

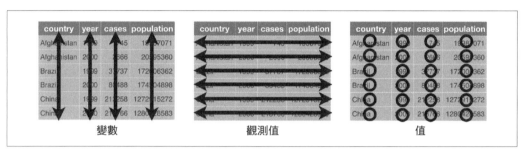

圖 5-1　使資料集整齊的三條規則是：變數為欄、觀測值為列、值為單元格

為什麼要確保資料整齊？主要有兩個好處：

1. 選擇一種一致的資料儲存方式有一個普遍優勢。如果你有一個一致（consistent）的
   資料結構，那麼學習與之搭配使用的工具就會更容易，因為它們有一個基本的統一
   性（uniformity）。

2. 將變數放置在欄中有一個特殊的優勢，那就是可以讓 R 的向量化本質（vectorized
   nature）大顯身手。正如你在第 48 頁「mutate()」和第 55 頁「summarize()」中學到
   的，R 內建的大多數函式都可以處理值的向量（vectors of values）。這使得整齊資料
   的變換感覺特別自然。

dplyr、ggplot2 和 tidyverse 中的所有其他套件都是為處理整齊資料而設計的。

這裡有幾個小型範例，展示如何處理 table1：

```
# 計算每萬人的比率
table1 |>
  mutate(rate = cases / population * 10000)
#> # A tibble: 6 × 5
#>   country      year  cases population  rate
```

```
#>    <chr>        <dbl>  <dbl>      <dbl> <dbl>
#> 1 Afghanistan  1999     745   19987071 0.373
#> 2 Afghanistan  2000    2666   20595360 1.29
#> 3 Brazil       1999   37737  172006362 2.19
#> 4 Brazil       2000   80488  174504898 4.61
#> 5 China        1999  212258 1272915272 1.67
#> 6 China        2000  213766 1280428583 1.67
```

```
# 計算每年的總病例數
table1 |>
  group_by(year) |>
  summarize(total_cases = sum(cases))
#> # A tibble: 2 × 2
#>    year total_cases
#>   <dbl>       <dbl>
#> 1  1999      250740
#> 2  2000      296920
```

```
# 視覺化隨著時間的改變
ggplot(table1, aes(x = year, y = cases)) +
  geom_line(aes(group = country), color = "grey50") +
  geom_point(aes(color = country, shape = country)) +
  scale_x_continuous(breaks = c(1999, 2000)) # x 軸斷在 1999 年和 2000 年
```

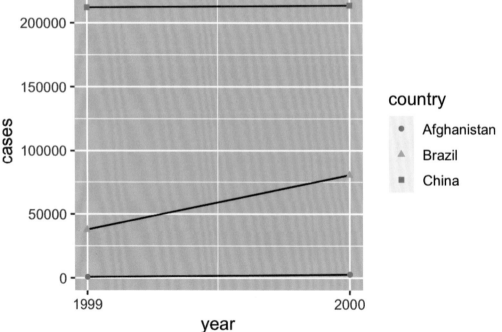

習題

1. 請描述每個範例表格（tables）中的每個觀測值和每一欄所代表的含義。

2. 請勾畫出計算 table2 和表 table3 的 rate（比率）的過程。你需要進行四項運算：

   a. 提取每個國家每年的結核病例數。

   b. 提取每個國家每年對應的人口數。

   c. 用病例數除以人口數，再乘以 10,000。

   d. 儲存回適當的地方。

   你還沒有學到實際進行這些運算所需的全部函式，但你應該能夠想出所需的變換。

資料加長

整齊資料的原則似乎是顯而易見的，以致於你會懷疑自己是否會遇到不整齊的資料集。但遺憾的是，大多數真實資料都是不整齊的。主要有兩個原因：

1. 資料的組織通常是為了分析以外的其他目的而進行的。例如，很常見的是，資料的結構化方式是為了方便資料輸入，而非分析。

2. 大多數人並不熟悉整齊資料的原則，除非你花大量時間處理資料，否則很難自己推導出這些原則。

這意味著，大多數實際分析至少都需要稍加整理資料。首先，你要弄清楚底層的變數和觀測值是什麼。有時這很容易，有時則需要諮詢最初產生那些資料的人。接下來，你會把資料樞紐轉換（pivot）成整齊的形式，變數在欄，觀察值在列。

tidyr 提供兩個函式來進行資料的樞紐轉換：pivot_longer() 和 pivot_wider()。我們先從 pivot_longer() 開始，因為這是最常見的情況。讓我們舉幾個例子。

欄位名稱中的資料

billboard 資料集記錄了 2000 年 Billboard（告示牌）的歌曲排名：

```
billboard
#> # A tibble: 317 × 79
#>   artist    track              date.entered   wk1   wk2   wk3   wk4   wk5
#>   <chr>     <chr>              <date>       <dbl> <dbl> <dbl> <dbl> <dbl>
#> 1 2 Pac     Baby Don't Cry (Ke… 2000-02-26    87    82    72    77    87
#> 2 2Ge+her   The Hardest Part O… 2000-09-02    91    87    92    NA    NA
```

```
#> 3 3 Doors Down Kryptonite          2000-04-08    81    70    68    67    66
#> 4 3 Doors Down Loser               2000-10-21    76    76    72    69    67
#> 5 504 Boyz    Wobble Wobble        2000-04-15    57    34    25    17    17
#> 6 98^0        Give Me Just One N... 2000-08-19    51    39    34    26    26
#> # ... with 311 more rows, and 71 more variables: wk6 <dbl>, wk7 <dbl>,
#> #   wk8 <dbl>, wk9 <dbl>, wk10 <dbl>, wk11 <dbl>, wk12 <dbl>, wk13 <dbl>, ...
```

在這個資料集中,每個觀測值都是一首歌曲。前三欄(artist、track 與 date.entered)是描述歌曲的變數。然後,我們有 76 欄(wk1-wk76)來描述歌曲在每週的排名[1]。在此,欄名是一個變數(week),單元格的值是另一個變數(rank)。

要整理這些資料,我們會使用 pivot_longer():

```
billboard |>
  pivot_longer(
    cols = starts_with("wk"),
    names_to = "week",
    values_to = "rank"
  )
#> # A tibble: 24,092 × 5
#>     artist track                  date.entered week   rank
#>     <chr>  <chr>                  <date>       <chr> <dbl>
#>  1 2 Pac  Baby Don't Cry (Keep... 2000-02-26   wk1     87
#>  2 2 Pac  Baby Don't Cry (Keep... 2000-02-26   wk2     82
#>  3 2 Pac  Baby Don't Cry (Keep... 2000-02-26   wk3     72
#>  4 2 Pac  Baby Don't Cry (Keep... 2000-02-26   wk4     77
#>  5 2 Pac  Baby Don't Cry (Keep... 2000-02-26   wk5     87
#>  6 2 Pac  Baby Don't Cry (Keep... 2000-02-26   wk6     94
#>  7 2 Pac  Baby Don't Cry (Keep... 2000-02-26   wk7     99
#>  8 2 Pac  Baby Don't Cry (Keep... 2000-02-26   wk8     NA
#>  9 2 Pac  Baby Don't Cry (Keep... 2000-02-26   wk9     NA
#> 10 2 Pac  Baby Don't Cry (Keep... 2000-02-26   wk10    NA
#> # ... with 24,082 more rows
```

資料之後,有三個關鍵引數:

cols

指定哪些欄需要被樞紐轉換(即哪些欄不是變數)。此引數使用與 select() 相同的語法,因此我們可以使用 !c(artist, track, date.entered) 或 starts_with("wk")。

1　只要這首歌曲在 2000 年的某個時間點曾進入前 100 名,就會被列入榜單,並在出現後被追蹤長達 72 週。

---

names_to

命名儲存在欄名中的變數；我們將該變數命名為 week。

values_to

命名儲存在單元格值中的變數；我們將該變數命名為 rank。

請注意，程式碼中的 "week" 和 "rank" 是帶引號的，因為它們是我們建立的新變數；在執行 pivot_longer() 呼叫時，它們尚不存在於資料中。

現在，讓我們把目光轉向由此產生的較長（longer）的資料框。如果一首歌進入前 100 名的時間少於 76 週，那會怎樣呢？以 2 Pac 的「Baby Don't Cry」為例。前面的輸出結果表明，這首歌在前 100 名中只停留了 7 週，其餘幾週都填入缺失值。那些 NA 並不真正代表未知的觀測值；它們之所以存在是資料集的結構所致[2]，因此我們可以透過設定 values_drop_na = TRUE 來要求 pivot_longer() 刪除它們：

```
billboard |>
  pivot_longer(
    cols = starts_with("wk"),
    names_to = "week",
    values_to = "rank",
    values_drop_na = TRUE
  )
#> # A tibble: 5,307 × 5
#>   artist track              date.entered week   rank
#>   <chr>  <chr>              <date>       <chr> <dbl>
#> 1 2 Pac  Baby Don't Cry (Keep... 2000-02-26   wk1      87
#> 2 2 Pac  Baby Don't Cry (Keep... 2000-02-26   wk2      82
#> 3 2 Pac  Baby Don't Cry (Keep... 2000-02-26   wk3      72
#> 4 2 Pac  Baby Don't Cry (Keep... 2000-02-26   wk4      77
#> 5 2 Pac  Baby Don't Cry (Keep... 2000-02-26   wk5      87
#> 6 2 Pac  Baby Don't Cry (Keep... 2000-02-26   wk6      94
#> # … with 5,301 more rows
```

現在的列數要少得多，這表明許多帶有 NA 的列都被刪除了。

你可能還想知道，如果一首歌進入前 100 名的時間超過 76 週，會發生什麼情況。我們無法從這些資料中得知，但你可能會猜測，資料集會添加諸如 wk77、wk78 等等的欄位。

---

2 我們將在第 18 章再次討論這一點。

這個資料現在已經是整齊（tidy）的了，但我們可以使用 mutate() 和 readr::parse_number() 將 week 的值從字串轉換為數字，從而使未來的計算更容易一些。parse_number() 是一個便利的函式，它可以從字串中擷取出第一個數字，而忽略所有其他文字。

```
billboard_longer <- billboard |>
  pivot_longer(
    cols = starts_with("wk"),
    names_to = "week",
    values_to = "rank",
    values_drop_na = TRUE
  ) |>
  mutate(
    week = parse_number(week)
  )
billboard_longer
#> # A tibble: 5,307 × 5
#>    artist track                   date.entered week  rank
#>    <chr>  <chr>                   <date>       <dbl> <dbl>
#> 1 2 Pac  Baby Don't Cry (Keep...  2000-02-26       1    87
#> 2 2 Pac  Baby Don't Cry (Keep...  2000-02-26       2    82
#> 3 2 Pac  Baby Don't Cry (Keep...  2000-02-26       3    72
#> 4 2 Pac  Baby Don't Cry (Keep...  2000-02-26       4    77
#> 5 2 Pac  Baby Don't Cry (Keep...  2000-02-26       5    87
#> 6 2 Pac  Baby Don't Cry (Keep...  2000-02-26       6    94
#> # … with 5,301 more rows
```

現在，我們在一個變數中就擁有了所有的週數，並在另一個變數中持有所有的排名值，這樣我們就能很好地視覺化歌曲排名隨時間的變化情況。程式碼如這裡所示，而結果在圖 5-2 中。我們可以看到，很少有歌曲能在前 100 名中停留 20 週以上。

```
billboard_longer |>
  ggplot(aes(x = week, y = rank, group = track)) +
  geom_line(alpha = 0.25) +
  scale_y_reverse()
```

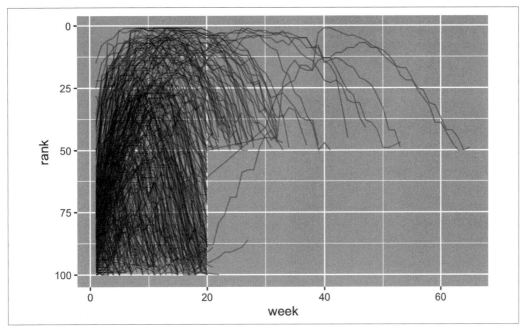

圖 5-2　顯示歌曲排名隨時間變化的折線圖

樞紐轉換是如何運作的？

既然你已經瞭解如何使用樞紐轉換（pivoting）來重塑我們的資料，那麼就讓我們花一點時間來直觀地瞭解一下樞紐轉換動作對資料做了什麼。我們從一個簡單的資料集開始，以便更容易理解發生了什麼。假設我們有三個病人，其 id 分別為 A、B 和 C，我們為每個病人測量了兩次血壓（blood pressure）。我們將使用 tribble() 來創建資料，這是一個用來手動建構小型 tibbles 的便捷函式：

```
df <- tribble(
  ~id,   ~bp1, ~bp2,
   "A",  100,  120,
   "B",  140,  115,
   "C",  120,  125
)
```

我們希望新資料集包含三個變數：id（已存在）、measurement（欄名）和 value（單元格值）。為此，我們需要對 df 進行加長的樞紐轉換：

```
df |>
  pivot_longer(
```

```
    cols = bp1:bp2,
    names_to = "measurement",
    values_to = "value"
  )
#> # A tibble: 6 × 3
#>   id    measurement value
#>   <chr> <chr>       <dbl>
#> 1 A     bp1           100
#> 2 A     bp2           120
#> 3 B     bp1           140
#> 4 B     bp2           115
#> 5 C     bp1           120
#> 6 C     bp2           125
```

這種重塑是如何進行的？如果我們逐欄考慮，就會比較容易理解。如圖 5-3 所示，在原始資料集中已經是變數的欄（id）中的值需要重複，每個被樞紐轉換的欄都要重複一次。

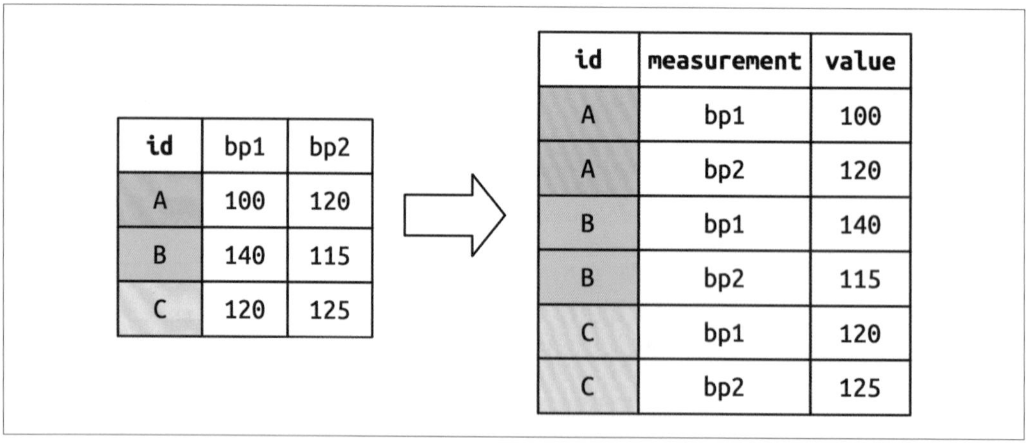

圖 5-3　已經是變數的欄需要重複，每個被樞紐轉換的欄都要重複一次

如圖 5-4 所示，欄名將成為一個新變數的值，該變數的名稱由 names_to 定義。原始資料集中的每一列都需要重複一次。

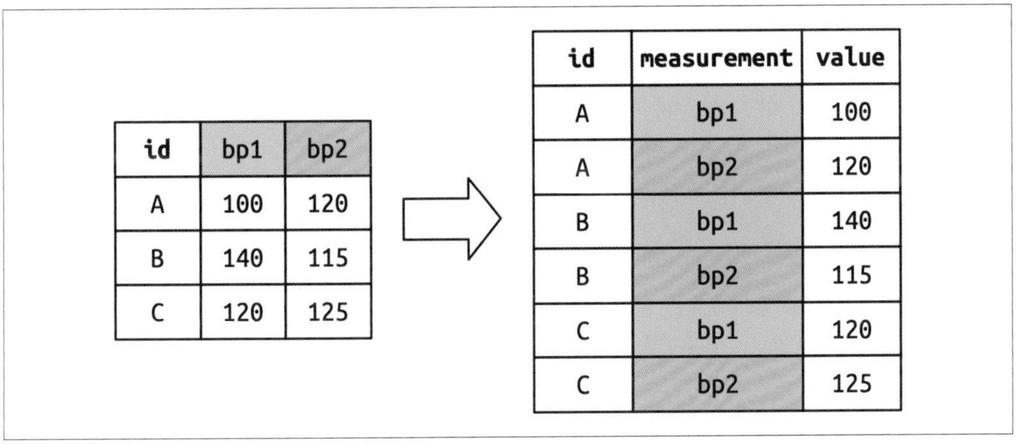

圖 5-4　經過樞紐轉換的欄位之名稱會變成新欄中的值。原始資料集的每一列都需要重複一次那些值

原本單元格的值也會變成一個新變數的值，其名稱由 values_to 定義。這些值將逐列展開。圖 5-5 展示了這一過程。

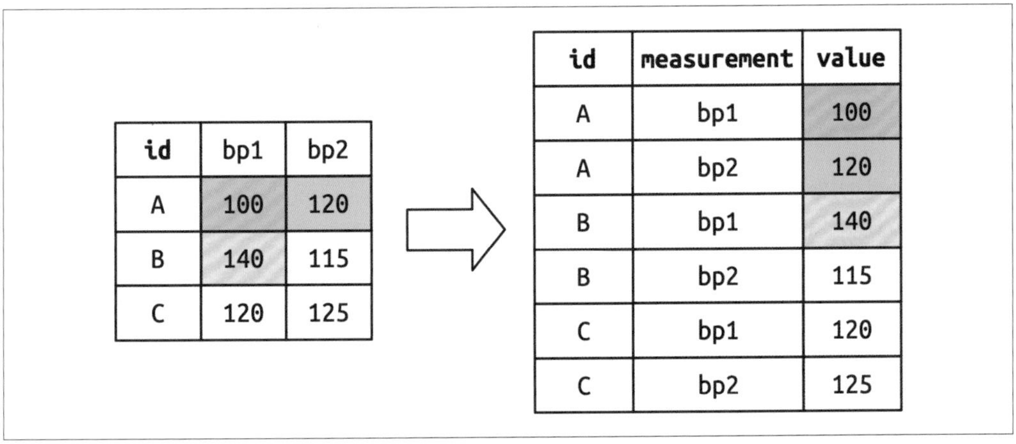

圖 5-5　值的數量被保留（不重複），但逐列展開了

欄名中的許多變數

更具挑戰性的情況是，欄名中包含了多項資訊，而你希望將那些資訊分別儲存在不同的新變數中。舉例來說，以之前看到的 who2 資料集，即 table1 的來源，和你早先見過的相關資料為例：

```
who2
#> # A tibble: 7,240 × 58
#>   country      year sp_m_014 sp_m_1524 sp_m_2534 sp_m_3544 sp_m_4554
#>   <chr>       <dbl>    <dbl>     <dbl>     <dbl>     <dbl>     <dbl>
#> 1 Afghanistan  1980       NA        NA        NA        NA        NA
#> 2 Afghanistan  1981       NA        NA        NA        NA        NA
#> 3 Afghanistan  1982       NA        NA        NA        NA        NA
#> 4 Afghanistan  1983       NA        NA        NA        NA        NA
#> 5 Afghanistan  1984       NA        NA        NA        NA        NA
#> 6 Afghanistan  1985       NA        NA        NA        NA        NA
#> # … with 7,234 more rows, and 51 more variables: sp_m_5564 <dbl>,
#> #   sp_m_65 <dbl>, sp_f_014 <dbl>, sp_f_1524 <dbl>, sp_f_2534 <dbl>, …
```

該資料集由 World Health Organization（世界衛生組織）所蒐集，記錄了結核病（tuberculosis）的診斷資訊。有兩欄已經是變數，很容易解釋：country（國家）和 year（年份）。後面還有 56 欄，如 sp_m_014、ep_m_4554 和 rel_m_3544。如果你盯著這些欄位看了足夠久的時間，你會注意到其中有一種模式。每一欄的名稱都由三個部分組成，其間用 _ 分隔。第一個部分，即 sp/rel/ep，描述診斷（diagnosis）所使用的方法；第二部分 m/f，是 gender（性別，在本資料集中編碼為一個二元變數）；第三部分 014/1524/2534/3544/4554/65，是 age（年齡）範圍（例如，014 代表 0 ～ 14 歲）。

所以在此例中，who2 記錄了六項資訊：國家和年份（已經是欄位了）；診斷方法、性別類別和年齡範圍類別（包含在其他欄名中）；以及該類別中的患者人數（單元格中的值）。為了將這六項資訊組織到六個獨立的欄位中，我們會使用 pivot_longer()，其中 names_to 使用由欄名組成的一個向量；names_sep 使用將原始變數名稱拆分成各部分的指引器，而 values_to 使用一個欄名：

```
who2 |>
  pivot_longer(
    cols = !(country:year),
    names_to = c("diagnosis", "gender", "age"),
    names_sep = "_",
    values_to = "count"
  )
#> # A tibble: 405,440 × 6
#>   country      year diagnosis gender age   count
#>   <chr>       <dbl> <chr>     <chr>  <chr> <dbl>
#> 1 Afghanistan  1980 sp        m      014      NA
#> 2 Afghanistan  1980 sp        m      1524     NA
#> 3 Afghanistan  1980 sp        m      2534     NA
#> 4 Afghanistan  1980 sp        m      3544     NA
#> 5 Afghanistan  1980 sp        m      4554     NA
#> 6 Afghanistan  1980 sp        m      5564     NA
#> # … with 405,434 more rows
```

在第 15 章學習了正規表達式後,你可以用它從更複雜的命名慣例中擷取出變數。

從概念上講,這只是你已見過的較簡單情況的一種小變化。圖 5-6 顯示了基本概念:現在,欄名不再樞紐轉換為一欄,而是樞紐轉換為多欄。你可以想像這是透過兩個步驟實作的(先樞紐轉換,然後分離),但在底層,它是透過一個步驟實作的,因為那樣更快。

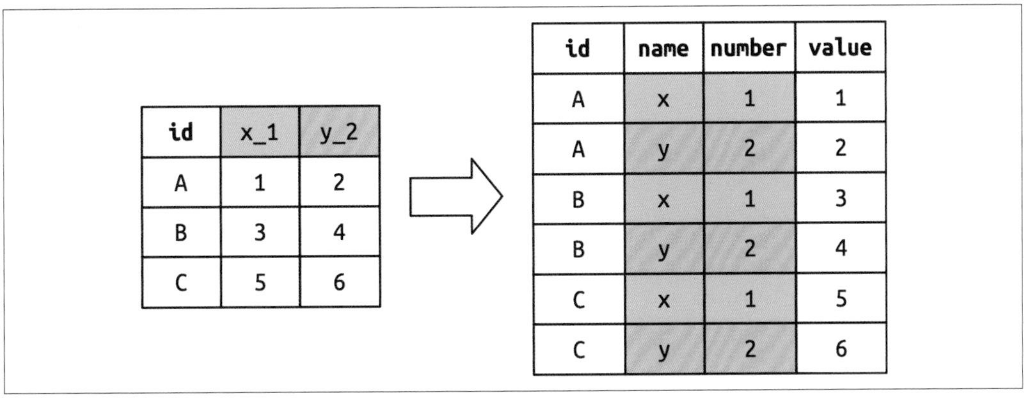

圖 5-6　對名稱中包含多項資訊的欄位進行樞紐轉換,意味著每個欄名現在都會在多個輸出欄中填入其值

欄標頭中的資料和變數名稱

欄名混有變數值和變數名稱時,複雜性就更高了。舉例來說,以 household 資料集為例:

```
household
#> # A tibble: 5 × 5
#>   family dob_child1 dob_child2 name_child1 name_child2
#>    <int> <date>     <date>     <chr>       <chr>
#> 1      1 1998-11-26 2000-01-29 Susan       Jose
#> 2      2 1996-06-22 NA         Mark        <NA>
#> 3      3 2002-07-11 2004-04-05 Sam         Seth
#> 4      4 2004-10-10 2009-08-27 Craig       Khai
#> 5      5 2000-12-05 2005-02-28 Parker      Gracie
```

該資料集含有五個家庭的相關資料,其中有最多兩個孩子的姓名和出生日期(dates of birth)。這個資料集的新挑戰在於,欄名包含兩個變數的名稱(dob、name)和另一個變數的值(child,值為 1 或 2)。為瞭解決這個問題,我們再次需要向 names_to 提供一個向量,但這次我們使用特殊的 ".value" 哨符值(sentinel);這不是一個變數的名稱,而是一個特殊值,它告訴 pivot_longer() 要做一些不同的事情。這取代了一般的 values_to

引數，改為在輸出中使用經過樞紐轉換的欄名的第一個組成部分（first component）作
為一個變數名稱。

```
household |>
  pivot_longer(
    cols = !family,
    names_to = c(".value", "child"),
    names_sep = "_",
    values_drop_na = TRUE
  )
#> # A tibble: 9 × 4
#>   family child  dob        name
#>    <int> <chr>  <date>     <chr>
#> 1      1 child1 1998-11-26 Susan
#> 2      1 child2 2000-01-29 Jose
#> 3      2 child1 1996-06-22 Mark
#> 4      3 child1 2002-07-11 Sam
#> 5      3 child2 2004-04-05 Seth
#> 6      4 child1 2004-10-10 Craig
#> # … with 3 more rows
```

我們再次使用 `values_drop_na = TRUE`，因為輸入的「形狀」迫使我們要建立明確的缺失
變數（例如，為了只有一個孩子的家庭）。

圖 5-7 用一個更簡單的例子闡明基本概念。在 `names_to` 中使用 `".value"` 時，輸入中的欄
名會被用來同時產生輸出中的值和變數名稱。

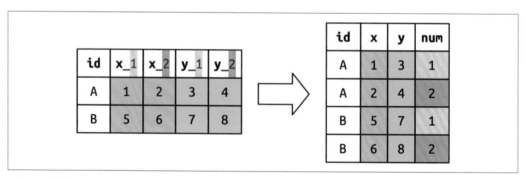

圖 5-7　使用 `names_to = c(".value", "num")` 進行樞紐轉換會將欄名分成兩個組成部分：第一個部分
　　　　決定輸出欄名（x 或 y），第二個部分決定 num 欄的值

資料增寬

到目前為止，我們用過 pivot_longer() 解決值被放到欄名中的那類常見問題。接下來，我們將「轉（pivot）」為使用 pivot_wider()（哈哈），它可以透過增加欄數和減少列數使資料集變寬（*wider*），在一個觀測值分散在多列時提供協助。這種情況在實際應用中似乎不太常見，但在處理政府資料（governmental data）時確實經常出現。

我們先來看看 cms_patient_experience，這是一個來自 Centers for Medicare and Medicaid Services（美國聯邦醫療保險和補助服務中心）的資料集，蒐集有關患者體驗的資料：

```
cms_patient_experience
#> # A tibble: 500 × 5
#>   org_pac_id org_nm                        measure_cd   measure_title   prf_rate
#>   <chr>      <chr>                         <chr>        <chr>              <dbl>
#> 1 0446157747 USC CARE MEDICAL GROUP INC CAHPS_GRP_1   CAHPS for MIPS…       63
#> 2 0446157747 USC CARE MEDICAL GROUP INC CAHPS_GRP_2   CAHPS for MIPS…       87
#> 3 0446157747 USC CARE MEDICAL GROUP INC CAHPS_GRP_3   CAHPS for MIPS…       86
#> 4 0446157747 USC CARE MEDICAL GROUP INC CAHPS_GRP_5   CAHPS for MIPS…       57
#> 5 0446157747 USC CARE MEDICAL GROUP INC CAHPS_GRP_8   CAHPS for MIPS…       85
#> 6 0446157747 USC CARE MEDICAL GROUP INC CAHPS_GRP_12 CAHPS for MIPS…       24
#> # … with 494 more rows
```

研究的核心單位是一個組織，但每個組織都分散在六列中，每列代表調查組織中進行的一項測量。我們可以使用 distinct() 檢視 measure_cd 和 measure_title 之值的完整集合：

```
cms_patient_experience |>
  distinct(measure_cd, measure_title)
#> # A tibble: 6 × 2
#>   measure_cd   measure_title
#>   <chr>        <chr>
#> 1 CAHPS_GRP_1   CAHPS for MIPS SSM: Getting Timely Care, Appointments, and In…
#> 2 CAHPS_GRP_2   CAHPS for MIPS SSM: How Well Providers Communicate
#> 3 CAHPS_GRP_3   CAHPS for MIPS SSM: Patient's Rating of Provider
#> 4 CAHPS_GRP_5   CAHPS for MIPS SSM: Health Promotion and Education
#> 5 CAHPS_GRP_8   CAHPS for MIPS SSM: Courteous and Helpful Office Staff
#> 6 CAHPS_GRP_12 CAHPS for MIPS SSM: Stewardship of Patient Resources
```

這兩欄都不是特別好的變數名稱：measure_cd 沒有暗示變數的含義，而 measure_title 則是一個包含空格的長句。我們暫時使用 measure_cd 作為新欄名的來源，但在實際分析中，可能需要創造你自己的既簡短又有意義的變數名稱。

pivot_wider() 的介面與 pivot_longer() 相反：我們不需要挑選新的欄名，而是提供用以定義值（values_from）和欄名（names_from）的現有欄位：

```
cms_patient_experience |>
  pivot_wider(
    names_from = measure_cd,
    values_from = prf_rate
  )
#> # A tibble: 500 × 9
#>   org_pac_id org_nm                      measure_title  CAHPS_GRP_1 CAHPS_GRP_2
#>   <chr>      <chr>                       <chr>                <dbl>       <dbl>
#> 1 0446157747 USC CARE MEDICAL GROUP ... CAHPS for MIPS...       63          NA
#> 2 0446157747 USC CARE MEDICAL GROUP ... CAHPS for MIPS...       NA          87
#> 3 0446157747 USC CARE MEDICAL GROUP ... CAHPS for MIPS...       NA          NA
#> 4 0446157747 USC CARE MEDICAL GROUP ... CAHPS for MIPS...       NA          NA
#> 5 0446157747 USC CARE MEDICAL GROUP ... CAHPS for MIPS...       NA          NA
#> 6 0446157747 USC CARE MEDICAL GROUP ... CAHPS for MIPS...       NA          NA
#> # ... with 494 more rows, and 4 more variables: CAHPS_GRP_3 <dbl>,
#> #   CAHPS_GRP_5 <dbl>, CAHPS_GRP_8 <dbl>, CAHPS_GRP_12 <dbl>
```

輸出結果看起來不太對；每個組織似乎仍有多列。這是因為我們還需要告訴 pivot_wider()，哪一欄或哪幾欄有可唯一識別每一列的值；在本例中，那些值就是以 "org" 開頭的變數：

```
cms_patient_experience |>
  pivot_wider(
    id_cols = starts_with("org"),
    names_from = measure_cd,
    values_from = prf_rate
  )
#> # A tibble: 95 × 8
#>   org_pac_id org_nm         CAHPS_GRP_1 CAHPS_GRP_2 CAHPS_GRP_3 CAHPS_GRP_5
#>   <chr>      <chr>                <dbl>       <dbl>       <dbl>       <dbl>
#> 1 0446157747 USC CARE MEDICA...      63          87          86          57
#> 2 0446162697 ASSOCIATION OF ...      59          85          83          63
#> 3 0547164295 BEAVER MEDICAL ...      49          NA          75          44
#> 4 0749333730 CAPE PHYSICIANS...      67          84          85          65
#> 5 0840104360 ALLIANCE PHYSIC...      66          87          87          64
#> 6 0840109864 REX HOSPITAL INC       73          87          84          67
#> # ... with 89 more rows, and 2 more variables: CAHPS_GRP_8 <dbl>,
#> #   CAHPS_GRP_12 <dbl>
```

這樣就能得到我們想要的輸出結果。

pivot_wider() 的運作方式為何？

要瞭解 pivot_wider() 如何運作，讓我們再次從一個簡單的資料集開始。這次我們有兩個病人，id 分別為 A 和 B；病人 A 有三次血壓測量值，而病人 B 有兩次：

```
df <- tribble(
  ~id, ~measurement, ~value,
  "A",         "bp1",    100,
  "B",         "bp1",    140,
  "B",         "bp2",    115,
  "A",         "bp2",    120,
  "A",         "bp3",    105
)
```

我們將從 value 欄中獲取值，從 measurement 欄中獲取名稱：

```
df |>
  pivot_wider(
    names_from = measurement,
    values_from = value
  )
#> # A tibble: 2 × 4
#>   id      bp1   bp2   bp3
#>   <chr> <dbl> <dbl> <dbl>
#> 1 A       100   120   105
#> 2 B       140   115    NA
```

要開始這個程序，pivot_wider() 需要先確定什麼會被放到列和欄中。新欄名將是 measurement 不重複的唯一值：

```
df |>
  distinct(measurement) |>
  pull()
#> [1] "bp1" "bp2" "bp3"
```

預設情況下，輸出中的列由所有未被指定為新名稱或值的變數所決定。那些變數被稱為 id_cols。這裡只有一欄，但一般來說可以有任意數量：

```
df |>
  select(-measurement, -value) |>
  distinct()
#> # A tibble: 2 × 1
#>   id
#>   <chr>
#> 1 A
#> 2 B
```

然後，pivot_wider() 會結合這些結果，產生一個空的資料框：

```
df |>
  select(-measurement, -value) |>
  distinct() |>
  mutate(x = NA, y = NA, z = NA)
#> # A tibble: 2 × 4
#>   id    x     y     z
#>   <chr> <lgl> <lgl> <lgl>
#> 1 A     NA    NA    NA
#> 2 B     NA    NA    NA
```

然後，它會使用輸入資料填補所有的缺失值。在本例中，並非輸出中的每個單元格在輸入中都有對應的值，因為患者 B 沒有第三次血壓測量值，所以該單元格仍然是缺失的。我們將在第 18 章中再次討論 pivot_wider() 能夠「製作」缺失值的這一概念。

你可能還想知道，如果輸入中有多個列與輸出中的一個單元格相對應，會發生什麼情況。下面的範例中有兩列對應到 id A 和 measurement bp1：

```
df <- tribble(
  ~id, ~measurement, ~value,
  "A",        "bp1",    100,
  "A",        "bp1",    102,
  "A",        "bp2",    120,
  "B",        "bp1",    140,
  "B",        "bp2",    115
)
```

如果我們嘗試對其進行樞紐轉換，就會得到一個包含 list-column（串列欄）的輸出結果，你將在第 23 章中瞭解到有關串列欄的更多資訊：

```
df |>
  pivot_wider(
    names_from = measurement,
    values_from = value
  )
#> Warning: Values from `value` are not uniquely identified; output will contain
#> list-cols.
#> • Use `values_fn = list` to suppress this warning.
#> • Use `values_fn = {summary_fun}` to summarise duplicates.
#> • Use the following dplyr code to identify duplicates.
#>   {data} %>%
#>   dplyr::group_by(id, measurement) %>%
#>   dplyr::summarise(n = dplyr::n(), .groups = "drop") %>%
#>   dplyr::filter(n > 1L)
#> # A tibble: 2 × 3
#>   id    bp1         bp2
```

```
#>   <chr> <list>    <list>
#> 1 A     <dbl [2]> <dbl [1]>
#> 2 B     <dbl [1]> <dbl [1]>
```

由於你還不知道如何處理這種資料，你需要根據警告中的提示找出問題所在：

```
df |>
  group_by(id, measurement) |>
  summarize(n = n(), .groups = "drop") |>
  filter(n > 1)
#> # A tibble: 1 × 3
#>   id    measurement     n
#>   <chr> <chr>       <int>
#> 1 A     bp1             2
```

這時，就得由你找出資料出錯的原因，要麼修復潛在的損壞，要麼運用分組和摘要技能確保列與欄值的每個組合都只有單一列。

總結

在本章中，你學到什麼是整齊資料（tidy data）：變數在欄中、觀測值在列中的資料。整齊資料能使你在 tidyverse 中的工作變得更容易，因為它是一種大多數函式都能理解的一致結構；主要的挑戰是將資料從接收到時的任何結構變換為整齊格式。為此，你學習了 pivot_longer() 和 pivot_wider()，它們可以讓你整理許多不整齊的資料集。這裡介紹的範例是從 vignette("pivot", package = "tidyr") 中挑選出來的，所以如果你遇到本章無法幫助你解決的問題，那個 vignette（主題說明）就是你下一步可以試試看的東西。

另一個挑戰是，對於給定的某個資料集，有可能無法把加長或增寬的版本稱作「整齊」。這在一定程度上反映了我們對整齊資料的定義，其中指出整齊資料的每一欄都有一個變數，但實際上我們並沒有定義變數（variable）是什麼（而且要定義變數出奇地難）。務實一點完全沒關係，只要能讓你的分析更輕鬆，要說變數是什麼都可以。因此，如果你在思考如何進行計算時遇到困難，可以考慮改變資料的組織方式；別害怕在有需要時進行資料的拆解、變換和重新整理！

如果你喜歡本章，並想更加瞭解底層的理論，可以在〈*Journal of Statistical Software*〉上發表的「Tidy Data」論文（*https://oreil.ly/86uxw*）中找到更多有關歷史背景和理論基礎的資訊。

現在你已經編寫了不少的 R 程式碼，是時候學習如何將程式碼組織到檔案和目錄中了。在下一章中，你會學到指令稿（scripts）和專案（projects）的所有優點，以及它們提供來讓你的工作變得更輕鬆的許多工具。

## 第六章

工作流程：指令稿和專案

本章將向你介紹組織程式碼的兩個基本工具：指令稿（scripts）和專案（projects）。

指令稿

到目前為止，你已經用過主控台（console）執行程式碼。這是一個很好的開始，但當你建立更複雜的 ggplot2 圖形和更長的 dplyr 管線時，你會發現它很快就變得擁擠不堪。為了給自己更多的工作空間，請使用指令稿編輯器（script editor）。點擊 File 選單，選擇 New File，然後選擇 R script 就能開啟它，或者使用快捷鍵 Cmd/Ctrl+Shift+N。現在你會看到四個窗格，如圖 6-1 所示。指令稿編輯器是試驗程式碼的好地方。當你想修改某些內容時，就不必重新輸入全部的程式碼，只需編輯指令稿並重新執行即可。一旦你編寫的程式碼可以執行並達到你想要的效果，就能把它儲存為指令稿檔案，方便以後再用。

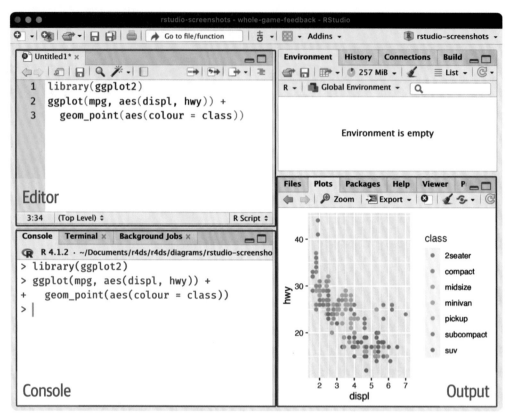

圖 6-1　開啟指令稿編輯器後，IDE 的左上方會增加一個新窗格

執行程式碼

指令稿編輯器是繪製複雜 ggplot2 圖表或進行一長串 dplyr 操作的絕佳工具。有效使用指令稿編輯器的關鍵是記住一個最重要的快捷鍵：Cmd/Ctrl+Enter。這會在主控台中執行當前的 R 運算式。舉例來說，以下列的程式碼為例：

```
library(dplyr)
library(nycflights13)

not_cancelled <- flights |>
  filter(!is.na(dep_delay)█, !is.na(arr_delay))

not_cancelled |>
  group_by(year, month, day) |>
  summarize(mean = mean(dep_delay))
```

如果你的游標位在 ▌ 處，按下 Cmd/Ctrl+Enter 將執行會產生 not_cancelled 的完整命令。它還會將游標移動到接下來的述句（以 not_cancelled |> 開頭的那個）。這樣，只需反覆按下 Cmd/Ctrl+Enter 鍵，就能輕鬆逐步執行（step through）整個指令稿。

你可以使用 Cmd/Ctrl+Shift+S 一次執行整個指令稿，而不是逐個運算式執行程式碼。經常這樣做可以確保你有在指令稿中捕捉到程式碼的所有重要部分。

我們建議始終使用你所需的套件作為指令稿的開頭。如此一來，若你與他人共享程式碼，他們就能很輕易看到需要安裝哪些套件。但請注意，千萬不要在共享的指令稿中包含 install.packages()。如果不小心把會在電腦上安裝某些東西的指令稿交給他人，那就太思慮不周了！

在學習未來章節時，我們強烈建議從指令稿編輯器開始，並練習快捷鍵。隨著時間的推移，以這種方式傳送程式碼到主控台將變得如此自然，以致於你根本不會想到這回事。

RStudio 的診斷資訊

在指令稿編輯器中，RStudio 會在側邊欄中用紅色的波浪線和叉號突顯語法錯誤：

將滑鼠游標懸停在叉號上，就能檢視問題所在：

RStudio 還會以棕色波浪線告知你潛在的問題：

儲存與命名

RStudio 會在退出時自動儲存指令稿編輯器的內容,並在重新開啟時自動重新載入。不過,最好還是不要使用 Untitled1、Untitled2、Untitled3 等名稱,而是用資訊豐富的名稱儲存指令稿。

將檔案命名為 code.R 或 myscript.R 也許很誘人,但在為檔案取名之前,你應該再三斟酌。命名檔案的三個重要原則如下:

1. 檔名應為機器可讀的(*machine* readable):避免空格、符號和特殊字元。不要仰賴大小寫來區分檔案。

2. 檔名應為人類可讀的(*human* readable):使用檔名來描述檔案中的內容。

3. 檔名應與預設排序方式保持一致:檔名以數字開頭,使得字母順序排序(alphabetical sorting)以使用順序排列它們。

舉例來說,假設專案資料夾中有下列檔案:

```
alternative model.R
code for exploratory analysis.r
finalreport.qmd
FinalReport.qmd
fig 1.png
Figure_02.png
model_first_try.R
run-first.r
temp.txt
```

這裡有各式各樣的問題:很難找出要先執行哪個檔案、檔名包含空格、有兩個檔名相同但大小寫不同(`finalreport` 與 `FinalReport`[1]),有些名稱並沒有描述其內容(`run-first` 和 `temp`)。

下面是命名和組織同一組檔案更好的方式:

```
01-load-data.R
02-exploratory-analysis.R
03-model-approach-1.R
04-model-approach-2.R
fig-01.png
fig-02.png
report-2022-03-20.qmd
```

---

[1] 更不用說你在名稱中使用「final」簡直是在招惹厄運了。Piled Higher and Deeper 中有一則關於這點的有趣漫畫(*https://oreil.ly/L9ip0*)。

```
report-2022-04-02.qmd
report-draft-notes.txt
```

對關鍵指令稿進行編號後，執行指令稿的順序就一目瞭然了，而一致的命名方案也更容易看出有什麼變化。此外，圖表的標注方式也很類似，這些報告透過檔名中包含的日期來區分，`temp` 重新命名為 `report-draft-notes`，以便更好地描述其內容。如果一個目錄中有很多檔案，建議進一步整理，將不同類型的檔案（指令稿、圖表等）放在不同的目錄中。

專案

有時，你會需要退出 R，去做其他事情，之後再回到你的分析工作。有時，你會同時進行多項分析，並希望將它們分開。有時，你會需要將外部世界的資料引入 R，並將 R 中的數值結果和圖表傳送回外部世界。

要處理這些實際情況，你需要做出兩個決定：

- 真相的來源（source of truth）是什麼？你會儲存什麼作為所發生事件的永久記錄？

- 你的分析存在於何處？

真理來源（Source of Truth）是什麼？

作為初學者，你可以仰賴當前環境來包含你在分析過程中建立的所有物件。不過，為了更方便地開展大型專案或與他人合作，你的真相來源應該是 R 指令稿。有了 R 指令稿（和資料檔案），你就能夠重新建立環境了。如果只有你的環境，要重新建立 R 指令稿就難上很多：要麼你必須根據記憶重新輸入大量程式碼（過程中難免犯錯），要麼你必須仔細挖掘你的 R 歷程記錄（history）。

為了讓你的 R 指令稿成為分析的真相來源，我們強烈建議你指示 RStudio 不要在工作階段（sessions）之間保留你的工作區（workspace）。你可以透過執行 `usethis::use_blank_slate()`[2] 或模仿圖 6-2 中的選項來達成這一點。這將為你帶來一些短期痛苦，因為現在當你重啟 RStudio 時，它將不再記得你上次執行的程式碼，也無法使用你所建立的物件或讀取的資料集。但這種短期的痛苦可以為你免去長期的苦難，因為它迫使你在程式碼中捕捉所有重要的程序。最糟糕的事情莫過於在三個月後才發現自己只在環境中儲存了重要計算的結果，而沒有在程式碼中儲存計算本身。

2　若尚未安裝，可以使用 `install.packages("usethis")` 來安裝。

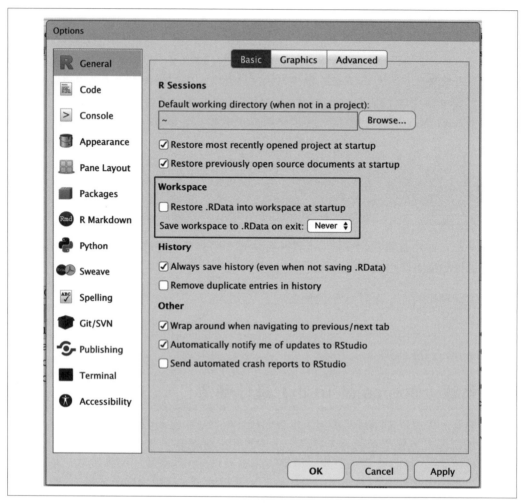

圖 6-2　在 RStudio 選項中複製這些選擇，以便始終以乾淨的狀態起始你的 RStudio 工作階段

有一對很好的快捷鍵可以協同工作，以確保你在編輯器中有捕捉到程式碼的重要部分：

1. 按下 Cmd/Ctrl+Shift+0/F10 重新啟動 R。

2. 按下 Cmd/Ctrl+Shift+S 重新執行當前指令稿。

我們每週都要使用這種模式數百次。

另外，若不使用快捷鍵，也可以選擇 Session > Restart R，然後選取並重新運行當前指令稿。

RStudio Server

如果使用的是 RStudio Server，預設情況下 R 工作階段永遠都不會重啟。關閉 RStudio Server 分頁時，可能感覺像是關閉了 R，但實際上伺服器會讓它在背景繼續執行。下一次回來時，你將處於與離開時完全相同的位置。因此，定期重啟 R 就顯得尤為重要，這樣你才能從頭開始。

你的分析存在於何處？

R 有一個強大的工作目錄（*working directory*）概念。這就是 R 用來尋找要載入的檔案以及放置你請它儲存的檔案之處。RStudio 會在主控台頂端顯示當前的工作目錄：

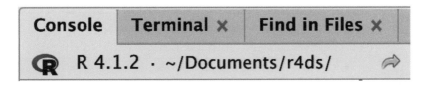

你可以透過執行 getwd() 在 R 程式碼中將此列印出來：

```
getwd()
#> [1] "/Users/hadley/Documents/r4ds"
```

在這個 R 工作階段中，當前工作目錄（把它想成「家目錄」）位在 Hadley 的 *Documents* 資料夾中，在一個名為 *r4ds* 的子資料夾中。你執行這段程式碼時，回傳的結果會有所不同，因為你電腦的目錄結構與 Hadley 的不同！

作為 R 的初學者，工作目錄可以是你的家目錄（home directory）、文件目錄（documents directory）或電腦上其他奇怪的目錄。但你已經讀了本書七章了，已經不再是初學者了。很快，你就應該將專案組織到不同的目錄中，並在處理專案時將 R 的工作目錄設定為相關目錄。

你可以在 R 中設定工作目錄，但我們不建議你這樣做：

```
setwd("/path/to/my/CoolProject")
```

有一種更好的方法，能讓你像專家一樣管理你的 R 作品。那就是 *RStudio 專案*（*RStudio project*）。

RStudio 專案

將一個給定的專案所有的相關檔案（輸入資料、R 指令稿、分析結果和圖表）儲存在一個目錄中，是一種非常明智和常見的做法，RStudio 透過專案（*projects*）對此提供內建支援。我們來建立一個專案，以便在學習本書其他內容時使用。選擇 File > New Project，然後依循圖 6-3 所示步驟進行。

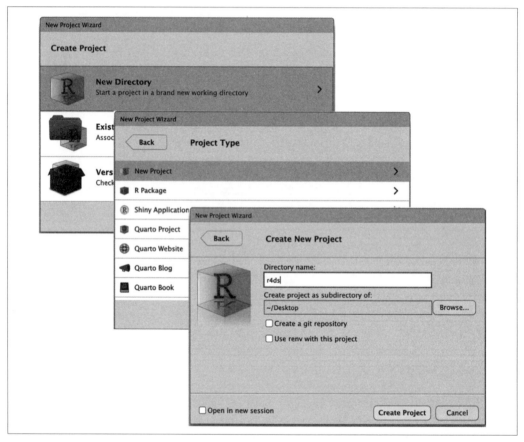

圖 6-3　要建立新的專案：（上）首先點擊 New Directory，然後（中）點擊 New Project，接著（下）填入目錄（專案）名稱，選擇一個好的子目錄作為其家目錄，然後點擊 Create Project

將專案命名為 r4ds，並仔細考慮要將專案放在哪個子目錄下。如果不把它存放在合理的地方，將來就很難找到它！

這個程序完成後，你將獲得一個專門用於本書的新 RStudio 專案。檢查專案的「home
（家目錄）」是否為當前工作目錄：

```
getwd()
#> [1] /Users/hadley/Documents/r4ds
```

現在，在指令稿編輯器中輸入以下命令並儲存檔案，將其命名為 diamonds.R。然後，
建立一個名為 data 的新資料夾。在 RStudio 的 Files 窗格中點擊 New Folder 按鈕即可做
到。最後，執行完整的指令稿，將 PNG 和 CSV 檔案儲存到你的專案目錄中。先不用擔
心細節問題，你將在本書後面學到。

```
library(tidyverse)

ggplot(diamonds, aes(x = carat, y = price)) +
  geom_hex()
ggsave("diamonds.png")

write_csv(diamonds, "data/diamonds.csv")
```

退出 RStudio。檢視與專案關聯的資料夾，注意到 .Rproj 檔案。雙擊該檔案重新開啟專
案。請注意，你又回到了離開時的狀態：工作目錄和命令歷程記錄都是一樣的，而且你
正在處理的所有檔案都還開啟著。不過，由於你遵循了我們的指示，你將擁有一個全新
的環境，確保你從頭開始。

用你最喜歡的作業系統特定方式，在電腦上搜尋 diamonds.png，你會找到那個 PNG（不
出意外），但也會找到建立它的指令稿（diamonds.R）。這是一大勝利！總有一天，你
會想重新製作一個圖形，或者單純想知道它是從哪裡來的。如果你能嚴格使用 R 程式
碼將圖形儲存到檔案中，而不是使用滑鼠或剪貼簿，你就能輕鬆重現以前的作品！

相對和絕對路徑

一旦進到一個專案內，你就應該僅使用相對路徑（relative paths），而非絕對路徑。這
有什麼區別呢？相對路徑是相對於工作目錄而言的，即專案的家目錄。前面 Hadley 寫
出 data/diamonds.csv 時，它是 /Users/hadley/Documents/r4ds/data/diamonds.csv 的一個
捷徑。但重要的是，如果 Mine 在她的電腦上執行這段程式碼，它將指向 /Users/Mine/
Documents/r4ds/data/diamonds.csv。這就是為什麼相對路徑非常重要：無論 R 專案資料
夾最終位在哪裡，它們都能正常工作。

無論你的工作目錄是什麼，絕對路徑都指向同一個地方。根據作業系統的不同，絕對
路徑看起來也略有不同。在 Windows 系統上，絕對路徑以磁碟機代號（如 C:）或兩個
反斜線（如 \\servername）開頭，而在 Mac/Linux 系統上，絕對路徑以一個斜線 / 開頭

（如 /users/hadley）。你應該永遠都不在指令稿中使用絕對路徑，因為絕對路徑會妨礙共享：沒有人會和你擁有完全相同的目錄配置。

作業系統之間還有一個重要的區別：如何分隔路徑的組成部分（components）。Mac和 Linux 使用斜線（例如 data/diamonds.csv），而 Windows 使用反斜線（例如 data\diamonds.csv）。這兩種類型 R 都可以處理（無論你當前使用的是哪種平台），但遺憾的是，反斜線（backslashes）對 R 來說具有特殊意義，要在路徑中獲得單個反斜線，你需要鍵入兩個反斜線！這讓人很頭疼，所以我們建議始終使用帶有正斜線（forward slashes）的 Linux/Mac 風格。

習題

1. 前往 RStudio Tips Twitter 帳號（*https://twitter.com/rstudiotips*），找出一個看起來有趣的訣竅，並練習使用它！

2. RStudio 診斷（diagnostics）工具還會回報哪些常見錯誤？請閱讀這篇關於程式碼診斷工具的文章（*https://oreil.ly/coili*）瞭解詳情。

總結

在本章中，你學到如何在指令稿（檔案）和專案（目錄）中組織 R 程式碼。就像程式碼風格一樣，這一開始可能會感覺很繁瑣。但隨著你在多個專案中積累了更多程式碼後，你就會開始體會到前期的一點組織工作如何能為你節省大量時間。

總而言之，指令稿和專案為你提供一個堅實的工作流程，讓你在未來的工作更加輕鬆：

- 為每個資料分析專案建立一個 RStudio 專案。

- 在專案中儲存指令稿（使用資訊豐富的名稱），對其進行編輯，然後分段或整體執行。經常重啟 R，以確保你有在指令稿中捕捉到所有的東西。

- 只使用相對路徑，不使用絕對路徑。

這樣，你需要的所有東西都在一個地方，並與你正在進行的所有其他專案清楚地分離。

到目前為止，我們使用的都是 R 套件中隨附的資料集。這讓我們更容易在預先準備好的資料上進行練習，但顯然你的資料不會以這種方式提供。因此，在下一章中，你將學習如何使用 readr 套件將資料從磁碟載入到你的 R 工作階段中。

## 第七章

資料匯入

簡介

使用 R 套件提供的資料是學習資料科學工具的好方法，但你還想在某些時候將所學應用到自己的資料上。在本章中，你會學到將資料檔案讀入 R 的基礎知識。

具體來說，本章將重點介紹如何讀取純文字的矩形檔案（plain-text rectangular files）。我們將從處理欄名（column names）、型別（types）和缺失資料（missing data）等功能的實用建議開始。然後，你將學習如何一次性從多個檔案中讀取資料，以及如何將資料從 R 寫入檔案。最後，你會學到如何在 R 中手工製作資料框（data frames）。

先決條件

在本章中，你將學習如何使用作為核心 tidyverse 一部分的 readr 套件，在 R 中載入平面檔案（flat files）：

```
library(tidyverse)
```

從一個檔案讀取資料

首先，我們將專注在最常見的矩形資料檔案類型：CSV 是「comma-separated values（逗號分隔值）」的簡稱。下面是一個簡單的 CSV 檔案看起來的樣子。第一列通常稱為標頭列（*header row*），給出欄名，後續六列提供資料。各欄之間用逗號隔開（separated），又稱界定（*delimited*）。

```
Student ID,Full Name,favourite.food,mealPlan,AGE
1,Sunil Huffmann,Strawberry yoghurt,Lunch only,4
2,Barclay Lynn,French fries,Lunch only,5
3,Jayendra Lyne,N/A,Breakfast and lunch,7
4,Leon Rossini,Anchovies,Lunch only,
5,Chidiegwu Dunkel,Pizza,Breakfast and lunch,five
6,Güvenç Attila,Ice cream,Lunch only,6
```

表 7-1 將同樣的資料以表格呈現。

表 7-1　以表格形式顯示的 students.csv 檔案中的資料

Student ID	Full Name	favourite.food	mealPlan	AGE
1	Sunil Huffmann	Strawberry yoghurt	Lunch only	4
2	Barclay Lynn	French fries	Lunch only	5
3	Jayendra Lyne	N/A	Breakfast and lunch	7
4	Leon Rossini	Anchovies	Lunch only	NA
5	Chidiegwu Dunkel	Pizza	Breakfast and lunch	five
6	Güvenç Attila	Ice cream	Lunch only	6

我們可以使用 read_csv() 將該檔案讀入 R。第一個引數是最重要的：檔案路徑。你可以把路徑看作檔案的位址：檔名是 students.csv，位於 data 資料夾中。

```
students <- read_csv("data/students.csv")
#> Rows: 6 Columns: 5
#> ── Column specification ─────────────────────────────────
#> Delimiter: ","
#> chr (4): Full Name, favourite.food, mealPlan, AGE
#> dbl (1): Student ID
#>
#> ℹ Use `spec()` to retrieve the full column specification for this data.
#> ℹ Specify the column types or set `show_col_types = FALSE` to quiet this message.
```

如果專案的 data 資料夾中有 students.csv 檔案，前面的程式碼就能正常運作。你可以下載 students.csv 檔案（*https://oreil.ly/GDubb*），也可以用下面的方式直接從那個 URL 讀取：

```
students <- read_csv("https://pos.it/r4ds-students-csv")
```

執行 read_csv() 時，它會印出一條訊息，告訴你資料的列數和欄數、使用的分隔符號（delimiter）以及欄位規格（column specifications，依據欄所包含的資料型別加以組織的欄名）。它還會印出一些有關檢索完整欄位規格的資訊，以及如何不顯示該條訊息。這條訊息是 readr 不可分割的一部分，我們將在第 110 頁的「控制欄位型別」中繼續討論。

實用建議

讀入資料後，第一步通常是對資料進行某種變換，使其更易於在剩餘的分析工作中使用。讓我們帶著這種想法再次檢視 students 資料：

```
students
#> # A tibble: 6 × 5
#>   `Student ID` `Full Name`     favourite.food       mealPlan           AGE
#>          <dbl> <chr>           <chr>                <chr>              <chr>
#> 1            1 Sunil Huffmann  Strawberry yoghurt   Lunch only         4
#> 2            2 Barclay Lynn    French fries         Lunch only         5
#> 3            3 Jayendra Lyne   N/A                  Breakfast and lunch 7
#> 4            4 Leon Rossini    Anchovies            Lunch only         <NA>
#> 5            5 Chidiegwu Dunkel Pizza               Breakfast and lunch five
#> 6            6 Güvenç Attila   Ice cream            Lunch only         6
```

在 favourite.food 一欄中，有許多食物項目，然後是字元字串 N/A，它本應是 R 會將其識別為「not available（無法取用）」的一個真正的 NA。這是我們可以使用 na 引數來解決的問題。預設情況下，read_csv() 只會將資料集中的空字串（""）識別為 NA；我們希望它也能識別字串「"N/A"」：

```
students <- read_csv("data/students.csv", na = c("N/A", ""))

students
#> # A tibble: 6 × 5
#>   `Student ID` `Full Name`     favourite.food       mealPlan           AGE
#>          <dbl> <chr>           <chr>                <chr>              <chr>
#> 1            1 Sunil Huffmann  Strawberry yoghurt   Lunch only         4
#> 2            2 Barclay Lynn    French fries         Lunch only         5
#> 3            3 Jayendra Lyne   <NA>                 Breakfast and lunch 7
#> 4            4 Leon Rossini    Anchovies            Lunch only         <NA>
#> 5            5 Chidiegwu Dunkel Pizza               Breakfast and lunch five
#> 6            6 Güvenç Attila   Ice cream            Lunch only         6
```

你可能還會注意到，Student ID 和 Full Name 這兩欄周圍都有反引號（backticks）。這是因為它們包含空格，打破了 R 對變數名稱的一般規則；它們是非語法（*nonsyntactic*）名稱。要參考那些變數，需要在它們的周圍加上反引號，也就是 ` ：

```
students |>
  rename(
    student_id = `Student ID`,
```

```
    full_name = `Full Name`
  )
#> # A tibble: 6 × 5
#>   student_id full_name       favourite.food      mealPlan           AGE
#>        <dbl> <chr>           <chr>               <chr>              <chr>
#> 1          1 Sunil Huffmann  Strawberry yoghurt Lunch only          4
#> 2          2 Barclay Lynn    French fries        Lunch only          5
#> 3          3 Jayendra Lyne   <NA>                Breakfast and lunch 7
#> 4          4 Leon Rossini    Anchovies           Lunch only         <NA>
#> 5          5 Chidiegwu Dunkel Pizza              Breakfast and lunch five
#> 6          6 Güvenç Attila   Ice cream           Lunch only          6
```

另一種方法是使用 janitor::clean_names() 透過一些啟發式方法（heuristics），將它們一次性全部轉化為蛇形大小寫（snake case）[1]：

```
students |> janitor::clean_names()
#> # A tibble: 6 × 5
#>   student_id full_name       favourite_food      meal_plan          age
#>        <dbl> <chr>           <chr>               <chr>              <chr>
#> 1          1 Sunil Huffmann  Strawberry yoghurt Lunch only          4
#> 2          2 Barclay Lynn    French fries        Lunch only          5
#> 3          3 Jayendra Lyne   <NA>                Breakfast and lunch 7
#> 4          4 Leon Rossini    Anchovies           Lunch only         <NA>
#> 5          5 Chidiegwu Dunkel Pizza              Breakfast and lunch five
#> 6          6 Güvenç Attila   Ice cream           Lunch only          6
```

讀取資料後的另一項常見任務是考慮變數的類型。舉例來說，meal_plan 是一個類別變數（categorical variable），有一組已知的可能值，在 R 中應表示為一個因子（factor）：

```
students |>
  janitor::clean_names() |>
  mutate(meal_plan = factor(meal_plan))
#> # A tibble: 6 × 5
#>   student_id full_name       favourite_food      meal_plan          age
#>        <dbl> <chr>           <chr>               <fct>              <chr>
#> 1          1 Sunil Huffmann  Strawberry yoghurt Lunch only          4
#> 2          2 Barclay Lynn    French fries        Lunch only          5
#> 3          3 Jayendra Lyne   <NA>                Breakfast and lunch 7
#> 4          4 Leon Rossini    Anchovies           Lunch only         <NA>
#> 5          5 Chidiegwu Dunkel Pizza              Breakfast and lunch five
#> 6          6 Güvenç Attila   Ice cream           Lunch only          6
```

請注意，雖然 meal_plan 變數中的值沒有變化，但變數名稱下方顯示的變數型別已從字元（<chr>）變為因子（<fct>）。你將在第 16 章學到更多關於因子的知識。

---

1 janitor 套件（*https://oreil.ly/-J8GX*）不是 tidyverse 的一部分，但它供應方便的資料清理函式，在使用 |>
   的資料管線中運作良好。

在分析這些資料之前，你可能需要修復 age 和 id 欄。目前，age 是一個字元變數，因為其中一個觀測值被輸入為 five，而不是數值的 5。我們將在第 20 章討論修復這種問題的細節。

```
students <- students |>
  janitor::clean_names() |>
  mutate(
    meal_plan = factor(meal_plan),
    age = parse_number(if_else(age == "five", "5", age))
  )

students
#> # A tibble: 6 × 5
#>   student_id full_name      favourite_food        meal_plan           age
#>        <dbl> <chr>          <chr>                 <fct>             <dbl>
#> 1          1 Sunil Huffmann Strawberry yoghurt    Lunch only            4
#> 2          2 Barclay Lynn   French fries          Lunch only            5
#> 3          3 Jayendra Lyne  <NA>                  Breakfast and lunch   7
#> 4          4 Leon Rossini   Anchovies             Lunch only           NA
#> 5          5 Chidiegwu Dunkel Pizza               Breakfast and lunch   5
#> 6          6 Güvenç Attila  Ice cream             Lunch only            6
```

這裡的一個新函式是 if_else()，它有三個引數。第一個引數 test 應該是一個邏輯向量（logical vector）。當 test 為 TRUE 時，結果將包含第二個引數（即 yes）的值；當 test 為 FALSE 時，結果將包含第三個引數（即 no）的值。這裡我們是說，如果 age 是字串 "five"，則將其設為 "5"；如果不是，則保留 age。關於 if_else() 和邏輯向量的更多知識，請參閱第 12 章。

其他引數

我們還需要提到其他幾個重要的引數，如果我們先向你展示一個便利的小技巧，它們就會更容易演示：read_csv() 可以讀取你所建立並格式化像是 CSV 檔案的文字字串：

```
read_csv(
  "a,b,c
  1,2,3
  4,5,6"
)
#> # A tibble: 2 × 3
#>       a     b     c
#>   <dbl> <dbl> <dbl>
#> 1     1     2     3
#> 2     4     5     6
```

通常，read_csv() 使用資料的第一行作為欄名，這是一種常見的慣例。但在檔案頂端包含幾行詮釋資料（metadata）的情況並不少見。你可以使用 skip = n 跳過前 n 行，或者使用 comment = "#" 刪除所有以（舉例來說）# 開頭的文字行：

```
read_csv(
  "The first line of metadata
  The second line of metadata
  x,y,z
  1,2,3",
  skip = 2
)
#> # A tibble: 1 × 3
#>       x     y     z
#>   <dbl> <dbl> <dbl>
#> 1     1     2     3

read_csv(
  "# A comment I want to skip
  x,y,z
  1,2,3",
  comment = "#"
)
#> # A tibble: 1 × 3
#>       x     y     z
#>   <dbl> <dbl> <dbl>
#> 1     1     2     3
```

在其他情況下，資料可能沒有欄位名稱（column names）。你可以使用 col_names = FALSE 來告訴 read_csv() 不要將第一列視為標頭，而是按 X1 至 Xn 的順序依次標注它們：

```
read_csv(
  "1,2,3
  4,5,6",
  col_names = FALSE
)
#> # A tibble: 2 × 3
#>      X1    X2    X3
#>   <dbl> <dbl> <dbl>
#> 1     1     2     3
#> 2     4     5     6
```

或者，也可以透過 col_names 傳入一個字元向量（character vector），將其用作欄名：

```
read_csv(
  "1,2,3
  4,5,6",
```

```
    col_names = c("x", "y", "z")
  )
#> # A tibble: 2 × 3
#>       x     y     z
#>   <dbl> <dbl> <dbl>
#> 1     1     2     3
#> 2     4     5     6
```

要讀取實際會遇到的大多數 CSV 檔案,你只需知道這些引數即可(至於其他引數,你得仔細檢視你的 .csv 檔案,並閱讀 read_csv() 其他許多引數的說明文件)。

其他檔案類型

一旦掌握了 read_csv(),使用 readr 的其他函式就會變得簡單明瞭,只需知道該使用哪個函式即可:

read_csv2()

讀取分號分隔(semicolon-separated)的檔案。這些檔案使用 ; 代替 , 來分隔欄位,在使用 , 作為小數點符號(decimal marker)的國家很常見。

read_tsv()

讀取以 tab 分隔的檔案(tab-delimited files)。

read_delim()

讀入帶有任意分隔符號的檔案,若沒有指定,則會嘗試自動猜測分隔符號。

read_fwf()

讀取固定寬度的檔案(fixed-width files)。你可以使用 fwf_widths() 按寬度指定欄位,或使用 fwf_positions() 按位置(positions)指定欄位。

read_table()

讀取固定寬度檔案的一種常見變體,其中各欄之間用空白(whitespace)分隔。

read_log()

讀取 Apache 風格的記錄檔案(log files)。

習題

1. 要使用什麼函式來讀取用 | 分隔欄位的檔案呢？

2. 除了 file、skip 和 comment 以外，read_csv() 和 read_tsv() 還有哪些共同引數？

3. read_fwf() 最重要的引數是什麼？

4. CSV 檔案中的字串有時會包含逗號。為了防止它們造成問題，需要用 " 或 ' 之類的引號字元將它們圍起來。預設情況下，read_csv() 假設引號字元為 "。要將下列文字讀入一個資料框，需要為 read_csv() 指定什麼引數？

   ```
   "x,y\n1,'a,b'"
   ```

5. 找出以下每個行內 CSV 檔案（inline CSV files）的問題所在。執行程式碼時會發生什麼事呢？

   ```
   read_csv("a,b\n1,2,3\n4,5,6")
   read_csv("a,b,c\n1,2\n1,2,3,4")
   read_csv("a,b\n\"1")
   read_csv("a,b\n1,2\na,b")
   read_csv("a;b\n1;3")
   ```

6. 透過以下方式練習使用下列資料框中的非語法名稱：

   a. 擷取名為 1 的變數。

   b. 繪製 1 vs. 2 的散佈圖。

   c. 建立名為 3 的新欄位，即 2 除以 1 的值。

   d. 將這些欄重新命名為 one、two 和 three：

      ```
      annoying <- tibble(
        `1` = 1:10,
        `2` = `1` * 2 + rnorm(length(`1`))
      )
      ```

控制欄位型別

CSV 檔案並不包含有關各個變數型別（type）的任何資訊（例如，是否為邏輯的、數值的、字串等），因此 readr 會嘗試猜測其型別。本節將介紹這個猜測過程的運作原理、如何解決導致猜測失敗的一些常見問題，以及如何在必要時自行提供欄位型別。最後，我們將提到一些通用策略，如果 readr 出現災難性的失敗，而你又需要更深入地瞭解你檔案的結構，這些策略將非常有用。

猜測型別

readr 使用一種啟發式方法（heuristic）來找出欄位的型別。對於每一欄，它會抽取從第一列到最後一列，均勻分散的 $1,000^2$ 列的值，忽略缺少的值。然後，據此回答下列問題：

- 是否只包含 F、T、FALSE 或 TRUE（忽略大小寫）？如果是，那就是邏輯的。

- 是否只包含數字（如 1、-4.5、5e6、Inf）？如果是，它就是一個數字。

- 是否符合 ISO8601 標準？如果符合，就是日期或 date-time（我們將在第 316 頁的「建立日期時間」中更詳細地介紹 date-times）。

- 否則，它必定是一個字串（string）。

你可以從這個簡單的例子中看到這種行為的實際效果：

```
read_csv("
  logical,numeric,date,string
  TRUE,1,2021-01-15,abc
  false,4.5,2021-02-15,def
  T,Inf,2021-02-16,ghi
")
#> # A tibble: 3 × 4
#>   logical numeric date       string
#>   <lgl>     <dbl> <date>     <chr>
#> 1 TRUE          1 2021-01-15 abc
#> 2 FALSE       4.5 2021-02-15 def
#> 3 TRUE        Inf 2021-02-16 ghi
```

如果你有一個乾淨的資料集，這種啟發式方法會很有效，但在現實生活中，你會遇到一些古怪又花俏的失敗案例。

缺失值、欄位型別和相關問題

欄位檢測失敗最常見的原因是欄中含有意外的值，你所得到的是字元欄（character column），而不是更具體的型別。造成這種情況的最常見原因之一是缺失值（missing value）用了 readr 預期的 NA 以外的方式來記錄。

以這個簡單的單欄 CSV 檔案為例：

```
simple_csv <- "
  x
```

2　你可以使用 guess_max 引數覆寫 1,000 的預設值。

```
10
.
20
30"
```

如果我們讀取它時不附加任何引數，x 就會變成一個字元欄：

```
read_csv(simple_csv)
#> # A tibble: 4 × 1
#>   x
#>   <chr>
#> 1 10
#> 2 .
#> 3 20
#> 4 30
```

在這種小型案例中，你可以很輕易看到缺失值 .。但是，若你有成千上萬列，其中只有一些用 . 表示的缺失值，會發生什麼情況呢？一種做法是告訴 readr 說 x 是一個數值欄位，然後看看它在哪些地方失敗了。你可以使用 col_types 引數來做到這一點，該引數接收一個具名串列，其中的名稱與 CSV 檔案中的欄名相匹配：

```
df <- read_csv(
  simple_csv,
  col_types = list(x = col_double())
)
#> Warning: One or more parsing issues, call `problems()` on your data frame for
#> details, e.g.:
#>   dat <- vroom(...)
#>   problems(dat)
```

現在，read_csv() 回報出現了問題，並告訴我們可以使用 problems() 查詢更多資訊：

```
problems(df)
#> # A tibble: 1 × 5
#>     row   col expected actual file
#>   <int> <int> <chr>    <chr>  <chr>
#> 1     3     1 a double .      /private/tmp/RtmpAYlSop/file392d445cf269
```

這告訴我們第 3 列第 1 欄出現了問題，其中 readr 期望得到的是一個 double，但得到的卻是一個 .。這表明該資料集使用 . 來表示缺失值。因此，我們設定 na = "."，而自動猜測就成功了，給了我們想要的數值欄位：

```
read_csv(simple_csv, na = ".")
#> # A tibble: 4 × 1
#>       x
#>   <dbl>
```

```
#> 1    10
#> 2    NA
#> 3    20
#> 4    30
```

欄位型別

readr 共提供九種欄位型別供你使用:

- col_logical() 和 col_double() 讀取邏輯值和實數 (real numbers)。由於 readr 通常會幫你猜出它們,所以相對來說很少需要使用它們 (除前述例外)。

- col_integer() 讀取整數 (integers)。在本書中,我們很少區分整數和 double,因為它們在功能上是等價的,但明確讀取整數有時會很有用,因為它們佔用的記憶體只有 double 的一半。

- col_character() 讀取字串。如果有一欄是數值識別字 (numeric identifier),即一長串用以識別物件的數字,但不適合進行數學運算,那麼明確指定這種欄位就很有用。例子包括電話號碼、美國社會保障號碼 (Social Security numbers)、信用卡號等。

- col_factor()、col_date() 和 col_datetime() 分別建立因子、日期和日期時間;當我們在第 16 章和第 17 章學習這些資料型別時,你會瞭解到更多相關資訊。

- col_number() 是一種容忍度高的數值剖析器,可以忽略非數值部分,對貨幣特別有用。你將在第 13 章中瞭解到更多有關它的資訊。

- col_skip() 會跳過某一欄,使其不包含在結果中,如果你有一個大型的 CSV 檔案,而你只想使用其中的一些欄位的話,這對於加快讀取資料的速度非常有用。

也可以透過從 list() 切換到 cols() 並指定 .default 來覆寫預設欄位:

```
another_csv <- "
x,y,z
1,2,3"

read_csv(
  another_csv,
  col_types = cols(.default = col_character())
)
#> # A tibble: 1 × 3
#>   x     y     z
#>   <chr> <chr> <chr>
#> 1 1     2     3
```

另一個有用的輔助工具是 cols_only()，它只（only）會讀取你指定的欄位（columns）：

```
read_csv(
  another_csv,
  col_types = cols_only(x = col_character())
)
#> # A tibble: 1 × 1
#>   x
#>   <chr>
#> 1 1
```

從多個檔案讀取資料

有時，你的資料分散在多個檔案中，而不是包含在單一檔案中。舉例來說，你可能有多個月的銷售資料，每個月的資料都在一個單獨的檔案中：一月的資料是 01-sales.csv、二月的資料是 02-sales.csv、三月的資料是 03-sales.csv。使用 read_csv()，你可以一次性讀入這些資料，並將它們堆疊在單一個資料框中。

```
sales_files <- c("data/01-sales.csv", "data/02-sales.csv", "data/03-sales.csv")
read_csv(sales_files, id = "file")
#> # A tibble: 19 × 6
#>   file              month   year brand  item     n
#>   <chr>             <chr>  <dbl> <dbl> <dbl> <dbl>
#> 1 data/01-sales.csv January  2019     1  1234     3
#> 2 data/01-sales.csv January  2019     1  8721     9
#> 3 data/01-sales.csv January  2019     1  1822     2
#> 4 data/01-sales.csv January  2019     2  3333     1
#> 5 data/01-sales.csv January  2019     2  2156     9
#> 6 data/01-sales.csv January  2019     2  3987     6
#> # … with 13 more rows
```

再次強調，如果你將那些 CSV 檔案放在你專案的 data 資料夾中，前面的程式碼就能正常運作。你可以從 *https://oreil.ly/jVd8o*、*https://oreil.ly/RYsgM* 和 *https://oreil.ly/4uZOm* 下載那些檔案，也可以直接透過以下方式讀取它們：

```
sales_files <- c(
  "https://pos.it/r4ds-01-sales",
  "https://pos.it/r4ds-02-sales",
  "https://pos.it/r4ds-03-sales"
)
read_csv(sales_files, id = "file")
```

id 引數會在生成的資料框中新增一個名為 file 的新欄，用於識別資料來自哪個檔案。在讀取的檔案沒有所識別欄的情況下，這個功能尤其有用，可以幫助你追溯觀測資料的原始來源。

如果要讀入的檔案很多，將檔名寫成串列會很麻煩。取而代之，你可以使用 list.files() 基礎函式，透過匹配檔名中的模式來尋找檔案。第 15 章將詳細介紹這些模式。

```
sales_files <- list.files("data", pattern = "sales\\.csv$", full.names = TRUE)
sales_files
#> [1] "data/01-sales.csv" "data/02-sales.csv" "data/03-sales.csv"
```

寫入一個檔案

readr 還提供兩個實用的函式，用來將資料寫入磁碟：write_csv() 和 write_tsv()。這兩個函式最重要的引數是 x（要儲存的資料框）和 file（儲存資料的位置）。你還可以用 na 指定缺失值的寫入方式，以及是否要 append（附加）到現有檔案。

```
write_csv(students, "students.csv")
```

現在，重新讀回那個 CSV 檔案。請注意，儲存為 CSV 檔案時，剛剛設定的變數型別資訊就喪失了，因為你又要從純文字檔案重新開始讀取了：

```
students
#> # A tibble: 6 × 5
#>    student_id full_name        favourite_food       meal_plan             age
#>         <dbl> <chr>            <chr>                <fct>               <dbl>
#> 1           1 Sunil Huffmann   Strawberry yoghurt   Lunch only             4
#> 2           2 Barclay Lynn     French fries         Lunch only             5
#> 3           3 Jayendra Lyne    <NA>                 Breakfast and lunch     7
#> 4           4 Leon Rossini     Anchovies            Lunch only            NA
#> 5           5 Chidiegwu Dunkel Pizza                Breakfast and lunch     5
#> 6           6 Güvenç Attila    Ice cream            Lunch only             6
write_csv(students, "students-2.csv")
read_csv("students-2.csv")
#> # A tibble: 6 × 5
#>    student_id full_name        favourite_food       meal_plan             age
#>         <dbl> <chr>            <chr>                <chr>               <dbl>
#> 1           1 Sunil Huffmann   Strawberry yoghurt   Lunch only             4
#> 2           2 Barclay Lynn     French fries         Lunch only             5
#> 3           3 Jayendra Lyne    <NA>                 Breakfast and lunch     7
#> 4           4 Leon Rossini     Anchovies            Lunch only            NA
#> 5           5 Chidiegwu Dunkel Pizza                Breakfast and lunch     5
#> 6           6 Güvenç Attila    Ice cream            Lunch only             6
```

這使得 CSV 在快取臨時結果時有點不可靠，因為每次載入都需要重新建立欄位規格。主要有兩種替代方法：

- write_rds() 和 read_rds() 是對基礎函式 readRDS() 和 saveRDS() 的統一包裹器（uniform wrappers）。它們以 R 自訂的二進位格式 RDS 儲存資料。這意味著當你重新載入物件時，所載入的就是你儲存那時完全相同的那個 R 物件。

```
write_rds(students, "students.rds")
read_rds("students.rds")
#> # A tibble: 6 × 5
#>   student_id full_name       favourite_food     meal_plan             age
#>        <dbl> <chr>           <chr>              <fct>               <dbl>
#> 1          1 Sunil Huffmann  Strawberry yoghurt Lunch only              4
#> 2          2 Barclay Lynn    French fries       Lunch only              5
#> 3          3 Jayendra Lyne   <NA>               Breakfast and lunch     7
#> 4          4 Leon Rossini    Anchovies          Lunch only             NA
#> 5          5 Chidiegwu Dunkel Pizza             Breakfast and lunch     5
#> 6          6 Güvenç Attila   Ice cream          Lunch only              6
```

- arrow 套件允許你讀寫 parquet 檔案，一種快速的二進位檔案格式，可以在各種程式語言間共享。我們將在第 22 章更深入地討論 arrow。

```
library(arrow)
write_parquet(students, "students.parquet")
read_parquet("students.parquet")
#> # A tibble: 6 × 5
#>   student_id full_name       favourite_food     meal_plan             age
#>        <dbl> <chr>           <chr>              <fct>               <dbl>
#> 1          1 Sunil Huffmann  Strawberry yoghurt Lunch only              4
#> 2          2 Barclay Lynn    French fries       Lunch only              5
#> 3          3 Jayendra Lyne   NA                 Breakfast and lunch     7
#> 4          4 Leon Rossini    Anchovies          Lunch only             NA
#> 5          5 Chidiegwu Dunkel Pizza             Breakfast and lunch     5
#> 6          6 Güvenç Attila   Ice cream          Lunch only              6
```

parquet 的速度往往會比 RDS 快得多，而且可以在 R 語言之外使用，但需要使用 arrow 套件。

資料輸入

有時，你需要在 R 指令稿中輸入一些資料，「手工」組裝一個 tibble。有兩個實用的函式可以幫助你完成這項工作，它們的區別在於按欄（by columns）還是按列（by rows）來佈局。tibble() 是按照欄位：

```
tibble(
  x = c(1, 2, 5),
  y = c("h", "m", "g"),
  z = c(0.08, 0.83, 0.60)
)
#> # A tibble: 3 × 3
#>       x y         z
#>   <dbl> <chr> <dbl>
#> 1     1 h      0.08
#> 2     2 m      0.83
#> 3     5 g      0.6
```

如果按欄排列資料，就很難看出各列之間的關係，因此另一種方法是 tribble()，它是 *transposed tibble*（轉置的 tibble）的縮寫，可以讓你根據列來安排你的資料。tribble() 是專為程式碼中的資料輸入（data entry）而打造的：欄標頭以 ~ 開頭，而各條目（entries）用逗號分隔。這樣就能以容易閱讀的形式排列少量資料：

```
tribble(
  ~x, ~y, ~z,
  1, "h", 0.08,
  2, "m", 0.83,
  5, "g", 0.60
)
#> # A tibble: 3 × 3
#>       x y         z
#>   <chr> <dbl> <dbl>
#> 1     1 h      0.08
#> 2     2 m      0.83
#> 3     5 g      0.6
```

總結

在本章中，你學到如何使用 read_csv() 載入 CSV 檔案，以及如何使用 tibble() 和 tribble() 進行資料輸入。你已經瞭解 CSV 檔案的工作原理、可能遇到的一些問題以及如何解決它們。我們將在本書中多次提到資料匯入：向你展示如何從 Excel 和 Google Sheets（第 20 章）、資料庫（第 21 章）、parquet 檔案（第 22 章）、JSON（第 23 章）以及網站（第 24 章）載入資料。

本書的這一部分即將結束，但還有最後一個重要的主題：如何獲得幫助。因此，在下一章中，你會學到一些尋求幫助的好地方、如何建立一個 reprex 以最大限度地增加獲得幫助的機會，以及一些與 R 世界保持同步的一般性建議。

## 第八章

工作流程：尋求協助

本書不是一座孤島；沒有任何單一資源可以讓你精通 R。當你開始將本書介紹的技術應用到自己的資料上，你很快就會發現我們沒有回答的問題。本節將介紹一些獲得幫助的訣竅，幫助你持續學習。

Google 是你的好朋友

如果遇到困難，可以先從 Google 開始。一般情況下，在查詢中加上「R」就足以將其限制在相關結果內；如果搜尋沒有用，通常意味著沒有任何特定於 R 的結果可用。此外，加入諸如「tidyverse」或「ggplot2」之類別的套件名稱也有助於縮小搜尋結果的範圍，使之指向你感覺更熟悉的程式碼，舉例來說，「how to make a boxplot in R（如何用 R 製作盒狀圖）」 vs.「how to make a boxplot in R with ggplot2（如何用 ggplot2 在 R 中製作盒狀圖）」。Google 對於錯誤訊息特別有用。如果你得到錯誤訊息，卻不知道它代表什麼意思，請用 Google 搜尋看看！很有可能過去也有人被它搞糊塗過，Web 上的某個地方會有援手（如果錯誤訊息不是英文的，執行 Sys.setenv(LANGUAGE = "en") 並重新執行程式碼；你更有可能找到英文錯誤訊息的相關資訊）。

如果 Google 沒有幫助，可以試試 Stack Overflow（*https://oreil.ly/RxSNB*）。首先花一點時間搜尋現有答案，加上 [R]，將搜尋範圍限制在使用 R 的問題和答案上。

製作一個 reprex

如果你在 Google 上找不到任何有用的東西，那麼準備一個 *reprex*，這是 minimal *reproducible example*（最小可重現範例）的簡稱。一個好的 reprex 會讓其他人更容易幫助你，而且在製作過程中，你自己經常也會發現問題所在。一個 reprex 的建立分成兩個部分：

- 首先，你需要讓你的程式碼具有可重現性（reproducible）。這意味著你需要捕捉所有的東西，也就是說，包括所有的 `library()` 呼叫並創建所有必要的物件。要確保有做到這一點，最簡單的方法就是使用 reprex 套件。

- 其次，你需要將其最小化。剔除所有與問題不直接相關的內容。這通常涉及建立一個比實際遇到的更小更簡單的 R 物件，或甚至使用內建資料。

這聽起來很費勁！可能很辛苦沒錯，但回報也很豐厚：

- 80% 的情況下，建立一個出色的 reprex 可以揭示問題的根源。編寫一個自成一體的最小範例之過程往往能讓你解答自己的問題，頻率高得令人訝異。

- 另外 20% 的情況下，你會以一種易於他人發揮的方式捕捉到問題的本質。這將大大增加你獲得幫助的機會！

手工建立 reprex 時，很容易不小心遺漏某些內容，這意味著你的程式碼無法在別人的電腦上執行。使用 reprex 套件可以避免這種問題，該套件已作為 tidyverse 的一部分安裝。我們假設你將這段程式碼複製到剪貼簿上（或在 RStudio Server 或 Cloud 上選擇它）：

```
y <- 1:4
mean(y)
```

然後呼叫 `reprex()`，預設輸出格式為 GitHub 的格式：

```
reprex::reprex()
```

在 RStudio 的 Viewer（如果你在 RStudio 中）或你的預設瀏覽器（如果你在其他地方）中將顯示一個描繪出來的精美 HTML 預覽。這個 reprex 會自動複製到剪貼簿（在 RStudio Server 或 Cloud 上，則需要自己複製）：

```
``` r
y <- 1:4
mean(y)
#> [1] 2.5
```
```

這些文字以一種特殊的方式格式化，稱為 Markdown，可以貼上到 StackOverflow 或 GitHub 等網站上，那些網站會自動將其呈現為程式碼的樣子。下面是那段 Markdown 在 GitHub 上呈現出來的效果：

```
y <- 1:4
mean(y)
#> [1] 2.5
```

其他人就可以複製、貼上並立即執行它。

要使你的範例具有可重現性，你需要包含三樣東西：所需的套件、資料和程式碼。

- 套件（*packages*）應在指令稿的頂端載入，以便看出範例需要哪些套件。這也是檢查每個套件是否為最新版本的好時機；你可能會發現安裝或上次更新套件後被修復的錯誤。對於 tidyverse 中的套件，最簡單的檢查方法是執行 `tidyverse_update()`。

- 包含資料（*data*）的最簡單方法是使用 `dput()` 生成重新建立資料所需的 R 程式碼。舉例來說，要在 R 中重新建立 `mtcars` 資料集，請執行以下步驟：

  — 在 R 中執行 `dput(mtcars)`。

  — 複製輸出。

  — 在 reprex 中，輸入 `mtcars <-`，然後貼上。

  盡量使用最少但仍能揭示問題所在的資料子集。

- 花一點時間確保你的*程式碼*（*code*）易於他人閱讀：

  — 確保你有使用空格，而變數名稱簡明扼要。

  — 使用註解指出問題所在。

  — 盡力刪除與問題無關的所有內容。

  程式碼越短，就越容易理解，也越容易修復。

最後，啟動一個全新的 R 工作階段，複製並貼上你的指令稿，檢查你是否確實製作了一個可重現的範例。

製作 reprexe 並非易事，要建立優良且真正最小化的 reprexe 需要一定的練習。不過，學會提出包含程式碼的問題，並投入時間使其具有可重複性，將在你學習和精通 R 的過程中不斷得到回報。

投資你自己

你自己也應該花一些時間在問題發生之前就準備好解決它們。從長遠來看，每天花一點時間學習 R 將會帶來豐厚的回報。一種方法是在 tidyverse 部落格（*https://oreil.ly/KS82J*）上關注 tidyverse 團隊在做些什麼。要想跟上更廣泛的 R 社群，我們建議你閱讀 R Weekly（*https://oreil.ly/uhknU*）：這是會每週彙整 R 社群最有趣新聞的社群活動。

總結

本章結束了本書「遊戲全貌（Whole Game）」的部分。你現在已經看到了資料科學過程中最重要的部分：視覺化、變換、整理和匯入。現在，你已經對整個過程有了一個整體的認識，我們可以開始進入各個小部分的細節了。

本書的下一篇「視覺化」將深入探討圖形文法和使用 ggplot2 建立資料視覺化，展示如何使用迄今所學的工具進行探索式資料分析（exploratory data analysis），並介紹建立用於溝通的圖表的良好實務做法。

## 第二篇

視覺化

閱讀完本書的第一篇後，你已經瞭解（至少是表面上的）從事資料科學工作最重要的工具。現在是開始深入研究細節的時候了，你將在這篇進一步深入學習資料的視覺化，如圖 II-1 所示。

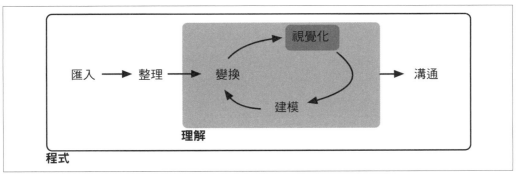

圖 II-1　資料視覺化通常是資料探索的第一步。

每章討論建立資料視覺化的一個到幾個面向：

- 第 9 章將介紹圖形的分層文法（layered grammar of graphics）。

- 在第 10 章中，你將把視覺化與你的好奇心和懷疑精神結合起來，提出並回答資料相關的有趣問題。

- 最後，在第 11 章中，你將學習如何將探索式圖形昇華為說明式圖表，幫助閱讀分析報告的新讀者盡可能快速且輕鬆地瞭解情況。

這三章讓你開始進入視覺化世界，但要學的東西還有很多。學習更多知識的最佳途徑是 ggplot2 的書籍：《*ggplot2: Elegant Graphics for Data Analysis*》（*https://oreil.ly/SO1yG*，Springer 出版）。這本書更深入地介紹基礎理論，並提供如何將各個部分結合起來以解決實際問題的更多範例。另一個很好的資源是 ggplot2 擴充資源庫（extensions gallery，*https://oreil.ly/m0OW5*）。該網站列出許多用新的 geoms 和 scales 擴充 ggplot2 的套件。如果你想用 ggplot2 做一些看起來很難的事情，這是一個很好的起點。

圖層

簡介

在第 1 章中，你學到的遠不止於如何製作散佈圖（scatterplots）、長條圖（bar charts）和盒狀圖（boxplots）。你學到的基礎知識足以讓你透過 ggplot2 製作任何類型的圖表。

本章將在此基礎上進一步學習圖形的分層文法（layered grammar of graphics）。首先，我們將深入瞭解美學映射（aesthetic mappings）、幾何物件（geometric objects）和面向（facets）。然後，你會學到 ggplot2 建立圖表時在底層進行的統計變換（statistical transformations）。這些變換用於計算要繪製的新值，例如長條圖中條形的高度或盒狀圖中的中位數（median）。你還會學到位置的調整（position adjustments），它可以修改圖表中 geoms 的顯示方式。最後，我們將簡要介紹座標系統（coordinate systems）。

我們不會涵蓋其中每一圖層的所有函式和選項，但我們會引導你瞭解 ggplot2 所提供的最重要和最常用的功能，並向你介紹 ggplot2 的擴充套件。

先決條件

本章重點介紹 ggplot2。要存取本章使用的資料集、說明頁面和函式，請執行以下程式碼載入 tidyverse：

```
library(tidyverse)
```

美學映射

> 「一幅圖像最大的價值，在於它迫使我們注意到那些我們從未預料到會看見的事物。」

> —John Tukey

請記住，與 ggplot2 套件捆裝在一起的 mpg 資料框包含 38 種車型的 234 個觀測值。

```
mpg
#> # A tibble: 234 × 11
#>   manufacturer model displ year  cyl trans      drv    cty   hwy fl
#>   <chr>        <chr> <dbl> <int> <int> <chr>      <chr> <int> <int> <chr>
#> 1 audi         a4      1.8  1999    4 auto(l5)   f        18    29 p
#> 2 audi         a4      1.8  1999    4 manual(m5) f        21    29 p
#> 3 audi         a4      2    2008    4 manual(m6) f        20    31 p
#> 4 audi         a4      2    2008    4 auto(av)   f        21    30 p
#> 5 audi         a4      2.8  1999    6 auto(l5)   f        16    26 p
#> 6 audi         a4      2.8  1999    6 manual(m5) f        18    26 p
#> # … with 228 more rows, and 1 more variable: class <chr>
```

mpg 的變數包括：

displ

汽車以排氣量計算的引擎大小，單位為公升（liters）。一個數值變數。

hwy

汽車在高速公路（highway）上的燃油效率（fuel efficiency），單位為每加侖的英里數（miles per gallon，mpg）。行駛相同距離時，燃油效率低的汽車比燃油效率高的汽車耗油更多。一個數值變數。

class

汽車的類型。一個類別變數（categorical variable）。

首先，讓我們為各個 class 的汽車視覺化它們 displ 和 hwy 之間的關係。我們可以透過散佈圖（scatterplot）來達成此目的，在散佈圖中，數值變數被映射到 x 和 y 美學元素（aesthetics）上，而類別變數則被映射到 color（顏色）或 shape（形狀）等美學元素上。

```
# 左
ggplot(mpg, aes(x = displ, y = hwy, color = class)) +
  geom_point()

# 右
```

```
ggplot(mpg, aes(x = displ, y = hwy, shape = class)) +
  geom_point()
#> Warning: The shape palette can deal with a maximum of 6 discrete values
#> because more than 6 becomes difficult to discriminate; you have 7.
#> Consider specifying shapes manually if you must have them.
#> Warning: Removed 62 rows containing missing values (`geom_point()`).
```

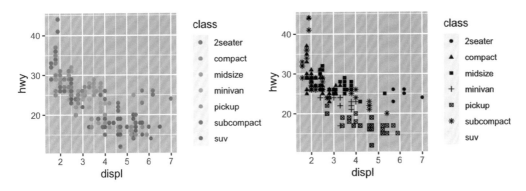

當 class 映射到 shape 時，我們得到兩個警告：

1: The shape palette can deal with a maximum of 6 discrete values because more than 6 becomes difficult to discriminate; you have 7. Consider specifying shapes manually if you must have them. （形狀調色盤最多可處理 6 個離散值，因為超過 6 個就很難區分了；你有 7 個。如果必須使用，請考慮手動指定形狀。）

2: Removed 62 rows containing missing values (geom_point()). （移除了 62 列包含缺失值的資料 (geom_point()) 。）

預設情況下，ggplot2 一次只能使用六種形狀，因此在使用形狀美學元素（shape aesthetic）時，額外的組別將不會繪製出來。第二個警告與此有關：資料集中有 62 輛 SUV，但並沒有繪製出來。

同樣地，我們也可以將 class 映射到 size 或 alpha 美學元素，它們分別控制點的形狀和透明度。

```
# 左
ggplot(mpg, aes(x = displ, y = hwy, size = class)) +
  geom_point()
#> Warning: Using size for a discrete variable is not advised.

# 右
ggplot(mpg, aes(x = displ, y = hwy, alpha = class)) +
  geom_point()
#> Warning: Using alpha for a discrete variable is not advised.
```

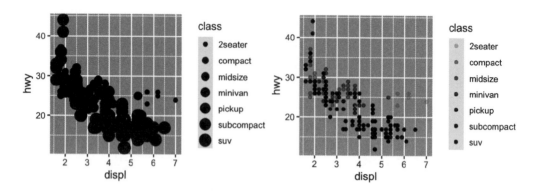

這兩者也會產生警告：

Using alpha for a discrete variable is not advised.（不建議對離散變數使用 alpha。）

將無序的離散（類別）變數（class）映射到有序的美學元素（size 或 alpha）通常不是一個好主意，因為這暗示著事實上並不存在的一種排名（ranking）。

一旦你映射了一個美學元素（aesthetic），ggplot2 就會處理剩下的工作。它會選擇一個合理的標度（scale）用於該美學元素，並建構一個圖例（legend）來解釋級別（levels）和值（values）之間的映射關係。對於 x 和 y 美學元素，ggplot2 不會建立圖例，但會建立一條帶有刻度和標籤的軸線（axis line）。軸線提供的資訊與圖例相同；它解釋了位置和值之間的映射關係。

你還可以把 geom 的視覺特性作為 geom 函式的引數之一（在 aes() 之外）手動設定，而非仰賴變數映射來決定其外觀。舉例來說，我們可以將圖中的所有點都設定為藍色（blue）：

```
ggplot(mpg, aes(x = displ, y = hwy)) +
  geom_point(color = "blue")
```

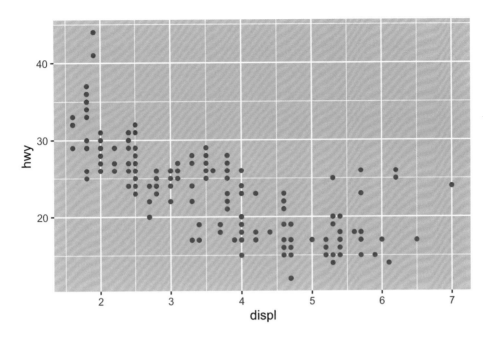

在這裡，顏色並沒有傳達關於變數的資訊，只是改變了圖表的外觀。你需要為那個美學元素挑選一個合理的值：

- 作為字元字串的顏色名稱，例如 color = "blue"

- 點的大小（以公釐為單位），例如 size = 1

- 以數字表示的點的形狀，如圖 9-1 所示，例如 shape = 1

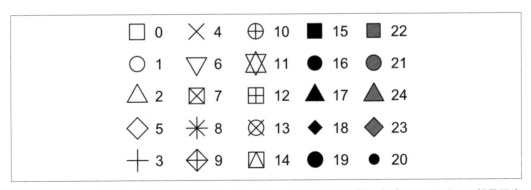

圖 9-1　R 有 25 種以數字識別的內建形狀。其中有一些看似重複：舉例來說，0、15 和 22 都是正方形（squares）。不同之處在於與 color 和 fill 美學元素的互動方式。空心形狀（0 ～ 14）的邊框由 color 決定；實心形狀（15 ～ 20）以 color 填滿；填色形狀（filled shapes，21 ～ 24）則有 color 的邊框，並以 fill 填滿。形狀的排列方式使相似的形狀彼此相鄰

到目前為止，我們已經討論了使用 point geom 時可以在散佈圖中映射或設定的美學元素。你可以在美學規格（aesthetic specifications）的 vignette（*https://oreil.ly/SP6zV*）中學到所有可能的美學映射。

繪製圖表時可以使用的具體美學元素取決於你用來表示資料的 geom。在下一節中，我們將深入探討這些 geoms。

習題

1. 建立 hwy vs. displ 的散佈圖，其中各點為粉紅色填滿的三角形。

2. 為什麼下面的程式碼不能繪製出帶有藍色點的圖表？

   ```
   ggplot(mpg) +
     geom_point(aes(x = displ, y = hwy, color = "blue"))
   ```

3. stroke 美學元素有什麼作用？它適用於哪些形狀？（提示：使用 ?geom_point。）

4. 如果將一個美學元素映射到變數名稱以外的東西，如 aes(color = displ < 5)，會發生什麼事？請注意，你還需要指定 x 和 y。

幾何物件

這兩個圖表有什麼相似之處？

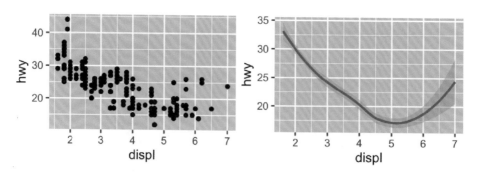

兩幅圖都包含相同的 x 變數和 y 變數，都描述相同的資料。但這兩幅圖並非完全相同。每幅圖都使用不同的幾何物件（geometric object），也就是 geom，來表示資料。左邊的圖使用 point geom（點幾何物件），右邊的圖使用 smooth geom（平滑幾何物件），即一條與資料擬合的平滑線。

要更改圖表中的 geom，請修改你添加到 ggplot() 中的 geom 函式。舉例來說，要繪製上一幅圖，你可以使用以下程式碼：

```
# 左
ggplot(mpg, aes(x = displ, y = hwy)) +
  geom_point()

# 右
ggplot(mpg, aes(x = displ, y = hwy)) +
  geom_smooth()
#> `geom_smooth()` using method = 'loess' and formula = 'y ~ x'
```

ggplot2 中的每個 geom 函式都接受一個 mapping（映射）引數，該引數可以在區域的 geom 圖層中定義，也可以在 ggplot() 圖層中全域性定義。然而，並不是每個美學元素都適用於每種 geom。你可以設定點的形狀，但無法設定線的「形狀」。如果你試著那樣做，ggplot2 會默默地忽略那個美學映射。另一方面，你可以設定線的線條類型（linetype）。geom_smooth() 將為你映射到線條類型的變數的每個唯一值繪製不同的線，使用不同線條類型。

```
# 左
ggplot(mpg, aes(x = displ, y = hwy, shape = drv)) +
  geom_smooth()

# 右
ggplot(mpg, aes(x = displ, y = hwy, linetype = drv)) +
  geom_smooth()
```

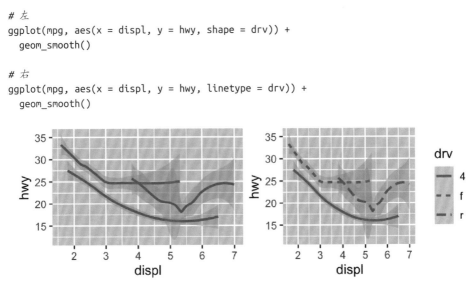

在此，geom_smooth() 根據描述汽車傳動系統（drivetrain）的 drv 值將汽車分成三條線。一條描述所有具有 4 這個值的點，一條描述所有具有 f 值的點，以及一條描述所有具有 r 值的點。在這裡，4 代表四輪驅動（four-wheel drive），f 代表前輪驅動（front-wheel drive），r 代表後輪驅動（rear-wheel drive）。

如果這聽起來很奇怪，我們可以在原始資料上疊加線條，然後根據 drv 為所有的東西著色，這樣就更清楚了。

```
ggplot(mpg, aes(x = displ, y = hwy, color = drv)) +
  geom_point() +
  geom_smooth(aes(linetype = drv))
```

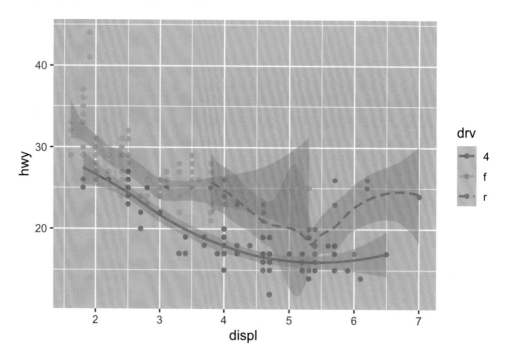

請注意，這幅圖在同一圖表中包含兩個 geoms。

許多 geoms（如 geom_smooth()）使用單個幾何物件來顯示多列的資料。對於這些 geoms，你可以將 group 美學元素設定為類別變數，以繪製多個物件。ggplot2 會為分組變數的每個唯一值繪製單獨的物件。在實務上，只要將一個美學元素映射到一個離散變數（如 linetype 範例中那樣），ggplot2 就會自動為那些 geoms 分組資料。使用這一功能非常方便，因為 group 美學元素本身並不會新增圖例或區分 geoms 的特徵。

```
# 左
ggplot(mpg, aes(x = displ, y = hwy)) +
  geom_smooth()

# 中
ggplot(mpg, aes(x = displ, y = hwy)) +
  geom_smooth(aes(group = drv))
```

```
# 右
ggplot(mpg, aes(x = displ, y = hwy)) +
  geom_smooth(aes(color = drv), show.legend = FALSE)
```

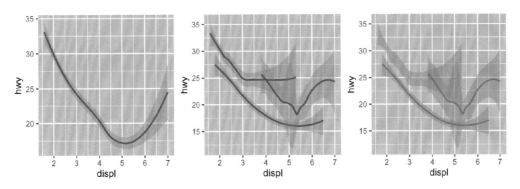

如果在 geom 函式中放置映射，ggplot2 會將其視為該圖層的區域映射（local mappings）。它僅會使用這些映射來擴充或覆寫那個圖層的全域映射（global mappings）。這樣就可以在不同圖層中顯示不同的美學元素。

```
ggplot(mpg, aes(x = displ, y = hwy)) +
  geom_point(aes(color = class)) +
  geom_smooth()
```

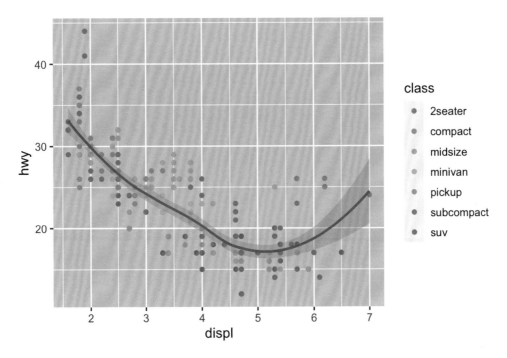

你可以使用相同的思路為每個圖層指定不同的 data。在這裡，我們使用紅色的點和空心圓來突顯雙座位汽車（two-seater cars）。geom_point() 中的區域資料（data）引數僅會覆寫 ggplot() 中該層的全域資料引數。

```
ggplot(mpg, aes(x = displ, y = hwy)) +
  geom_point() +
  geom_point(
    data = mpg |> filter(class == "2seater"),
    color = "red"
  ) +
  geom_point(
    data = mpg |> filter(class == "2seater"),
    shape = "circle open", size = 3, color = "red"
  )
```

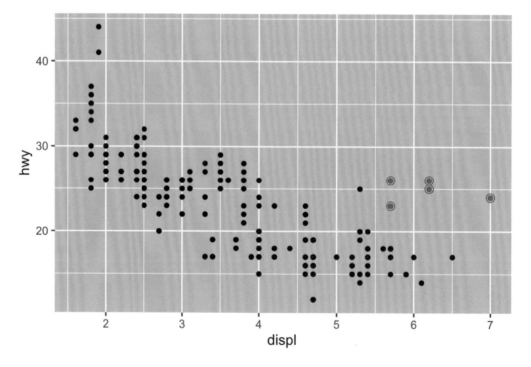

geoms 是 ggplot2 的基本構件。透過改變 geoms，你可以完全改變圖表的外觀，而且不同的 geoms 可以揭示你資料的不同特徵。舉例來說，下面的直方圖（histogram）和密度圖（density plot）顯示高速公路里程數的分佈呈現雙峰態（bimodal）和右偏態（right skewed），而盒狀圖則顯示了兩個潛在的離群值（outliers）：

```
# 左
ggplot(mpg, aes(x = hwy)) +
  geom_histogram(binwidth = 2)

# 中
ggplot(mpg, aes(x = hwy)) +
  geom_density()

# 右
ggplot(mpg, aes(x = hwy)) +
  geom_boxplot()
```

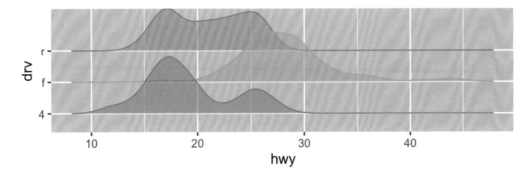

ggplot2 提供超過 40 種 geoms，但這些 geoms 並沒有涵蓋所有可能繪製出來的圖表。如果你需要不同的 geoms，請先檢視擴充套件（*https://oreil.ly/ARL_4*），看看是否有人已經實作了。舉例來說，ggridges 套件（*https://oreil.ly/pPIuL*）可用於繪製山脊線圖（ridgeline plot），這對於視覺化一個數值變數在某個類別變數不同級別（levels）下的密度非常有用。在下面的圖表中，我們不僅使用一個新的 geom（geom_density_ridges()），而且還將同一變數映射到了多個美學元素（drv 至 y、fill 和 color），並設定了一個美學元素（alpha = 0.5）使密度曲線呈現透明。

```
library(ggridges)

ggplot(mpg, aes(x = hwy, y = drv, fill = drv, color = drv)) +
  geom_density_ridges(alpha = 0.5, show.legend = FALSE)
#> Picking joint bandwidth of 1.28
```

要全面瞭解 ggplot2 提供的所有 geoms 以及套件中的所有函式，最好的地方是參考頁面（reference page，*https://oreil.ly/cIFgm*）。要瞭解任何單個 geom 的更多資訊，請使用幫助功能（例如 ?geom_smooth）。

習題

1. 你會用什麼 geom 來繪製折線圖？盒狀圖？直方圖？區域圖（area chart）？

2. 在本章的前面部分，我們用了 show.legend，但沒有對其進行說明：

```
ggplot(mpg, aes(x = displ, y = hwy)) +
  geom_smooth(aes(color = drv), show.legend = FALSE)
```

   show.legend = FALSE 在這裡有什麼作用？如果刪除它會怎樣？你認為我們之前為什麼要使用它？

3. geom_smooth() 的 se 引數有什麼作用？

4. 重新建立生成以下圖表所需的 R 程式碼。請注意，圖表中用到類別變數的地方都是 drv。

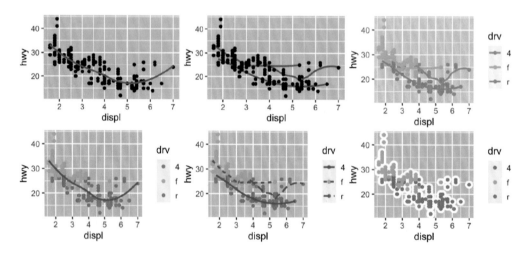

面向（Facets）

在第 1 章中，你學到了使用 facet_wrap() 進行分面（faceting）的方法，它可以將圖表分成多個子圖表，每個子圖表都顯示基於某個類別變數的一個資料子集。

```
ggplot(mpg, aes(x = displ, y = hwy)) +
  geom_point() +
  facet_wrap(~cyl)
```

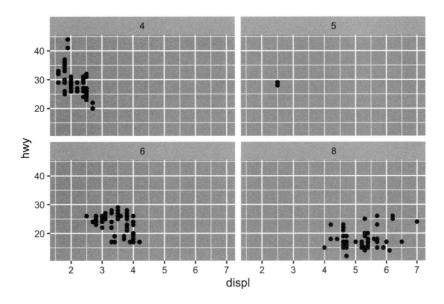

要使用兩個變數的組合來為圖表分面,請將 facet_wrap() 改為 facet_grid()。facet_grid() 的第一個引數也是一個公式(formula),但現在是一個雙面公式(double-sided formula):rows ~ cols。

```
ggplot(mpg, aes(x = displ, y = hwy)) +
  geom_point() +
  facet_grid(drv ~ cyl)
```

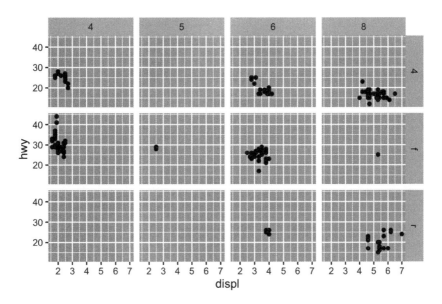

預設情況下，每個面向都共享相同的 x 軸和 y 軸刻度和範圍。當你想比較不同面向的資料時，這會很有用，但在你想更好地視覺化每個面向內部的關係時，這可能會有限制。將分面函式中的 scales 引數設定為 "free"，可以在列和欄中使用不同的座標軸刻度；"free_x" 可以在列中使用不同的刻度；而 "free_y" 則可以在欄中使用不同的刻度。

```
ggplot(mpg, aes(x = displ, y = hwy)) +
  geom_point() +
  facet_grid(drv ~ cyl, scales = "free_y")
```

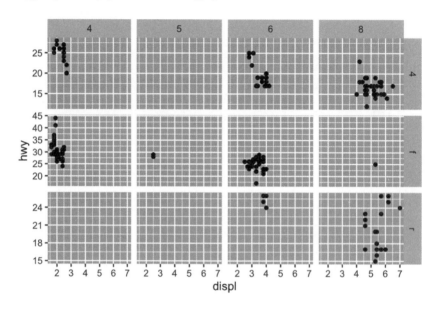

習題

1. 如果對連續變數（continuous variable）進行分面，會發生什麼情況？

2. 使用 facet_grid(drv ~ cyl) 繪製的圖中空的單元格代表什麼？請執行以下程式碼。這些單元格與結果圖有什麼關係？

   ```
   ggplot(mpg) +
     geom_point(aes(x = drv, y = cyl))
   ```

3. 下面的程式碼繪製了什麼圖？. 做了什麼？

   ```
   ggplot(mpg) +
     geom_point(aes(x = displ, y = hwy)) +
     facet_grid(drv ~ .)
   ```

```
ggplot(mpg) +
  geom_point(aes(x = displ, y = hwy)) +
  facet_grid(. ~ cyl)
```

4. 以本節中的第一幅分面圖為例：

```
ggplot(mpg) +
  geom_point(aes(x = displ, y = hwy)) +
  facet_wrap(~ class, nrow = 2)
```

   用分面代替顏色美學元素（color aesthetic）有哪些優點？缺點是什麼？如果你有一個更大型的資料集，這種平衡會有什麼變化？

5. 閱讀 ?facet_wrap。nrow 有什麼作用？ncol 有什麼作用？還有哪些選項可以控制各個面板（panels）的佈局？為什麼 facet_grid() 沒有 nrow 和 ncol 引數？

6. 以下哪種圖更容易比較不同傳動系統汽車的引擎大小（displ）？這對何時跨列或跨欄放置分面變數有何啟示？

```
ggplot(mpg, aes(x = displ)) +
  geom_histogram() +
  facet_grid(drv ~ .)
```

```
ggplot(mpg, aes(x = displ)) +
  geom_histogram() +
  facet_grid(. ~ drv)
```

7. 使用 facet_wrap() 而非 facet_grid() 來重新建立下面的圖表。分面標籤（facet labels）的位置如何變化？

```
ggplot(mpg) +
  geom_point(aes(x = displ, y = hwy)) +
  facet_grid(drv ~ .)
```

統計變換

考慮使用 geom_bar() 或 geom_col() 所繪製的一個基本長條圖。下圖顯示了 diamonds 資料集中按 cut（切工）分組的鑽石總數。diamonds 資料集在 ggplot2 套件中，包含約 54,000 顆鑽石的資訊，包括每顆鑽石的 price（價格）、carat（克拉數）、color（顏色）、clarity（淨度）與 cut（切工）。此圖表顯示，高品質切割的鑽石比低品質切割的鑽石還要多。

```
ggplot(diamonds, aes(x = cut)) +
  geom_bar()
```

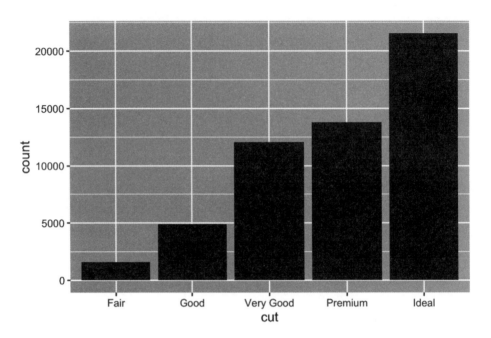

在 x 軸上，此圖表顯示的是 cut，這來自 diamonds 的一個變數。在 y 軸上，它顯示的是數量（count），但數量並不是 diamonds 中的變數！這個數量從何而來呢？很多圖表，如散佈圖，都是繪製你資料集的原始值（raw values）。其他圖表，如長條圖，會計算出新的數值來進行繪製：

- 長條圖、直方圖和次數多邊圖（frequency polygons）將資料進行分組，然後繪製每個組別中的數量，即屬於每個組別的點數。

- 平滑圖（smoothers）根據資料擬合（fit）模型，然後依據模型繪製預測圖。

- 盒狀圖計算分佈的五數摘要（five-number summary），然後將此摘要顯示為一個特殊格式的方盒。

用來為圖表計算新值的演算法稱為 *stat*，是 statistical transformation（統計變換）的簡稱。圖 9-2 展示使用 geom_bar() 時的這一過程。

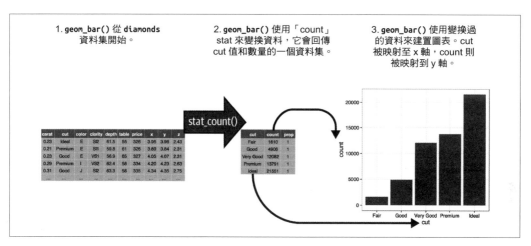

圖 9-2　建立長條圖時，我們先從原始資料開始，然後進行彙總以計算每個長條中的觀測值數量，最後將那些計算出的變數映射到圖表的美學元素

透過檢視 stat 引數的預設值，可以瞭解一個 geom 使用哪個 stat。舉例來說，?geom_bar 顯示其 stat 的預設值是「count」，這意味著 geom_bar() 會使用 stat_count()。stat_count() 的說明記載在與 geom_bar() 相同的頁面上。若你向下捲動，在名為「Computed variables」的部分會解釋它計算出來的兩個新變數：count 和 prop。

每個 geom 都有一個預設的 stat，而每個 stat 都有一個預設 geom。這意味著通常你可以使用 geoms，而不必擔心底層的統計變換。不過，有三個原因可能導致你需要明確使用某個 stat：

1. 你可能想覆寫預設的 stat。在下面的程式碼中，我們將 geom_bar() 的 stat 從 count（預設值）改為 identity。這樣，我們就可以將長條圖的高度映射到 y 變數的原始值。

```
diamonds |>
  count(cut) |>
  ggplot(aes(x = cut, y = n)) +
  geom_bar(stat = "identity")
```

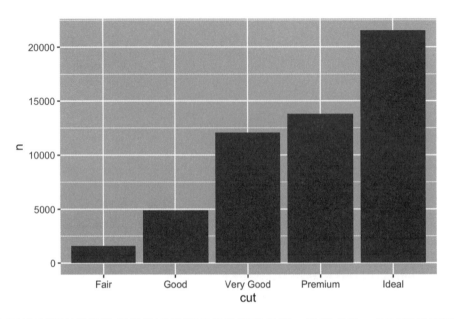

2. 你可能想覆寫從變換過變數到美學元素的預設映射。舉例來說，你可能希望顯示比例（proportions）的長條圖，而不是數量的長條圖：

```
ggplot(diamonds, aes(x = cut, y = after_stat(prop), group = 1)) +
  geom_bar()
```

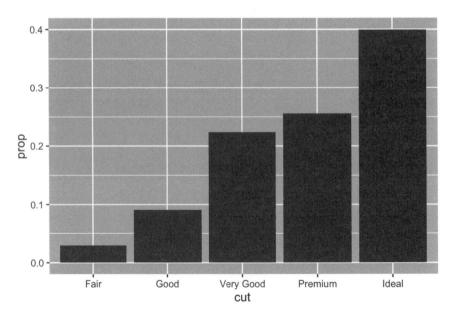

要查詢 stat 可以計算的可能變數，請檢視 geom_bar() 的說明中標題為「Computed variables」的部分。

3. 你可能希望在程式碼中更多地關注統計變換。舉例來說，你可能會使用 stat_summary()，它可以為每個唯一的 x 值摘要 y 值，從而使人們更加注意你正在計算的摘要值：

```
ggplot(diamonds) +
  stat_summary(
    aes(x = cut, y = depth),
    fun.min = min,
    fun.max = max,
    fun = median
  )
```

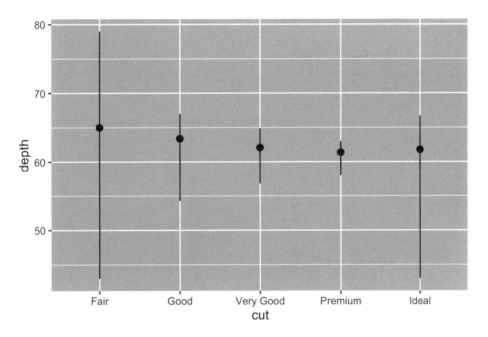

ggplot2 提供 20 多個 stats 供你使用。每個 stat 都是一個函式，因此你可以透過常規方式獲得幫助，例如 ?stat_bin。

習題

1. 與 stat_summary() 關聯的預設 geom 是什麼？如何改寫之前的圖表，使用那個 geom 函式而不是 stat 函式？

2. geom_col() 有何作用？它與 geom_bar() 有什麼不同？

3. 大多數的 geoms 和 stats 都是成對出現的，而且幾乎總是會搭配使用。請列出所有的配對。它們有什麼共通點呢？（提示：請通讀說明文件。）

4. stat_smooth() 計算哪些變數？哪些引數控制其行為？

5. 在比例長條圖中，我們需要設定 group = 1。為什麼呢？換言之，這兩幅圖表有什麼問題？

```
ggplot(diamonds, aes(x = cut, y = after_stat(prop))) +
  geom_bar()
ggplot(diamonds, aes(x = cut, fill = color, y = after_stat(prop))) +
  geom_bar()
```

位置調整

長條圖還有一個神奇之處。你可以使用 color 美學元素或更實用的 fill 美學元素為長條圖著色：

```
# 左
ggplot(mpg, aes(x = drv, color = drv)) +
  geom_bar()
```

```
# 右
ggplot(mpg, aes(x = drv, fill = drv)) +
  geom_bar()
```

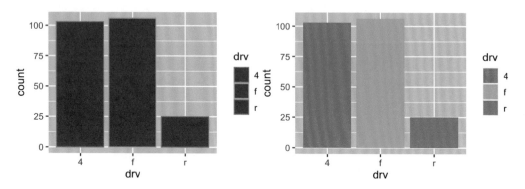

注意到，若將填色美學元素（fill aesthetic）映射到另一個變數（如 class）會發生什麼事：長條圖會自動堆疊。每個彩色矩形都代表 drv 和 class 的一種組合。

```
ggplot(mpg, aes(x = drv, fill = class)) +
  geom_bar()
```

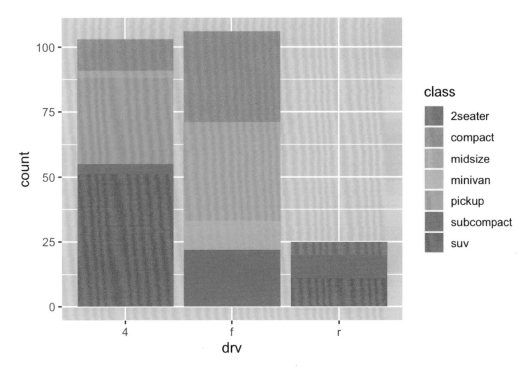

這個堆疊動作是透過 position 引數所指定的位置調整（*position adjustment*）自動進行的。如果你不想要堆疊長條圖，可以使用其他三個選項之一："identity"、"dodge" 或 "fill"。

- position = "identity" 將精確放置每個物件在圖形情境中所處的位置。這對於長條圖來說用處不大，因為這會使它們重疊。要看到重疊效果，我們需要將 alpha 設定為較小值使長條略微透明，或者設定 fill = NA 使長條完全透明。

```
# 左
ggplot(mpg, aes(x = drv, fill = class)) +
  geom_bar(alpha = 1/5, position = "identity")

# 右
ggplot(mpg, aes(x = drv, color = class)) +
  geom_bar(fill = NA, position = "identity")
```

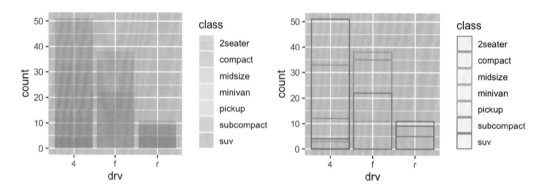

identity 的位置調整對 2D geoms（例如點）更有用，其中它是預設值。

- position = "fill" 的運作方式與堆疊相似，但使堆疊起來的每組長條高度相同。這樣就更容易比較各組之間的比例。

- position = "dodge" 將重疊的物件直接放在彼此*旁邊*。這樣就更容易比較個別的值。

```
# 左
ggplot(mpg, aes(x = drv, fill = class)) +
  geom_bar(position = "fill")
```

```
# 右
ggplot(mpg, aes(x = drv, fill = class)) +
  geom_bar(position = "dodge")
```

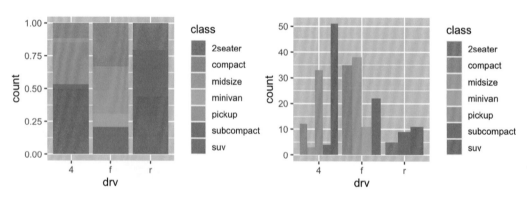

還有一種調整對長條圖沒有用，但對散佈圖非常有用。回想一下我們的第一個散佈圖。你是否注意到，雖然資料集中有 234 個觀測值，但該圖只顯示了 126 個點？

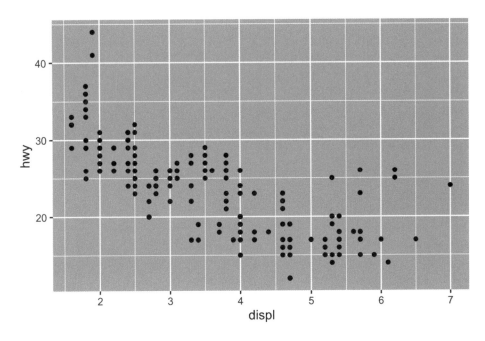

hwy 和 displ 底層的值經過捨入（rounded）運算，因此那些點會出現在網格（grid）上，而且許多點會相互重疊。這種問題被稱為重疊繪製（*overplotting*）。這種排列方式很難看清資料的分佈情況。資料點是平均分散在整個圖表中，還是 hwy 和 displ 的某個特殊組合包含 109 個值？

你可以透過將位置調整設定為 "jitter" 來避免這種網格劃分方式。使用 position = "jitter" 可為每個點添加少量隨機雜訊。由於不太可能會有兩個點接收到等量的隨機雜訊，因此就能將點分散開來。

```
ggplot(mpg, aes(x = displ, y = hwy)) +
  geom_point(position = "jitter")
```

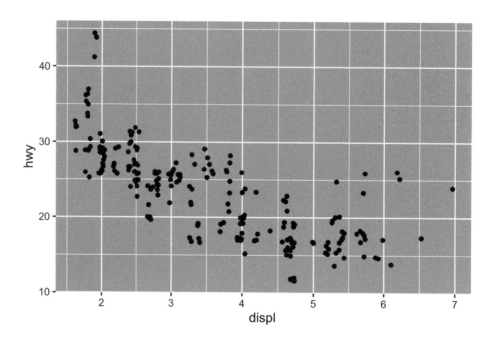

加入隨機性似乎是一種改善圖表的奇怪方法，不過雖然這在小範圍內降低了準確性，但在宏觀層面上卻讓圖表更能揭示真相。由於這種運算非常有用，ggplot2 為 geom_point(position = "jitter") 提供了簡寫：geom_jitter()。

要瞭解有關位置調整的更多資訊，請查閱與每種調整相關的說明頁面：

- ?position_dodge
- ?position_fill
- ?position_identity
- ?position_jitter
- ?position_stack

習題

1. 下面的圖表有什麼問題？如何改進？

```
ggplot(mpg, aes(x = cty, y = hwy)) +
  geom_point()
```

2. 這兩幅圖表有什麼不同？為什麼？

```
ggplot(mpg, aes(x = displ, y = hwy)) +
  geom_point()
ggplot(mpg, aes(x = displ, y = hwy)) +
  geom_point(position = "identity")
```

3. geom_jitter() 的什麼參數可以控制微幅擺動（jittering）量？

4. 對比 geom_jitter() 和 geom_count()。

5. geom_boxplot() 預設的位置調整是什麼？為 mpg 資料集建立一個視覺化圖表來演示這點。

座標系統

座標系統（coordinate systems）可能是 ggplot2 中最複雜的部分。預設的座標系統是 Cartesian（笛卡爾）座標系統，其中 x 和 y 的位置獨立作用，以決定每個點的位置。另外還有兩個座標系統偶爾會有用。

- coord_quickmap() 能正確設定地理資訊圖的長寬比（aspect ratio）。如果你使用 ggplot2 來繪製空間資料，這一點就非常重要。我們沒有空間來討論地圖，但你可以在《*ggplot2: Elegant Graphics for Data Analysis*》（Springer 出版）中的 Maps 一章（*https://oreil.ly/45GHE*）學到更多。

```
nz <- map_data("nz")

ggplot(nz, aes(x = long, y = lat, group = group)) +
  geom_polygon(fill = "white", color = "black")

ggplot(nz, aes(x = long, y = lat, group = group)) +
  geom_polygon(fill = "white", color = "black") +
  coord_quickmap()
```

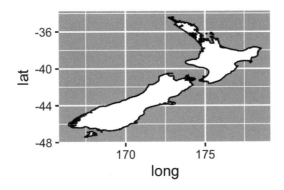

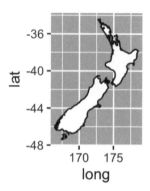

- coord_polar() 使用極座標（polar coordinates）。極座標揭示了長條圖和雞冠花圖（Coxcomb chart）之間有趣的關聯。

```
bar <- ggplot(data = diamonds) +
  geom_bar(
    mapping = aes(x = clarity, fill = clarity),
    show.legend = FALSE,
    width = 1
  ) +
  theme(aspect.ratio = 1)

bar + coord_flip()
bar + coord_polar()
```

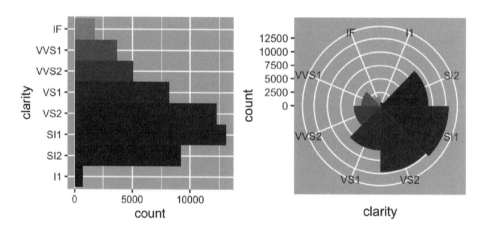

習題

1. 使用 coord_polar() 將堆疊長條圖轉化為圓餅圖（pie chart）。

2. coord_quickmap() 和 coord_map() 之間有什麼差異？

3. 下面的圖表說明了城市和高速公路 mpg 之間的什麼關係？`coord_fixed()` 為什麼很重要？`geom_abline()` 有什麼作用？

```
ggplot(data = mpg, mapping = aes(x = cty, y = hwy)) +
  geom_point() +
  geom_abline() +
  coord_fixed()
```

圖形的分層文法

我們可以在第 17 頁「ggplot2 呼叫」中學到的圖形樣板基礎上進行擴充，新增位置調整、stats、座標系統和分面：

```
ggplot(data = <DATA>) +
  <GEOM_FUNCTION>(
    mapping = aes(<MAPPINGS>),
    stat = <STAT>,
    position = <POSITION>
  ) +
  <COORDINATE_FUNCTION> +
  <FACET_FUNCTION>
```

我們的新樣板接受七個參數，即樣板中出現在角括號中的那些字詞。實際上，你很少需要提供全部的七個參數以製作圖表，因為除了資料、映射和 geom 函式外，ggplot2 會為其他一切提供有用的預設值。

樣板中的七個參數構成了圖形的文法（grammar of graphics），這是建置圖表的一個形式系統。圖形文法奠基於這樣的一種見解：你可以將任何圖表（plot）唯一地描述為一個資料集、一個 geom、一組映射、一個 stat、一個位置調整、一個座標系統、一個分面方案（faceting scheme）和一個主題（theme）的組合。

要瞭解其工作原理，請考慮如何從頭開始繪製基本圖表：你可以從一個資料集開始，然後將其變換為你想要顯示的資訊（透過一個 stat）。接著，你可以選擇一個幾何物件（geometric object）來表示變換後資料中的每個觀測值。然後，你可以使用那些 geoms 的美學特性來表示資料中的變數。你會把每個變數的值映射到一個美學元素（aesthetic）的級別（levels）。這些步驟如圖 9-3 所示。再來，你會選擇一個座標系統來放置那些 geoms，利用物件的位置（它本身就是一個美學特性）來顯示 x 和 y 變數的值。

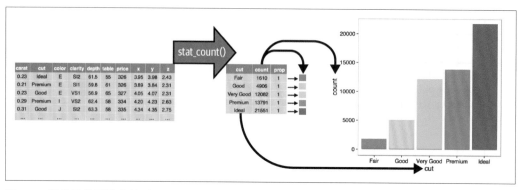

圖 9-3 這些是從原始資料到次數表再到長條圖的步驟，長條圖的高度代表次數

此時，你就有了一個完整的圖表，但你可以進一步調整座標系統中 geoms 的位置（位置調整），或將圖表分為子圖區（分面）。你還可以透過新增一或多個額外的圖層來擴充圖表，其中每個附加的圖層都會使用一個資料集、一個 geom、一組映射、一個 stat 和一個位置調整。

你可以用這種方法建置任何你能想像到的任何圖表。換句話說，你可以使用本章學到程式碼樣板來建置成千上萬獨一無二的圖表。

如果你想進一步瞭解 ggplot2 的理論基礎，不妨閱讀詳細描述 ggplot2 理論的科學論文「A Layered Grammar of Graphics」（*https://oreil.ly/8fZzE*）。

總結

在本章中，你學到圖形的分層文法，首先是建立簡單圖表的美學元素（aesthetics）和幾何物件（geometries），然後是將圖表分割成子集的面向（facets）、瞭解 geoms 是如何計算出來的統計變換、在 geoms 可能重疊時控制位置細節的位置調整（position adjustments），以及允許你從根本上改變 x 和 y 意義的座標系統（coordinate systems）。主題（theme）是我們尚未涉及的一層，我們將在第 201 頁的「主題」中介紹。

要對 ggplot2 的完整功能有個概觀，這兩項資源非常有用：ggplot2 cheatsheet（*https://oreil.ly/NlKZF*）和 ggplot2 package 網站（*https://oreil.ly/W6ci8*）。

本章的一個重要啟示是，當你需要 ggplot2 沒有提供的 geom 時，最好先看看是否已經有人建立了能解決你問題的 ggplot2 擴充套件，提供你所需的那種 geom。

## 第十章

探索式資料分析

簡介

本章將向你介紹如何使用視覺化和變換來系統化地探索資料，統計學家將這種任務稱為 *exploratory data analysis*（探索式資料分析），簡稱 EDA。EDA 是不斷重複的循環，其中你會：

1. 產生有關你資料的問題。

2. 對你的資料進行視覺化、變換和建模（modeling）來尋找答案。

3. 利用所學到的知識來改善問題或提出新問題。

EDA 並不是有一組嚴格規則的正式過程。最重要的是，EDA 是一種心態。在 EDA 的初始階段，你應該自由地研究你想到的每一個想法。這些想法中有些會成功，有些則是死胡同。隨著探索的不斷深入，你會發現一些特別有成效的見解，最終你會將其撰寫成書面形式，傳達給他人。

EDA 是任何資料分析工作的重要組成部分，即使主要的研究問題就擺在你面前也是一樣，因為你總是需要調查資料的品質。資料清理只是 EDA 的一種應用：你需要詢問資料是否符合你的預期。要進行資料清理，你需要部署 EDA 的所有工具：視覺化（visualization）、變換（transformation）和建模（modeling）。

先決條件

在本章中,我們將結合學過的 dplyr 和 ggplot2 知識,以互動方式提出問題,用資料回答它們,然後提出新問題。

```
library(tidyverse)
```

問題

> 「沒有慣例的統計問題(*routine statistical questions*),只有值得質疑的統計慣例(*statistical routines*)。」
>
> —Sir David Cox

> 「正確的問題,雖然經常不夠明確,但其近似解,還是遠比錯誤問題的確切答案要好得多,無論後者的定義有多精確。」
>
> —John Tukey

在 EDA 的過程中,你的目標是瞭解你的資料。最簡單的方法就是把問題當作引導調查方向的工具。當你提出問題時,問題會將你的注意力集中在資料集的特定部分,並幫助你決定要繪製哪些圖表、建立哪些模型或進行哪些變換。

EDA 基本上是一種創意過程,而與大多數創造性過程一樣,提出高品質問題的關鍵在於產生**大量**的問題。在分析之初很難提出有啟發性的問題,因為你不知道能從資料集中獲得什麼啟示。另一方面,你提出的每一個新問題都會讓你接觸到資料的一個新面向,增加你有所發現的機會。如果你依據所發現的東西提出新問題,那麼你就可以快速深入研究資料中最有趣的部分,並發展出一系列發人深省的問題。

你應該提出哪些問題來引導你的研究,並沒有規則可循。不過,有兩種問題始終有助於在資料中獲得新知。這些問題可以大致描述為:

1. 我的變數中出現了哪種類型的變異(variation)?

2. 我的變數之間存在哪種共變異(covariation)關係?

本章接下來將探討這兩種問題。我們將解釋什麼是變異和共變異,並向你展示回答這兩種問題的幾種方式。

變異

變異（*variation*）是指變數值在不同測量之間發生變化的傾向。在現實生活中，你很容易看到變異；若對任何連續變數測量兩次，你會得到兩個不同的結果。即使測量的是恆定的量，如光速，也會是如此。你的每次測量都會包含少量的誤差，這些誤差在不同的測量中會有所不同。如果測量的對象不同（如不同人的眼睛顏色）或時間不同（如電子在不同時刻的能階），變數也可能有所變化。每個變數都有自己的變異模式，它可以揭露變數在同一次觀測的不同測量值之間，以及不同次觀測之間變化方式的有趣資訊。瞭解這種模式的最佳方式是將變數值的分佈（distribution）視覺化，這在第 1 章中已有介紹。

我們將從視覺化 diamonds 資料集中約 54,000 顆鑽石的重量（carat）分佈開始探索。由於 carat 是一個數值變數，我們可以使用直方圖（histogram）：

```
ggplot(diamonds, aes(x = carat)) +
  geom_histogram(binwidth = 0.5)
```

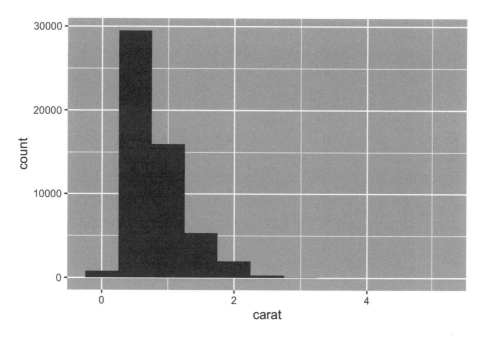

現在既然你能夠視覺化變異，那麼你應該在圖表中尋找什麼呢？你應該提出哪些後續問題？我們會在下一節列出圖表中最有用的資訊類型，並針對每種資訊提出一些後續問題。想要提出好的後續問題，關鍵在於仰賴你的好奇心（你想進一步瞭解什麼？）以及你的懷疑精神（這可能有什麼誤導之處？）。

典型值

在長條圖和直方圖中,高長條顯示變數常見的值,而較短的長條顯示較不常見的值。沒有長條的地方顯示的是沒在資料中看到的值。要將這些資訊轉化為有用的問題,就要尋找任何非預期的東西:

- 哪些值最常見?為什麼?

- 哪些值很罕見?為什麼?這符合你的期望嗎?

- 你能看到任何不尋常的模式嗎?如何解釋它們?

我們來看看較小鑽石的 carat 分佈情況:

```
smaller <- diamonds |>
  filter(carat < 3)

ggplot(smaller, aes(x = carat)) +
  geom_histogram(binwidth = 0.01)
```

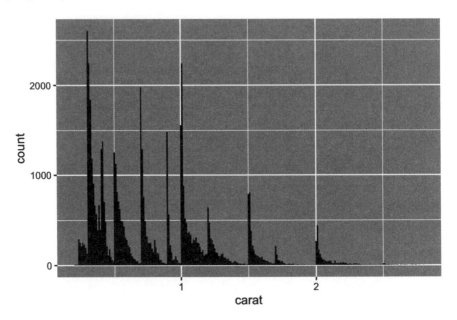

這個直方圖提出了幾個有趣的問題:

- 為什麼整數克拉和克拉數是常用分數(common fractions)的鑽石比較多?

- 為什麼靠近每個峰值右側的鑽石比左側的鑽石多?

視覺化還可以顯示出數個叢集（clusters），這表明資料中存在子群（subgroups）。要瞭解這些子群，可以這樣提問：

- 每個子群內的觀測值之間有何相似之處？
- 不同叢集中的觀測值之間有何不同？
- 如何解釋或描述這些叢集？
- 為什麼這些叢集的外觀可能產生誤導？

這些問題中有些可以用資料來回答，而有些問題則需要關於資料的專業領域知識。其中許多問題會促使你探索變數之間的關係，例如看看一個變數的值是否能解釋另一個變數的行為。我們很快就會講到這一點。

離群值

離群值（outliers）是指不尋常（unusual）的觀測值，換句話說，就是看起來不符合模式的資料點。有時，離群值是資料輸入錯誤；有時，離群值只是在資料蒐集過程中剛好觀察到的極端值，而其他時候，離群值則暗示著重要的新發現。資料量很大時，有時很難在直方圖中看到離群值。舉例來說，以 diamonds 資料集中 y 變數的分佈為例。離群值的唯一證據就是 x 軸那異常寬的界限。

```
ggplot(diamonds, aes(x = y)) +
  geom_histogram(binwidth = 0.5)
```

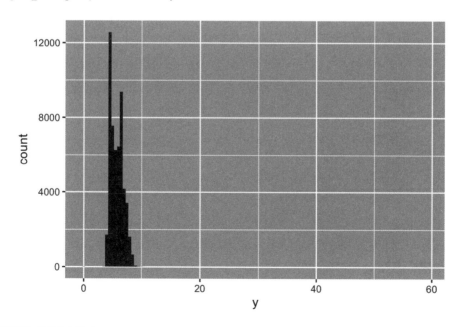

由於常見組別中的觀測值非常多，因此就顯得稀有組別非常的短，以致於很難看到它們（不過如果你仔細盯著 0 看，也許會發現什麼）。為了便於檢視異常值，我們需要使用 coord_cartesian() 拉近到 y 軸較小的值：

```
ggplot(diamonds, aes(x = y)) +
  geom_histogram(binwidth = 0.5) +
  coord_cartesian(ylim = c(0, 50))
```

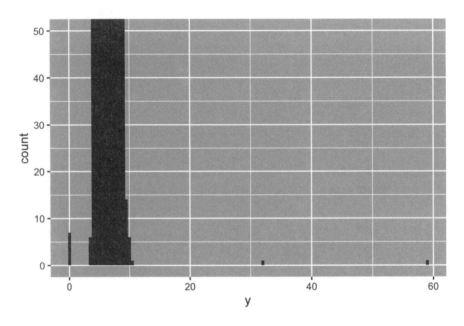

coord_cartesian() 還有一個 xlim() 引數，用於拉近 x 軸。ggplot2 也有 xlim() 和 ylim() 函式，其運作方式略有不同：它們會丟棄超出界限範圍的資料。

這樣我們就可以看到有三個不尋常的值：0、~30 和 ~60。我們用 dplyr 將它們擷取出來：

```
unusual <- diamonds |>
  filter(y < 3 | y > 20) |>
  select(price, x, y, z) |>
  arrange(y)
unusual
#> # A tibble: 9 × 4
#>   price     x     y     z
#>   <int> <dbl> <dbl> <dbl>
#> 1  5139     0     0     0
#> 2  6381     0     0     0
#> 3 12800     0     0     0
```

```
#> 4 15686  0      0     0
#> 5 18034  0      0     0
#> 6 2130   0      0     0
#> 7 2130   0      0     0
#> 8 2075   5.15  31.8   5.12
#> 9 12210  8.09  58.9   8.06
```

y 變數測量這些鑽石的三個維度（dimensions）之一，單位為公釐（mm）。我們知道，鑽石的寬度不可能為 0 公釐，因此這些值必定是不正確的。藉由 EDA，我們發現了記載為 0 的缺失資料，而如果只是搜尋 NA，我們是絕對找不到它們的。今後，我們可能會選擇將那些值重新編寫為 NA，以避免會產生誤導的計算。我們也可能會懷疑 32 公釐和 59 公釐的測量值是不可信的：那些鑽石的長度超過一英寸，但價格卻不昂貴！

良好的實務做法是在包含離群值和不包含離群值的情況下重複分析。如果離群值對結果的影響極小，而你也無法找出它們存在的原因，那麼忽略它們並繼續進行分析也是合理的。然而，如果它們對結果有實質性影響，你就不應該毫無理由地移除它們。你需要弄清楚是什麼原因（如資料登錄錯誤）使得它們出現，並在撰寫報告時說明你已刪除它們。

習題

1. 探索 diamonds 中 x、y 和 z 變數的分佈。你有什麼發現？針對某一顆鑽石，你要如何確定哪個維度是它的長度、寬度和深度。

2. 探索 price 的分佈。有什麼不尋常或令人驚訝的發現嗎？（提示：仔細思考 binwidth，並確保你有嘗試過範圍廣泛的值。）

3. 0.99 克拉（carat）的鑽石有多少顆？多少顆是 1 克拉？你認為造成這種差異的原因是什麼？

4. 在拉近直方圖時，對比 coord_cartesian() 和 xlim() 或 ylim()。若不設定 binwidth 會發生什麼事？如果你試著拉近到只顯示長條的一半，那會發生什麼情況？

異常值

若在資料集中遇到了不尋常的值，但你只想繼續進行其他分析，你有兩個選擇：

1. 捨棄帶有異常值的整個列：

```
diamonds2 <- diamonds |>
  filter(between(y, 3, 20))
```

我們不推薦這種做法，因為帶有一個無效值並不意味著該觀測值的所有其他值也無效。此外，如果你的資料品質不高，那麼你對每個變數都採用這種做法時，你可能會發現已經沒有任何剩餘資料了！

2. 取而代之，我們建議用缺失值（missing values）替換異常值。要這樣做，最簡單的方法是使用 mutate() 將變數取代為修改後的版本。你可以透過 if_else() 函式用 NA 替換異常值：

```
diamonds2 <- diamonds |>
  mutate(y = if_else(y < 3 | y > 20, NA, y))
```

因為沒辦法明確決定要把缺失值繪製在圖表的何處，所以 ggplot2 不會將其包含在圖表中，但會發出已將它們刪除的警告：

```
ggplot(diamonds2, aes(x = x, y = y)) +
  geom_point()
#> Warning: Removed 9 rows containing missing values (`geom_point()`).
```

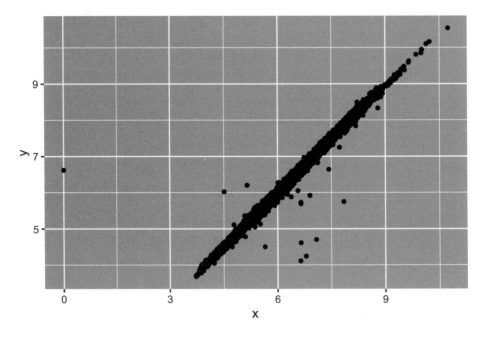

要抑制該警告，請設定 na.rm = TRUE：

```
ggplot(diamonds2, aes(x = x, y = y)) +
  geom_point(na.rm = TRUE)
```

還有一些時候，你希望瞭解是什麼造成帶有缺失值的觀測與有記錄值的觀測之間的差異。舉例來說，在 nycflights13::flights [1] 中，dep_time 變數中的缺失值表示航班被取消。因此，你可能想要比較取消和未取消的航班的預定起飛時間。為此，你可以建立一個新變數，使用 is.na() 來檢查 dep_time 是否缺少。

```
nycflights13::flights |>
  mutate(
    cancelled = is.na(dep_time),
    sched_hour = sched_dep_time %/% 100,
    sched_min = sched_dep_time %% 100,
    sched_dep_time = sched_hour + (sched_min / 60)
  ) |>
  ggplot(aes(x = sched_dep_time)) +
  geom_freqpoly(aes(color = cancelled), binwidth = 1/4)
```

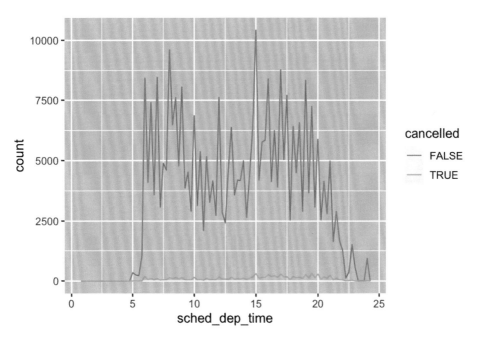

但是，由於未取消航班的數量比取消的航班數量要多很多，因此這個圖表並不理想。在下一節中，我們將探討改進這種比較的一些技巧。

習題

1. 如何處理直方圖中的缺失值？如何處理長條圖中的缺失值？為什麼直方圖和長條圖處理缺失值的方式不同？

1　請記住，需要明確表示函式（或資料集）的來源時，我們會使用特殊形式 package::function() 或 package::dataset。

2. 在 mean() 和 sum() 中，na.rm = TRUE 會做些什麼？

3. 重新建立按航班是否取消來著色的 scheduled_dep_time 次數圖。同時根據 cancelled 變數進行分面。嘗試在分面函式中實驗不同的 scales 變數值，以減輕未取消航班多於取消航班的影響。

共變異

如果說變異（variation）描述的是一個變數內部的行為，那麼共變異描述的就是變數之間的行為。共變異（covariation）是指兩個或更多個變數的值以相關的方式共同變化的傾向。發現共變異的最佳方法是視覺化二或更多個變數之間的關係。

一個類別變數和一個數值變數

舉例來說，讓我們使用 geom_freqpoly() 探究鑽石的價格如何隨其品質（以切工衡量，即 cut）而變化：

```
ggplot(diamonds, aes(x = price)) +
  geom_freqpoly(aes(color = cut), binwidth = 500, linewidth = 0.75)
```

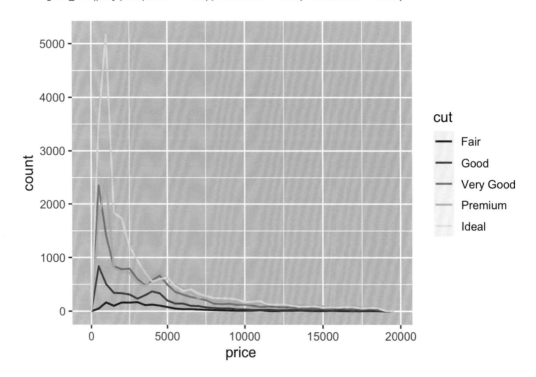

請注意，ggplot2 對 cut 使用有序色標（ordered color scale），因為它在資料中被定義為有序因子變數（ordered factor variable）。你將在第 313 頁的「有序因子」中瞭解更多相關資訊。

在這裡，geom_freqpoly() 的預設外觀並不十分有用，因為由總數決定的高度在不同 cut 之間差別很大，很難看到它們分佈形狀的差異。

為了便於比較，我們需要調換 y 軸上的顯示內容。我們不顯示數量（count），而是顯示**密度**（*density*），即標準化後的數量，如此每個次數多邊形（frequency polygon）下的面積就是 1：

```
ggplot(diamonds, aes(x = price, y = after_stat(density))) +
  geom_freqpoly(aes(color = cut), binwidth = 500, linewidth = 0.75)
```

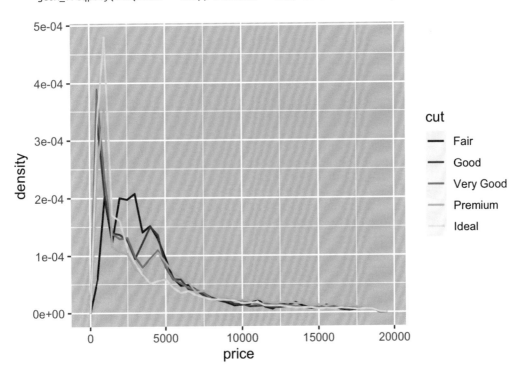

請注意，我們將密度映射到 y，但由於 density 不是 diamonds 資料集中的變數，因此我們需要先計算它。我們使用 after_stat() 函式來那麼做。

這幅圖有一點相當令人驚訝：看起來一般（fair）的鑽石（品質最低）的平均價格最高！不過，這也許是因為次數多邊圖有點難以解讀；這幅圖中發生了很多事情。

探索這種關係的一種視覺上更簡單的方法是使用並列盒狀圖（side-by-side boxplots）：

```
ggplot(diamonds, aes(x = cut, y = price)) +
  geom_boxplot()
```

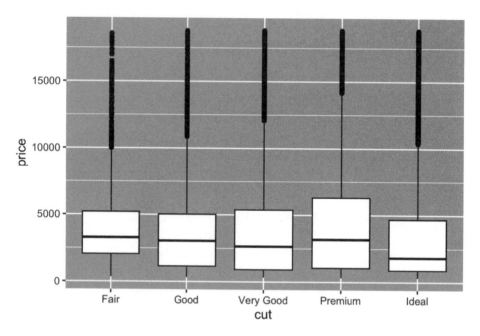

我們看到的分佈資訊要少得多，但盒狀圖要緊湊得多，因此可以更容易比較它們（一幅圖上能放入更多東西）。這支持了一個反直覺的發現，即品質更好的鑽石通常更便宜！在習題中，你將面臨找出其原因的挑戰。

cut 是一個有序因子（ordered factor）：一般（fair）比良好（good）差，而後者比非常好（very good）差，依此類推。許多類別變數並沒有這樣的內在順序，因此你可能想重新排序它們，以顯示更多資訊。有種方法是使用 fct_reorder()。你將在第 304 頁的「修改因子順序」中瞭解更多關於該函式的資訊，但我們想在這裡給你一個快速預覽，因為它非常有用。舉例來說，以 mpg 資料集中的 class 變數為例。你可能有興趣瞭解高速公路里程數在不同 class 中的變化情況：

```
ggplot(mpg, aes(x = class, y = hwy)) +
  geom_boxplot()
```

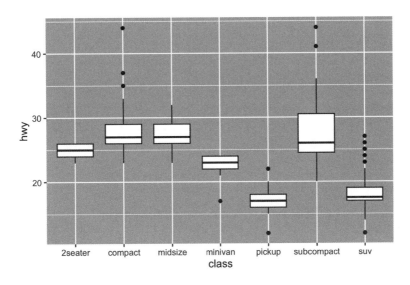

為了更容易看清趨勢，我們可以根據 hwy 的中位數重新排序 class：

```
ggplot(mpg, aes(x = fct_reorder(class, hwy, median), y = hwy)) +
  geom_boxplot()
```

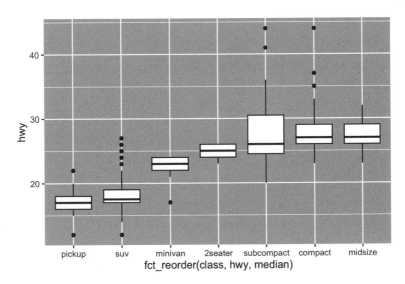

如果變數名稱較長，那麼將它翻轉 90°，geom_boxplot() 的效果會更好。你可以透過對調
x 和 y 美學映射來做到這一點：

```
ggplot(mpg, aes(x = hwy, y = fct_reorder(class, hwy, median))) +
  geom_boxplot()
```

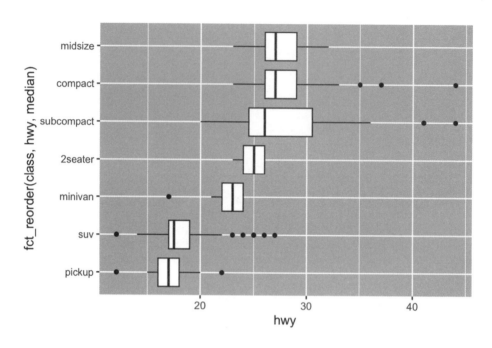

習題

1. 利用你所學到的知識，改進取消航班 vs. 未取消航班起飛時間的視覺化圖表。

2. 根據 EDA，鑽石（diamonds）資料集中哪個變數似乎對預測鑽石價格（price）最為重要？該變數與切工（cut）的相關性如何？為什麼這兩種關係的結合會導致品質較差的鑽石價格更高？

3. 與其對調 x 和 y 變數，不如在垂直盒狀圖中新增 coord_flip() 作為新圖層，以建立水平盒狀圖。這與對調變數相比有何不同？

4. 盒狀圖的一個問題是，它們是在資料集規模小得多的時代開發的，往往會顯示過多的「離群值（outlying values）」。解決此問題的方法之一是字母數值圖（letter value plot）。安裝 lvplot 套件，並嘗試使用 geom_lv() 顯示價格 vs. 切工的分佈。你能學到什麼？如何解釋這些圖？

5. 使用 geom_violin() 建立鑽石價格 vs. diamonds 資料集中某個類別變數（categorical variable）的視覺化圖表，再來是一個分面過的 geom_histogram()，接著是一個彩色的 geom_freqpoly()，然後一個彩色的 geom_density()。對比這四幅圖。根據類別變數的級別（levels）視覺化數值變數分佈的這各種方法有何優缺點？

---

6. 如果資料集較小，使用 `geom_jitter()` 來避免重疊繪製有時會很有用，可以更容易看到連續變數和類別變數之間的關係。`ggbeeswarm` 套件提供幾個與 `geom_jitter()` 類似的方法。請列出它們，並簡要說明每個方法的作用。

兩個類別變數

要視覺化類別變數（categorical variables）之間的共變異關係，需要計算這些類別變數的每種級別（levels）組合的觀測值數量。有種方法是使用內建的 `geom_count()`：

```
ggplot(diamonds, aes(x = cut, y = color)) +
  geom_count()
```

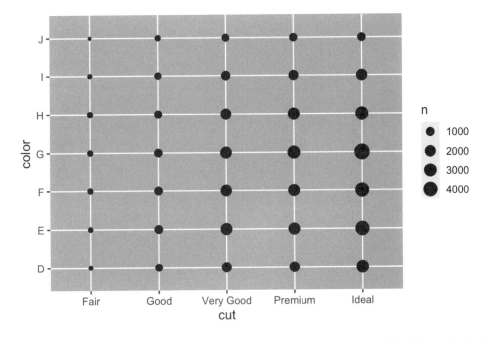

圖中每個圓的大小顯示了在每個值組合中出現的觀測值之數量。共變異將表現為特定 x 值和特定 y 值之間的強相關性（strong correlation）。

探索這些變數之間關係的另一種做法是使用 dplyr 計算數量：

```
diamonds |>
  count(color, cut)
#> # A tibble: 35 × 3
#>   color cut          n
#>   <ord> <ord>    <int>
#> 1 D     Fair       163
```

```
#> 2 D     Good        662
#> 3 D     Very Good  1513
#> 4 D     Premium    1603
#> 5 D     Ideal      2834
#> 6 E     Fair        224
#> # … with 29 more rows
```

然後使用 geom_tile() 和 fill 美學元素進行視覺化：

```
diamonds |>
  count(color, cut) |>
  ggplot(aes(x = color, y = cut)) +
  geom_tile(aes(fill = n))
```

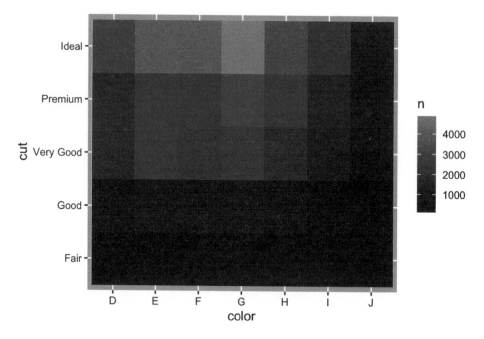

如果類別變數是無序的，則可能需要使用 seriation 套件同時重新排序列和欄，以更清晰地揭露有趣的模式。若要繪製更大型的圖表，可以嘗試使用 heatmaply 套件，它可以建立互動式圖表。

習題

1. 如何重新縮放之前的計數資料集，以更清晰地顯示顏色內的切工分佈或切工內的顏色分佈？

2. 如果將顏色映射到 x 美學元素，而 cut 映射到 fill 美學元素，那麼分段長條圖（segmented bar chart）會為你帶來哪些不同的資料洞見？計算落在每個分段的數量。

3. 使用 geom_tile() 和 dplyr，探索不同目的地（destination）和每年不同月份的航班平均起飛延誤時間有何不同。是什麼導致這種圖表難以閱讀？如何改善？

兩個數值變數

你已經見過一種直觀顯示兩個數值變數之間共變異關係的好方法：使用 geom_point() 繪製散佈圖（scatterplot）。你可以將共變異關係視為這些點所展示的一種模式。舉例來說，你可以看到鑽石的克拉數和價格之間存在正相關：克拉數越多的鑽石價格越高。這是一種指數（exponential）關係。

```
ggplot(smaller, aes(x = carat, y = price)) +
  geom_point()
```

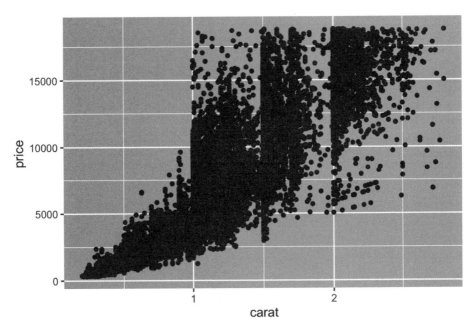

（在本節中，我們將使用 smaller 資料集來關注大部分小於 3 克拉的鑽石。）

隨著資料集規模的擴大，散佈圖的作用也會減弱，因為點開始重疊繪製並堆積成均勻的黑色區域，這樣就很難判斷二維空間中資料密度的差異，也很難發現趨勢。你已經見過解決這種問題的一種方式：使用 alpha 美學元素來增加透明度（transparency）。

```
ggplot(smaller, aes(x = carat, y = price)) +
  geom_point(alpha = 1 / 100)
```

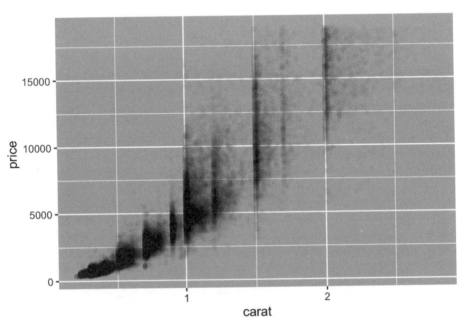

但是，對於超大型資料集來說，使用透明度可能具有挑戰性。另一種解決方案是使用組別（bins）。在此之前，你用過 geom_histogram() 和 geom_freqpoly() 在一維範疇內進行分組。現在你將學習如何使用 geom_bin2d() 和 geom_hex() 進行二維分組。

geom_bin2d() 和 geom_hex() 將座標平面劃分為 2D 組別，然後使用一種充填顏色（fill color）來顯示每個組別中有多少個點。geom_bin2d() 建立矩形組別（rectangular bins）。geom_hex() 建立六邊形組別（hexagonal bins）。你需要安裝 hexbin 套件才能使用 geom_hex()。

```
ggplot(smaller, aes(x = carat, y = price)) +
  geom_bin2d()

# install.packages("hexbin")
ggplot(smaller, aes(x = carat, y = price)) +
  geom_hex()
```

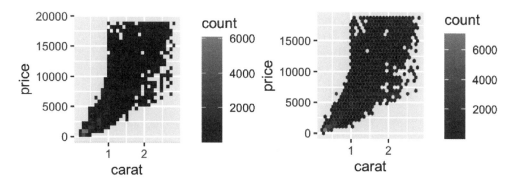

另一種選擇是為一個連續變數進行分組，使其行為就像一個類別變數。然後，你就可以使用你學過的技巧之一來視覺化一個類別變數和一個連續變數的組合。舉例來說，你可以為 carat 分組，然後為每組顯示一個盒狀圖：

```
ggplot(smaller, aes(x = carat, y = price)) +
  geom_boxplot(aes(group = cut_width(carat, 0.1)))
```

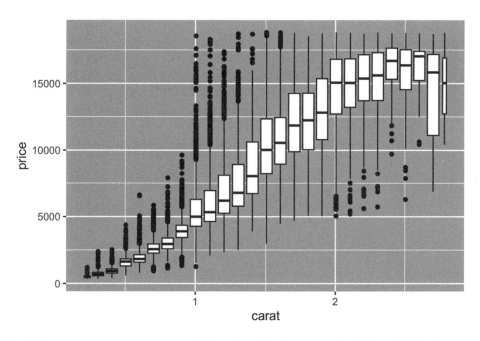

這裡使用的 cut_width(x, width)，是將 x 分成寬度為 width 的組別。預設情況下，無論有多少觀測值，盒狀圖看起來都大致相同（除了離群值的數量），因此很難看出每個盒狀圖彙總了不同數量的點。要看出這點，有種方法是使用 varwidth = TRUE 使盒狀圖的寬度與點的數量成正比。

習題

1. 你可以使用次數多邊圖（frequency polygon）而非盒狀圖（boxplot）來概括條件分佈（conditional distribution）。使用 cut_width() 和 cut_number() 時各要考慮什麼？這對 carat 和 price 的 2D 分佈之視覺化有何影響？

2. 視覺化按 price 劃分的 carat 分佈情況。

3. 超大鑽石的價格分佈與小鑽石相比如何？是如你所料，還是讓你大吃一驚？

4. 將所學的兩種技巧結合起來，視覺化切工、克拉數和價格的綜合分佈情況。

5. 二維圖可以顯示一維圖中看不到的離群值。舉例來說，下圖中的一些點有不尋常的 x 值和 y 值組合，這使得那些點成為離群值，儘管它們的 x 值和 y 值在單獨檢視時看起來是正常的。在這種情況下，為什麼散佈圖比分組圖表（binned plot）的顯示效果更好？

```
diamonds |>
  filter(x >= 4) |>
  ggplot(aes(x = x, y = y)) +
  geom_point() +
  coord_cartesian(xlim = c(4, 11), ylim = c(4, 11))
```

6. 與其用 cut_width() 建立等寬的方盒，不如用 cut_number() 建立內含的點數量大致相同的方盒。這種做法的優缺點是什麼？

```
ggplot(smaller, aes(x = carat, y = price)) +
  geom_boxplot(aes(group = cut_number(carat, 20)))
```

模式和模型

如果兩個變數之間存在某種系統化的關係（systematic relationship），那麼它就會在資料中顯現為一種模式（pattern）。如果你發現了一種模式，請自問這些問題：

- 這種模式可能是巧合（即隨機機會）造成的嗎？

- 如何描述模式中隱含的關係？

- 該模式所暗示的關係有多強烈？

- 還有哪些變數可能影響這種關係？

- 如果對資料的個別子群進行研究，這種關係是否會發生變化？

資料中的模式提供關係的線索，也就是說，它們揭示了共變異。如果說變異（variation）是產生不確定性（uncertainty）的現象，那麼共變異（covariation）則是減少不確定性的現象。如果兩個變數共變異，你就能利用其中一個變數的值來更好地預測第二個變數的值。如果共變異是由因果關係（一種特例）引起的，那麼就可以用一個變數的值來控制另一個變數的值。

模型（models）是從資料中提取出模式的工具。舉例來說，請考慮鑽石資料。我們很難理解切工（cut）和價格（price）之間的關係，因為切工和克拉數（carat）、克拉數和價格之間關係密切。我們可以使用一個模型來消除價格和克拉數之間的非常強烈的關係，從而探索剩餘的微妙之處。下面的程式碼擬合（fits）了一個根據 carat 預測 price 的模型，然後計算殘差（residuals，即預測值與實際值之差）。去除克拉數的影響後，我們就可以透過殘差瞭解鑽石的價格。請注意，我們不是使用 price 和 carat 的原始值，而是先對其進行對數變換（log transform），然後根據對數變換後的值擬合模型。然後，我們對殘差進行指數化（exponentiate）處理，使其回到原始價格的標度。

```
library(tidymodels)

diamonds <- diamonds |>
  mutate(
    log_price = log(price),
    log_carat = log(carat)
  )

diamonds_fit <- linear_reg() |>
  fit(log_price ~ log_carat, data = diamonds)

diamonds_aug <- augment(diamonds_fit, new_data = diamonds) |>
  mutate(.resid = exp(.resid))

ggplot(diamonds_aug, aes(x = carat, y = .resid)) +
  geom_point()
```

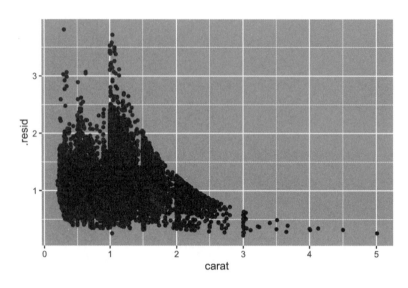

一旦消除了克拉數與價格之間的強烈關係，你就可以看到切工與價格之間的預期關係：相對於其大小，品質更好的鑽石價格更昂貴。

```
ggplot(diamonds_aug, aes(x = cut, y = .resid)) +
  geom_boxplot()
```

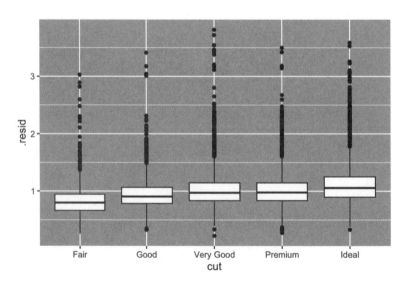

我們不在本書中討論建模（modeling）問題，因為只要掌握資料處理和程式設計的工具，就能輕鬆理解什麼是模型及其運作方式。

總結

在本章中，你學到多種工具來幫助你理解資料中的變異。你還看到了一種可以同時處理單個變數和成對變數的技巧。如果你的資料中有數十或數百個變數，這可能看起來極為受限，但它們是所有其他技巧的基礎。

在下一章中，我們將重點介紹用於交流成果的工具。

## 第十一章

溝通

簡介

在第 10 章中，你學到如何把圖表當作工具以進行**探索**（*exploration*）。在你繪製探索式圖表時，甚至在查看之前，你就會知道圖表將顯示哪些變數。你繪製的每一幅圖都是有用途的，可以快速檢視一下，然後繼續繪製下一幅圖。在大多數分析過程中，你會產生數十或數百張圖，其中大部分都會被立即丟棄。

現在既然你已經理解了資料，就需要將你的發現**傳達**（*communicate*）給其他人。你的受眾很可能不具備與你相同的背景知識，也不會深入去瞭解資料。為了幫助他人快速建立良好的資料心智模型，你需要投入大量精力，使你的圖表盡可能自我說明。在本章中，你將學習 ggplot2 為此所提供的一些工具。

本章主要介紹製作優秀圖形所需的工具。我們假設你知道自己想要什麼，只需要知道如何去做。因此，我們強烈建議將本章搭配一本良好的視覺化基礎書籍一起閱讀。我們特別喜歡 Albert Cairo 所著的《*The Truthful Art*》（*https://oreil.ly/QIr_w*，New Riders 出版）。這本書並不傳授建立視覺化的機制，而是專注於建立有效圖形所需思考的問題。

先決條件

在本章中，我們將再次把焦點放在 ggplot2。我們還將使用一些 dplyr 功能來進行資料操作；使用 *scales*（標度）來覆寫預設的斷點（breaks）、標籤（labels）、變換（transformations）和調色盤（palettes）；以及 ggplot2 的幾個擴充套件，包括 Kamil Slowikowski 的 ggrepel（*https://oreil.ly/IVSL4*）以及 Thomas Lin Pedersen 的 patchwork（*https://oreil.ly/xWxVV*）。

若尚未擁有這些套件，請別忘記使用 install.packages() 安裝它們。

```
library(tidyverse)
library(scales)
library(ggrepel)
library(patchwork)
```

標籤

要將探索式圖形轉化為說明性圖形（expository graphic），最簡單的方法就是使用好的標籤（labels）。你可以使用 labs() 函式添加標籤：

```
ggplot(mpg, aes(x = displ, y = hwy)) +
  geom_point(aes(color = class)) +
  geom_smooth(se = FALSE) +
  labs(
    x = "Engine displacement (L)",
    y = "Highway fuel economy (mpg)",
    color = "Car type",
    title = "Fuel efficiency generally decreases with engine size",
    subtitle = "Two seaters (sports cars) are an exception because of their light weight",
    caption = "Data from fueleconomy.gov"
  )
```

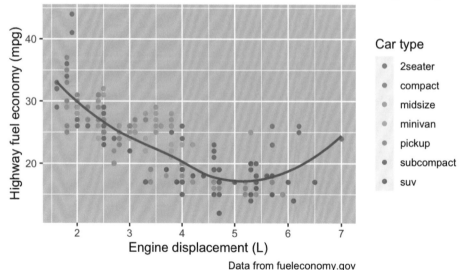

圖表標題（plot title）的目的是總結主要發現。避免使用僅僅描述圖表內容的標題，例如「A scatterplot of engine displacement vs. fuel economy（引擎排氣量與油耗的散佈圖）」。如果需要添加更多文字，另外還有兩個有用的標籤：subtitle 可以在標題下方用較小型的字型新增額外的細節，而 caption 可以在圖表的右下方新增文字，經常用於描述資料的來源。你還可以使用 labs() 替換座標軸和圖例標題。用更詳細的描述取代簡短的變數名稱並包含單位通常是個好主意。

使用數學方程式代替文字字串是可能的。只需將 "" 換成 quote()，並閱讀 ?plotmath 中可用的選項就行了：

```
df <- tibble(
  x = 1:10,
  y = cumsum(x^2)
)

ggplot(df, aes(x, y)) +
  geom_point() +
  labs(
    x = quote(x[i]),
    y = quote(sum(x[i] ^ 2, i == 1, n))
  )
```

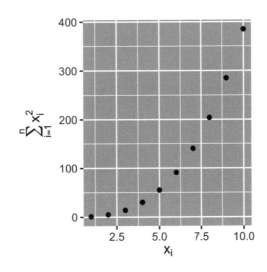

習題

1. 依據燃油經濟性（fuel economy）資料，用自訂的 title、subtitle、caption、x、y 和 color 標籤建立一個圖表。

2. 使用燃油經濟性資料重新繪製下圖。請注意，點的顏色和形狀因傳動系統（drivetrain）的類型而異。

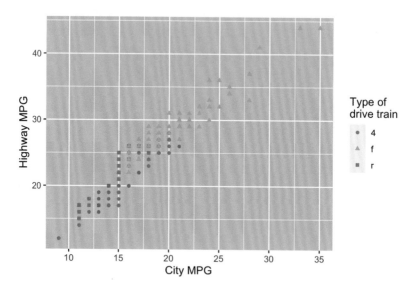

3. 將上個月製作的探索式圖表，加上內容豐富的標題，讓其他人更容易理解。

注釋

除了為圖表的主要組成部分加上文字標籤，標注單個觀測值或成組的觀測值通常也很有用。你可以使用的第一個工具是 `geom_text()`。`geom_text()` 類似於 `geom_point()`，但它多了一個美學元素（aesthetic）：`label`。這樣就能在圖表中新增文字標籤。

標籤有兩種可能的來源。首先，你可能有一個提供標籤的 tibble。在下面的圖表中，我們會找出每種驅動類型中引擎尺寸最大的汽車，並將它們的資訊儲存為一個名為 `label_info` 的新資料框：

```
label_info <- mpg |>
  group_by(drv) |>
  arrange(desc(displ)) |>
  slice_head(n = 1) |>
  mutate(
    drive_type = case_when(
      drv == "f" ~ "front-wheel drive",
      drv == "r" ~ "rear-wheel drive",
      drv == "4" ~ "4-wheel drive"
    )
```

```
  ) |>
  select(displ, hwy, drv, drive_type)

label_info
#> # A tibble: 3 × 4
#> # Groups:   drv [3]
#>   displ   hwy drv   drive_type
#>   <dbl> <int> <chr> <chr>
#> 1   6.5    17 4     4-wheel drive
#> 2   5.3    25 f     front-wheel drive
#> 3   7      24 r     rear-wheel drive
```

然後，我們使用這個新資料框直接標注三個組別，用直接放置在圖表上的標籤取代圖例。使用 fontface 和 size 引數，我們可以自訂文字標籤的外觀。它們比圖表上的其他文字更大，並且加粗（theme(legend.position = "none") 會關閉所有圖例，我們稍後會詳細討論）。

```
ggplot(mpg, aes(x = displ, y = hwy, color = drv)) +
  geom_point(alpha = 0.3) +
  geom_smooth(se = FALSE) +
  geom_text(
    data = label_info,
    aes(x = displ, y = hwy, label = drive_type),
    fontface = "bold", size = 5, hjust = "right", vjust = "bottom"
  ) +
  theme(legend.position = "none")
#> `geom_smooth()` using method = 'loess' and formula = 'y ~ x'
```

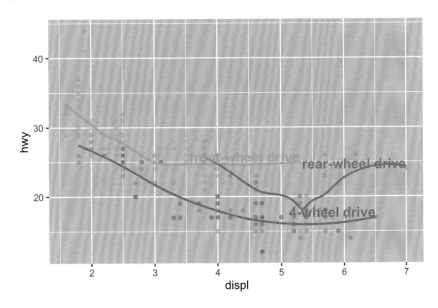

注意到我們使用 hjust（horizontal justification，水平對齊）和 vjust（vertical justification，垂直對齊）來控制標籤的對齊方式。

不過，我們剛繪製的經過注釋的圖表很難閱讀，因為標籤之間以及標籤與點之間都有重疊。我們可以使用 ggrepel 套件中的 geom_label_repel() 函式來解決這兩個問題。這個實用的套件會自動調整標籤，使它們不會重疊：

```
ggplot(mpg, aes(x = displ, y = hwy, color = drv)) +
  geom_point(alpha = 0.3) +
  geom_smooth(se = FALSE) +
  geom_label_repel(
    data = label_info,
    aes(x = displ, y = hwy, label = drive_type),
    fontface = "bold", size = 5, nudge_y = 2
  ) +
  theme(legend.position = "none")
#> `geom_smooth()` using method = 'loess' and formula = 'y ~ x'
```

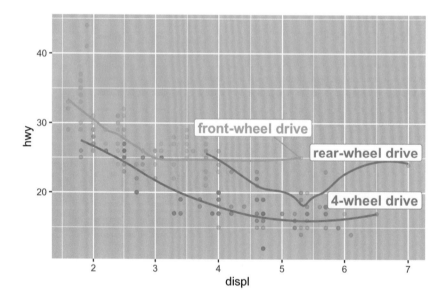

你也可以使用 ggrepel 套件中的 geom_text_repel()，用同樣的方式突顯圖表上的某些點。請注意這裡使用的另一種便捷技巧：我們添加了第二層空心大點，以進一步突出所標注的點。

```
potential_outliers <- mpg |>
  filter(hwy > 40 | (hwy > 20 & displ > 5))

ggplot(mpg, aes(x = displ, y = hwy)) +
```

```
geom_point() +
geom_text_repel(data = potential_outliers, aes(label = model)) +
geom_point(data = potential_outliers, color = "red") +
geom_point(
  data = potential_outliers,
  color = "red", size = 3, shape = "circle open"
)
```

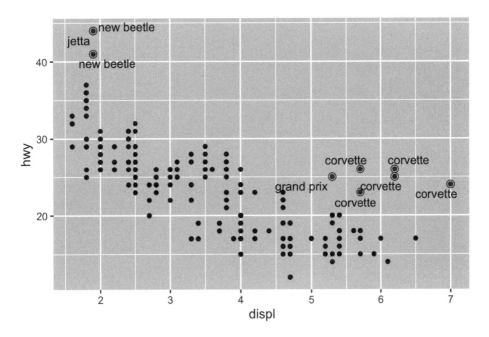

請記住，除了 geom_text() 和 geom_label()，ggplot2 中還有許多其他 geoms 可以幫助你注釋圖表。以下是一些建議：

- 使用 geom_hline() 和 geom_vline() 新增參考線（reference lines）。我們通常會將參考線設定為粗線（linewidth = 2）和白色（color = white），並將它們繪製在主資料層的下方。這樣做讓它們容易被看見，也不會分散對資料的注意力。

- 使用 geom_rect()，在感興趣的點周圍繪製一個矩形（rectangle）。矩形的邊界由美學元素 xmin、xmax、ymin 和 ymax 定義。或者，也可以參考 ggforce 套件（*https://oreil.ly/DZtL1*），特別是 geom_mark_hull()，它允許你用殼包線（hull，或稱「包絡線」、「外圍線」）標注點的子集。

- 使用帶有 arrow 引數的 geom_segment()，透過箭頭（arrow）將注意力吸引到某個點上。使用美學元素 x 和 y 定義起始位置，使用 xend 和 yend 定義結束位置。

annotate() 是另一個為圖表添加注釋的便捷函式。根據經驗，geoms 通常適用於突顯資料的子集，而 annotate() 則適用於在圖表中新增一個或數個注釋元素。

為了演示如何使用 annotate()，我們建立一些文字新增到圖表中。這段文字有點長，因此我們將使用 stringr::str_wrap() 根據每行所需的字元數自動添加換行符（line breaks）：

```
trend_text <- "Larger engine sizes tend to\nhave lower fuel economy." |>
  str_wrap(width = 30)
trend_text
#> [1] "Larger engine sizes tend to\nhave lower fuel economy."
```

然後，我們新增兩層注釋：一層是 label geom，另一層是 segment geom。這兩層注釋中的 x 和 y 美學元素都定義了注釋的起始位置，而線段（segment）注釋中的 xend 和 yend 美學元素則定義了線段終點的起始位置。還請注意，此線段的樣式是一個箭頭。

```
ggplot(mpg, aes(x = displ, y = hwy)) +
  geom_point() +
  annotate(
    geom = "label", x = 3.5, y = 38,
    label = trend_text,
    hjust = "left", color = "red"
  ) +
  annotate(
    geom = "segment",
    x = 3, y = 35, xend = 5, yend = 25, color = "red",
    arrow = arrow(type = "closed")
  )
```

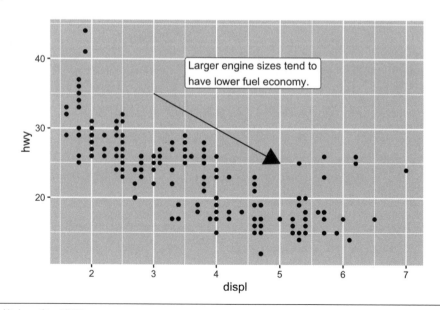

注釋是一種強大的工具，可用於傳達視覺化圖表的主要結果和有趣特徵。唯一的限制就是你的想像力（以及你對於調整注釋位置以達到美觀效果的耐心）！

習題

1. 使用帶有無限位置（infinite positions）的 geom_text()，在圖表的四個角落放置文字。

2. 使用 annotate() 在你上一個圖表的中間新增一個 point geom，並且無須建立一個 tibble。自訂點的形狀、大小或顏色。

3. 使用 geom_text() 的標籤如何與分面（faceting）互動？如何為單一面向新增標籤？如何在每個面向中新增不同的標籤？（提示：思考一下傳入給 geom_text() 的資料集。）

4. geom_label() 的哪些引數可以控制背景方塊（background box）的外觀？

5. arrow() 的四個引數是什麼？它們如何運作？繪製一系列圖表，展示最重要的選項。

標度

讓圖表更有利於交流的第三種方法是調整標度（scales）。標度可以控制美學映射（aesthetic mappings）在視覺上的表現。

預設標度

通常，ggplot2 會自動為你新增標度。舉例來說，當你鍵入：

```
ggplot(mpg, aes(x = displ, y = hwy)) +
  geom_point(aes(color = class))
```

ggplot2 會在幕後自動新增預設標度：

```
ggplot(mpg, aes(x = displ, y = hwy)) +
  geom_point(aes(color = class)) +
  scale_x_continuous() +
  scale_y_continuous() +
  scale_color_discrete()
```

請注意標度的命名方式：scale_，後面接著美學元素的名稱，再來是 _，然後是標度名稱。預設標度的名稱是根據它們對應的變數類型來命名的：continuous（連續）、discrete（離散）、date-time（日期時間）或 date（日期）。scale_x_continuous() 將

displ 的數值放在 x 軸的連續數線上，scale_color_discrete() 為每個 class 的汽車選擇顏色，依此類推。還有很多非預設標度，接下來你就會學到。

預設標度經過精心挑選，可以很好地處理廣泛的各種輸入。不過，出於以下兩個原因，你可能會想要覆寫預設值：

- 你可能想調整預設標度的某些參數。如此，你就可以更改座標軸上的斷點或圖例上的關鍵標籤。

- 你可能想完全替換標度，使用完全不同的演算法。一般情況下，你可以做得比預設值更好，因為你對資料有更多的瞭解。

軸線刻度圖例鍵值

軸線（axes）和圖例（legends）統稱為 *guides*（引導元素）。軸線用於 x 和 y 美學元素，圖例則用於其他的所有東西。

有兩個主要引數會影響軸線上刻度（ticks）和圖例上鍵值（keys）的外觀：breaks（斷點）和 labels（標籤）。breaks 引數控制刻度的位置或與鍵值關聯的值。labels 引數控制與每個刻度或鍵值關聯的文字標籤。breaks 最常見的用途是覆寫預設選擇：

```
ggplot(mpg, aes(x = displ, y = hwy, color = drv)) +
  geom_point() +
  scale_y_continuous(breaks = seq(15, 40, by = 5))
```

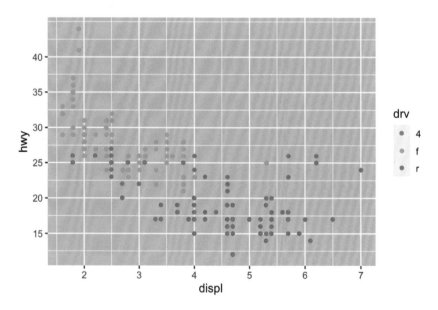

你能以同樣的方式使用 labels（與 breaks 長度相同的字元向量），但也可以將其設定為 NULL，以完全抑制標籤。這對於無法分享絕對數字的地圖或出版用圖表非常有用。你還可以使用 breaks 和 labels 來控制圖例的外觀。對於類別變數（categorical variables）的離散標度（discrete scales），labels 可以是現有級別名稱（levels names）和它們所需之標籤的名稱串列。

```
ggplot(mpg, aes(x = displ, y = hwy, color = drv)) +
  geom_point() +
  scale_x_continuous(labels = NULL) +
  scale_y_continuous(labels = NULL) +
  scale_color_discrete(labels = c("4" = "4-wheel", "f" = "front", "r" = "rear"))
```

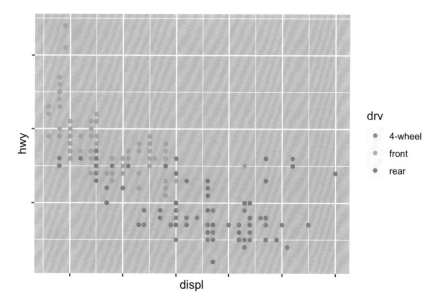

labels 引數與 scales 套件中的標注函式（labeling functions）搭配使用，還可以將數字格式化為貨幣（currency）、百分比（percent）等。左邊的圖顯示了使用 label_dollar() 的預設標注方式，這會添加美元符號和作為千位分隔符的逗號。右邊的圖表透過將美元值除以 1,000、新增後綴「K」（表示「千」）並新增自訂的斷點（breaks），進一步客製化。注意到 breaks 用的是資料原本的標度。

```
# 左
ggplot(diamonds, aes(x = price, y = cut)) +
  geom_boxplot(alpha = 0.05) +
  scale_x_continuous(labels = label_dollar())

# 右
ggplot(diamonds, aes(x = price, y = cut)) +
```

```
geom_boxplot(alpha = 0.05) +
scale_x_continuous(
  labels = label_dollar(scale = 1/1000, suffix = "K"),
  breaks = seq(1000, 19000, by = 6000)
)
```

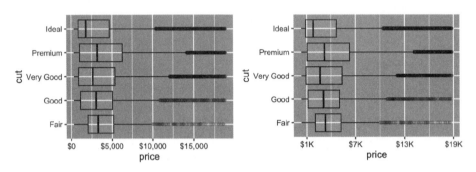

另一個便利的標籤函式是 label_percent()：

```
ggplot(diamonds, aes(x = cut, fill = clarity)) +
  geom_bar(position = "fill") +
  scale_y_continuous(name = "Percentage", labels = label_percent())
```

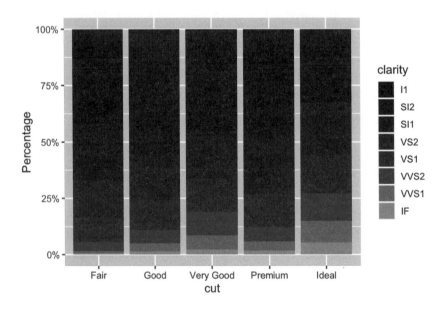

breaks 的另一種用途是，當你的資料點相對較少，並希望突顯觀測值的確切位置時。舉例來說，下面這幅圖顯示了每位美國總統（US president）任期開始和結束的時間：

```
presidential |>
  mutate(id = 33 + row_number()) |>
  ggplot(aes(x = start, y = id)) +
  geom_point() +
  geom_segment(aes(xend = end, yend = id)) +
  scale_x_date(name = NULL, breaks = presidential$start, date_labels = "'%y")
```

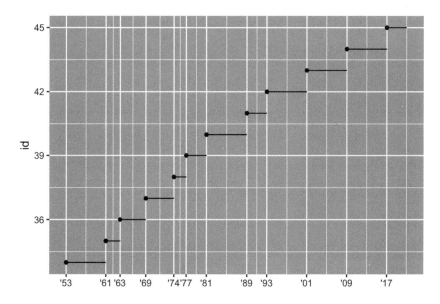

請注意，對於 breaks 引數，我們用 presidential$start 將 start 變數作為一個向量提取出來，因為我們無法對這個引數進行美學映射。還要注意的是，日期和日期時間標度的斷點和標籤之指定方式有點不同：

- date_labels 採用與 parse_datetime() 相同的格式規格。

- date_breaks（在此沒有顯示）接受一個字串，像是 "2 days" 或 "1 month"。

圖例佈局

你最常使用 breaks 和 labels 來調整座標軸。雖然它們也都適用於圖例，但你更有可能使用其他一些技巧。

要控制圖例的整體位置，需要使用 theme() 設定。我們將在本章結尾再討論主題（themes），但簡而言之，主題控制著圖表的非資料部分。主題設定 legend.position 可以控制圖例的繪製位置：

```
base <- ggplot(mpg, aes(x = displ, y = hwy)) +
  geom_point(aes(color = class))

base + theme(legend.position = "right") # 預設值
base + theme(legend.position = "left")
base +
  theme(legend.position = "top") +
  guides(col = guide_legend(nrow = 3))
base +
  theme(legend.position = "bottom") +
  guides(col = guide_legend(nrow = 3))
```

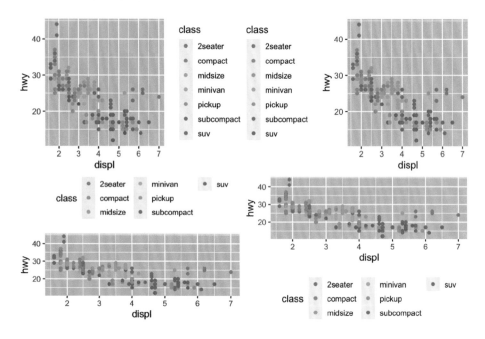

如果你的圖表又短又寬，可將圖例放在頂部（top）或底部（bottom）；如果圖表又高又窄，可將圖例放在左側（left）或右側（right）。你也可以使用 legend.position = "none" 來完全抑制圖例的顯示。

要控制個別圖例的顯示，請使用 guides() 以及 guide_legend() 或 guide_colorbar()。下面的範例顯示了兩個重要的設定：使用 nrow 控制圖例所用的列數（number of rows），並覆寫其中一個美學元素，使點變大。若在圖表中使用較低的 alpha 值顯示較多的點，這就特別有用。

```
ggplot(mpg, aes(x = displ, y = hwy)) +
  geom_point(aes(color = class)) +
  geom_smooth(se = FALSE) +
```

```
        theme(legend.position = "bottom") +
        guides(color = guide_legend(nrow = 2, override.aes = list(size = 4)))
#> `geom_smooth()` using method = 'loess' and formula = 'y ~ x'
```

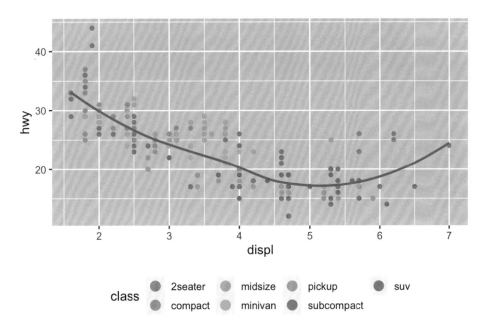

請注意，guides() 中的引數名稱與美學元素的名稱一致，就像在 labs() 中一樣。

替換一個標度

你可以完全替換標度，而不是僅僅在細節上稍作調整。你最有可能更換的標度有兩種：連續位置標度（continuous position scales）和顏色標度（color scales）。幸運的是，同樣的原則也適用於其他所有的美學元素，所以一旦你掌握了位置和顏色，就能很快學會其他標度的替換。

繪製變數的變換圖非常有用。舉例來說，如果我們對 carat 和 price 進行對數變換（log transform），就更容易看出它們之間的精確關係：

```
# 左
ggplot(diamonds, aes(x = carat, y = price)) +
  geom_bin2d()

# 右
ggplot(diamonds, aes(x = log10(carat), y = log10(price))) +
  geom_bin2d()
```

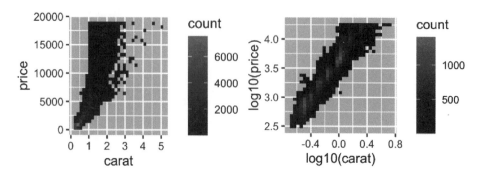

不過，這種變換的缺點在於，座標軸上現在標注的是變換後的值，因此很難解讀圖表。與其在美學映射中進行變換，我們還可以在標度上進行變換。這在視覺上是完全相同的，只是座標軸上標注的會是原始的資料標度。

```
ggplot(diamonds, aes(x = carat, y = price)) +
  geom_bin2d() +
  scale_x_log10() +
  scale_y_log10()
```

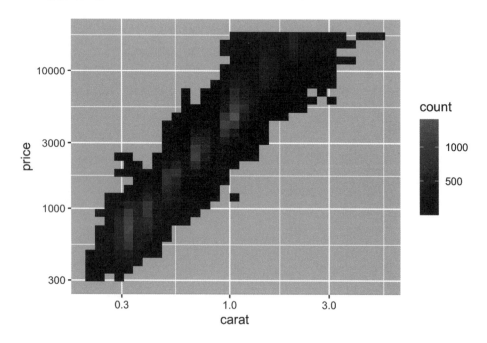

另一個經常被客製化的標度是顏色。預設的類別標度（categorical scale）會選擇色輪（color wheel）上均勻分佈的顏色。ColorBrewer 標度是實用的替代選擇，它經過人工調整，更適合患有常見類型色盲症的人使用。下面兩幅圖看起來很相似，但紅色和綠色的深淺程度有足夠的差異，即使是紅綠色盲（red-green color blindness）患者也能分辨出右邊的點[1]。

```
ggplot(mpg, aes(x = displ, y = hwy)) +
  geom_point(aes(color = drv))

ggplot(mpg, aes(x = displ, y = hwy)) +
  geom_point(aes(color = drv)) +
  scale_color_brewer(palette = "Set1")
```

不要忘記使用更簡單的技巧來提高可及性（accessibility）。如果只有幾種顏色，可以新增額外的形狀映射。這也有助於確保你的圖表可以用黑白兩色來解讀。

```
ggplot(mpg, aes(x = displ, y = hwy)) +
  geom_point(aes(color = drv, shape = drv)) +
  scale_color_brewer(palette = "Set1")
```

<hr />

[1] 你可以使用 SimDaltonism（*https://oreil.ly/i11yd*）等工具來模擬色盲視覺以測試這些影像。

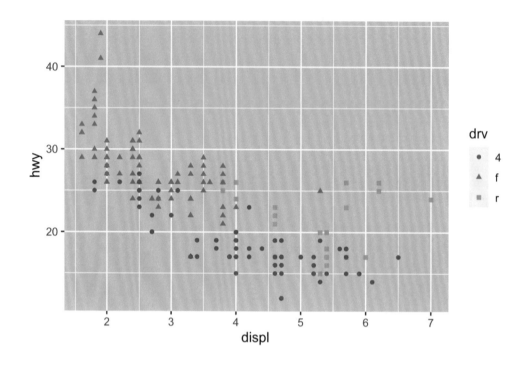

ColorBrewer 標度的說明文件在線上（*https://oreil.ly/LNHAy*），透過 Erich Neuwirth 的 RColorBrewer 套件也能在 R 中取得。圖 11-1 顯示了所有調色盤（palettes）的完整清單。如果你的類別值是有序的或有「中間值」，那麼循序（頂部）和發散（底部）調色盤就特別有用。如果你使用 cut() 將連續變數變為類別變數，通常就會出現這種情況。

圖 11-1　所有的 ColorBrewer 標度

當數值和顏色之間有預先定義的映射關係時，請使用 scale_color_manual()。舉例來說，如果我們將總統的黨派（presidential party）映射到顏色，我們希望使用標準的映射，即紅色代表共和黨（Republicans），藍色代表民主黨（Democrats）。配置這些顏色的一種方法是使用十六進位的顏色碼（hex color codes）：

```
presidential |>
  mutate(id = 33 + row_number()) |>
  ggplot(aes(x = start, y = id, color = party)) +
  geom_point() +
  geom_segment(aes(xend = end, yend = id)) +
  scale_color_manual(values = c(Republican = "#E81B23", Democratic = "#00AEF3"))
```

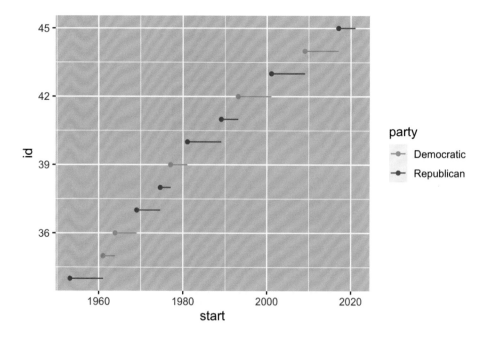

對於連續顏色，可以使用內建的 scale_color_gradient() 或 scale_fill_gradient()。如果你有的是發散標度（diverging scale），可以使用 scale_color_gradient2()。舉例來說，這樣就可以為正值和負值賦予不同的顏色。如果要區分高於或低於平均值的點，有時這也很有用。

另一種選擇是使用 viridis 色標（viridis color scales）。設計者 Nathaniel Smith 和 Stéfan van der Walt 精心自訂了連續的顏色方案，既能讓各種色盲症患者看得到，又能在彩色和黑白兩種情況下都保持一致的視覺效果。在 ggplot2 中，這些色標可作為連續（c）、離散（d）和組別（b）調色盤使用。

```
df <- tibble(
  x = rnorm(10000),
  y = rnorm(10000)
)

ggplot(df, aes(x, y)) +
  geom_hex() +
  coord_fixed() +
  labs(title = "Default, continuous", x = NULL, y = NULL)

ggplot(df, aes(x, y)) +
  geom_hex() +
  coord_fixed() +
  scale_fill_viridis_c() +
  labs(title = "Viridis, continuous", x = NULL, y = NULL)

ggplot(df, aes(x, y)) +
  geom_hex() +
  coord_fixed() +
  scale_fill_viridis_b() +
  labs(title = "Viridis, binned", x = NULL, y = NULL)
```

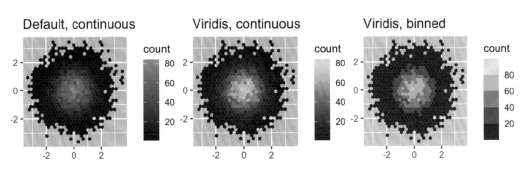

請注意，所有顏色標度都有兩種變體：scale_color_*() 和 scale_fill_*()，分別用於 color 和 fill 美學元素（顏色標度有英式和美式兩種拼法）。

縮放

有三種方法可以控制圖表界限（plot limits）：

- 調整繪製的資料

- 設定每個標度的界限

- 在 coord_cartesian() 中設定 xlim 和 ylim

我們將透過一系列圖表來展示這些選項。左邊的圖表顯示了引擎尺寸與燃油效率之間的關係，並按傳動系統類型上色。右圖顯示相同的變數，但對只繪製了資料的子集。子集化（subsetting）對 x 和 y 標度以及平滑曲線都有影響。

```
# 左
ggplot(mpg, aes(x = displ, y = hwy)) +
  geom_point(aes(color = drv)) +
  geom_smooth()

# 右
mpg |>
  filter(displ >= 5 & displ <= 6 & hwy >= 10 & hwy <= 25) |>
  ggplot(aes(x = displ, y = hwy)) +
  geom_point(aes(color = drv)) +
  geom_smooth()
```

我們將其與下面兩幅圖進行比較，左邊的圖在個別標度上設定了 limits，右邊的圖則在 coord_cartesian() 中設定它們。我們可以看到，縮小界限值相當於對資料進行子集化。因此，要放大某個區域的圖表，通常最好使用 coord_cartesian()。

```
# 左
ggplot(mpg, aes(x = displ, y = hwy)) +
  geom_point(aes(color = drv)) +
  geom_smooth() +
  scale_x_continuous(limits = c(5, 6)) +
  scale_y_continuous(limits = c(10, 25))

# 右
ggplot(mpg, aes(x = displ, y = hwy)) +
  geom_point(aes(color = drv)) +
  geom_smooth() +
  coord_cartesian(xlim = c(5, 6), ylim = c(10, 25))
```

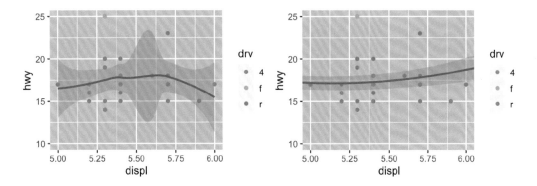

另一方面，如果你想擴展界限，例如為了匹配不同的圖表中的標度，那麼在個別標度上設定 limits 一般會更有用。舉例來說，如果我們取出兩類（classes）汽車並分別繪製它們的圖表，就很難對圖表進行比較，因為所有的三個標度（x 軸、y 軸和 color 美學元素）的範圍都不同。

```
suv <- mpg |> filter(class == "suv")
compact <- mpg |> filter(class == "compact")

# 左
ggplot(suv, aes(x = displ, y = hwy, color = drv)) +
  geom_point()

# 右
ggplot(compact, aes(x = displ, y = hwy, color = drv)) +
  geom_point()
```

克服這一問題的方法之一是跨多個圖表共用標度，用完整資料的 limits 來訓練標度。

```
x_scale <- scale_x_continuous(limits = range(mpg$displ))
y_scale <- scale_y_continuous(limits = range(mpg$hwy))
col_scale <- scale_color_discrete(limits = unique(mpg$drv))
```

```
# 左
ggplot(suv, aes(x = displ, y = hwy, color = drv)) +
  geom_point() +
  x_scale +
  y_scale +
  col_scale

# 右
ggplot(compact, aes(x = displ, y = hwy, color = drv)) +
  geom_point() +
  x_scale +
  y_scale +
  col_scale
```

在這種特殊情況下,你可以單純使用分面(faceting),但這種技巧在更廣泛的情況下也很有用,例如你想將圖表分散在一份報告的多個頁面上之時。

習題

1. 為什麼下面的程式碼無法覆寫預設標度?

```
df <- tibble(
  x = rnorm(10000),
  y = rnorm(10000)
)

ggplot(df, aes(x, y)) +
  geom_hex() +
  scale_color_gradient(low = "white", high = "red") +
  coord_fixed()
```

2. 每個標度的第一個引數是什麼?它與 labs() 相比有何不同?

3. 更改總統任期的顯示方式：

    a. 將自訂顏色和 x 軸斷點的兩種變化結合起來

    b. 改善 y 軸的顯示效果

    c. 用總統姓名標注每個任期

    d. 新增資訊豐富的圖表標籤

    e. 每四年放置一個斷點（這比想像的要困難得多！）。

4. 首先，建立以下圖表。然後，使用 override.aes 修改程式碼，使圖例更容易閱讀。

```
ggplot(diamonds, aes(x = carat, y = price)) +
  geom_point(aes(color = cut), alpha = 1/20)
```

主題

最後，你可以使用主題（theme）來自訂圖表中的非資料元素（nondata elements）：

```
ggplot(mpg, aes(x = displ, y = hwy)) +
  geom_point(aes(color = class)) +
  geom_smooth(se = FALSE) +
  theme_bw()
```

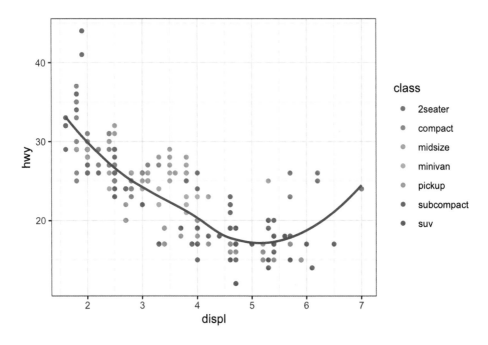

ggplot2 包含圖 11-2 所示的八種主題，預設主題為 theme_gray()[2]。Jeffrey Arnold 的 ggthemes（*https://oreil.ly/F1nga*）等附加套件中還包含更多主題。如果你想試著匹配特定企業或期刊的風格，也可以建立自己的主題。

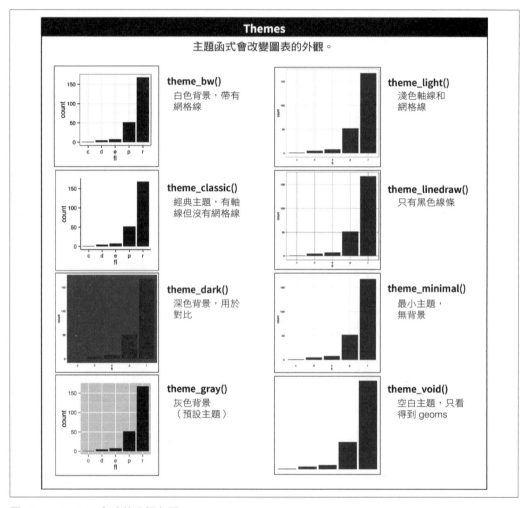

圖 11-2　ggplot2 內建的八個主題

2　很多人都想知道為什麼預設主題的背景是灰色（gray）的。這是一種刻意的選擇，因為這樣既能突顯資料，又能使網格線清晰可見。白色網格線可以看得到（這一點很重要，因為它們對位置的判斷有很大幫助），但它們對視覺效果的影響不大，而且我們可以輕易將它們去掉。灰色背景使圖表的排版顏色與文字相似，確保圖形不會破壞文件的連貫性，不會因明亮的白色背景而顯得突兀。最後，灰色背景創造了一個連續的色域，確保圖表被視為單一的視覺實體。

還可以控制每個主題的個別組成部分，例如 y 軸所用字型的大小和顏色。我們已經看到 legend.position 會控制圖例的繪製位置。使用 theme() 還可以自訂圖例的許多其他方面。舉例來說，在下面的圖表中，我們改變了圖例的方向，並在其周圍添加了黑色邊框。請注意，主題中圖例框和圖表標題元素的自訂是透過 element_*() 函式完成的。這些函式指定了非資料元件的樣式；例如，標題文字是在 element_text() 的 face 引數中變為粗體（bold）；圖例邊框顏色則是在 element_rect() 的 color 引數中定義。控制標題（title）和說明（caption）文字位置（position）的主題元素分別是 plot.title.position 和 plot.caption.position。下面的圖表中，這些元素被設定為 "plot"，以表示這些元素與整個圖表區域對齊，而非對齊圖表面板（預設值）。其他一些有用的 theme() 元件可用來更改標題和說明文字的排列方式。

```
ggplot(mpg, aes(x = displ, y = hwy, color = drv)) +
  geom_point() +
  labs(
    title = "Larger engine sizes tend to have lower fuel economy",
    caption = "Source: https://fueleconomy.gov."
  ) +
  theme(
    legend.position = c(0.6, 0.7),
    legend.direction = "horizontal",
    legend.box.background = element_rect(color = "black"),
    plot.title = element_text(face = "bold"),
    plot.title.position = "plot",
    plot.caption.position = "plot",
    plot.caption = element_text(hjust = 0)
  )
```

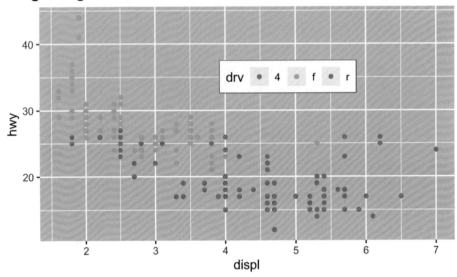

Larger engine sizes tend to have lower fuel economy

Source: https://fueleconomy.gov.

想找對於所有 theme() 組成部分的概觀說明，請參閱 ?theme 的幫助頁面。ggplot2 一書
（*https://oreil.ly/T4Jxn*）也是瞭解主題化之完整細節的好地方。

習題

1. 挑選一個 ggthemes 套件提供的主題，並將其套用到你製作的上一個圖表中。

2. 將圖表的座標軸標籤設為藍色並加粗。

佈局

到目前為止，我們已經討論過如何建立和修改單一圖表。如果你想以特定方式排列多個
圖表，該怎麼辦？patchwork 套件可以將不同的圖表結合到同一個圖形中。我們在本章
前面已經載入了這個套件。

要將兩個圖表相鄰放置，只需將它們新增給彼此即可。請注意，你首先需要建立兩個圖
表，並將它們儲存為物件（在下面的範例中，它們分別被稱為 p1 和 p2）。然後，使用 +
讓它們相鄰放置。

```
p1 <- ggplot(mpg, aes(x = displ, y = hwy)) +
  geom_point() +
```

```
  labs(title = "Plot 1")
p2 <- ggplot(mpg, aes(x = drv, y = hwy)) +
  geom_boxplot() +
  labs(title = "Plot 2")
p1 + p2
```

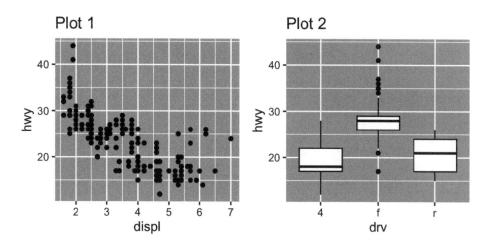

值得注意的是，在前面的程式碼區塊中，我們並沒有使用 patchwork 套件中的新函式。取而代之，該套件為 + 運算子添加了一項新功能。

你還可以透過 patchwork 建立複雜的圖表佈局。下文中，| 將 p1 和 p3 相鄰放置，而 / 將 p2 移到下一行：

```
p3 <- ggplot(mpg, aes(x = cty, y = hwy)) +
  geom_point() +
  labs(title = "Plot 3")
(p1 | p3) / p2
```

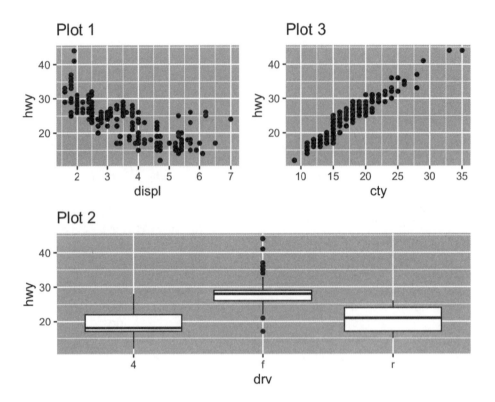

此外，patchwork 還允許你將多個圖表的圖例蒐集到一個共同的圖例中，自訂圖例的位置和圖表的尺寸，並為圖表新增共同的標題、副標題、說明等。在這裡，我們建立了五個圖表。我們關閉了盒狀圖和散佈圖的圖例，並使用 & theme(legend.position = "top") 將密度圖的圖例蒐集到圖表的頂部。注意這裡使用的是 & 運算子，而非一般的 +。這是因為我們修改的是 patchwork 圖表的主題，而不是個別 ggplots 的主題。圖例位於頂部，在 guide_area() 之內。最後，我們還自訂了我們 patchwork 中各部分的高度：guide 的高度為 1、盒狀圖高度為 3、密度圖高度為 2，分面散佈圖高度為 4。patchwork 會根據這一比例來劃分你的圖表區域，並相應地放置各個部分。

```r
p1 <- ggplot(mpg, aes(x = drv, y = cty, color = drv)) +
  geom_boxplot(show.legend = FALSE) +
  labs(title = "Plot 1")

p2 <- ggplot(mpg, aes(x = drv, y = hwy, color = drv)) +
  geom_boxplot(show.legend = FALSE) +
  labs(title = "Plot 2")

p3 <- ggplot(mpg, aes(x = cty, color = drv, fill = drv)) +
  geom_density(alpha = 0.5) +
```

```
  labs(title = "Plot 3")

p4 <- ggplot(mpg, aes(x = hwy, color = drv, fill = drv)) +
  geom_density(alpha = 0.5) +
  labs(title = "Plot 4")

p5 <- ggplot(mpg, aes(x = cty, y = hwy, color = drv)) +
  geom_point(show.legend = FALSE) +
  facet_wrap(~drv) +
  labs(title = "Plot 5")

(guide_area() / (p1 + p2) / (p3 + p4) / p5) +
  plot_annotation(
    title = "City and highway mileage for cars with different drivetrains",
    caption = "Source: https://fueleconomy.gov."
  ) +
  plot_layout(
    guides = "collect",
    heights = c(1, 3, 2, 4)
    ) &
  theme(legend.position = "top")
```

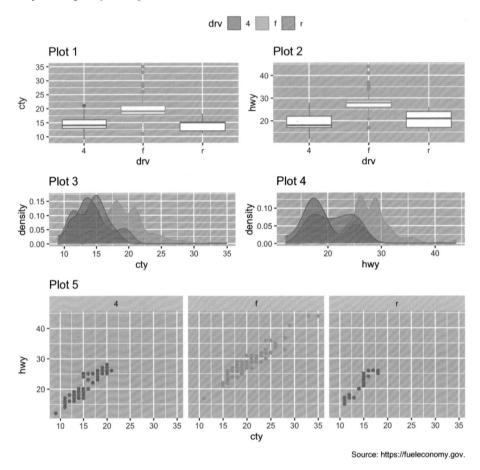

City and highway mileage for cars with different drivetrains

Source: https://fueleconomy.gov.

如果你想瞭解使用 patchwork 組合和佈局多個圖表的更多資訊，我們建議你瀏覽套件網站上的指南（*https://oreil.ly/xWxVV*）。

習題

1. 如果在下面的圖表佈局中省略括弧，會發生什麼事？你能解釋為什麼會出現這種情況嗎？

```
p1 <- ggplot(mpg, aes(x = displ, y = hwy)) +
  geom_point() +
  labs(title = "Plot 1")
p2 <- ggplot(mpg, aes(x = drv, y = hwy)) +
  geom_boxplot() +
```

```
    labs(title = "Plot 2")
p3 <- ggplot(mpg, aes(x = cty, y = hwy)) +
  geom_point() +
  labs(title = "Plot 3")

(p1 | p2) / p3
```

利用前面練習中的三幅圖，重新建立以下 patchwork 圖：

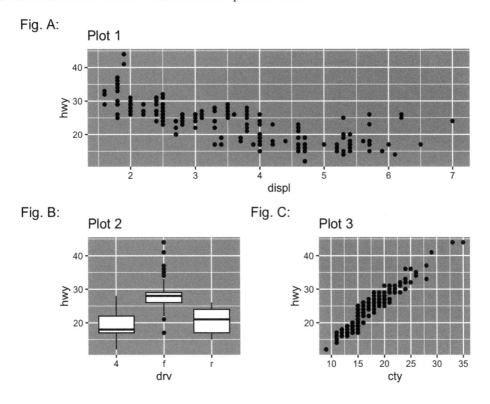

Fig. A:

Fig. B:

Fig. C:

總結

在本章中，你學到新增標題、副標題和說明文字等圖表標籤，以及修改預設座標軸標籤，使用注釋為圖表新增資訊文字或突顯特定資料點、自訂座標軸標度，以及更改圖表主題。你還學到如何使用簡單和複雜的圖表佈局將多個圖表組合到一個圖中。

到目前為止，你已經瞭解如何製作多種不同類型的圖表，以及如何使用各種技巧對其進行自訂，但我們對使用 ggplot2 所能建立的圖表還只是略知一二而已。如果你想全面瞭解 ggplot2，我們建議你閱讀《*ggplot2: Elegant Graphics for Data Analysis*》（*https://oreil.ly/ T4Jxn*，Springer 出版）。其他有用的資源包括 Winston Chang 編寫的《*R Graphics Cookbook*》（*https://oreil.ly/CK_sd*，O'Reilly 出版）和 Claus Wilke 所著的 *Fundamentals of Data Visualization*（*https://oreil.ly/uJRYK*，O'Reilly 出版）。

## 第三篇

變換

本書的第二篇深入探討了資料視覺化。在本書的這部分中，你將瞭解到在資料框（data frame）中會遇到的最重要的變數型別，並學習搭配這些變數使用的工具。

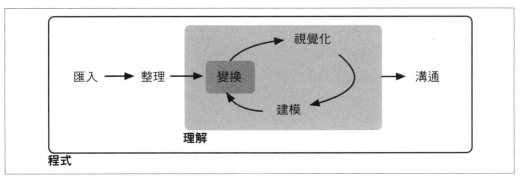

圖 III-1　資料變換的選擇在很大程度上取決於所涉及的資料型別，這也是本書此部分的主題

你可以根據自己的需要閱讀這些章節；它們在設計上大多是獨立的，因此可以不按順序閱讀。

- 第 12 章將介紹邏輯向量。邏輯向量是最簡單的向量型別，但功能非常強大。你將學習如何透過數值比較建立邏輯向量、如何以 Boolean 代數結合邏輯向量、如何在摘要中使用邏輯它們，以及如何將邏輯向量用於條件式變換。

- 第 13 章深入探討資料科學的核心，也就是數字向量（vectors of numbers）的工具。你將學到更多關於計數（counting）的知識，以及一系列重要的變換和摘要（summary）函式。

- 第 14 章為你提供處理字串（strings）的工具：將字串切片、切成小方塊，然後再將它們黏合在一起。本章主要關注 stringr 套件，但你也會學到一些專門用來從字串中提取資料的 tidyr 函式。

- 第 15 章將向你介紹正規表達式（regular expressions），這是一種強大的字串操作工具。本章將帶你從疑惑是否有隻貓從你的鍵盤上走過，到能夠讀寫複雜的字串模式。

- 第 16 章介紹因子（factors）：R 用來儲存類別資料（categorical data）的資料型別。當一個變數有一組固定的可能值，或者想要對字串進行非字母順序的排列時，就需要使用因子。

- 第 17 章為你提供處理日期和日期時間（date-times）的關鍵工具。遺憾的是，你對日期時間瞭解得越多，它們似乎就越複雜，但在 lubridate 套件的幫助下，你將學會如何克服最常見的挑戰。

- 第 18 章深入討論缺失值（missing values）。我們已經單獨提及過幾次缺失值，現在是全面討論缺失值的時候了，幫助你掌握隱含缺失值和明確缺失值之間的區別，以及如何和為什麼要在它們之間進行變換。

- 第 19 章將為你提供將兩個（或多個）資料框連接（join）在一起的工具，從而為本篇做結。學習連接會讓你不得不考慮索引鍵（keys）的概念，並思考如何識別資料集中的每一列（row）。

## 第十二章

邏輯向量

簡介

在本章中,你將學習處理邏輯向量(logical vectors)的工具。邏輯向量是最簡單的向量型別,因為每個元素只能是三種可能值之一:TRUE、FALSE 和 NA。在原始資料中發現邏輯向量的情況相對罕見,但在幾乎所有分析過程中都會建立和處理邏輯向量。

首先,我們將討論建立邏輯向量的最常見方法:數值比較(numeric comparisons)。然後,你將瞭解如何使用 Boolean 代數(或稱「布林代數」)來組合不同的邏輯向量,以及一些有用的摘要運算。最後,我們將學習 if_else() 和 case_when(),這兩個實用的函式可以利用邏輯向量進行條件式變化。

先決條件

本章將學習的大部分函式都由基礎 R 提供,因此我們不需要 tidyverse,但我們仍將載入它,以便使用 mutate()、filter() 和相關功能來處理資料框。我們還將繼續從 nycflights13::flights 資料集中擷取範例。

```
library(tidyverse)
library(nycflights13)
```

不過,隨著我們開始使用更多的工具,並非總能找到完美的真實範例。因此,我們將開始用 c() 製作一些虛擬資料:

```
x <- c(1, 2, 3, 5, 7, 11, 13)
x * 2
#> [1]  2  4  6 10 14 22 26
```

這樣就更容易解釋個別函式，但代價是更難看出那些函式如何套用於你的資料問題。請記住，我們對單獨存在的向量所做的任何操作，都可以透過 mutate() 和相關功能對資料框內的變數進行。

```
df <- tibble(x)
df |>
  mutate(y = x *  2)
#> # A tibble: 7 × 2
#>       x     y
#>   <dbl> <dbl>
#> 1     1     2
#> 2     2     4
#> 3     3     6
#> 4     5    10
#> 5     7    14
#> 6    11    22
#> # … with 1 more row
```

比較

建立邏輯向量的常見方法是使用 <、<=、>、>=、!= 和 == 進行數值比較。到目前為止，我們主要是在 filter() 中臨時建立邏輯變數：它們參與計算、被使用，然後被丟棄。舉例來說，下面的過濾器（filter）可以找到所有大致準時抵達的白天出發航班：

```
flights |>
  filter(dep_time > 600 & dep_time < 2000 & abs(arr_delay) < 20)
#> # A tibble: 172,286 × 19
#>    year month   day dep_time sched_dep_time dep_delay arr_time sched_arr_time
#>   <int> <int> <int>    <int>          <int>     <dbl>    <int>          <int>
#> 1  2013     1     1      601            600         1      844            850
#> 2  2013     1     1      602            610        -8      812            820
#> 3  2013     1     1      602            605        -3      821            805
#> 4  2013     1     1      606            610        -4      858            910
#> 5  2013     1     1      606            610        -4      837            845
#> 6  2013     1     1      607            607         0      858            915
#> # … with 172,280 more rows, and 11 more variables: arr_delay <dbl>,
#> #   carrier <chr>, flight <int>, tailnum <chr>, origin <chr>, dest <chr>, …
```

這只是一種快捷方式，你可以使用 mutate() 明確建立底層的邏輯變數：

```
flights |>
  mutate(
    daytime = dep_time > 600 & dep_time < 2000,
    approx_ontime = abs(arr_delay) < 20,
    .keep = "used"
```

```
  )
#> # A tibble: 336,776 × 4
#>   dep_time arr_delay daytime approx_ontime
#>      <int>     <dbl> <lgl>   <lgl>
#> 1      517        11 FALSE   TRUE
#> 2      533        20 FALSE   FALSE
#> 3      542        33 FALSE   FALSE
#> 4      544       -18 FALSE   TRUE
#> 5      554       -25 FALSE   FALSE
#> 6      554        12 FALSE   TRUE
#> # … with 336,770 more rows
```

這對更複雜的邏輯尤其有用,因為命名中間步驟既便於程式碼的閱讀,也便於檢查每個步驟的計算是否正確。

總而言之,最初的過濾器與下列程式碼等效:

```
flights |>
  mutate(
    daytime = dep_time > 600 & dep_time < 2000,
    approx_ontime = abs(arr_delay) < 20,
  ) |>
  filter(daytime & approx_ontime)
```

浮點比較(Floating-Point Comparison)

要小心使用與數字搭配的 ==。舉例來說,看起來這個向量包含數字 1 和 2:

```
x <- c(1 / 49 * 49, sqrt(2) ^ 2)
x
#> [1] 1 2
```

但如果測試它們是否相等,結果卻會是 FALSE:

```
x == c(1, 2)
#> [1] FALSE FALSE
```

這是怎麼回事?電腦儲存的數字有固定的小數位數(fixed number of decimal places),因此無法精確表示 1/49 或 sqrt(2),後續的計算結果會略有偏差。我們可以透過呼叫帶有 digits[1] 引數的 print() 來檢視精確值:

```
print(x, digits = 16)
#> [1] 0.9999999999999999 2.0000000000000004
```

---

1 R 通常會為你呼叫 print(也就是說,x 是 print(x) 的一種捷徑),但如果你想提供其他引數,明確的呼叫 print 會很有用。

你可以理解為什麼 R 預設會將這些數字捨入（rounding）；它們確實非常接近你的預期。

既然你已經知道了 == 失敗的原因，那麼你能做些什麼呢？有種方法是使用 dplyr::near()，它會忽略微小的差異：

```
near(x, c(1, 2))
#> [1] TRUE TRUE
```

缺失值

缺失值代表未知數（unknown），因此具有「傳染性（contagious）」：幾乎所有涉及未知數的運算都會產生未知數：

```
NA > 5
#> [1] NA
10 == NA
#> [1] NA
```

最令人感到困惑的結果是這一個：

```
NA == NA
#> [1] NA
```

如果我們人為地提供更多的背景資訊，就更容易理解為什麼會這樣：

```
# 我們不知道 Mary 的年紀
age_mary <- NA

# 我們不知道 John 的年紀
age_john <- NA

# Mary 和 John 同年齡嗎？
age_mary == age_john
#> [1] NA
# 我們並不知道！
```

因此，如果要找出所有缺少 dep_time 的航班，下面的程式碼是行不通的，因為 dep_time == NA 會使每一列都產生 NA，而 filter() 會自動捨棄缺少的值：

```
flights |>
  filter(dep_time == NA)
#> # A tibble: 0 × 19
#> # … with 19 variables: year <int>, month <int>, day <int>, dep_time <int>,
#> #   sched_dep_time <int>, dep_delay <dbl>, arr_time <int>, …
```

取而代之，我們會需要一項新工具：is.na()。

is.na()

is.na(x) 適用於任何型別的向量，對缺失值回傳 TRUE，對其他值回傳 FALSE：

```
is.na(c(TRUE, NA, FALSE))
#> [1] FALSE  TRUE FALSE
is.na(c(1, NA, 3))
#> [1] FALSE  TRUE FALSE
is.na(c("a", NA, "b"))
#> [1] FALSE  TRUE FALSE
```

我們可以使用 is.na() 找出缺少 dep_time 的所有資料列：

```
flights |>
  filter(is.na(dep_time))
#> # A tibble: 8,255 × 19
#>    year month   day dep_time sched_dep_time dep_delay arr_time sched_arr_time
#>   <int> <int> <int>    <int>          <int>     <dbl>    <int>          <int>
#> 1  2013     1     1       NA           1630        NA       NA           1815
#> 2  2013     1     1       NA           1935        NA       NA           2240
#> 3  2013     1     1       NA           1500        NA       NA           1825
#> 4  2013     1     1       NA            600        NA       NA            901
#> 5  2013     1     2       NA           1540        NA       NA           1747
#> 6  2013     1     2       NA           1620        NA       NA           1746
#> # … with 8,249 more rows, and 11 more variables: arr_delay <dbl>,
#> #   carrier <chr>, flight <int>, tailnum <chr>, origin <chr>, dest <chr>, …
```

is.na() 在 arrange() 中也很有用。arrange() 通常會將所有缺失值放在最後，但你可以先用 is.na() 進行排序，從而覆寫預設值：

```
flights |>
  filter(month == 1, day == 1) |>
  arrange(dep_time)
#> # A tibble: 842 × 19
#>    year month   day dep_time sched_dep_time dep_delay arr_time sched_arr_time
#>   <int> <int> <int>    <int>          <int>     <dbl>    <int>          <int>
#> 1  2013     1     1      517            515         2      830            819
#> 2  2013     1     1      533            529         4      850            830
#> 3  2013     1     1      542            540         2      923            850
#> 4  2013     1     1      544            545        -1     1004           1022
#> 5  2013     1     1      554            600        -6      812            837
#> 6  2013     1     1      554            558        -4      740            728
#> # … with 836 more rows, and 11 more variables: arr_delay <dbl>,
#> #   carrier <chr>, flight <int>, tailnum <chr>, origin <chr>, dest <chr>, …
```

```
flights |>
  filter(month == 1, day == 1) |>
  arrange(desc(is.na(dep_time)), dep_time)
#> # A tibble: 842 × 19
#>    year month   day dep_time sched_dep_time dep_delay arr_time sched_arr_time
#>   <int> <int> <int>    <int>          <int>     <dbl>    <int>          <int>
#> 1  2013     1     1       NA           1630        NA       NA           1815
#> 2  2013     1     1       NA           1935        NA       NA           2240
#> 3  2013     1     1       NA           1500        NA       NA           1825
#> 4  2013     1     1       NA            600        NA       NA            901
#> 5  2013     1     1      517            515         2      830            819
#> 6  2013     1     1      533            529         4      850            830
#> # … with 836 more rows, and 11 more variables: arr_delay <dbl>,
#> #   carrier <chr>, flight <int>, tailnum <chr>, origin <chr>, dest <chr>, …
```

我們將在第 18 章更深入地介紹缺失值。

習題

1. dplyr::near() 如何運作?鍵入 near 檢視原始碼。sqrt(2)^2 接近 2 嗎?

2. 一起使用 mutate()、is.na() 和 count() 來描述 dep_time、sched_dep_time 和 dep_delay 中的缺失值有何關聯。

Boolean 代數

有了多個邏輯向量後,就可以使用 Boolean 代數將它們組合起來。在 R 中,& 表示「and」、| 表示「or」、! 表示「not」,而 xor() 表示互斥的「or」(exclusive or)[2]。舉例來說,df |> filter(!is.na(x)) 找出並沒有缺少 x 的所有列;而 df |> filter(x < -10 | x > 0) 找出 x 小於 -10 或大於 0 的所有列。圖 12-1 顯示了 Boolean 運算的完整集合及其工作原理。

---

[2] 也就是說,如果 x 為真或 y 為真,但兩者不能同時為真,則 xor(x, y) 為真。這就是我們一般在英語中使用「or」的方式。對於「Would you like ice cream or cake?(你喜歡冰淇淋還是蛋糕?)」這個問題,「Both(兩者都喜歡)」通常不是一個可以接受的答案。

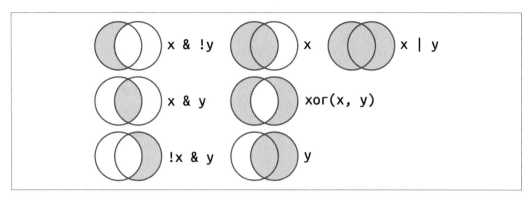

圖 12-1　Boolean 運算的完整集合。x 是左圈，y 是右圈，陰影部分表示每個運算子所選擇的部分

除了 & 和 |，R 也有 && 和 ||。不要在 dplyr 函式中使用它們！這些運算子被稱為**短路運算子**（*short-circuiting operators*），只會回傳單一個 TRUE 或 FALSE。它們對程式設計很重要，對資料科學並不重要。

缺失值

要解釋 Boolean 代數中的缺失值（missing values）規則有點麻煩，因為它們乍看之下似乎並不一致：

```
df <- tibble(x = c(TRUE, FALSE, NA))

df |>
  mutate(
    and = x & NA,
    or = x | NA
  )
#> # A tibble: 3 × 3
#>   x     and   or
#>   <lgl> <lgl> <lgl>
#> 1 TRUE  NA    TRUE
#> 2 FALSE FALSE NA
#> 3 NA    NA    NA
```

要理解這到底是怎麼回事，請思考 NA | TRUE。邏輯向量中有一個缺失值意味著該值可能是 TRUE 或 FALSE。TRUE | TRUE 和 FALSE | TRUE 都是 TRUE，因為它們中至少有一個是 TRUE。因此，NA | TRUE 也一定是 TRUE，因為 NA 可以是 TRUE 或 FALSE。然而，NA | FALSE 就是 NA，因為我們不知道 NA 是 TRUE 還是 FALSE。類似的推理也適用於 NA & FALSE。

運算的順序

請注意，運算順序並不像英語那樣。下面的程式碼可以查詢所有在 11 月或 12 月起飛的航班：

```
flights |>
  filter(month == 11 | month == 12)
```

你可能很想用英語的方式來寫：「Find all flights that departed in November or December（找出所有在 11 或 12 月起飛的航班）」：

```
flights |>
  filter(month == 11 | 12)
#> # A tibble: 336,776 × 19
#>    year month   day dep_time sched_dep_time dep_delay arr_time sched_arr_time
#>   <int> <int> <int>    <int>          <int>     <dbl>    <int>          <int>
#> 1  2013     1     1      517            515         2      830            819
#> 2  2013     1     1      533            529         4      850            830
#> 3  2013     1     1      542            540         2      923            850
#> 4  2013     1     1      544            545        -1     1004           1022
#> 5  2013     1     1      554            600        -6      812            837
#> 6  2013     1     1      554            558        -4      740            728
#> # … with 336,770 more rows, and 11 more variables: arr_delay <dbl>,
#> #   carrier <chr>, flight <int>, tailnum <chr>, origin <chr>, dest <chr>, …
```

這段程式碼沒有出錯，但似乎也沒有發揮作用。這是怎麼回事呢？在此，R 首先估算了 month == 11，建立了一個邏輯向量，我們稱之為 nov。它會計算 nov | 12。當你將一個數字與邏輯運算子搭配使用時，它會將 0 以外的所有東西都轉換為 TRUE，因此這相當於 nov | TRUE，它將始終為 TRUE，所以每一列都將被選中：

```
flights |>
  mutate(
    nov = month == 11,
    final = nov | 12,
    .keep = "used"
  )
#> # A tibble: 336,776 × 3
#>   month nov   final
#>   <int> <lgl> <lgl>
#> 1     1 FALSE TRUE
```

```
#> 2      1 FALSE TRUE
#> 3      1 FALSE TRUE
#> 4      1 FALSE TRUE
#> 5      1 FALSE TRUE
#> 6      1 FALSE TRUE
#> # … with 336,770 more rows
```

%in%

使用 `%in%` 是避免「`==` 和 `|` 順序必須放對」這問題的簡單方法。x `%in%` y 回傳一個長度與 x 相同的邏輯向量，每當 x 中有某個值在 y 中的任何位置，對應的結果就會是 TRUE。

```
1:12 %in% c(1, 5, 11)
#>  [1]  TRUE FALSE FALSE FALSE  TRUE FALSE FALSE FALSE FALSE FALSE  TRUE FALSE
letters[1:10] %in% c("a", "e", "i", "o", "u")
#>  [1]  TRUE FALSE FALSE FALSE  TRUE FALSE FALSE FALSE  TRUE FALSE
```

因此，要找出 11 月和 12 月的所有航班，我們可以這樣寫：

```
flights |>
  filter(month %in% c(11, 12))
```

請注意，`%in%` 遵守的 NA 規則與 `==` 不同，因為 NA `%in%` NA 是 TRUE。

```
c(1, 2, NA) == NA
#> [1] NA NA NA
c(1, 2, NA) %in% NA
#> [1] FALSE FALSE  TRUE
```

這可構成一個有用的捷徑：

```
flights |>
  filter(dep_time %in% c(NA, 0800))
#> # A tibble: 8,803 × 19
#>    year month   day dep_time sched_dep_time dep_delay arr_time sched_arr_time
#>   <int> <int> <int>    <int>          <int>     <dbl>    <int>          <int>
#> 1  2013     1     1      800            800         0     1022           1014
#> 2  2013     1     1      800            810       -10      949            955
#> 3  2013     1     1       NA           1630        NA       NA           1815
#> 4  2013     1     1       NA           1935        NA       NA           2240
#> 5  2013     1     1       NA           1500        NA       NA           1825
#> 6  2013     1     1       NA            600        NA       NA            901
#> # … with 8,797 more rows, and 11 more variables: arr_delay <dbl>,
#> #   carrier <chr>, flight <int>, tailnum <chr>, origin <chr>, dest <chr>, …
```

習題

1. 找出缺少 arr_delay 但未缺少 dep_delay 的所有航班。找出 arr_time 和 sched_arr_time 均未缺失，但少了 arr_delay 的所有航班。

2. 有多少航班缺少了 dep_time？這些列中還缺少其他哪些變數？這些列可能代表什麼？

3. 假設缺少 dep_time 意味著航班取消，那麼請檢視每天取消航班的數量。是否有規律可循？取消航班的比例與未取消航班的平均延誤時間之間是否存在關聯？

摘要

接下來的章節將介紹摘要（summarizing）邏輯向量的一些實用技巧。除了專門用於邏輯向量的函式外，你還可以使用數值向量專用的函式。

邏輯摘要

主要有兩種邏輯摘要（logical summaries）：any() 和 all()。any(x) 相當於 |；如果 x 中有任何 TRUE，它就會回傳 TRUE。all(x) 等同於 &；只有當 x 的所有值都是 TRUE 時，它才會回傳 TRUE。與所有摘要函式一樣，如果存在任何缺失值，它們都將回傳 NA，通常可以用 na.rm = TRUE 來消除缺失值。

舉例來說，我們可以使用 all() 和 any() 來找出是否每個航班在起飛時都延誤了最多一個小時，或者是否有航班的抵達延誤了五個小時或更長時間。透過 group_by()，我們可以按天來計算：

```
flights |>
  group_by(year, month, day) |>
  summarize(
    all_delayed = all(dep_delay <= 60, na.rm = TRUE),
    any_long_delay = any(arr_delay >= 300, na.rm = TRUE),
    .groups = "drop"
  )
#> # A tibble: 365 × 5
#>    year month   day all_delayed any_long_delay
#>   <int> <int> <int> <lgl>       <lgl>
#> 1  2013     1     1 FALSE       TRUE
#> 2  2013     1     2 FALSE       TRUE
#> 3  2013     1     3 FALSE       FALSE
#> 4  2013     1     4 FALSE       FALSE
#> 5  2013     1     5 FALSE       TRUE
```

```
#> 6   2013    1     6 FALSE        FALSE
#> # … with 359 more rows
```

不過，在大多數情況下，any() 和 all() 都顯得過於粗糙，若能更詳細瞭解有多少值是 TRUE 或 FALSE 就更好了。這就引出了數值摘要（numeric summaries）。

邏輯向量的數值摘要

在數值情境中使用邏輯向量時，TRUE 會變為 1，FALSE 則變為 0。這使得 sum() 和 mean() 對邏輯向量非常有用，因為 sum(x) 可以給出 TRUE 的個數，而 mean(x) 可以給出 TRUE 的比例（因為 mean() 只是 sum() 除以 length()）。

舉例來說，我們可以看到起飛延誤最多一小時的航班比例，以及抵達延誤五小時或更長時間的航班數量：

```
flights |>
  group_by(year, month, day) |>
  summarize(
    all_delayed = mean(dep_delay <= 60, na.rm = TRUE),
    any_long_delay = sum(arr_delay >= 300, na.rm = TRUE),
    .groups = "drop"
  )
#> # A tibble: 365 × 5
#>    year month   day all_delayed any_long_delay
#>   <int> <int> <int>       <dbl>          <int>
#> 1  2013     1     1       0.939              3
#> 2  2013     1     2       0.914              3
#> 3  2013     1     3       0.941              0
#> 4  2013     1     4       0.953              0
#> 5  2013     1     5       0.964              1
#> 6  2013     1     6       0.959              0
#> # … with 359 more rows
```

邏輯子集化（Logical Subsetting）

邏輯向量在摘要中還有最後一個用途：你可以使用邏輯向量將單個變數篩選（filter）為感興趣的子集。這就需要使用基礎的 [（讀作 subset）運算子，你將在第 526 頁的「使用 [選擇多個元素」中瞭解更多。

設想一下，我們只想檢視實際上真的有延誤的航班的平均延誤時間。一種方法是首先過濾航班，然後計算平均延誤時間：

```
flights |>
  filter(arr_delay > 0) |>
```

```
  group_by(year, month, day) |>
  summarize(
    behind = mean(arr_delay),
    n = n(),
    .groups = "drop"
  )
#> # A tibble: 365 × 5
#>    year month   day behind     n
#>   <int> <int> <int>  <dbl> <int>
#> 1  2013     1     1   32.5   461
#> 2  2013     1     2   32.0   535
#> 3  2013     1     3   27.7   460
#> 4  2013     1     4   28.3   297
#> 5  2013     1     5   22.6   238
#> 6  2013     1     6   24.4   381
#> # … with 359 more rows
```

這個方法可行,但如果我們還想計算提前到達的航班的平均延誤時間呢?我們需要進行一個單獨的過濾步驟,然後再想辦法將兩個資料框合併在一起[3]。取而代之,你可以使用 [來做行內的過濾(inline filtering):arr_delay[arr_delay > 0] 將只產出正值的抵達延遲時間。

這就帶出了:

```
flights |>
  group_by(year, month, day) |>
  summarize(
    behind = mean(arr_delay[arr_delay > 0], na.rm = TRUE),
    ahead = mean(arr_delay[arr_delay < 0], na.rm = TRUE),
    n = n(),
    .groups = "drop"
  )
#> # A tibble: 365 × 6
#>    year month   day behind ahead     n
#>   <int> <int> <int>  <dbl> <dbl> <int>
#> 1  2013     1     1   32.5 -12.5   842
#> 2  2013     1     2   32.0 -14.3   943
#> 3  2013     1     3   27.7 -18.2   914
#> 4  2013     1     4   28.3 -17.0   915
#> 5  2013     1     5   22.6 -14.0   720
#> 6  2013     1     6   24.4 -13.6   832
#> # … with 359 more rows
```

另外,請注意分組大小的不同:在第一組中,n() 表示每天延誤航班的數量;在第二組中,n() 給出航班總數。

---

3 我們將在第 19 章介紹這一點。

習題

1. sum(is.na(x)) 會告訴你什麼？那麼mean(is.na(x)) 又如何呢？

2. prod() 應用於邏輯向量時會回傳什麼？它等同於哪個邏輯摘要函式？min() 應用於邏輯向量時會回傳什麼？它相當於什麼邏輯摘要函式？閱讀說明文件並進行一些實驗。

條件式變換

邏輯向量最強大的功能之一是用於條件式變換（conditional transformations），即依據條件 x 做一件事，根據條件 y 做另一件事。這方面有兩個重要的工具：if_else() 和 case_when()。

if_else()

如果想在某個條件為 TRUE 時使用一個值，而在條件為 FALSE 時使用另一個值，你可以使用 dplyr::if_else()[4]。if_else() 的前三個引數永遠都會用到。第一個引數 condition 是一個邏輯向量；第二個引數 true 是條件為真（true）時的輸出；第三個引數 false 是條件為假（false）時的輸出。

讓我們從一個簡單的例子開始，將一個數值向量標注為「+ve」（正）或「-ve」（負）：

```
x <- c(-3:3, NA)
if_else(x > 0, "+ve", "-ve")
#> [1] "-ve" "-ve" "-ve" "-ve" "+ve" "+ve" "+ve" NA
```

第四個引數 missing 是選擇性的，如果輸入為 NA，則使用該引數：

```
if_else(x > 0, "+ve", "-ve", "???")
#> [1] "-ve" "-ve" "-ve" "-ve" "+ve" "+ve" "+ve" "???"
```

你還可以為 true 和 false 引數使用向量。舉例來說，這樣我們就可以建立 abs() 的最小實作：

```
if_else(x < 0, -x, x)
#> [1] 3 2 1 0 1 2 3 NA
```

---

4 dplyr 的 if_else() 類似於基礎 R 的 ifelse()。與 ifelse() 相比，if_else() 有兩個主要優勢：你可以選擇如何處理缺失值；而如果變數型別不相容，if_else() 更有可能給出有意義的錯誤。

到目前為止，所有引數都使用相同的向量，當然也可以混合使用。舉例來說，你可以像這樣實作一個簡單版本的 coalesce()：

```
x1 <- c(NA, 1, 2, NA)
y1 <- c(3, NA, 4, 6)
if_else(is.na(x1), y1, x1)
#> [1] 3 1 2 6
```

你可能已經注意到我們之前的標注範例中的一個小錯誤：零既不是正數，也不是負數。我們可以透過新增一個 if_else() 來解決這個問題：

```
if_else(x == 0, "0", if_else(x < 0, "-ve", "+ve"), "???")
#> [1] "-ve" "-ve" "-ve" "0"   "+ve" "+ve" "+ve" "???"
```

這已經有點難讀了，你可以想像，若有更多的條件，只會變得更難以閱讀。你可以改用 dplyr::case_when() 來代替。

case_when()

dplyr 的 case_when() 受到 SQL 的 CASE 述句啟發，提供一種針對不同條件執行不同計算的靈活方式。遺憾的是，它有一種特殊的語法，看起來和你在 tidyverse 中用到的其他語法並不一樣。它接受看起來像 condition ~ output 的一個對組。condition 必須是一個邏輯向量，當它為 TRUE 時，就會使用 output。

這意味著我們可以重新建立之前巢狀的 if_else()，如下所示：

```
x <- c(-3:3, NA)
case_when(
  x == 0   ~ "0",
  x < 0    ~ "-ve",
  x > 0    ~ "+ve",
  is.na(x) ~ "???"
)
#> [1] "-ve" "-ve" "-ve" "0"   "+ve" "+ve" "+ve" "???"
```

這樣程式碼會更多，但也更明確。

為瞭解釋 case_when() 如何運作，我們來探討一些更簡單的情況。如果所有的情況（cases）都不匹配，則輸出結果會是一個 NA：

```
case_when(
  x < 0 ~ "-ve",
  x > 0 ~ "+ve"
)
#> [1] "-ve" "-ve" "-ve" NA    "+ve" "+ve" "+ve" NA
```

如果要建立一個「預設」或總括（catchall）值，請在左側使用 TRUE：

```
case_when(
  x < 0 ~ "-ve",
  x > 0 ~ "+ve",
  TRUE ~ "???"
)
#> [1] "-ve" "-ve" "-ve" "???" "+ve" "+ve" "+ve" "???"
```

請注意，如果多個條件都匹配，則只使用第一個：

```
case_when(
  x > 0 ~ "+ve",
  x > 2 ~ "big"
)
#> [1] NA    NA    NA    NA    "+ve" "+ve" "+ve" NA
```

就像 if_else() 一樣，你可以在 ~ 的兩邊都使用變數，也可以根據問題的需要混合和匹配變數。舉例來說，我們可以使用 case_when() 為抵達延遲提供一些人類可讀的標籤：

```
flights |>
  mutate(
    status = case_when(
      is.na(arr_delay)      ~ "cancelled",
      arr_delay < -30       ~ "very early",
      arr_delay < -15       ~ "early",
      abs(arr_delay) <= 15  ~ "on time",
      arr_delay < 60        ~ "late",
      arr_delay < Inf       ~ "very late",
    ),
    .keep = "used"
  )
#> # A tibble: 336,776 × 2
#>   arr_delay status
#>       <dbl> <chr>
#> 1        11 on time
#> 2        20 late
#> 3        33 late
#> 4       -18 early
#> 5       -25 early
#> 6        12 on time
#> # … with 336,770 more rows
```

在編寫這種複雜的 case_when() 述句時要留意；我的頭兩次嘗試混合使用了 < 和 >，結果總是不小心建立了重疊的條件。

相容的型別

請注意，if_else() 和 case_when() 都要求在輸出中使用相容的型別（*compatible* types）。如果它們不相容，就會出現類似這樣的錯誤：

```
if_else(TRUE, "a", 1)
#> Error in `if_else()`:
#> ! Can't combine `true` <character> and `false` <double>.

case_when(
  x < -1 ~ TRUE,
  x > 0  ~ now()
)
#> Error in `case_when()`:
#> ! Can't combine `..1 (right)` <logical> and `..2 (right)` <datetime<local>>.
```

總體而言，相容的型別相對較少，因為自動將一種型別的向量變換為另一種型別的向量是常見的錯誤來源。以下是最重要的相容情況：

- 數值向量和邏輯向量是相容的，正如我們在第 223 頁「邏輯向量的數值摘要」中所討論的那樣。

- 字串和因子（第 16 章）是相容的，因為你可以把因子看成是帶有受限的一組值的一種字串。

- 日期和日期時間（我們將在第 17 章中討論）是相容的，因為我們可以把日期（date）看作是日期時間（date-time）的特例。

- 嚴格來說，NA 是一種邏輯向量，它與所有向量都相容，因為每個向量都有某種方法來表示缺失值。

我們不指望你記住這些規則，但隨著時間的推移，它們應該成為第二天性，因為它們在整個 tidyverse（整齊宇宙）中的應用都是一致的。

習題

1. 如果一個數字能被 2 整除（divisible），它就是偶數（even），在 R 中可以用 x %% 2 == 0 求出。使用這一事實和 if_else()，來判斷 0 到 20 之間的每個數字是偶數還是奇數（odd）。

2. 給定一個日期向量（vector of days），如 x <- c("Monday", "Saturday", "Wednesday")，使用 ifelse() 述句將其標注為週末（weekends）或工作日（weekdays）。

---

3. 使用 `ifelse()` 計算名為 x 的一個數值向量的絕對值（absolute value）。

4. 編寫一道 `case_when()` 述句，使用 `flights` 中的 `month` 和 `day` 欄來標注美國的一些重要節日（如 New Years Day、Fourth of July、Thanksgiving 和 Christmas）。首先建立一個邏輯欄，該欄的值為「TRUE」或「FALSE」，然後建立一個字元欄，要麼給出節日名稱，要麼為 NA。

總結

邏輯向量的定義很簡單，因為每個值必須是 TRUE、FALSE 或 NA。但是，邏輯向量的功能非常強大。在本章中，你將學到如何使用 >、<、<=、=>、==、!= 和 is.na() 建立邏輯向量；如何使用 !、& 和 | 結合邏輯向量；以及如何使用 any()、all()、sum() 和 mean() 對邏輯向量進行摘要（summarize）。你還學習了強大的 if_else() 和 case_when() 函式，這些函式允許你根據邏輯向量的值回傳特定的值。

在接下來的章節中，我們將一再看到邏輯向量。舉例來說，在第 14 章中，你將學習 `str_detect(x, pattern)`，它會回傳一個邏輯向量，其中 x 中與 pattern 匹配的元素會是 TRUE；在第 17 章中，你將透過日期和時間的比較來建立邏輯向量。至於現在，我們將進入下一種最重要的向量型別：數值向量。

## 第十三章

數字

簡介

數值向量是資料科學的骨幹，在本書的前面部分，你已經多次使用過它們。現在，是時候系統化地瞭解一下在 R 中可以用它們做些什麼了，以確保你能很好地應對未來任何涉及數值向量的問題。

首先，我們將為你提供一些工具，在擁有字串的情況下製作數字，然後再詳細介紹一下 count()。然後，我們將深入探討與 mutate() 搭配使用的各種數值變換，包括可套用到其他型別向量但經常與數字向量一起使用的一般變換。最後，我們將介紹與 summarize() 搭配使用的摘要函式（summary functions），並向你展示它們也能與 mutate() 配合使用。

先決條件

本章主要使用基礎 R 的函式，這些函式無須載入任何套件即可使用。但我們仍然需要 tidyverse，因為我們將在 tidyverse 的函式（如 mutate() 和 filter()）中使用這些基礎 R 函式。如同前一章，我們將使用來自 nycflights13 的真實範例，以及用 c() 和 tribble() 製作的玩具範例。

```
library(tidyverse)
library(nycflights13)
```

製作數字

在大多數情況下，你會得到已經記錄為 R 數值型別之一的數字：integer 或 double。但在某些情況下，你會遇到字串形式的數字，這可能是因為你從欄標頭進行樞紐轉換（pivoting）建立了這些數字，也可能是因為資料匯入過程中出了問題。

readr 提供可將字串剖析為數字的兩個實用函式：parse_double() 和 parse_number()。當數字被寫成字串時，請使用 parse_double()：

```
x <- c("1.2", "5.6", "1e3")
parse_double(x)
#> [1]    1.2    5.6 1000.0
```

當字串中包含要忽略的非數值文字時，請使用 parse_number()。這對貨幣資料和百分比特別有用：

```
x <- c("$1,234", "USD 3,513", "59%")
parse_number(x)
#> [1] 1234 3513    59
```

計數

令人驚訝的是，只需使用計數（counts）和一些基本算術，就能完成大量資料科學工作，因此 dplyr 努力透過 count() 使計數工作變得盡可能簡單。這個函式非常適合在分析過程中進行快速探索和檢查：

```
flights |> count(dest)
#> # A tibble: 105 × 2
#>   dest      n
#>   <chr> <int>
#> 1 ABQ     254
#> 2 ACK     265
#> 3 ALB     439
#> 4 ANC       8
#> 5 ATL   17215
#> 6 AUS    2439
#> # … with 99 more rows
```

（儘管有第 4 章給出的那種建議，但我們通常還是將 count() 放在單一行，因為它通常用於主控台，以快速檢查計算是否按預期進行。）

如果想檢視最常見的值，請加上 sort = TRUE：

```
flights |> count(dest, sort = TRUE)
#> # A tibble: 105 × 2
#>   dest      n
#>   <chr> <int>
#> 1 ORD   17283
#> 2 ATL   17215
#> 3 LAX   16174
#> 4 BOS   15508
#> 5 MCO   14082
#> 6 CLT   14064
#> # … with 99 more rows
```

並請記住，如果想檢視所有的值，可以使用 |> View() 或 |> print(n = Inf)。

你可以使用 group_by()、summarize() 和 n()「手動」執行相同的計算。這很有用，因為它允許你同時計算其他的摘要值：

```
flights |>
  group_by(dest) |>
  summarize(
    n = n(),
    delay = mean(arr_delay, na.rm = TRUE)
  )
#> # A tibble: 105 × 3
#>   dest      n delay
#>   <chr> <int> <dbl>
#> 1 ABQ     254  4.38
#> 2 ACK     265  4.85
#> 3 ALB     439 14.4
#> 4 ANC       8 -2.5
#> 5 ATL   17215 11.3
#> 6 AUS    2439  6.02
#> # … with 99 more rows
```

n() 是一個特殊的摘要函式，它不需要任何引數，而是存取「當前」組別的資訊。這意味著它只在 dplyr 動詞中發揮作用：

```
n()
#> Error in `n()`:
#> ! Must only be used inside data-masking verbs like `mutate()`,
#>   `filter()`, and `group_by()`.
```

你可能會發現 n() 和 count() 的一些變體非常有用：

- n_distinct(x) 計數一或多個變數的不同（唯一）值的數量。舉例來說，我們可以找出哪些目的地有最多的航空公司提供服務：

```
flights |>
  group_by(dest) |>
  summarize(carriers = n_distinct(carrier)) |>
  arrange(desc(carriers))
#> # A tibble: 105 × 2
#>   dest  carriers
#>   <chr>    <int>
#> 1 ATL          7
#> 2 BOS          7
#> 3 CLT          7
#> 4 ORD          7
#> 5 TPA          7
#> 6 AUS          6
#> # … with 99 more rows
```

- 加權計數（weighted count）是一種總和（sum）。舉例來說，你可以「計數」每架飛機飛行的里程數：

```
flights |>
  group_by(tailnum) |>
  summarize(miles = sum(distance))
#> # A tibble: 4,044 × 2
#>   tailnum   miles
#>   <chr>     <dbl>
#> 1 D942DN     3418
#> 2 N0EGMQ   250866
#> 3 N10156   115966
#> 4 N102UW    25722
#> 5 N103US    24619
#> 6 N104UW    25157
#> # … with 4,038 more rows
```

加權計數是一種常見的問題，因此 count() 有一個 wt 引數，可以做同樣的事情：

```
flights |> count(tailnum, wt = distance)
```

- 結合 sum() 和 is.na() 可以計算缺失值。在 flights 資料集中，這代表取消的航班：

```
flights |>
  group_by(dest) |>
  summarize(n_cancelled = sum(is.na(dep_time)))
#> # A tibble: 105 × 2
#>   dest  n_cancelled
#>   <chr>       <int>
#> 1 ABQ             0
#> 2 ACK             0
#> 3 ALB            20
#> 4 ANC             0
```

```
#> 5 ATL           317
#> 6 AUS            21
#> # … with 99 more rows
```

習題

1. 如何使用 count() 計算給定變數有缺失值的列數？

2. 將下面對 count() 的呼叫展開為使用 group_by()、summarize() 和 arrange()：

   a. flights |> count(dest, sort = TRUE)

   b. flights |> count(tailnum, wt = distance)

數值變換

變換函式（transformation functions）可以很好地與 mutate() 搭配使用，因為它們的輸出長度與輸入長度相同。基礎 R 中已經內建了絕大多數的變換函式，列出所有函式是不切實際的，因此本節將介紹最有用的那些函式。舉例來說，雖然 R 有提供你夢寐以求的所有三角函式（trigonometric functions），但我們並沒有在此列出，因為資料科學很少需要那些函式。

算術和循環利用規則

我們在第 2 章中介紹過算術的基礎知識（+、-、*、/、^），並在此後多次使用。這些函式不需要過多的解釋，因為它們的功能和你在小學時學的一樣。但是，我們需要簡短談談循環利用的規則（recycling rules），它決定了左右兩邊長度不同時會發生什麼事。這對 flights |> mutate(air_time = air_time / 60) 這類運算非常重要，因為 / 左邊有336,776 個數字，但右邊只有一個。

R 透過循環利用（recycling），或者說「重複」短向量來處理長度不匹配的問題。如果我們在資料框外建立一些向量，就能更輕易看到這一點：

```
x <- c(1, 2, 10, 20)
x / 5
#> [1] 0.2 0.4 2.0 4.0
# 是下面程式碼的簡寫方式
x / c(5, 5, 5, 5)
#> [1] 0.2 0.4 2.0 4.0
```

一般來說，你只想循環利用單個數字（即長度為 1 的向量），但 R 可以循環利用任何較短的向量。如果較長的向量不是較短向量的倍數，R 通常（但非總是）會給出警告：

```
x * c(1, 2)
#> [1]  1  4 10 40
x * c(1, 2, 3)
#> Warning in x * c(1, 2, 3): longer object length is not a multiple of shorter
#> object length
#> [1]  1  4 30 20
```

這些回收規則也適用於邏輯比較（==、<、<=、>、>=、!=），如果不小心用了 == 而非 %in%，而且資料框的列數又不適切，那麼結果可能會出人意料。舉例來說，這段程式碼試圖找出一月和二月的所有航班：

```
flights |>
  filter(month == c(1, 2))
#> # A tibble: 25,977 × 19
#>    year month   day dep_time sched_dep_time dep_delay arr_time sched_arr_time
#>   <int> <int> <int>    <int>          <int>     <dbl>    <int>          <int>
#> 1  2013     1     1      517            515         2      830            819
#> 2  2013     1     1      542            540         2      923            850
#> 3  2013     1     1      554            600        -6      812            837
#> 4  2013     1     1      555            600        -5      913            854
#> 5  2013     1     1      557            600        -3      838            846
#> 6  2013     1     1      558            600        -2      849            851
#> # … with 25,971 more rows, and 11 more variables: arr_delay <dbl>,
#> #   carrier <chr>, flight <int>, tailnum <chr>, origin <chr>, dest <chr>, …
```

程式碼執行無誤，但並沒有回傳你想要的結果。出於循環利用規則，它在奇數列中尋找 1 月份出發的航班，並在偶數列中尋找 2 月份出發的航班。遺憾的是，由於航班的列數是偶數，所以沒有發出任何警告。

為了防止出現這種無聲無息的錯誤，大多數 tidyverse 函式都使用更嚴格的循環利用形式，只會再利用單個值。不幸的是，那樣做在這裡或許多其他情況下都無濟於事，因為關鍵計算是由基礎 R 函式 == 而非 filter() 所進行的。

最小值（Minimum）和最大值（Maximum）

算術函式處理成對的變數。兩個密切相關的函式是 pmin() 和 pmax()，給定兩個或更多個變數時，它們將回傳每一列中最小或最大的值：

```
df <- tribble(
```

```
  ~x,  ~y,
   1,   3,
   5,   2,
   7,  NA,
)

df |>
  mutate(
    min = pmin(x, y, na.rm = TRUE),
    max = pmax(x, y, na.rm = TRUE)
  )
#> # A tibble: 3 × 4
#>       x      y    min    max
#>   <dbl> <dbl> <dbl> <dbl>
#> 1     1     3     1     3
#> 2     5     2     2     5
#> 3     7    NA     7     7
```

請注意，這些函式不同於摘要函式 min() 和 max()，後者接受多個觀測值並回傳單一個值。當所有的最小值和最大值都相同時，就說明你用了錯誤的形式：

```
df |>
  mutate(
    min = min(x, y, na.rm = TRUE),
    max = max(x, y, na.rm = TRUE)
  )
#> # A tibble: 3 × 4
#>       x      y    min    max
#>   <dbl> <dbl> <dbl> <dbl>
#> 1     1     3     1     7
#> 2     5     2     1     7
#> 3     7    NA     1     7
```

模數算術

模數算術（modular arithmetic）是在你學到小數之前所做的那種數學運算的技術名稱，即產生整數（whole number）和餘數（remainder）的除法運算。在 R 中，%/% 進行整數除法，%% 則計算餘數：

```
1:10 %/% 3
#> [1] 0 0 1 1 1 2 2 2 3 3
1:10 %% 3
#> [1] 1 2 0 1 2 0 1 2 0 1
```

模數算術對 flights 資料集來說非常方便，因為我們可以用它將 sched_dep_time 變數拆分成 hour 和 minute：

```
flights |>
  mutate(
    hour = sched_dep_time %/% 100,
    minute = sched_dep_time %% 100,
    .keep = "used"
  )
#> # A tibble: 336,776 × 3
#>   sched_dep_time  hour minute
#>            <int> <dbl>  <dbl>
#> 1            515     5     15
#> 2            529     5     29
#> 3            540     5     40
#> 4            545     5     45
#> 5            600     6      0
#> 6            558     5     58
#> # … with 336,770 more rows
```

我們可以將其與第 222 頁「摘要」中的 mean(is.na(x)) 技巧結合起來，檢視取消航班的比例在一天中的變化情況。結果如圖 13-1 所示。

```
flights |>
  group_by(hour = sched_dep_time %/% 100) |>
  summarize(prop_cancelled = mean(is.na(dep_time)), n = n()) |>
  filter(hour > 1) |>
  ggplot(aes(x = hour, y = prop_cancelled)) +
  geom_line(color = "grey50") +
  geom_point(aes(size = n))
```

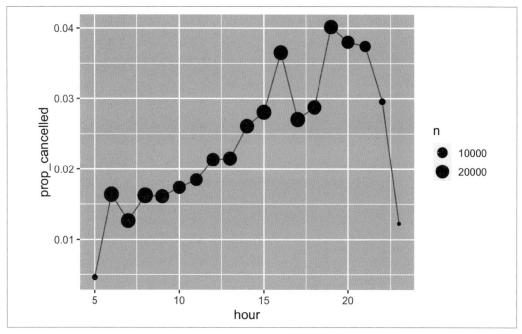

圖 13-1　在這個折線圖中，x 軸為預定起飛時間，y 軸為取消航班的比例。從圖中可以看出，取消的航班數似乎從白天一直累積到晚上 8 點，而很晚的航班被取消的可能性要小得多

對數

對於處理跨越多個數量級（orders of magnitude）的資料以及將指數成長（exponential growth）轉換為線性成長而言，對數（logarithms）是一種非常有用的變換。在 R 中，有三種對數可供選擇：log()（自然對數，以 e 為底數）、log2()（以 2 為底數）和 log10()（以 10 為底數）。我們建議使用 log2() 或 log10()。log2() 很容易解讀，因為對數標度上的差值若為 1 就相當於原標度的兩倍，差值為 -1 相當於原標度的一半，而 log10() 則很容易變換回來，例如 3 相當於 10^3 = 1000。log() 的反（inverse）函式為 exp()；要計算 log2() 或 log10() 的反函式，需要使用 2^ 或 10^。

捨入（Rounding）

使用 round(x) 將數字捨入（round）為最接近的整數：

```
round(123.456)
#> [1] 123
```

你可以使用第二個引數 digits 控制捨入的精確度。round(x, digits) 將捨入到最接近的
10^-n 值，因此 digits = 2 將捨入到最接近的 0.01。這個定義非常有用，因為它意味著
round(x, -3) 將捨入到最接近的千位，而事實上也確實如此：

```
round(123.456, 2)  # 兩位
#> [1] 123.46
round(123.456, 1)  # 一位
#> [1] 123.5
round(123.456, -1) # 捨入至最接近的十位
#> [1] 120
round(123.456, -2) # 捨入至最接近的百位
#> [1] 100
```

round() 有一個奇怪的地方，乍看之下似乎令人感到驚訝：

```
round(c(1.5, 2.5))
#> [1] 2 2
```

round() 使用所謂的「一半捨入為偶數（round half to even）」或 Banker 捨入法：如果一
個數字位於兩個整數的中間，它將被捨入為偶整數（*even* integer）。這是一種很好的策
略，因為它能讓捨入不偏向任何一邊：有半數的 0.5 為向上捨入（rounded up），另一半
則向下捨入（rounded down）。

round() 可與 floor() 和 ceiling() 搭配使用，前者總是向下捨入，後者總是向上捨入：

```
x <- 123.456

floor(x)
#> [1] 123
ceiling(x)
#> [1] 124
```

這些函式沒有 digits 引數，因此可以縮小、捨入，然後再放大回去：

```
# 向下捨入到最接近的小數點後兩位
floor(x / 0.01) * 0.01
#> [1] 123.45
# 向上捨入到最接近的小數點後兩位
ceiling(x / 0.01) * 0.01
#> [1] 123.46
```

若想要 round() 到某個其他數字的倍數（*https://oreil.ly/YcbwN*），也可以使用同樣的
技巧：

```
# 捨入到最接近的 4 的倍數
round(x / 4) * 4
#> [1] 124

# 捨入到最接近的 0.25 的倍數
round(x / 0.25) * 0.25
#> [1] 123.5
```

將數字切割成範圍

使用 cut()[1] 將數值向量拆分（又稱 *bin*，分組）為離散的「桶子（buckets）」：

```
x <- c(1, 2, 5, 10, 15, 20)
cut(x, breaks = c(0, 5, 10, 15, 20))
#> [1] (0,5]   (0,5]   (0,5]   (5,10]  (10,15] (15,20]
#> Levels: (0,5] (5,10] (10,15] (15,20]
```

那些斷點（breaks）不需要均勻分佈：

```
cut(x, breaks = c(0, 5, 10, 100))
#> [1] (0,5]    (0,5]    (0,5]    (5,10]   (10,100] (10,100]
#> Levels: (0,5] (5,10] (10,100]
```

你可以選擇提供自己的 labels。請注意，labels 數量應比 breaks 少一個。

```
cut(x,
  breaks = c(0, 5, 10, 15, 20),
  labels = c("sm", "md", "lg", "xl")
)
#> [1] sm sm sm md lg xl
#> Levels: sm md lg xl
```

任何超出斷點範圍的值都將變為 NA：

```
y <- c(NA, -10, 5, 10, 30)
cut(y, breaks = c(0, 5, 10, 15, 20))
#> [1] <NA>    <NA>    (0,5]   (5,10]  <NA>
#> Levels: (0,5] (5,10] (10,15] (15,20]
```

請參閱說明文件瞭解其他有用的引數，如 right 和 include.lowest，它們可以控制區間是 [a, b) 還是 (a, b]，以及最低區間是否應為 [a, b]。

---

1 ggplot2 在 cut_interval()、cut_number() 和 cut_width() 中為常見用例提供一些輔助器（helpers）。必須承認這些函式出現在 ggplot2 中確實很奇怪，但它們作為直方圖（histogram）計算的一部分非常有用，而且是在 tidyverse 的其他部分存在之前就編寫的。

積累和滾動彙總（Cumulative and Rolling Aggregates）

基礎 R 提供 cumsum()、cumprod()、cummin() 和 cummax()，用於移動（running）或累計式（cumulative）的加總（sums）、乘積（products）以及最小值（mins）和最大值（maxes）。dplyr 提供用於累計平均值（cumulative means）的 cummean()。在實際應用中，累計加總往往是最常見的：

```
x <- 1:10
cumsum(x)
#>  [1]  1  3  6 10 15 21 28 36 45 55
```

如果需要更複雜的滾動（rolling）或滑動（sliding）彙總運算，請嘗試使用 slider 套件（*https://oreil.ly/XPnjF*）。

習題

1. 用文字解釋生成圖 13-1 的每行程式碼之作用。

2. R 提供哪些三角函式？猜測一些名稱並查找說明文件。它們使用角度（degrees）還是弧度（radians）？

3. 目前的 dep_time 和 sched_dep_time 雖然方便檢視，但卻很難計算，因為它們並不是真正的連續數字。執行下面的程式碼就能看到基本的問題；每個小時之間都有間隔：

   ```
   flights |>
     filter(month == 1, day == 1) |>
     ggplot(aes(x = sched_dep_time, y = dep_delay)) +
     geom_point()
   ```

   將它們轉換為更真實的時間表示（從午夜開始計算的分數小時或分鐘）。

4. 將 dep_time 和 arr_time 捨入到最接近的五分鐘。

一般變換

接下來的章節將介紹一些常用於數值向量但也可用於所有其他欄位型別（column types）的一般變換（general transformations）。

排位

dplyr 提供許多受 SQL 啟發的排位函式（ranking functions），但你應該總是從 dplyr::min_rank() 開始。它使用典型的方法來處理平手（ties）關係，例如 1st, 2nd, 2nd, 4th。

```
x <- c(1, 2, 2, 3, 4, NA)
min_rank(x)
#> [1]  1  2  2  4  5 NA
```

請注意，最小的值會得到最低的排位；使用 desc(x) 可以讓最大值的排位最小：

```
min_rank(desc(x))
#> [1]  5  3  3  2  1 NA
```

如果 min_rank() 無法滿足你的需求，請檢視其變體 dplyr::row_number()、dplyr::dense_rank()、dplyr::percent_rank() 和 dplyr::cume_dist()。詳情請參閱說明文件。

```
df <- tibble(x = x)
df |>
  mutate(
    row_number = row_number(x),
    dense_rank = dense_rank(x),
    percent_rank = percent_rank(x),
    cume_dist = cume_dist(x)
  )
#> # A tibble: 6 × 5
#>       x row_number dense_rank percent_rank cume_dist
#>   <dbl>      <int>      <int>        <dbl>     <dbl>
#> 1     1          1          1         0         0.2
#> 2     2          2          2         0.25      0.6
#> 3     2          3          2         0.25      0.6
#> 4     3          4          3         0.75      0.8
#> 5     4          5          4         1         1
#> 6    NA         NA         NA        NA        NA
```

你可以透過為 R 的 rank() 選擇適當的 ties.method 引數來達成許多相同的結果；你可能還需要設定 na.last = "keep"，以便將 NA 保留為 NA。

row_number() 在 dplyr 動詞中使用時也可以不帶任何引數。在這種情況下，它會給出「當前」列的編號。當與 %% 或 %/% 結合使用時，這可以成為將資料分成大小相似的組別的有用工具：

```
df <- tibble(id = 1:10)

df |>
```

```
    mutate(
      row0 = row_number() - 1,
      three_groups = row0 %% 3,
      three_in_each_group = row0 %/% 3
    )
#> # A tibble: 10 × 4
#>       id  row0 three_groups three_in_each_group
#>    <int> <dbl>        <dbl>               <dbl>
#> 1     1     0            0                   0
#> 2     2     1            1                   0
#> 3     3     2            2                   0
#> 4     4     3            0                   1
#> 5     5     4            1                   1
#> 6     6     5            2                   1
#> # … with 4 more rows
```

偏移值（Offsets）

dplyr::lead() 和 dplyr::lag() 允許你參考緊接在「當前」值之前或之後的值。它們會回傳一個與輸入長度相同的向量，並在開頭或結尾充填 NA：

```
x <- c(2, 5, 11, 11, 19, 35)
lag(x)
#> [1] NA  2  5 11 11 19
lead(x)
#> [1]  5 11 11 19 35 NA
```

- x - lag(x) 表示當前值與前一個值之間的差值：

  ```
  x - lag(x)
  #> [1] NA  3  6  0  8 16
  ```

- x == lag(x) 會在當前值發生變化時告知你：

  ```
  x == lag(x)
  #> [1]    NA FALSE FALSE  TRUE FALSE FALSE
  ```

透過第二個引數 n，你可以領先（lead）或落後（lag）多個位置。

連續識別字（Consecutive Identifiers）

有時，每當某個事件發生時，你都希望起始一個新的組別。舉例來說，當你檢視網站資料時，通常會想把事件拆分為工作階段（sessions），在距離上次活動超過 x 分鐘後開始一個新的工作階段。舉例來說，假設你有某人存取某個網站的時間：

```
events <- tibble(
  time = c(0, 1, 2, 3, 5, 10, 12, 15, 17, 19, 20, 27, 28, 30)
)
```

你已經計算出每個事件之間的時間間隔,並計算出是否有足夠大的間距(gap)來啟動一個新的工作階段:

```
events <- events |>
  mutate(
    diff = time - lag(time, default = first(time)),
    has_gap = diff >= 5
  )
events
#> # A tibble: 14 × 3
#>     time  diff has_gap
#>    <dbl> <dbl> <lgl>
#> 1     0     0 FALSE
#> 2     1     1 FALSE
#> 3     2     1 FALSE
#> 4     3     1 FALSE
#> 5     5     2 FALSE
#> 6    10     5 TRUE
#> # … with 8 more rows
```

但是,我們如何將邏輯向量轉換為可以進行 group_by() 的東西呢?第 242 頁的「積累和滾動彙總」中的 cumsum() 可以幫助我們,因為夠大的間距(即 has_gap 為 TRUE)會使 group 遞增 1(第 223 頁的「邏輯向量的數值摘要」):

```
events |> mutate(
  group = cumsum(has_gap)
)
#> # A tibble: 14 × 4
#>     time  diff has_gap group
#>    <dbl> <dbl> <lgl>   <int>
#> 1     0     0 FALSE       0
#> 2     1     1 FALSE       0
#> 3     2     1 FALSE       0
#> 4     3     1 FALSE       0
#> 5     5     2 FALSE       0
#> 6    10     5 TRUE        1
#> # … with 8 more rows
```

另一種建立分組變數(grouping variables)的方法是 consecutive_id(),每當其中一個引數發生變化時,它就會啟動一個新的分組。舉例來說,受到 StackOverflow 這個問題(*https://oreil.ly/swerV*)的啟發,假設你有一個資料框,其中有一堆重複值:

```
df <- tibble(
  x = c("a", "a", "a", "b", "c", "c", "d", "e", "a", "a", "b", "b"),
  y = c(1, 2, 3, 2, 4, 1, 3, 9, 4, 8, 10, 199)
)
```

如果要保留每個重複 x 的第一列，可以使用 group_by()、consecutive_id() 和 slice_
head()：

```
df |>
  group_by(id = consecutive_id(x)) |>
  slice_head(n = 1)
#> # A tibble: 7 × 3
#> # Groups:    id [7]
#>   x         y    id
#>   <chr> <dbl> <int>
#> 1 a         1     1
#> 2 b         2     2
#> 3 c         4     3
#> 4 d         3     4
#> 5 e         9     5
#> 6 a         4     6
#> # … with 1 more row
```

習題

1. 使用排位函式找出 10 個延誤最嚴重的航班。如何處理平手關係？請仔細閱讀 min_
   rank() 的說明文件。

2. 哪架飛機（tailnum）的準點記錄最差？

3. 如果你想盡量避免延誤，應該在一天中的什麼時候乘坐飛機？

4. flights |> group_by(dest) |> filter(row_number() < 4) 的作用是什麼？
   flights |> group_by(dest) |> filter(row_number(dep_delay) < 4) 的作用是什麼？

5. 計算每個目的地的總延誤分鐘數。計算每個航班的目的地在總延誤中所佔的比例。

6. 延誤通常在時間上有相關：即使導致最初延誤的問題已經解決，後面的航班也會延
   誤，以便讓較早的航班起飛。使用 lag()，探索一小時內的平均航班延誤時間與前一
   小時的平均延誤時間之間的關係。

   ```
   flights |>
     mutate(hour = dep_time %/% 100) |>
     group_by(year, month, day, hour) |>
     summarize(
       dep_delay = mean(dep_delay, na.rm = TRUE),
       n = n(),
   ```

```
      .groups = "drop"
    ) |>
    filter(n > 5)
```

7. 檢視每個目的地。能否找到速度快得可疑的航班（即可能存在資料輸入錯誤的航班）？計算一個航班相對於飛往該目的地的最短航班的空中飛行時間。哪些航班在空中延誤的時間最長？

8. 查詢至少有兩家航空公司營運的所有目的地。利用這些目的地，根據航空公司在同一目的地的表現，對其進行相對排名。

數值摘要

僅僅使用我們已經介紹過的計數、平均值與總和就可以讓你走得很遠，但 R 還提供許多其他實用的摘要函式。下面是一些你可能會覺得有用的函式。

中心點（Center）

到目前為止，我們主要使用 `mean()` 來概括值向量的中心點。正如我們在第 62 頁的「案例研究：彙總和樣本大小」中所見，由於平均值（mean）是總和（sum）除以總數（count），因此即使只有幾個異常高或異常低的值，平均值也會非常敏感。另一種方法是使用 `median()`，它可以找到一個位於向量「中間（middle」）的值，也就是有 50% 的值高於中位數（median），50% 的值低於中位數。取決於你感興趣的變數之分佈形狀，平均值或中位數之中可能會有一個是更好的中心點衡量標準。舉例來說，對於對稱分佈（symmetric distributions），我們通常回報平均值，而對於偏斜分佈（skewed distributions），我們通常回報中位數。

圖 13-2 比較了每個目的地出發延誤的平均值和中位數（以分鐘為單位）。延誤中位數總是小於延誤平均值，因為航班有時會晚好幾個小時起飛，但絕不會提前多個小時起飛。

```
flights |>
  group_by(year, month, day) |>
  summarize(
    mean = mean(dep_delay, na.rm = TRUE),
    median = median(dep_delay, na.rm = TRUE),
    n = n(),
    .groups = "drop"
  ) |>
  ggplot(aes(x = mean, y = median)) +
  geom_abline(slope = 1, intercept = 0, color = "white", linewidth = 2) +
  geom_point()
```

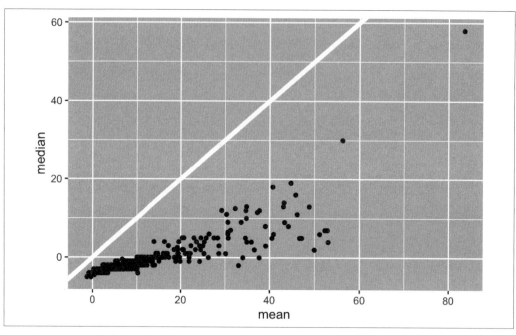

圖 13-2　這個散佈圖顯示了用中位數而非平均值總結每小時出發延誤的不同之處

你可能還想知道眾數（*mode*）或最常見的值。這是一種只對非常簡單的情況有效的摘要（這就是你可能是在高中時學到它的原因），但對許多真實的資料集是行不通的。如果資料是離散的（discrete），則可能存在多個最常見的值；如果資料是連續的（continuous），則可能沒有最常見的值，因為每個值可能都略有不同。出於這些原因，統計學家往往不使用眾數，基礎 R 中也不包含眾數函式（mode function）[2]。

最小值（Minimum）、最大值（Maximum）和分位數（Quantiles）

如果你對中心點以外的位置感興趣怎麼辦？min() 和 max() 可以給出最大值和最小值。另一個強大的工具是 quantile()，它是中位數的一般化：quantile(x, 0.25) 可以找到大於 25% 數值的 x 值；quantile(x, 0.5) 相當於中位數；quantile(x, 0.95) 可以找到大於 95% 數值的 x 值。

2　而 mode() 函式的功能完全不同！

對於 flights 資料，你可能需要檢視航班延誤的 95% 分位數，而不是最大值，因為這將忽略 5% 延誤最嚴重的航班，而那部分航班可能相當極端。

```
flights |>
  group_by(year, month, day) |>
  summarize(
    max = max(dep_delay, na.rm = TRUE),
    q95 = quantile(dep_delay, 0.95, na.rm = TRUE),
    .groups = "drop"
  )
#> # A tibble: 365 × 5
#>    year month   day   max   q95
#>   <int> <int> <int> <dbl> <dbl>
#> 1  2013     1     1   853  70.1
#> 2  2013     1     2   379  85
#> 3  2013     1     3   291  68
#> 4  2013     1     4   288  60
#> 5  2013     1     5   327  41
#> 6  2013     1     6   202  51
#> # … with 359 more rows
```

離度（Spread）

有時，你並不關心資料的主要部分在哪裡，而是關心資料分散的情況。兩個常用的摘要是標準差（standard deviation） sd(x) 和四分位距（inter-quartile range） IQR()。我們不會在這裡解釋 sd()，因為你可能已經很熟悉它了，但 IQR() 可能是個新東西：它是 quantile(x, 0.75) - quantile(x, 0.25)，給出包含中間 50% 資料的範圍。

我們可以利用這一點來揭示 flights 資料中的一個小小的怪異之處。你可能會認為出發地和目的地之間距離的離度會是零，因為機場總是在同一個地方。但下面的程式碼卻揭示了 EGE 機場（*https://oreil.ly/Zse1Q*）的一個資料怪異點：

```
flights |>
  group_by(origin, dest) |>
  summarize(
    distance_sd = IQR(distance),
    n = n(),
    .groups = "drop"
  ) |>
  filter(distance_sd > 0)
#> # A tibble: 2 × 4
#>   origin dest  distance_sd     n
#>   <chr>  <chr>       <dbl> <int>
#> 1 EWR    EGE             1   110
#> 2 JFK    EGE             1   103
```

分佈（Distributions）

值得記住的是，前面介紹的所有摘要統計值（summary statistics）都是將分佈（distribution）簡化為單一數字的方式。這意味著它們從根本上是縮減性的，如果選錯了摘要方式，就很容易錯過組別間的重要差異。因此，在使用摘要統計之前，最好先將分佈視覺化。

圖 13-3 顯示了出發延誤的總體分佈情況。由於分佈過於偏斜，我們必須放大才能看到大部分資料。這表明，平均值不太可能是一個很好的摘要，我們可能更傾向於使用中位數。

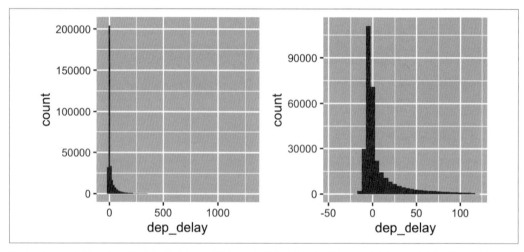

圖 13-3　（左圖）完整資料的直方圖極度偏斜，難以獲得任何細節。（右圖）放大不到兩小時的延遲時間，才能看到大部分觀測值的變化情況

檢查子群（subgroups）的分佈是否與整體相似也是一個好主意。在下圖中，重疊了 dep_delay 的 365 個次數多邊圖，每天一個。這些分佈似乎遵循一個共同的模式，這表明為每一天使用相同的摘要是沒有問題的。

```
flights |>
  filter(dep_delay < 120) |>
  ggplot(aes(x = dep_delay, group = interaction(day, month))) +
  geom_freqpoly(binwidth = 5, alpha = 1/5)
```

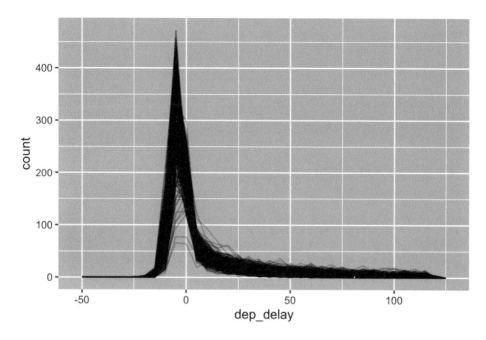

不要害怕探索自己的自訂摘要，特別是針對你正在處理的資料量身打造。在本範例中，這可能意味著要分別摘要早出發的航班和晚出發的航班，或者鑑於數值嚴重偏斜，你可以嘗試對數變換。最後，不要忘記你在第 62 頁「案例研究：彙總和樣本大小」中學到的知識：建立數值摘要時，最好包含每組中的觀測數（number of observations）。

位置（Positions）

最後還有一種摘要，對數值向量很有用，但也適用於其他所有型別的值：提取特定位置的值，即 first(x)、last(x) 和 nth(x, n)。

舉例來說，我們可以找到每天第一個和最後一個出發的航班：

```
flights |>
  group_by(year, month, day) |>
  summarize(
    first_dep = first(dep_time, na_rm = TRUE),
    fifth_dep = nth(dep_time, 5, na_rm = TRUE),
    last_dep = last(dep_time, na_rm = TRUE)
  )
#> `summarise()` has grouped output by 'year', 'month'. You can override using
#> the `.groups` argument.
#> # A tibble: 365 × 6
#> # Groups:   year, month [12]
```

```
#>     year month   day first_dep fifth_dep last_dep
#>    <int> <int> <int>    <int>     <int>    <int>
#> 1  2013     1     1      517       554     2356
#> 2  2013     1     2       42       535     2354
#> 3  2013     1     3       32       520     2349
#> 4  2013     1     4       25       531     2358
#> 5  2013     1     5       14       534     2357
#> 6  2013     1     6       16       555     2355
#> # … with 359 more rows
```

（請注意，由於 dplyr 函式使用 _ 來分隔函式名稱和參數名稱的各個部分，因此這些函式使用 na_rm 而非 na.rm。）

如果你熟悉 [（我們將在第 526 頁的「使用 [選擇多個元素」中再次介紹），你可能會疑惑是否真的需要這些函式。原因有三：default 引數能讓你在指定位置不存在時提供預設值；order_by 引數允許區域性覆寫列的順序，而 na_rm 引數允許刪除缺失值。

提取位置上的值是根據排位進行過濾的互補功能。透過篩選可以得到所有變數，每個觀測值都在單獨的一列中：

```
flights |>
  group_by(year, month, day) |>
  mutate(r = min_rank(sched_dep_time)) |>
  filter(r %in% c(1, max(r)))
#> # A tibble: 1,195 × 20
#> # Groups:   year, month, day [365]
#>     year month   day dep_time sched_dep_time dep_delay arr_time sched_arr_time
#>    <int> <int> <int>    <int>          <int>     <dbl>    <int>          <int>
#> 1  2013     1     1      517            515         2      830            819
#> 2  2013     1     1     2353           2359        -6      425            445
#> 3  2013     1     1     2353           2359        -6      418            442
#> 4  2013     1     1     2356           2359        -3      425            437
#> 5  2013     1     2       42           2359        43      518            442
#> 6  2013     1     2      458            500        -2      703            650
#> # … with 1,189 more rows, and 12 more variables: arr_delay <dbl>,
#> #   carrier <chr>, flight <int>, tailnum <chr>, origin <chr>, dest <chr>, …
```

使用 mutate()

顧名思義，摘要函式（summary functions）通常與 summarize() 搭配使用。不過，根據我們在第 235 頁「算術和循環利用規則」中討論過的循環利用規則（recycling rules），它們也可以與 mutate() 配對使用，尤其是在需要進行某種群組標準化（group standardization）時。例如：

```
x / sum(x)
```

計算總數的比例。

```
(x - mean(x)) / sd(x)
```

計算 Z 分數（Z-score，標準化為平均值 0 和標準差 1）。

```
(x - min(x)) / (max(x) - min(x))
```

標準化為範圍 [0, 1]。

```
x / first(x)
```

根據第一個觀測值計算索引（index）。

習題

1. 想出至少五種方法來評估一組航班的典型延誤特徵。mean() 何時有用？何時使用 median()？何時需要使用其他方法？應該使用抵達延誤還是起飛延誤？為什麼你可能會想要使用 planes 的資料？

2. 哪些目的地的空中速度變化最大？

3. 建立一個圖表，進一步探索 EGE 奇遇。你能找到機場位置移動的證據嗎？你能找到其他變數來解釋這種差異嗎？

總結

你已經熟悉許多處理數字的工具，讀完本章後，你現在知道如何在 R 中使用它們了。你還學到了一些有用的一般變換，這些變換通常（但不限於）應用於數值向量，如排位和偏移值。最後，還研究了一些數值摘要，並討論應該考慮的一些統計挑戰。

在接下來的兩章中，我們將深入研究如何使用 stringr 套件處理字串（strings）。字串是一個很大的主題，因此我們將用兩章來介紹，一章是字串的基礎知識，另一章是正規表達式（regular expressions）。

## 第十四章

字串

簡介

到目前為止，你已經用過不少字串（strings），但對其中的細節瞭解不多。現在是時候深入學習字串，瞭解字串的作用，並掌握一些強大的字串運算工具。

我們將從建立字串和字元向量（character vectors）的細節開始。然後，你將深入瞭解從資料建立字串的過程，接著是相反的過程：從資料中提取字串。再來，我們將討論處理個別字母（letters）的工具。本章最後將介紹處理單個字母的函式，並簡要討論在處理其他語言時，你源於英語的期望可能會在哪些方面產生偏差。

在下一章中，我們將繼續使用字串，進一步瞭解正規表達式（regular expressions）的強大功能。

先決條件

在本章中，我們將使用 stringr 套件中的函式，它是核心 tidyverse 的一部分。我們還將使用 babynames 資料，因為它提供一些有趣的字串以供操作。

```
library(tidyverse)
library(babynames)
```

所有 stringr 函式都以 str_ 開頭，因此你可以很快判斷出自己使用的是 stringr 的函式。如果你使用 RStudio，這一點尤其有用，因為鍵入 str_ 就會觸發自動完成功能，讓你可以喚醒對可用函式的記憶。

```
>  ⊘ str_c              {stringr}     str_c(..., sep = "", collapse = NULL)
>  ◆ str_conv           {stringr}     To understand how str_c works, you need to imagine that you are
>  ◆ str_count          {stringr}     building up a matrix of strings. Each input argument forms a
>  ◆ str_detect         {stringr}     column, and is expanded to the length of the longest argument,
>  ◆ str_dup            {stringr}     using the usual recyling rules. The sep string is inserted between
>  ◆ str_extract        {stringr}     each column. If collapse is NULL each row is collapsed into a single
>  ◆ str_extract_all    {stringr}     string. If non-NULL that string is inserted at the end of each row,
>                                     and the entire matrix collapsed to a single string.
> str_|                              Press F1 for additional help
```

建立一個字串

在本書的前面部分，我們順手建立了字串，但沒有討論細節。首先，你可以使用單引號（'）或雙引號（"）建立字串。兩者在行為上沒有差別，因此為了保持一致，tidyverse 風格指南（*https://oreil.ly/_zF3d*）建議使用 "，除非字串包含多個 "。

```
string1 <- "This is a string"
string2 <- 'If I want to include a "quote" inside a string, I use single quotes'
```

如果忘記關閉引號，就會看到 +，也就是提示繼續輸入的符號：

```
> "This is a string without a closing quote
+
+
+ HELP I'M STUCK IN A STRING
```

如果你遇到這種情況，又不知道該關閉哪個引號，請按 Escape 取消，然後再試一次。

轉義（Escapes）

要在字串中包含單引號或雙引號，可以使用 \ 來「轉義（escape）」它：

```
double_quote <- "\"" # or '"'
single_quote <- '\'' # or "'"
```

因此，如果你想在字串中包含一個字面值的反斜線（backslash），就需要將其轉義為 "\\"，也就是：

```
backslash <- "\\"
```

請注意，字串的列印表示（printed representation）與字串本身並不相同，因為列印表示會顯示轉義符（換句話說，列印字串時，可以複製並貼上輸出來重新建立該字串）。要檢視字串的原始內容，請使用 str_view()[1]：

1　或者使用基礎 R 函式 writeLines()。

```
x <- c(single_quote, double_quote, backslash)
x
#> [1] "'"  "\"" "\\"

str_view(x)
#> [1] | '
#> [2] | "
#> [3] | \
```

原始字串

建立一個包含多個引號或反斜線的字串很快就會變得令人困惑。為了闡明這個問題，讓我們建立一個字串，其中包含我們定義 double_quote 和 single_quote 變數的程式碼區塊：

```
tricky <- "double_quote <- \"\\\"\" # or '\"'
single_quote <- '\\'' # or \"'\""
str_view(tricky)
#> [1] | double_quote <- "\"" # or '"'
#>      | single_quote <- '\'' # or "'"
```

反斜線太多了！（這種情況有時被稱為傾斜牙籤症候群（leaning toothpick syndrome，*https://oreil.ly/Fs-YL*））。要消除轉義，可以使用原始字串（*raw string*）[2]：

```
tricky <- r"(double_quote <- "\"" # or '"'
single_quote <- '\'' # or "'")"
str_view(tricky)
#> [1] | double_quote <- "\"" # or '"'
#>      | single_quote <- '\'' # or "'"
```

原始字串通常以 r"(開始，以)" 結束。但如果字串中包含)"，則可以使用 r"[]" 或 r"{}"，如果還不夠，還可以插入任意數量的連接號（dashes），使開頭和結尾的字串對具有唯一性，例如 `r"--()--"`、`r"---()---"` 等。原始字串非常靈活，可以處理任何文字。

其他特殊字元

除了 \"、\' 和 \\ 之外，還有一些其他特殊字元（special characters）可能會派上用場。最常見的是 \n，即一個換行（new line）和 \t，代表 tab。有時，你還會看到包含以 \u 或 \U 開頭的 Unicode 轉義字元的字串。這是一種在所有系統上都能使用的非英語字元的書寫方式。你可以在 ?Quotes 中檢視其他特殊字元的完整清單。

2　適用於 R 4.0.0 及更新版本。

```
x <- c("one\ntwo", "one\ttwo", "\u00b5", "\U0001f604")
x
#> [1] "one\ntwo" "one\ttwo" "µ"           "口 □str_view(x)
#> [1] |  one
#>       |  two
#> [2] |  one{\t}two
#> [3] |  µ
#> [4] |  □伯
```

請注意，str_view() 為 tab 使用藍色背景，以便於識別。處理文字的挑戰之一是文字中的空白會以各種方式出現，因此這種背景可以幫助你識別出發生了什麼奇怪的事情。

習題

1. 建立包含以下值的字串：

   a. He said "That's amazing!"

   b. \a\b\c\d

   c. \\\\\\

2. 在 R 工作階段中建立以下字串並將之列印出來。特殊的「\u00a0」會發生什麼變化？
   str_view() 如何顯示它？你能上網查一下這個特殊字元是什麼嗎？

   ```
   x <- "This\u00a0is\u00a0tricky"
   ```

從資料創造出多個字串

既然你已經學會了「手工」建立一兩個字串的基礎知識，我們接下來將詳細介紹如何從其他字串建立出字串。這將幫助你解決一種常見問題：你寫了一些文字，想把它們與資料框中的字串結合起來。舉例來說，你可以將「Hello」與 name 變數結合起來，建立一個問候語。我們將向你展示如何使用 str_c() 和 str_glue()，以及如何將它們與 mutate() 搭配使用。這自然會引出一個問題：在使用 summarize() 時，你可能會用到哪些 stringr 函式？因此，在本節的最後，我們將討論 str_flatten()，它是用於字串的摘要函式。

str_c()

str_c() 將任意數量的向量作為引數，並回傳一個字元向量：

```
str_c("x", "y")
#> [1] "xy"
str_c("x", "y", "z")
#> [1] "xyz"
str_c("Hello ", c("John", "Susan"))
#> [1] "Hello John"  "Hello Susan"
```

str_c() 類似於基礎的 paste0()，但透過遵守循環利用和傳播缺失值的一般 tidyverse 規則，專門設計來與 mutate() 搭配使用：

```
df <- tibble(name = c("Flora", "David", "Terra", NA))
df |> mutate(greeting = str_c("Hi ", name, "!"))
#> # A tibble: 4 × 2
#>   name  greeting
#>   <chr> <chr>
#> 1 Flora Hi Flora!
#> 2 David Hi David!
#> 3 Terra Hi Terra!
#> 4 <NA>  <NA>
```

如果希望以其他方式顯示缺失值，可以使用 coalesce() 來替換它們。根據需要，你可以在 str_c() 內部或外部使用它：

```
df |>
  mutate(
    greeting1 = str_c("Hi ", coalesce(name, "you"), "!"),
    greeting2 = coalesce(str_c("Hi ", name, "!"), "Hi!")
  )
#> # A tibble: 4 × 3
#>   name  greeting1 greeting2
#>   <chr> <chr>     <chr>
#> 1 Flora Hi Flora! Hi Flora!
#> 2 David Hi David! Hi David!
#> 3 Terra Hi Terra! Hi Terra!
#> 4 <NA>  Hi you!   Hi!
```

str_glue()

如果你使用 str_c() 將許多固定字串和可變字串混合在一起，你會發現你鍵入了大量的 "，這讓你很難看出程式碼的整體目標。透過 str_glue()，glue 套件（*https://oreil.ly/NHBNe*）提供了另一種方法[3]。你給它具有特殊功能的單一字串：{} 中的任何東西都會像是在引號外一樣被估算（evaluate）：

---

[3] 如果不使用 stringr，也可以使用 glue::glue() 直接存取它。

```
df |> mutate(greeting = str_glue("Hi {name}!"))
#> # A tibble: 4 × 2
#>   name  greeting
#>   <chr> <glue>
#> 1 Flora Hi Flora!
#> 2 David Hi David!
#> 3 Terra Hi Terra!
#> 4 <NA>  Hi NA!
```

正如你所看到的，str_glue() 目前將缺失值變換為字串 "NA"，不幸的是，這使得它與 str_c() 不一致。

你可能還想知道，如果需要在字串中包含一般的 { 或 } 會發生什麼情況。如果你猜測需要以某種方式進行轉義，那方向就對了。訣竅在於，glue 使用一種稍微不同的轉義技巧：不是在字首中使用像 \ 這樣的特殊字元，而是將特殊字元加倍：

```
df |> mutate(greeting = str_glue("{{Hi {name}!}}"))
#> # A tibble: 4 × 2
#>   name  greeting
#>   <chr> <glue>
#> 1 Flora {Hi Flora!}
#> 2 David {Hi David!}
#> 3 Terra {Hi Terra!}
#> 4 <NA>  {Hi NA!}
```

str_flatten()

str_c() 和 str_glue() 可以很好地與 mutate() 搭配使用，因為它們的輸出與輸入長度相同。如果你想要一個能與 summarize() 完美配合的函式，即總是回傳單個字串的函式，該怎麼辦呢？這就是 str_flatten() 的工作[4]：它接收一個字元向量，並將向量中的每個元素組合成單一字串：

```
str_flatten(c("x", "y", "z"))
#> [1] "xyz"
str_flatten(c("x", "y", "z"), ", ")
#> [1] "x, y, z"
str_flatten(c("x", "y", "z"), ", ", last = ", and ")
#> [1] "x, y, and z"
```

這使得它能很好地配合 summarize() 使用：

```
df <- tribble(
  ~ name, ~ fruit,
```

4　基礎 R 中的等效功能是與 collapse 引數一起使用的 paste()。

```
    "Carmen", "banana",
    "Carmen", "apple",
    "Marvin", "nectarine",
    "Terence", "cantaloupe",
    "Terence", "papaya",
    "Terence", "mandarin"
)
df |>
  group_by(name) |>
  summarize(fruits = str_flatten(fruit, ", "))
#> # A tibble: 3 × 2
#>   name    fruits
#>   <chr>   <chr>
#> 1 Carmen  banana, apple
#> 2 Marvin  nectarine
#> 3 Terence cantaloupe, papaya, mandarin
```

習題

1. 比較以下輸入的 paste0() 和 str_c() 結果：

```
str_c("hi ", NA)
str_c(letters[1:2], letters[1:3])
```

2. paste() 和 paste0() 有什麼區別？如何用 str_c() 重新建立等效的 paste()？

3. 將下列運算式從 str_c() 轉換為 str_glue()，反之亦然：

a. str_c("The price of ", food, " is ", price)

b. str_glue("I'm {age} years old and live in {country}")

c. str_c("\\section{", title, "}")

從字串中擷取出資料

將多個變數擠在一起變成一個字串的情況很常見。本節將介紹如何使用四個 tidyr 函式提取那些變數：

- df |> separate_longer_delim(col, delim)

- df |> separate_longer_position(col, width)

- df |> separate_wider_delim(col, delim, names)

- df |> separate_wider_position(col, widths)

如果仔細觀察，就會發現這裡有一個共通的模式：先是 separate_，再來是 longer 或 wider，接著是 _，然後是 delim 或 position。這是因為這四個函式是由兩個更簡單的原始功能所組成：

- 與 pivot_longer() 和 pivot_wider() 一樣，_longer 函式透過建立新列（rows）使輸入資料框變長（longer），而 _wider 函式則透過生成新欄（columns）使輸入資料框變寬（wider）。

- delim 用分隔符號（如 ", " 或 " "）分割字串；position 按指定寬度分割字串，如 c(3, 5, 2)。

我們將在第 15 章再次討論該系列的最後一個成員 separate_wider_regex()。它是 wider 函式中最靈活的一個，但在使用之前，你需要對正規表達式有所瞭解。

下面兩節將向你介紹這些獨立函式背後的基本概念，首先是分離為列（這比較簡單），然後是分離為欄。最後，我們將討論 wider 函式為你提供的問題診斷工具。

分離為列

將字串分離為列，往往在各列的組成部分數量不同時最有用。最常見的情況是要求 separate_longer_delim() 根據分隔符號進行分離：

```
df1 <- tibble(x = c("a,b,c", "d,e", "f"))
df1 |>
  separate_longer_delim(x, delim = ",")
#> # A tibble: 6 × 1
#>   x
#>   <chr>
#> 1 a
#> 2 b
#> 3 c
#> 4 d
#> 5 e
#> 6 f
```

在真實世界中比較少見到 separate_longer_position()，但一些較早的資料集確實使用某種緊湊的格式，每個字元都用來記錄一個值：

```
df2 <- tibble(x = c("1211", "131", "21"))
df2 |>
  separate_longer_position(x, width = 1)
#> # A tibble: 9 × 1
#>   x
#>   <chr>
```

```
#> 1 1
#> 2 2
#> 3 1
#> 4 1
#> 5 1
#> 6 3
#> # … with 3 more rows
```

分離為欄

將字串分離為欄最有用的情況是，每個字串中都有固定數量的組成部分，而你又想將它們分散到各欄中。由於需要對欄進行命名，因此它們比同等的 longer 功能略微複雜一些。舉例來說，在下面的資料集中，x 是由一個代碼、版號和年份組成的，之間用 "." 分隔。要使用 separate_wider_delim()，我們需要在兩個引數中提供分隔符號和名稱：

```
df3 <- tibble(x = c("a10.1.2022", "b10.2.2011", "e15.1.2015"))
df3 |>
  separate_wider_delim(
    x,
    delim = ".",
    names = c("code", "edition", "year")
  )
#> # A tibble: 3 × 3
#>   code  edition year
#>   <chr> <chr>   <chr>
#> 1 a10   1       2022
#> 2 b10   2       2011
#> 3 e15   1       2015
```

如果特定片段沒有用，可以使用 NA 作為名稱將其從結果中省略：

```
df3 |>
  separate_wider_delim(
    x,
    delim = ".",
    names = c("code", NA, "year")
  )
#> # A tibble: 3 × 2
#>   code  year
#>   <chr> <chr>
#> 1 a10   2022
#> 2 b10   2011
#> 3 e15   2015
```

separate_wider_position() 的運作方式有點不同，因為你通常會想要指定每一欄的寬度。因此，你需要給它一個具名的整數向量，其中的名稱就是新欄的名稱，而其值是它所佔的字元數。你可以透過不為之命名來省略輸出中的值：

```
df4 <- tibble(x = c("202215TX", "202122LA", "202325CA"))
df4 |>
  separate_wider_position(
    x,
    widths = c(year = 4, age = 2, state = 2)
  )
#> # A tibble: 3 × 3
#>   year  age   state
#>   <chr> <chr> <chr>
#> 1 2022  15    TX
#> 2 2021  22    LA
#> 3 2023  25    CA
```

診斷加寬的問題

separate_wider_delim()[5] 需要已知的一組固定欄位（columns）。如果某些列的構成部分之數量沒有達到預期，會發生什麼情況？有兩種可能的問題：太少（too few）或太多（too many），因此 separate_wider_delim() 提供兩個引數來輔助：too_few 和 too_many。我們先用下面的範例資料集看看 too_few 的情況：

```
df <- tibble(x = c("1-1-1", "1-1-2", "1-3", "1-3-2", "1"))

df |>
  separate_wider_delim(
    x,
    delim = "-",
    names = c("x", "y", "z")
  )
#> Error in `separate_wider_delim()`:
#> ! Expected 3 pieces in each element of `x`.
#> ! 2 values were too short.
#> i Use `too_few = "debug"` to diagnose the problem.
#> i Use `too_few = "align_start"/"align_end"` to silence this message.
```

你會發現我們出錯了，但這個錯誤給了我們一些建議，告訴你該如何繼續。我們從除錯問題開始：

```
debug <- df |>
  separate_wider_delim(
```

5　同樣的原則也適用於 separate_wider_position() 和 separate_wider_regex()。

```
    x,
    delim = "-",
    names = c("x", "y", "z"),
    too_few = "debug"
  )
#> Warning: Debug mode activated: adding variables `x_ok`, `x_pieces`, and
#> `x_remainder`.
debug
#> # A tibble: 5 × 6
#>   x     y     z     x_ok  x_pieces x_remainder
#>   <chr> <chr> <chr> <lgl>    <int> <chr>
#> 1 1-1-1 1     1     TRUE         3 ""
#> 2 1-1-2 1     2     TRUE         3 ""
#> 3 1-3   3     <NA>  FALSE        2 ""
#> 4 1-3-2 3     2     TRUE         3 ""
#> 5 1     <NA>  <NA>  FALSE        1 ""
```

使用除錯模式（debug mode）時，輸出中會多出三欄：x_ok、x_pieces 和 x_remainder
（如果用不同的名稱分隔變數，會得到不同的前綴）。在這裡，x_ok 可以讓你快速找到
失敗的輸入：

```
debug |> filter(!x_ok)
#> # A tibble: 2 × 6
#>   x     y     z     x_ok  x_pieces x_remainder
#>   <chr> <chr> <chr> <lgl>    <int> <chr>
#> 1 1-3   3     <NA>  FALSE        2 ""
#> 2 1     <NA>  <NA>  FALSE        1 ""
```

x_pieces 告訴我們與預期的三個（名稱的長度）相比，找到了多少個片段。如果片段太
少，x_remainder 就沒有用了，不過我們很快就會再看到它。

有時，檢視這些除錯資訊會發現你的分隔策略有問題，或者提示你需要在分離前做更多
預先處理。在這種情況下，請在上游修復問題，並刪除 too_few = "debug"，以確保新問
題會變成錯誤。

在其他情況下，你可能想用 NA 填補缺失的部分，然後繼續前進。這就是 too_few =
"align_start" 和 too_few = "align_end" 的作用，它們允許你控制 NA 應該放到哪邊：

```
df |>
  separate_wider_delim(
    x,
    delim = "-",
    names = c("x", "y", "z"),
    too_few = "align_start"
  )
```

```
#> # A tibble: 5 × 3
#>    x     y     z
#>    <chr> <chr> <chr>
#> 1 1     1     1
#> 2 1     1     2
#> 3 1     3     <NA>
#> 4 1     3     2
#> 5 1     <NA>  <NA>
```

同樣的原則也適用於片段過多的情況：

```
df <- tibble(x = c("1-1-1", "1-1-2", "1-3-5-6", "1-3-2", "1-3-5-7-9"))

df |>
  separate_wider_delim(
    x,
    delim = "-",
    names = c("x", "y", "z")
  )
#> Error in `separate_wider_delim()`:
#> ! Expected 3 pieces in each element of `x`.
#> ! 2 values were too long.
#> i Use `too_many = "debug"` to diagnose the problem.
#> i Use `too_many = "drop"/"merge"` to silence this message.
```

但現在，當我們除錯結果時，你就能看到 x_remainder 的用途了：

```
debug <- df |>
  separate_wider_delim(
    x,
    delim = "-",
    names = c("x", "y", "z"),
    too_many = "debug"
  )
#> Warning: Debug mode activated: adding variables `x_ok`, `x_pieces`, and
#> `x_remainder`.
debug |> filter(!x_ok)
#> # A tibble: 2 × 6
#>    x         y     z     x_ok  x_pieces x_remainder
#>    <chr>     <chr> <chr> <lgl>    <int> <chr>
#> 1 1-3-5-6   3     5     FALSE        4 -6
#> 2 1-3-5-7-9 3     5     FALSE        5 -7-9
```

在處理過多片段時，你有一組稍微不同的選擇：你可以默默地「捨棄（drop）」任何額
外的片段，或者將它們全部「合併（merge）」到最後一欄中：

```
df |>
  separate_wider_delim(
```

```
    x,
    delim = "-",
    names = c("x", "y", "z"),
    too_many = "drop"
  )
#> # A tibble: 5 × 3
#>   x     y     z
#>   <chr> <chr> <chr>
#> 1 1     1     1
#> 2 1     1     2
#> 3 1     3     5
#> 4 1     3     2
#> 5 1     3     5

df |>
  separate_wider_delim(
    x,
    delim = "-",
    names = c("x", "y", "z"),
    too_many = "merge"
  )
#> # A tibble: 5 × 3
#>   x     y     z
#>   <chr> <chr> <chr>
#> 1 1     1     1
#> 2 1     1     2
#> 3 1     3     5-6
#> 4 1     3     2
#> 5 1     3     5-7-9
```

字母

在本節中，我們將向你介紹可以處理字串中個別字母（letters）的函式。你將學習如何查詢字串的長度（length）、提取子字串（substrings），以及在圖表和表格中處理長字串。

長度

str_length() 可以告訴你字串中的字母數（number of letters）：

```
str_length(c("a", "R for data science", NA))
#> [1]  1 18 NA
```

你可以用 count() 來找出美國嬰兒姓名（US baby names）長度的分佈情況，然後用 filter() 來檢視最長的姓名，那些姓名恰好有 15 個字母[6]：

```
babynames |>
  count(length = str_length(name), wt = n)
#> # A tibble: 14 × 2
#>    length         n
#>     <int>     <int>
#> 1       2    338150
#> 2       3   8589596
#> 3       4  48506739
#> 4       5  87011607
#> 5       6  90749404
#> 6       7  72120767
#> # … with 8 more rows

babynames |>
  filter(str_length(name) == 15) |>
  count(name, wt = n, sort = TRUE)
#> # A tibble: 34 × 2
#>    name                 n
#>    <chr>            <int>
#> 1 Franciscojavier    123
#> 2 Christopherjohn    118
#> 3 Johnchristopher    118
#> 4 Christopherjame    108
#> 5 Christophermich     52
#> 6 Ryanchristopher     45
#> # … with 28 more rows
```

子集化（Subsetting）

你可以使用 str_sub(string, start, end) 提取字串的部分內容，其中 start 和 end 是子字串開始和結束的位置。start 和 end 引數包含在內，因此回傳的字串長度為 end - start + 1：

```
x <- c("Apple", "Banana", "Pear")
str_sub(x, 1, 3)
#> [1] "App" "Ban" "Pea"
```

你可以使用負值從字串結尾開始倒數：-1 表示最後一個字元，-2 表示倒數第二個字元，依此類推。

---

6 從這些條目來看，我們猜測 babynames 資料會去掉空格或連字號，並在 15 個字母後截斷。

```
str_sub(x, -3, -1)
#> [1] "ple" "ana" "ear"
```

請注意，如果字串太短，str_sub() 不會失敗：它單純只會盡可能地回傳：

```
str_sub("a", 1, 5)
#> [1] "a"
```

我們可以使用 str_sub() 和 mutate() 來查詢每個名稱的第一個和最後一個字母：

```
babynames |>
  mutate(
    first = str_sub(name, 1, 1),
    last = str_sub(name, -1, -1)
  )
#> # A tibble: 1,924,665 × 7
#>    year sex   name           n   prop first last
#>   <dbl> <chr> <chr>      <int>  <dbl> <chr> <chr>
#> 1  1880 F     Mary        7065 0.0724 M     y
#> 2  1880 F     Anna        2604 0.0267 A     a
#> 3  1880 F     Emma        2003 0.0205 E     a
#> 4  1880 F     Elizabeth   1939 0.0199 E     h
#> 5  1880 F     Minnie      1746 0.0179 M     e
#> 6  1880 F     Margaret    1578 0.0162 M     t
#> # … with 1,924,659 more rows
```

習題

1. 在計算嬰兒姓名長度分佈時，為什麼要使用 wt = n？

2. 使用 str_length() 和 str_sub() 從每個嬰兒姓名中提取中間字母。如果字串的字元數是偶數，該怎麼辦？

3. 隨著時間的推移，嬰兒名稱的長度有什麼主要趨勢嗎？首字母和最後一個字母的受歡迎的程度如何？

非英語文字

到目前為止，我們主要關注英語文字，出於兩個原因，英語文字特別容易處理。首先，英語字母集（English alphabet）相對簡單：只有 26 個字母。其次（也許更重要），我們今天使用的計算基礎設施主要是由講英語的人士所設計的。遺憾的是，我們無法全面介紹非英語語言。不過，我們還是希望提醒你注意可能會遇到的一些最大挑戰：編碼（encoding）、字母變體（letter variations）和取決於地區（locale）的函式。

編碼

在處理非英語文字時，第一個難題往往是編碼（*encoding*）。要瞭解其中的原因，我們需要深入研究電腦是如何表示字串的。在 R 中，我們可以使用 charToRaw() 來獲取字串的底層表示值（underlying representation）：

```
charToRaw("Hadley")
#> [1] 48 61 64 6c 65 79
```

這六個十六進位數字（hexadecimal numbers）分別代表一個字母：48 代表 H、61 代表 a，依此類推。從十六進位數字到字元的映射就是編碼，在這種情況下，編碼被稱為 ASCII。ASCII 可以很好地表示英文字元，因為它代表的是 *American* Standard Code for Information Interchange。

對於英語以外的語言來說，情況就沒那麼簡單了。在電腦發展的早期，非英語字元的編碼有許多相互競爭的標準。舉例來說，歐洲有兩種不同的編碼：Latin1（又名 ISO-8859-1）用於西歐語言（Western European languages），而 Latin2（又名 ISO-8859-2）用於中歐語言（Central European languages）。在 Latin1 中，位元組 b1 是 ±，但在 Latin2 中，它是 ą！幸運的是，如今有一種標準幾乎在所有地方都得到了支援：UTF-8。UTF-8 幾乎可以編碼當今人類使用的所有字元以及許多額外的符號，如表情符號（emojis）。

readr 在每個地方都使用 UTF-8。這是一個很好的預設值，但對於不使用 UTF-8 的舊系統所產生的資料，這個預設值會失效。如果出現那種情況，列印字串時看起來就會很奇怪。有時可能只有一兩個字元被弄亂；有時，你會得到完全胡言亂語的結果。舉例來說，這裡有兩個編碼不尋常的行內 CSV [7]：

```
x1 <- "text\nEl Ni\xf1o was particularly bad this year"
read_csv(x1)
#> # A tibble: 1 × 1
#>   text
#>   <chr>
#> 1 "El Ni\xf1o was particularly bad this year"

x2 <- "text\n\x82\xb1\x82\xf1\x82\xc9\x82\xbf\x82\xcd"
read_csv(x2)
#> # A tibble: 1 × 1
#>   text
#>   <chr>
#> 1 "\x82\xb1\x82\xf1\x82\xc9\x82\xbf\x82\xcd"
```

7　在這裡，我使用特殊的 \x 將二進位資料直接編碼成字串。

要正確讀取這些資訊,需要透過 locale 引數指定編碼:

```
read_csv(x1, locale = locale(encoding = "Latin1"))
#> # A tibble: 1 × 1
#>   text
#>   <chr>
#> 1 El Niño was particularly bad this year

read_csv(x2, locale = locale(encoding = "Shift-JIS"))
#> # A tibble: 1 × 1
#>   text
#>   <chr>
#> 1 こんにちは
```

如何找到正確的編碼?幸運的話,資料說明文件中的某處會包含正確的編碼。不幸的是,這種情況很少見,所以 readr 提供 guess_encoding() 來幫你找出答案。它並非萬無一失,在有大量文字的情況下效果更好(不像這裡),但它是一個合理的起點。在找到正確的編碼之前,你可能需要嘗試幾種不同的編碼。

編碼是一個豐富而複雜的主題,我們在這裡只是淺嘗輒止。如果你想瞭解更多,我們建議你閱讀詳細的解釋(*https://oreil.ly/v8ZQf*)。

字母變體

在使用有重音(accents)的語言時,確定字母的位置(如使用 str_length() 和 str_sub() 的時候)是一項龐大的挑戰,因為重音字母可能被編碼為一個單獨的字元(如 ü),也可能被編碼為兩個字元,即結合一個無重音字母(如 u)和一個變音符號(diacritic mark,如 ¨)。舉例來說,下列程式碼顯示了表示看起來完全相同的 ü 的兩種方式:

```
u <- c("\u00fc", "u\u0308")
str_view(u)
#> [1] │ ü
#> [2] │ ü
```

但這兩個字串的長度不同,第一個字元也不同:

```
str_length(u)
#> [1] 1 2
str_sub(u, 1, 1)
#> [1] "ü" "u"
```

最後要注意的是,用 == 對這些字串進行比較會將它們解讀為不同的字串,而 stringr 中便利的 str_equal() 函式卻能識別出兩者具有相同的外觀:

```
u[[1]] == u[[2]]
#> [1] FALSE

str_equal(u[[1]], u[[2]])
#> [1] TRUE
```

取決於地區的函式

最後，還有一些 stringr 函式的行為取決於你地區（locale）。locale 與語言類似，但包含一個選擇性的區域指定符（region specifier），用於處理語言內部的區域差異。locale 由一個小寫的語言縮寫指定，後面選擇性地接著一個 _ 和一個大寫的區域識別字（region identifier）。舉例來說，「en」表示英語，「en_GB」表示英式英語（British English）；「en_US」表示美式英語（American English）。如果你還不知道自己的語言碼，Wikipedia（*https://oreil.ly/c1P2g*）有一個很好的清單，你也可以透過 `stringi::stri_locale_list()` 查看 stringr 支援哪些語言。

基礎 R 的字串函式會自動使用作業系統設定的 locale。這意味著基礎 R 的字串函式會按照你所期望的語言執行，但如果你與生活在不同國家的人分享程式碼，其運作方式可能會有所不同。為了避免這種問題，stringr 預設使用英語規則，使用「en」的 locale，並要求你指定 locale 引數來覆寫它。幸運的是，地區（locale）設定只對兩組函式有實質重要性：改變大小寫和排序。

改變大小寫的規則因語言而異。舉例來說，土耳其語（Turkish）有兩個 i：帶點和不帶點。由於這是兩個不同的字母，它們的大小寫也不同：

```
str_to_upper(c("i", "ı"))
#> [1] "I" "I"
str_to_upper(c("i", "ı"), locale = "tr")
#> [1] "İ" "I"
```

字串排序取決於字母集（alphabet）的順序，而字母集的順序在每種語言中都不盡相同[8]！以下是一個例子：在捷克語（Czech）中，「ch」是一個複合字母，在字母集中出現在 h 之後。

```
str_sort(c("a", "c", "ch", "h", "z"))
#> [1] "a"  "c"  "ch" "h"  "z"
str_sort(c("a", "c", "ch", "h", "z"), locale = "cs")
#> [1] "a"  "c"  "h"  "ch" "z"
```

8　在沒有字母集的語言（如中文）中進行排序則更為複雜。

在使用 dplyr::arrange() 對字串進行排序時也會出現這種情況，這就是為什麼它也有一個 locale 引數。

總結

在本章中，你學到了 stringr 套件的一些功能，例如怎麼建立、組合和提取字串，以及在處理非英文字串時可能面臨的一些挑戰。現在是時候學習處理字串最重要、最強大的工具之一：正規表達式（regular expressions）。正規表達式是一種簡潔而富有表達力的語言，用於描述字串中的模式（patterns），是下一章的主題。

## 第十五章

正規表達式

簡介

在第 14 章中，你學到了一些處理字串的實用函式。本章將重點介紹使用正規表達式（*regular expressions*）的函式，正規表達式是一種簡潔而強大的語言，用於描述字串中的模式（patterns）。*regular expression*（正規表達式）這個詞有點拗口，所以大多數人將其縮寫為 *regex* [1] 或 *regexp*。

本章首先介紹正規表達式的基礎知識和資料分析中最有用的 stringr 函式。然後，我們將拓展你的模式知識，並介紹七個重要的新主題（轉義、定錨、字元類別、簡寫類別、量詞、優先序和分組）。接下來，我們將討論 stringr 函式可以處理的一些其他類型的模式，以及允許你調整正規表達式作業方式的各種「旗標（flags）」。最後，我們將介紹在 tidyverse 和基礎 R 中可以使用 regex 的其他地方。

先決條件

在本章中，我們將使用來自 stringr 和 tidyr 的正規表達式函式（兩者都是 tidyverse 的核心成員），以及來自 babynames 套件的資料：

```
library(tidyverse)
library(babynames)
```

在本章中，我們將混合使用一些簡單的行內範例，讓你瞭解基本概念、嬰兒姓名資料以及 stringr 中的三個字元向量：

1　你可以用重的 g（「reg-x」）或輕的 g（「rej-x」）發音。

- fruit 包含 80 種水果的名稱。

- words 包含 980 個常用英語單詞。

- sentences 包含 720 個短句。

模式的基礎知識

我們將使用 str_view() 學習 regex 的工作原理。在上一章中,我們使用 str_view() 更好地理解了字串與其列印表示的關係,現在我們將使用它的第二個引數,即正規表達式。提供該引數後,str_view() 將只顯示字串向量中匹配的元素,並用 <> 包圍每個匹配的元素,在可能的情況下,用藍色突顯匹配的元素。

最簡單的模式由字母和數字組成,並與那些字元完全匹配:

```
str_view(fruit, "berry")
#>  [6] | bil<berry>
#>  [7] | black<berry>
#> [10] | blue<berry>
#> [11] | boysen<berry>
#> [19] | cloud<berry>
#> [21] | cran<berry>
#> ... and 8 more
```

字母和數字要完全相同才匹配,被稱為**字面值字元**(*literal characters*)。大多數標點符號,如 .、+、*、[、] 與 ? 都有特殊含義[2],稱為**詮釋字元**(*metacharacters*)。例如 . 將匹配任何字元[3],因此 "a." 將匹配任何包含「a」且後面跟著另一個字元的字串:

```
str_view(c("a", "ab", "ae", "bd", "ea", "eab"), "a.")
#> [2] | <ab>
#> [3] | <ae>
#> [6] | e<ab>
```

或者,我們可以找出包含一個「a」,隨後跟著三個字母,最後是一個「e」的所有水果:

```
str_view(fruit, "a...e")
#>  [1] | <apple>
#>  [7] | bl<ackbe>rry
#> [48] | mand<arine>
#> [51] | nect<arine>
#> [62] | pine<apple>
```

2　你將在第 284 頁的的「轉義」中瞭解如何跳脫那些特殊含義。

3　好吧,是除了 \n 之外的任何字元。

```
#> [64] | pomegr<anate>
#> ... and 2 more
```

量詞（*quantifiers*）控制一個模式可以匹配的次數：

- ? 使模式可有可無（即匹配 0 或 1 次）。

- + 允許模式重複（即至少匹配一次）。

- * 允許模式是選擇性的或重複（即匹配任意次數，包括 0 次）。

```
# ab? 匹配一個 "a"，後面選擇性地接著一個 "b"。
str_view(c("a", "ab", "abb"), "ab?")
#> [1] | <a>
#> [2] | <ab>
#> [3] | <ab>b

# ab+ 匹配一個 "a"，後面接著至少一個 "b"。
str_view(c("a", "ab", "abb"), "ab+")
#> [2] | <ab>
#> [3] | <abb>

# ab* 匹配一個 "a"，後面接著任意數目個 "b"。
str_view(c("a", "ab", "abb"), "ab*")
#> [1] | <a>
#> [2] | <ab>
#> [3] | <abb>
```

字元類別（*character classes*）由 [] 定義，可以匹配一組字元；例如 [abcd] 可以匹配「a」、「b」、「c」或「d」。你還可以用 ^ 開頭來反轉匹配：[^abcd] 匹配除了「a」、「b」、「c」或「d」以外的任何字元。我們可以利用這一思路來找出含有由母音（vowels）包圍的「x」或由子音（consonants）包圍的「y」的單詞：

```
str_view(words, "[aeiou]x[aeiou]")
#> [284] | <exa>ct
#> [285] | <exa>mple
#> [288] | <exe>rcise
#> [289] | <exi>st
str_view(words, "[^aeiou]y[^aeiou]")
#> [836] | <sys>tem
#> [901] | <typ>e
```

你可以使用擇一匹配 |（*alternation*，或稱「替代選擇」）在一或多個備選模式中進行挑選。舉例來說，以下模式可找出含有「apple」、「melon」、「nut」或一個重複母音的水果：

```
str_view(fruit, "apple|melon|nut")
#>  [1] | <apple>
#> [13] | canary <melon>
#> [20] | coco<nut>
#> [52] | <nut>
#> [62] | pine<apple>
#> [72] | rock <melon>
#> ... and 1 more
str_view(fruit, "aa|ee|ii|oo|uu")
#>  [9] | bl<oo>d orange
#> [33] | g<oo>seberry
#> [47] | lych<ee>
#> [66] | purple mangost<ee>n
```

正規表達式非常精簡，而且使用大量標點符號，因此一開始可能會讓人覺得難以理解和閱讀。別擔心：多練習就會有進步，簡單的模式很快就會成為你的本能反應。讓我們透過使用一些實用 stringr 函式來開始這個過程。

關鍵函式

在學到了正規表達式的基礎知識後，讓我們透過一些 stringr 和 tidyr 函式來使用它們。在下面的章節中，你將學習如何檢測是否存在匹配、如何計算匹配的數量、如何用固定文字替換匹配，以及如何使用模式提取文字。

偵測匹配

str_detect() 回傳一個邏輯向量，如果模式匹配字元向量中的一個元素，則回傳 TRUE，否則回傳 FALSE：

```
str_detect(c("a", "b", "c"), "[aeiou]")
#> [1]  TRUE FALSE FALSE
```

由於 str_detect() 回傳的邏輯向量長度與初始向量相同，因此它可以與 filter() 完美搭配。舉例來說，這段程式碼會找出所有包含小寫「x」的最流行的名字：

```
babynames |>
  filter(str_detect(name, "x")) |>
  count(name, wt = n, sort = TRUE)
#> # A tibble: 974 × 2
#>   name          n
#>   <chr>      <int>
#> 1 Alexander 665492
#> 2 Alexis    399551
```

```
#> 3 Alex      278705
#> 4 Alexandra 232223
#> 5 Max       148787
#> 6 Alexa     123032
#> # … with 968 more rows
```

我們還可以將 str_detect() 與 sum() 或 mean() 搭配使用，從而將其用於 summarize()：
sum(str_detect(x, pattern)) 會告訴你匹配的觀測值之數量，而 mean(str_detect
(x, pattern)) 則會告訴你匹配的比例。舉例來說，下面的程式碼片段按年份計算並視覺
化包含「x」的嬰兒姓名[4]的比例。看起來這些名字最近非常受到歡迎！

```
babynames |>
  group_by(year) |>
  summarize(prop_x = mean(str_detect(name, "x"))) |>
  ggplot(aes(x = year, y = prop_x)) +
  geom_line()
```

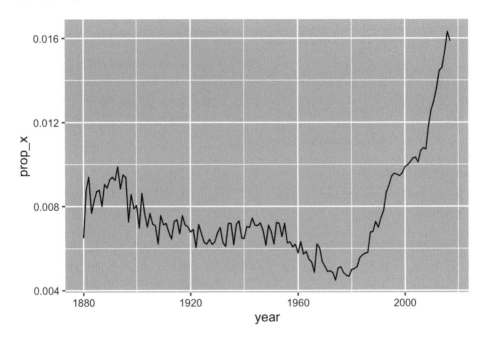

有兩個函式與 str_detect() 密切相關：str_subset() 和 str_which()。str_subset() 回傳
一個只包含匹配字串的字元向量。str_which() 回傳一個給出匹配字串位置的整數向量。

4　這樣我們就得到了其中包含「x」的**名稱**比例；如果你想得到名稱中包含「x」的嬰兒比例，就需要進行
　　加權平均（weighted mean）。

計數匹配

從 str_detect() 開始，複雜程度再往上一層的是 str_count()：它不會告訴你真假，而是告訴你每個字串中有多少個匹配。

```
x <- c("apple", "banana", "pear")
str_count(x, "p")
#> [1] 2 0 1
```

請注意，每次匹配都從上一次匹配的結尾開始；也就是說，regex 匹配永遠不會重疊。舉例來說，在 "abababa" 中，模式 "aba" 會匹配多少次？正規表達式說的是兩次，而不是三次：

```
str_count("abababa", "aba")
#> [1] 2
str_view("abababa", "aba")
#> [1] | <aba>b<aba>
```

將 str_count() 與 mutate() 結合使用是很自然的。下面的範例使用 str_count() 和字元類別來計算每個名字中母音和子音的數量：

```
babynames |>
  count(name) |>
  mutate(
    vowels = str_count(name, "[aeiou]"),
    consonants = str_count(name, "[^aeiou]")
  )
#> # A tibble: 97,310 × 4
#>   name           n vowels consonants
#>   <chr>      <int>  <int>      <int>
#> 1 Aaban         10      2          3
#> 2 Aabha          5      2          3
#> 3 Aabid          2      2          3
#> 4 Aabir          1      2          3
#> 5 Aabriella      5      4          5
#> 6 Aada           1      2          2
#> # … with 97,304 more rows
```

如果你仔細觀察，就會發現我們的計算有些偏差：「Aaban」包含三個 a，但我們的摘要只回報了兩個母音。這是因為正規表達式是區分大小寫的（case sensitive）。我們有三種方法可以解決這個問題：

• 將大寫母音新增到字元類別中：str_count(name, "[aeiouAEIOU]")。

- 告訴正規表達式忽略大小寫：str_count(name, regex("[aeiou]", ignore_case = TRUE))。
  我們將在第 291 頁的「Regex 旗標」中做更多討論。

- 使用 str_too_lower() 將名字變換為小寫：str_count(str_to_lower(name), "[aeiou]")。

處理字串時，做法的多樣性是非常典型的：通常會有多種方法可以達到目標，要麼讓模式變得更複雜，要麼對字串進行一些預先處理。若在嘗試一種做法時卡住了，換個角度處理問題往往會很有用。

既然我們要對名字套用兩個函式，我認為先變換名字會更容易些：

```
babynames |>
  count(name) |>
  mutate(
    name = str_to_lower(name),
    vowels = str_count(name, "[aeiou]"),
    consonants = str_count(name, "[^aeiou]")
  )
#> # A tibble: 97,310 × 4
#>   name           n vowels consonants
#>   <chr>      <int>  <int>      <int>
#> 1 aaban         10      3          2
#> 2 aabha          5      3          2
#> 3 aabid          2      3          2
#> 4 aabir          1      3          2
#> 5 aabriella      5      5          4
#> 6 aada           1      3          1
#> # … with 97,304 more rows
```

取代值

除了偵測和計數匹配項（matches），我們還可以使用 str_replace() 和 str_replace_all() 對其進行修改。str_replace() 會取代（replaces）第一個匹配項，而 str_replace_all()，顧名思義，就是替換所有（all）匹配項：

```
x <- c("apple", "pear", "banana")
str_replace_all(x, "[aeiou]", "-")
#> [1] "-ppl-"  "p--r"   "b-n-n-"
```

str_remove() 和 str_remove_all() 是 str_replace(x, pattern, "") 便利的簡寫方式：

```
x <- c("apple", "pear", "banana")
str_remove_all(x, "[aeiou]")
#> [1] "ppl" "pr"  "bnn"
```

在進行資料清理時，這些函式自然會與 mutate() 搭配使用，你通常會反覆使用它們來剝離不一致的格式層。

擷取變數

我們要討論的最後一個函式使用正規表達式從某欄（column）取出資料，變為一或多個新欄位：separate_wider_regex()。它是跟 separate_wider_position() 和 separate_wider_delim() 同一類的函式，你在第 263 頁的「分離為欄」中已經學習過那兩個函式。這些函式位於 tidyr 中，因為它們作用的對象是資料框（的欄位），而非個別向量。

讓我們建立一個簡單的資料集來展示它是如何運作的。在這裡，我們有一些從 babynames 衍生出來的資料，其中有一群人的姓名、性別和年齡，但格式相當奇怪[5]：

```
df <- tribble(
  ~str,
  "<Sheryl>-F_34",
  "<Kisha>-F_45",
  "<Brandon>-N_33",
  "<Sharon>-F_38",
  "<Penny>-F_58",
  "<Justin>-M_41",
  "<Patricia>-F_84",
)
```

要使用 separate_wider_regex() 提取這些資料，我們只需建置一個正規表達式序列，與每個部分匹配即可。如果我們希望在輸出中顯示該部分的內容，我們就賦予它一個名稱：

```
df |>
  separate_wider_regex(
    str,
    patterns = c(
      "<",
      name = "[A-Za-z]+",
      ">-",
      gender = ".", "_",
      age = "[0-9]+"
    )
  )
#> # A tibble: 7 × 3
#>   name    gender age
#>   <chr>   <chr>  <chr>
```

---

5 我們多希望能向你保證，現實生活中永遠不會看到這麼奇怪的事情，但不幸的是，在你的職業生涯中，你可能會看到更奇怪的事情！

```
#> 1 Sheryl   F      34
#> 2 Kisha    F      45
#> 3 Brandon  N      33
#> 4 Sharon   F      38
#> 5 Penny    F      58
#> 6 Justin   M      41
#> # … with 1 more row
```

如果匹配失敗，可以使用 `too_short = "debug"` 來找出問題所在，就像 `separate_wider_delim()` 和 `separate_wider_position()` 一樣。

習題

1. 哪個嬰兒名字的母音最多？哪個名字的母音比例最高？（提示：分母是什麼呢？）

2. 用反斜線（backslashes）替換 "a/b/c/d/e" 中的所有正斜線（forward slashes）。如果嘗試用正斜線替換所有反斜線來撤銷此變換，會發生什麼情況？

3. 使用 `str_replace_all()` 實作 `str_to_lower()` 的簡單版本。

4. 建立一個正規表達式，匹配你的國家常用的電話號碼。

模式細節

現在，你已經學到了模式語言的基礎知識以及如何搭配一些 stringr 和 tidyr 函式使用它，是時候深入探討更多細節了。首先，我們將從轉義（*escaping*）開始，它允許你匹配詮釋字元（metacharacters），若不這樣做，那些詮釋字元將被特殊對待。接著，你將瞭解錨點（*anchors*），它允許你匹配字串的開始或結束。然後，你還將學習**字元類別**（*character classes*）及其捷徑，它允許你匹配一個集合中的任何字元。接下來，你將學習量詞（*quantifiers*）最後的細節，它可以控制一個模式能夠匹配的次數。然後，我們必須討論**運算子優先序**（*operator precedence*）和**括弧**（*parentheses*）這個重要（但複雜）的主題。最後，我們還將介紹為模式的組成部分**分組**（*grouping*）的一些細節。

我們在這裡使用的術語是每個組成部分（component）的技術名稱。這些術語並不總是最能體現它們的用途，但如果你以後想透過 Google 搜尋更多細節，瞭解正確的術語還是很有幫助的。

轉義

要匹配字面上的 . ，需要使用**轉義**（*escape*），它告訴正規表達式匹配字面上的詮釋字元[6]。與字串一樣，正規表達式也使用反斜線（backslash）進行轉義。因此，要匹配 . ，就需要使用 \. 這個 regexp。不幸的是，這帶來了一個問題。我們使用字串來表示正規表達式，而 \ 也被用作字串中的轉義符。因此，要建立正規表達式 \. ，我們需要使用字串 "\\."，如下面範例所示：

```
# 要建立正規表達式 |. ，我們得使用 ||.
dot <- "\\."

# 但該表達式本身只會包含一個 |
str_view(dot)
#> [1] | |.

# 而這告訴 R 找出明確的 .
str_view(c("abc", "a.c", "bef"), "a\\.c")
#> [2] | <a.c>
```

在本書中，我們在寫正規表達式時通常不加引號，就像 \. 。如果必須強調你實際要鍵入的內容，我們會用引號將其圍起，並加上額外的轉義字元，如 "\\." 。

如果 \ 在正規表達式中被用作轉義字元（escape character），那麼如何匹配一個字面上的 \ 呢？嗯，你需要轉義它，建立正規表達式 \\。為了建立這個正規表達式，你需要使用一個字串，這個字串也需要轉義 \。也就是說，要匹配一個字面上的 \，你得寫出 "\\\\"，需要四個反斜線來匹配一個！

```
x <- "a\\b"
str_view(x)
#> [1] | a\b
str_view(x, "\\\\")
#> [1] | a<\>b
```

另外，你可能會發現使用你在第 257 頁「原始字串」中學到的原始字串更容易。這樣可以避免一層轉義：

```
str_view(x, r"{\\}")
#> [1] | a<\>b
```

若要匹配一個字面上的 . 、$、| 、* 、+ 、? 、{ 、} 、(、) ，除了使用反斜線轉義符外，還有另一種方法。你可以使用字元類別：[.]、[$]、[|] 等，都能匹配字面值：

---

[6] 詮釋字元的完整集合是 .^$\|*+?{}[]() 。

```
str_view(c("abc", "a.c", "a*c", "a c"), "a[.]c")
#> [2] | <a.c>
str_view(c("abc", "a.c", "a*c", "a c"), ".[*]c")
#> [3] | <a*c>
```

定錨點（Anchors）

預設情況下，正規表達式將匹配字串的任何部分。如果要匹配字串的開頭或結尾，則需要使用 ^ 來錨定（*anchor*）正規表達式以匹配開頭；或使用 $ 錨定正規表達式以匹配結尾：

```
str_view(fruit, "^a")
#> [1] | <a>pple
#> [2] | <a>pricot
#> [3] | <a>vocado
str_view(fruit, "a$")
#>  [4] | banan<a>
#> [15] | cherimoy<a>
#> [30] | feijo<a>
#> [36] | guav<a>
#> [56] | papay<a>
#> [74] | satsum<a>
```

我們很容易認為 $ 應該匹配字串的開頭，因為美元金額就是那樣寫的，但這並不是正規表達式想要的。

要強制正規表達式只匹配完整字串，可同時使用 ^ 和 $ 作為定錨點：

```
str_view(fruit, "apple")
#>  [1] | <apple>
#> [62] | pine<apple>
str_view(fruit, "^apple$")
#> [1] | <apple>
```

你還可以用 \b 匹配單詞（words）之間的邊界（boundary，即單詞的開頭或結尾）。這在使用 RStudio 的尋找和取代工具時特別有用。舉例來說，要查詢用到 sum() 的所有地方，可以搜尋 \bsum\b 以避免匹配到 summarize、summary、rowsum 等：

```
x <- c("summary(x)", "summarize(df)", "rowsum(x)", "sum(x)")
str_view(x, "sum")
#> [1] | <sum>mary(x)
#> [2] | <sum>marize(df)
#> [3] | row<sum>(x)
#> [4] | <sum>(x)
str_view(x, "\\bsum\\b")
#> [4] | <sum>(x)
```

單獨使用時，定錨點將產生零寬度的匹配（zero-width match）：

```
str_view("abc", c("$", "^", "\\b"))
#> [1] | abc<>
#> [2] | <>abc
#> [3] | <>abc<>
```

這有助於你瞭解取代獨立錨點時會發生什麼事：

```
str_replace_all("abc", c("$", "^", "\\b"), "--")
#> [1] "abc--"    "--abc"    "--abc--"
```

字元類別

字元類別（*character class*）或字元集（character *set*）允許你匹配集合中的任何字元。正如我們討論過的，你可以用 [] 建構自己的集合，其中 [abc] 匹配「a」、「b」或「c」，而 [^abc] 則匹配除「a」、「b 或「c」以外的任何字元。除了 ^ 之外，[] 中還有兩個具有特殊含義的字元：

- \- 定義了一個範圍（range）；舉例來說，[a-z] 可匹配任何小寫字母，而 [0-9] 可匹配任何數字。

- \ 轉義特殊字元，所以 [\^\-\]] 會匹配 ^、- 或]。

這裡有幾個例子：

```
x <- "abcd ABCD 12345 -!@#%."
str_view(x, "[abc]+")
#> [1] | <abc>d ABCD 12345 -!@#%.
str_view(x, "[a-z]+")
#> [1] | <abcd> ABCD 12345 -!@#%.
str_view(x, "[^a-z0-9]+")
#> [1] | abcd< ABCD >12345< -!@#%.>

# 你需要轉義才能匹配原本
# 在 [] 內有特殊意義的字元
str_view("a-b-c", "[a-c]")
#> [1] | <a>-<b>-<c>
str_view("a-b-c", "[a\\-c]")
#> [1] | <a><->b<-><c>
```

有些字元類別非常常用，因此有自己的簡寫。你已經見過 .，它可以匹配 newline 之外的任何字元。還有三對特別實用的字元[7]：

---

[7] 記住，要建立一個包含 \d 或 \s 的正規表達式，你需要為字串轉義 \，所以你得輸入 "\\d" 或 "\\s"。

- \d 匹配任何數字（digit）。
  \D 匹配不是數字的任何東西。

- \s 匹配任何空白（whitespace，例如 space、tab、newline）。
  \S 匹配不是空白的任何東西。

- \w 匹配任何「單詞（word）」字元，即字母和數字。
  \W 匹配任何「非單詞（nonword）」字元。

下面的程式碼用字母、數字和標點符號演示了六種簡寫方式：

```
x <- "abcd ABCD 12345 -!@#%."
str_view(x, "\\d+")
#> [1] │ abcd ABCD <12345> -!@#%.
str_view(x, "\\D+")
#> [1] │ <abcd ABCD >12345< -!@#%.>
str_view(x, "\\s+")
#> [1] │ abcd< >ABCD< >12345< >-!@#%.
str_view(x, "\\S+")
#> [1] │ <abcd> <ABCD> <12345> <-!@#%.>
str_view(x, "\\w+")
#> [1] │ <abcd> <ABCD> <12345> -!@#%.
str_view(x, "\\W+")
#> [1] │ abcd< >ABCD< >12345< -!@#%.>
```

量詞

量詞控制模式匹配的次數。在第 276 頁的「模式的基礎知識」中，你學到了 ?（匹配 0 或 1 次）、+（匹配 1 或更多次）和 *（匹配 0 或更多次）。舉例來說，colou?r 會匹配美式或英式的拼寫方式、\d+ 將匹配一或多個數字（digits）、\s? 選擇性地匹配單項空白。你還可以用 {} 精確地指定匹配的次數：

- {n} 匹配剛好 n 次。

- {n,} 匹配至少 n 次。

- {n,m} 匹配 n 到 m 次之間。

運算子優先序和括弧

ab+ 與什麼匹配？是匹配「a」後跟著一或多個「b」，還是匹配重複任意多次的「ab」？^a|b$ 匹配什麼？是匹配完整的字串 a 還是完整的字串 b，或是匹配以 a 開頭的字串，還是以 b 結尾的字串？

這些問題的答案是由運算子優先序（operator precedence）決定的，類似於你在學校學到的 PEMDAS 或 BEDMAS 規則。你知道 a + b * c 等於 a + (b * c) 而非 (a + b) * c，因為 * 的優先序較高，而 + 的優先序較低：你要先計算 *，再計算 +。

同樣地，正規表達式也有自己的優先序規則：量詞具有高優先序，而擇一匹配（alternation）具有低優先序，這意味著 ab+ 等同於 a(b+)，而 ^a|b$ 等同於 (^a)|(b$)。就像代數（algebra）一樣，你可以使用括弧（parentheses）來覆寫一般的順序。但與代數不同的是，你不太可能記住 regex 的優先序規則，所以請自由地使用括弧。

分組與捕捉

除了覆寫運算子優先序外，括弧還有另一個重要作用：它可以建立捕捉群組（*capturing groups*），讓你運用匹配的子組成部分（subcomponents）。

使用捕捉群組的第一種方法是在匹配中使用回溯參考（*back reference*）：\1 指的是第一對括弧中的匹配；\2 指的是第二對括弧中的匹配，依此類推。舉例來說，下面的模式會找出所有內含一對重複字母的水果：

```
str_view(fruit, "(..)\\1")
#>  [4] │ b<anan>a
#> [20] │ <coco>nut
#> [22] │ <cucu>mber
#> [41] │ <juju>be
#> [56] │ <papa>ya
#> [73] │ s<alal> berry
```

這一個則可以找出所有以同一對字母開頭和結尾的單詞：

```
str_view(words, "^(..).*\\1$")
#> [152] │ <church>
#> [217] │ <decide>
#> [617] │ <photograph>
#> [699] │ <require>
#> [739] │ <sense>
```

你還可以在 str_replace() 中使用回溯參考。舉例來說，這段程式碼對調了 sentences 中第二和第三個單詞的順序：

```
sentences |>
  str_replace("(\\w+) (\\w+) (\\w+)", "\\1 \\3 \\2") |>
  str_view()
#> [1] │ The canoe birch slid on the smooth planks.
#> [2] │ Glue sheet the to the dark blue background.
#> [3] │ It's to easy tell the depth of a well.
```

```
#> [4] | These a days chicken leg is a rare dish.
#> [5] | Rice often is served in round bowls.
#> [6] | The of juice lemons makes fine punch.
#> ... and 714 more
```

如果要取出每組的匹配結果，可以使用 str_match()。但 str_match() 回傳的是一個矩陣（matrix），因此不是特別容易處理[8]：

```
sentences |>
  str_match("the (\\w+) (\\w+)") |>
  head()
#>      [,1]                [,2]      [,3]
#> [1,] "the smooth planks" "smooth" "planks"
#> [2,] "the sheet to"      "sheet"  "to"
#> [3,] "the depth of"      "depth"  "of"
#> [4,] NA                  NA       NA
#> [5,] NA                  NA       NA
#> [6,] NA                  NA       NA
```

你可以將其轉換為一個 tibble，並為欄位命名：

```
sentences |>
  str_match("the (\\w+) (\\w+)") |>
  as_tibble(.name_repair = "minimal") |>
  set_names("match", "word1", "word2")
#> # A tibble: 720 × 3
#>   match             word1  word2
#>   <chr>             <chr>  <chr>
#> 1 the smooth planks smooth planks
#> 2 the sheet to      sheet  to
#> 3 the depth of      depth  of
#> 4 <NA>              <NA>   <NA>
#> 5 <NA>              <NA>   <NA>
#> 6 <NA>              <NA>   <NA>
#> # … with 714 more rows
```

但這樣一來，你基本上就重新建立了自己版本的 separate_wider_regex()。確實，在幕後，separate_wider_regex() 會將模式向量變換為單個 regex，使用分組來捕捉具名的組成部分。

偶爾，你需要使用括弧但不建立匹配的群組。你可以使用 (?:) 建立一個非捕捉群組（noncapturing group）。

8　這主要是因為我們在本書中從未討論過矩陣！

```
x <- c("a gray cat", "a grey dog")
str_match(x, "gr(e|a)y")
#>      [,1]   [,2]
#> [1,] "gray" "a"
#> [2,] "grey" "e"
str_match(x, "gr(?:e|a)y")
#>      [,1]
#> [1,] "gray"
#> [2,] "grey"
```

習題

1. 如何匹配字面值字串 "'\？那麼 "$^$" 呢？

2. 解釋為什麼這些模式都不匹配一個 \："\"、"\\"、"\\\"。

3. 給定 stringr::words 中的常用字詞語料庫，請建立正規表達式，找出符合以下條件的所有詞語：

   a. 以「y」開頭的。

   b. 並非以「y」開頭的。

   c. 以「x」結尾的。

   d. 長度正好是三個字母。（不要使用 str_length() 作弊！）

   e. 有七個或更多個字母。

   f. 包含一對母音與子音。

   g. 至少包含連續的兩對母音與子音。

   h. 僅由重複的母音與子音對組成。

4. 建立 11 個正規表達式，分別匹配下列單詞的英式或美式拼寫：airplane/aeroplane、aluminum/aluminium、analog/analogue、ass/arse、center/centre、defense/defence、donut/doughnut、gray/grey、modeling/modelling、skeptic/sceptic、summarize/summarise。試著製作出可能的最短 regex！

5. 調換 words 中的首尾字母。哪些字串還是單詞（words）？

6. 用文字描述這些正規表達式匹配的內容（仔細閱讀，看看每個條目是正規表達式還是定義正規表達式的字串）：

   a. ^.*$

b. `"\\{.+\\}"`

c. `\d{4}-\d{2}-\d{2}`

d. `"\\\\{4}"`

e. `\..\..\..`

f. `(.)\1\1`

g. `"(..)\\1"`

7. 解決初級的 regexp 填字遊戲（*https://oreil.ly/Db3NF*）。

模式控制

透過使用模式物件（pattern object）而不僅僅是字串，可以對匹配的細節進行額外控制。這樣，你就可以控制所謂的 regex 旗標（flags），並匹配各種類型的固定字串，如接下來所述。

Regex 旗標

可以使用一些設定來控制 regexp 的細節。在其他程式語言中，這些設定通常被稱為旗標（*flags*）。在 stringr 中，你可以把模式包裹在對 `regex()` 的呼叫中來使用它們。最有用的旗標大概是 `ignore_case = TRUE`，因為它允許字元匹配其大寫或小寫形式：

```
bananas <- c("banana", "Banana", "BANANA")
str_view(bananas, "banana")
#> [1] | <banana>
str_view(bananas, regex("banana", ignore_case = TRUE))
#> [1] | <banana>
#> [2] | <Banana>
#> [3] | <BANANA>
```

如果你經常處理多行字串（multiline strings，即包含 `\n` 的字串），`dotall` 和 `multiline` 可能也很有用：

- `dotall = TRUE` 讓 `.` 匹配任何東西，包括 `\n`：

```
x <- "Line 1\nLine 2\nLine 3"
str_view(x, ".Line")
str_view(x, regex(".Line", dotall = TRUE))
#> [1] | Line 1<
#>     | Line> 2<
#>     | Line> 3
```

- multiline = TRUE 會使 ^ 和 $ 匹配每一行的開始和結束，而不是整個字串的開始和結束：

```
x <- "Line 1\nLine 2\nLine 3"
str_view(x, "^Line")
#> [1] | <Line> 1
#>     | Line 2
#>     | Line 3
str_view(x, regex("^Line", multiline = TRUE))
#> [1] | <Line> 1
#>     | <Line> 2
#>     | <Line> 3
```

最後，如果你正在編寫一個複雜的正規表達式，而且擔心將來會看不懂，你可以試試 comments = TRUE。它可以調整正規表達式語言，使其忽略空格（spaces）和換行（new lines），以及 # 後面的所有內容。這樣，你就可以使用註解和空白來使複雜的正規表達式更易於理解 [9]，如下面範例所示：

```
phone <- regex(
  r"(
    \(?      # 選擇性的左括弧
    (\d{3})  # 區碼
    [)\-]?   # 選擇性的右括弧或連接號
    \ ?      # 選擇性的空格
    (\d{3})  # 另外三個數字
    [\ -]?   # 選擇性的空格或連接號
    (\d{4})  # 再四個數字
  )",
  comments = TRUE
)

str_extract(c("514-791-8141", "(123) 456 7890", "123456"), phone)
#> [1] "514-791-8141"   "(123) 456 7890" NA
```

如果你正在使用註解並希望匹配空格、換行或 #，則需要用 \ 來轉義。

固定匹配（Fixed Matches）

你可以透過 fixed() 來選擇不使用正規表達式的規則：

```
str_view(c("", "a", "."), fixed("."))
#> [3] | <.>
```

---

9 comments = TRUE 與原始字串結合使用特別有效，就像我們在這裡的用法一樣。

---

fixed() 也能賦予你忽略大小寫的能力：

```
str_view("x X", "X")
#> [1] | x <X>
str_view("x X", fixed("X", ignore_case = TRUE))
#> [1] | <x> <X>
```

如果你處理的是非英語文字，你可能需要使用 coll() 而非 fixed()，因為它實作了你指定的 locale 所用的全部大小寫規則。有關地區設定（locales）的更多詳情，請參閱第269 頁的「非英語文字」。

```
str_view("i İ ı I", fixed("İ", ignore_case = TRUE))
#> [1] | i <İ> ı I
str_view("i İ ı I", coll("İ", ignore_case = TRUE, locale = "tr"))
#> [1] | <i> <İ> ı I
```

實務練習

為了將這些想法付諸實踐，我們接下來要解決一些半真實的問題。我們將討論三種通用技巧：

- 透過建立簡單的正向和負向控制（positive and negative controls）來檢查你的工作

- 將正規表達式與 Boolean 代數相結合

- 使用字串操作建立複雜的模式

檢查你的工作

首先，找出所有以「The」開頭的句子。僅使用 ^ 錨點是不夠的：

```
str_view(sentences, "^The")
#>  [1] | <The> birch canoe slid on the smooth planks.
#>  [4] | <The>se days a chicken leg is a rare dish.
#>  [6] | <The> juice of lemons makes fine punch.
#>  [7] | <The> box was thrown beside the parked truck.
#>  [8] | <The> hogs were fed chopped corn and garbage.
#> [11] | <The> boy was there when the sun rose.
#> ... and 271 more
```

該模式也會匹配以 They 或 These 之類單詞開頭的句子。我們需要確保「e」是單詞的最後一個字母，這可以透過加上單詞邊界（word boundary）來實作：

```
str_view(sentences, "^The\\b")
#>  [1] | <The> birch canoe slid on the smooth planks.
```

```
#>   [6] | <The> juice of lemons makes fine punch.
#>   [7] | <The> box was thrown beside the parked truck.
#>   [8] | <The> hogs were fed chopped corn and garbage.
#>  [11] | <The> boy was there when the sun rose.
#>  [13] | <The> source of the huge river is the clear spring.
#> ... and 250 more
```

那麼找出所有以代詞（pronoun）開頭的句子又如何呢？

```
str_view(sentences, "^She|He|It|They\\b")
#>   [3] | <It>'s easy to tell the depth of a well.
#>  [15] | <He>lp the woman get back to her feet.
#>  [27] | <He>r purse was full of useless trash.
#>  [29] | <It> snowed, rained, and hailed the same morning.
#>  [63] | <He> ran half way to the hardware store.
#>  [90] | <He> lay prone and hardly moved a limb.
#> ... and 57 more
```

快速檢視一下結果，顯示我們得到了一些虛假的匹配。這是因為我們忘記了使用括弧：

```
str_view(sentences, "^(She|He|It|They)\\b")
#>   [3] | <It>'s easy to tell the depth of a well.
#>  [29] | <It> snowed, rained, and hailed the same morning.
#>  [63] | <He> ran half way to the hardware store.
#>  [90] | <He> lay prone and hardly moved a limb.
#> [116] | <He> ordered peach pie with ice cream.
#> [127] | <It> caught its hind paw in a rusty trap.
#> ... and 51 more
```

你可能會想，如果錯誤不是出現在前幾個匹配中，該如何發現它呢？有個好辦法是建立一些正反匹配（positive and negative matches），並用它們來測試你的模式是否按預期運作：

```
pos <- c("He is a boy", "She had a good time")
neg <- c("Shells come from the sea", "Hadley said 'It's a great day'")

pattern <- "^(She|He|It|They)\\b"
str_detect(pos, pattern)
#> [1] TRUE TRUE
str_detect(neg, pattern)
#> [1] FALSE FALSE
```

一般情況下，找出好的正向範例比反向範例要容易得多，因為你需要一段時間才能熟練掌握正規表達式，從而預測出自己的弱點所在。儘管如此，這些例子仍然很有用：在你處理問題的過程中，你可以慢慢積累自己的錯誤，確保同樣的錯誤不會再犯。

Boolean 運算

試想一下，我們想要找出只包含子音（consonants）的單詞。一種方法是建立一個包含母音（vowels）以外所有字母的字元類別（[^aeiou]），然後允許該類別匹配任意數量的字母（[^aeiou]+），然後透過錨定到開頭和結尾（^[^aeiou]+$）來強制匹配整個字串：

```
str_view(words, "^[^aeiou]+$")
#> [123] | <by>
#> [249] | <dry>
#> [328] | <fly>
#> [538] | <mrs>
#> [895] | <try>
#> [952] | <why>
```

不過，只要把問題反過來看，就會變得簡單一些。我們可以尋找不含母音的單詞，而不是尋找只包含子音的單詞：

```
str_view(words[!str_detect(words, "[aeiou]")])
#> [1] | by
#> [2] | dry
#> [3] | fly
#> [4] | mrs
#> [5] | try
#> [6] | why
```

在處理邏輯組合，尤其是涉及「and」或「not」的那些邏輯組合時，這是一種非常有用的技巧。舉例來說，想像一下如果你想找出所有包含「a」和「b」的單詞。正規表達式中沒有內建的「and」運算子，因此我們必須尋找包含「a」且後面跟著「b」、或含有「b」且後面跟著「a」的所有單詞：

```
str_view(words, "a.*b|b.*a")
#>  [2] | <ab>le
#>  [3] | <ab>out
#>  [4] | <ab>solute
#> [62] | <availab>le
#> [66] | <ba>by
#> [67] | <ba>ck
#> ... and 24 more
```

將兩次呼叫 str_detect() 的結果結合起來會更簡單：

```
words[str_detect(words, "a") & str_detect(words, "b")]
#>  [1] "able"    "about"   "absolute" "available" "baby"    "back"
#>  [7] "bad"     "bag"     "balance"  "ball"      "bank"    "bar"
#> [13] "base"    "basis"   "bear"     "beat"      "beauty"  "because"
```

```
#> [19] "black"      "board"      "boat"      "break"      "brilliant" "britain"
#> [25] "debate"     "husband"    "labour"    "maybe"      "probable"  "table"
```

如果我們想知道是否有一個單詞包含所有母音呢？若我們用模式來做，我們就得產生 5!
（120）種不同的模式：

```
words[str_detect(words, "a.*e.*i.*o.*u")]
# ...
words[str_detect(words, "u.*o.*i.*e.*a")]
```

結合 str_detect() 五次呼叫會簡單得多：

```
words[
  str_detect(words, "a") &
  str_detect(words, "e") &
  str_detect(words, "i") &
  str_detect(words, "o") &
  str_detect(words, "u")
]
#> character(0)
```

一般來說，如果你在嘗試建立單個 regexp 以解決問題時遇到困難，請退後一步，想一想
是否可以將問題分解成更小的部分，逐一解決這些挑戰，再繼續下一步。

以程式碼建立模式

如果我們想在 sentences 中找出提到顏色的所有句子，該怎麼辦？基本思路很簡單：我
們只需將擇一選擇和單詞邊界結合起來：

```
str_view(sentences, "\\b(red|green|blue)\\b")
#>    [2] | Glue the sheet to the dark <blue> background.
#>   [26] | Two <blue> fish swam in the tank.
#>   [92] | A wisp of cloud hung in the <blue> air.
#>  [148] | The spot on the blotter was made by <green> ink.
#>  [160] | The sofa cushion is <red> and of light weight.
#>  [174] | The sky that morning was clear and bright <blue>.
#> ... and 20 more
```

但隨著顏色數量的增加，手工建構這種模式很快就會變得枯燥乏味。如果我們能把顏色
儲存在一個向量中，豈不更好？

```
rgb <- c("red", "green", "blue")
```

我們可以！我們只需使用 str_c() 和 str_flatten() 從該向量建立出模式：

```
str_c("\\b(", str_flatten(rgb, "|"), ")\\b")
#> [1] "\\b(red|green|blue)\\b"
```

如果我們有良好的一個顏色清單,就可以使這種模式更加全面。我們可以從 R 能用於圖表的內建顏色清單開始著手:

```
str_view(colors())
#> [1] | white
#> [2] | aliceblue
#> [3] | antiquewhite
#> [4] | antiquewhite1
#> [5] | antiquewhite2
#> [6] | antiquewhite3
#> ... and 651 more
```

不過,我們還是先把帶有編號的變體去掉吧:

```
cols <- colors()
cols <- cols[!str_detect(cols, "\\d")]
str_view(cols)
#> [1] | white
#> [2] | aliceblue
#> [3] | antiquewhite
#> [4] | aquamarine
#> [5] | azure
#> [6] | beige
#> ... and 137 more
```

然後,我們就可以把它變成一個龐大的模式。因為該模式很大,我們就不在這裡展示了,但你可以看到它的效果:

```
pattern <- str_c("\\b(", str_flatten(cols, "|"), ")\\b")
str_view(sentences, pattern)
#>    [2] | Glue the sheet to the dark <blue> background.
#>   [12] | A rod is used to catch <pink> <salmon>.
#>   [26] | Two <blue> fish swam in the tank.
#>   [66] | Cars and busses stalled in <snow> drifts.
#>   [92] | A wisp of cloud hung in the <blue> air.
#>  [112] | Leaves turn <brown> and <yellow> in the fall.
#>  ... and 57 more
```

在本範例中,cols 只包含數字和字母,因此無須擔心詮釋字元(metacharacters)。但一般來說,無論何時,只要你是從現有字串建立出模式,最好都讓它們通過 str_escape(),以確保它們在字面上匹配。

習題

1. 請嘗試使用單個正規表達式和多個 str_detect() 呼叫的組合來解決以下每個挑戰：

   a. 找出所有以 x 開頭或結尾的 words。

   b. 找出所有以母音開頭、子音結尾的 words。

   c. 是否有任何 words 每個不同的母音都至少包含一個？

2. 建置模式，找出支持和反對「i 出現在 e 之前，除非是在 c 之後」規則的證據。

3. colors() 包含許多修飾詞（modifiers），如「lightgray」和「darkblue」。如何自動識別這些修飾詞？（想想如何偵測並刪除被修改的顏色。）

4. 建立一個正規表達式，用來找出任何的基礎 R 資料集。你可以透過 data() 函式的特殊用法獲得這些資料集的清單：data(package = "datasets")$results[, "Item"]。請注意，有些舊資料集是單獨的向量；這些向量在括弧中包含「資料框」分組的名稱，因此需要將其去掉。

其他地方的正規表達式

與 stringr 和 tidyr 函式一樣，在 R 中還有許多地方可以使用正規表達式。接下來的章節將介紹更廣泛的 tidyverse 和基礎 R 中其他的一些實用函式。

Tidyverse

在其他三個特別有用的地方，你可能需要使用正規表達式：

* matches(pattern) 將選擇名稱與提供的模式匹配的所有變數。這是一個「tidyselect」函式，可以在任何選擇變數的 tidyverse 函式（例如 select()、rename_with() 和 across()）中使用。

* pivot_longer() 的 names_pattern 引數與 separate_wider_regex() 一樣，都接受一個正規表達式向量。要從結構複雜的變數名稱中提取資料時，它非常有用。

* separate_longer_delim() 和 separate_wider_delim() 中的 delim 引數通常匹配一個固定的字串，但也可以使用 regex() 使其匹配一個模式。舉例來說，如果你想匹配一個逗號，而且該逗號後選擇性接著一個空格，即 regex(", ?")，這就很有用。

基礎 R

aparopos(pattern) 會搜尋全域環境（global environment）中與給定模式（pattern）匹配的所有物件。如果你記不住某個函式的完整名稱，這個功能就很有用：

```
apropos("replace")
#> [1] "%+replace%"        "replace"           "replace_na"
#> [4] "setReplaceMethod"  "str_replace"       "str_replace_all"
#> [7] "str_replace_na"    "theme_replace"
```

list.files(path, pattern) 會列出 path 中與正規表達式 pattern 匹配的所有檔案。舉例來說，你可以用下列命令找出當前目錄下的所有 R Markdown 檔案：

```
head(list.files(pattern = "\\.Rmd$"))
#> character(0)
```

值得注意的是，基礎 R 使用的模式語言與 stringr 使用的模式語言略有不同。這是因為 stringr 是建置在 stringi 套件（*https://oreil.ly/abQNx*）的基礎上，而 stringi 套件又奠基於 ICU 引擎（*https://oreil.ly/A9Gbl*）之上，然而基礎 R 函式使用的則是 TRE 引擎（*https://oreil.ly/yGQ5U*）或 PCRE 引擎（*https://oreil.ly/VhVuy*），取決於你是否有設定 perl = TRUE。幸運的是，正規表達式的基本原理已經非常成熟，在使用本書所學的模式時幾乎不會遇到什麼變化。只有當你開始仰賴複雜的 Unicode 字元範圍（character ranges）或使用 (?…) 語法的特殊能力等進階功能時，才需要注意兩者的差異。

總結

正規表達式的每一個標點符號（punctuation character）都可能包含豐富的含義，是最精簡的語言之一。一開始，它們肯定會讓人感到困惑，但當你訓練自己的眼睛去閱讀它們，讓你的大腦去理解它們時，你就解鎖了一種強大的技能，可以在 R 和其他許多地方使用。

在本章中，透過學習最有用的 stringr 函式和正規表達式語言最重要的組成部分，你已經開始了成為正規表達式高手的旅程。而且還有大量的資源可以讓你學習更多內容。

vignette("regular-expressions", package = "stringr") 是一個很好的開始：它記錄了 stringr 支援的全部語法。另一個有用的參考資料是 *https://oreil.ly/MVwoC*，它不是專門針對 R 的，但你可以用它來暸解 regex 最進階的功能以及它們在底層是如何運作的。

知道 stringr 是在 Marek Gagolewski 的 stringi 套件之上實作的，也是很好的一件事。如果你在 stringr 中苦苦找不到所需的函式，別害怕到 stringi 中去找。你會發現 stringi 很容易上手，因為它遵循了許多與 stringr 相同的慣例。

下一章，我們將討論一種與字串密切相關的資料結構：因子（factors）。因子用來在 R 中表示類別資料（categorical data），即具有一組固定且已知的可能值的資料，而那些值會由一個字串向量來識別。

## 第十六章

因子

簡介

因子（factors）用於類別變數（categorical variables），即具有一組固定已知可能值的變數。如果要以非字母順序顯示字元向量，因子也很有用。

首先，我們將解釋為什麼資料分析需要因子[1]，以及如何使用 `factor()` 建立因子。接著，我們將向你介紹 `gss_cat` 資料集，其中包含大量類別變數供你嘗試。然後，你將使用該資料集練習修改因子的順序和值，最後我們將討論有序因子（ordered factors）。

先決條件

基礎 R 提供一些建立和操作因子的基本工具。我們將使用 forcats 套件對其進行補充，它是核心 tidyverse 的一部分。它提供處理 *cat*egorical variables（類別變數）的工具（它也是 factors 的易位構詞！），並使用廣泛的輔助工具來協助處理。

```
library(tidyverse)
```

因子的基礎知識

假設有一個記錄月份的變數：

```
x1 <- c("Dec", "Apr", "Jan", "Mar")
```

1　它們對建模（modeling）也非常重要。

使用字串來記錄這個變數有兩個問題：

1. 只有 12 個可能的月份，而且沒有東西可以幫助你避免打錯字：

```
x2 <- c("Dec", "Apr", "Jam", "Mar")
```

2. 無法以有用的方式進行排序：

```
sort(x1)
#> [1] "Apr" "Dec" "Jan" "Mar"
```

使用因子可以解決這兩個問題。要建立一個因子，首先必須建立有效級別（*levels*）的一個串列：

```
month_levels <- c(
  "Jan", "Feb", "Mar", "Apr", "May", "Jun",
  "Jul", "Aug", "Sep", "Oct", "Nov", "Dec"
)
```

現在你就能創建一個因子：

```
y1 <- factor(x1, levels = month_levels)
y1
#> [1] Dec Apr Jan Mar
#> Levels: Jan Feb Mar Apr May Jun Jul Aug Sep Oct Nov Dec

sort(y1)
#> [1] Jan Mar Apr Dec
#> Levels: Jan Feb Mar Apr May Jun Jul Aug Sep Oct Nov Dec
```

任何不在級別內的值都將被默默地轉換為 NA：

```
y2 <- factor(x2, levels = month_levels)
y2
#> [1] Dec  Apr  <NA> Mar
#> Levels: Jan Feb Mar Apr May Jun Jul Aug Sep Oct Nov Dec
```

這似乎有風險，因此你可能想要使用 forcats::fct() 來代替：

```
y2 <- fct(x2, levels = month_levels)
#> Error in `fct()`:
#> ! All values of `x` must appear in `levels` or `na`
#> i Missing level: "Jam"
```

若是省略級別，則將按字母順序從資料中提取：

```
factor(x1)
#> [1] Dec Apr Jan Mar
#> Levels: Apr Dec Jan Mar
```

按字母排序略有風險，因為不是每部電腦都會以相同的方式對字串排序。因此，forcats::fct() 按初次出現順序來排列：

```
fct(x1)
#> [1] Dec Apr Jan Mar
#> Levels: Dec Apr Jan Mar
```

如果需要直接存取有效級別的集合，可以使用 levels() 來達成：

```
levels(y2)
#>  [1] "Jan" "Feb" "Mar" "Apr" "May" "Jun" "Jul" "Aug" "Sep" "Oct" "Nov" "Dec"
```

使用 readr 讀取資料時，也可以使用 col_factor() 建立因子：

```
csv <- "
month,value
Jan,12
Feb,56
Mar,12"

df <- read_csv(csv, col_types = cols(month = col_factor(month_levels)))
df$month
#> [1] Jan Feb Mar
#> Levels: Jan Feb Mar Apr May Jun Jul Aug Sep Oct Nov Dec
```

General Social Survey

在本章的其餘部分，我們將使用 forcats::gss_cat。它取自由芝加哥大學（University of Chicago）的獨立研究機構 NORC 進行的一項長期的美國調查 General Social Survey（社會概況調查，*https://oreil.ly/3qBI5*）。這項調查有數千個問題，因此 Hadley 在 gss_cat 中挑選了幾個問題，以說明在使用因子時會遇到的一些常見挑戰。

```
gss_cat
#> # A tibble: 21,483 × 9
#>    year marital          age race  rincome        partyid
#>   <int> <fct>          <int> <fct> <fct>          <fct>
#> 1  2000 Never married     26 White $8000 to 9999  Ind,near rep
#> 2  2000 Divorced          48 White $8000 to 9999  Not str republican
#> 3  2000 Widowed           67 White Not applicable Independent
#> 4  2000 Never married     39 White Not applicable Ind,near rep
#> 5  2000 Divorced          25 White Not applicable Not str democrat
#> 6  2000 Married           25 White $20000 - 24999 Strong democrat
#> # … with 21,477 more rows, and 3 more variables: relig <fct>, denom <fct>,
#> #   tvhours <int>
```

（請記住，由於該資料集是由套件提供的，因此你可以使用 **?gss_cat** 獲取關於變數的更多資訊。）

當因子儲存在 tibble 中時，就不容易查看它們的級別了。檢視它們的一種方法是使用 count()：

```
gss_cat |>
  count(race)
#> # A tibble: 3 × 2
#>   race       n
#>   <fct> <int>
#> 1 Other   1959
#> 2 Black   3129
#> 3 White  16395
```

處理因子時，最常見的兩種運算是更改級別的順序和更改級別的值。這些運算將在接下來的章節中介紹。

習題

1. 探索 rincome（reported income，申報的收入）的分佈情況。是什麼導致預設的長條圖難以理解？如何改進圖表？

2. 本次調查中最常見的 relig 是什麼？最常見的 partyid 是什麼？

3. denom（denomination，教派）適用於哪些 relig？如何用表格找出？如何用視覺化方法查詢？

修改因子順序

改變視覺化圖表中因子級別的順序通常很有用。舉例來說，假設你想瞭解不同宗教（religions）每天看電視的平均時長：

```
relig_summary <- gss_cat |>
  group_by(relig) |>
  summarize(
    tvhours = mean(tvhours, na.rm = TRUE),
    n = n()
  )

ggplot(relig_summary, aes(x = tvhours, y = relig)) +
  geom_point()
```

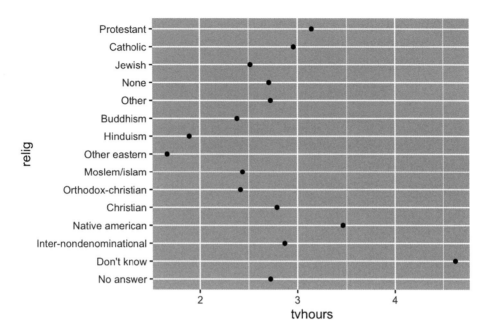

由於沒有整體模式，因此很難讀懂這幅圖。我們可以使用 fct_reorder() 對 relig 的級別重新排序，從而改進它。fct_reorder() 需要三個引數：

- f，你要修改其級別的因子。

- x，一個數字向量，用於重新排列級別。

- 選擇性地，如果 f 的每個值都有多個 x 值，則使用函式 fun。預設值為 median。

```
ggplot(relig_summary, aes(x = tvhours, y = fct_reorder(relig, tvhours))) +
  geom_point()
```

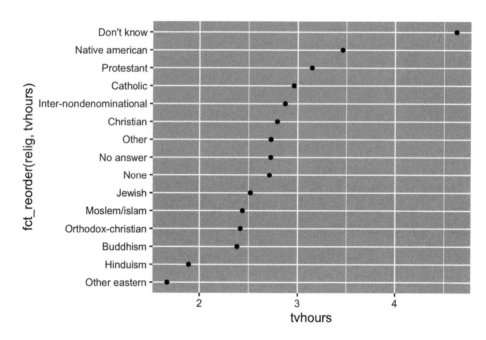

對宗教信仰重新排序後，我們更容易發現，「Don't know（不知道）」這個類別的人看最多電視，而印度教（Hinduism）和其他東方宗教（other Eastern religions）的人看電視的時間要少得多。

當你開始進行更複雜的變換時，我們建議你將其從 aes() 中移出，改放到單獨的 mutate() 步驟。舉例來說，可以將前面的圖表改寫為：

```
relig_summary |>
  mutate(
    relig = fct_reorder(relig, tvhours)
  ) |>
  ggplot(aes(x = tvhours, y = relig)) +
  geom_point()
```

如果我們繪製一張類似的圖表，觀察平均年齡在不同收入級別下的變化情況，又會怎樣呢？

```
rincome_summary <- gss_cat |>
  group_by(rincome) |>
  summarize(
    age = mean(age, na.rm = TRUE),
    n = n()
  )
```

```
ggplot(rincome_summary, aes(x = age, y = fct_reorder(rincome, age))) +
  geom_point()
```

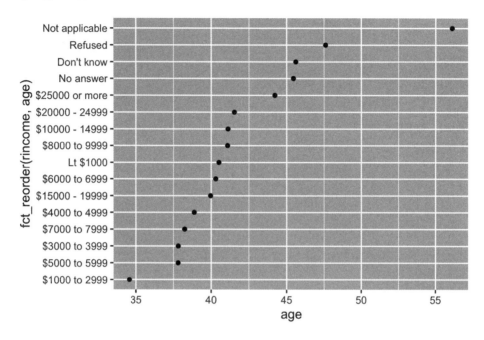

在這裡，任意重新排序級別並不是一個好主意！這是因為 rincome 已經有了一個原則性的順序，我們不應該隨意更改。請將 fct_reorder() 保留給級別任意排序的因子。

不過，將「Not applicable（不適用）」與其他特殊級別一起拉到前面確實很有意義。你可以使用 fct_relevel()。它接受一個因子 f，然後是你想移到前面的任意數目個級別。

```
ggplot(rincome_summary, aes(x = age, y = fct_relevel(rincome, "Not applicable"))) +
  geom_point()
```

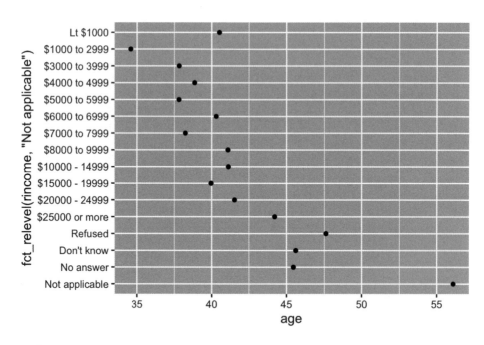

你認為「Not applicable」的平均年齡為何如此之高？

另一種重新排序方式在為圖表上的線條著色時非常有用。fct_reorder2(f，x，y) 將因子 f 按照與最大 x 值關聯的 y 值重新排序。這將使圖表更容易閱讀，因為圖表最右邊線條的顏色將與圖例一致。

```
by_age <- gss_cat |>
  filter(!is.na(age)) |>
  count(age, marital) |>
  group_by(age) |>
  mutate(
    prop = n / sum(n)
  )

ggplot(by_age, aes(x = age, y = prop, color = marital)) +
  geom_line(linewidth = 1) +
  scale_color_brewer(palette = "Set1")

ggplot(by_age, aes(x = age, y = prop, color = fct_reorder2(marital, age, prop))) +
  geom_line(linewidth = 1) +
  scale_color_brewer(palette = "Set1") +
  labs(color = "marital")
```

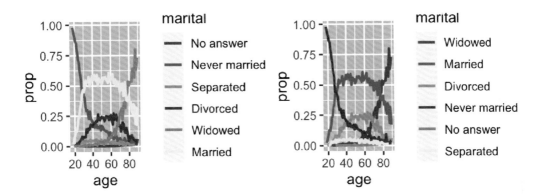

最後，對於長條圖（bar plots），你可以使用 fct_infreq() 按遞減次數（decreasing frequency）對級別進行排序：這是最簡單的重新排序，因為不需要任何額外的變數。如果你希望以遞增的次數（increasing frequency）排列，可以將其與 fct_rev() 結合使用，這樣在長條圖中，最大值就會在右邊，而不是左邊。

```
gss_cat |>
  mutate(marital = marital |> fct_infreq() |> fct_rev()) |>
  ggplot(aes(x = marital)) +
  geom_bar()
```

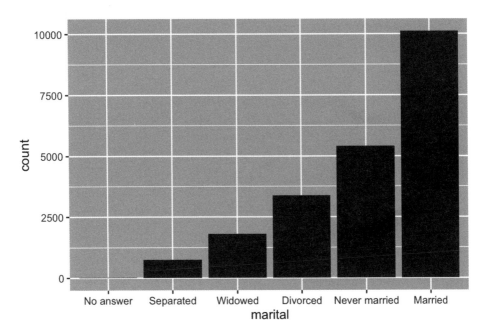

習題

1. tvhours 中有一些高得可疑的數字。平均值是一個很好的摘要嗎？

2. 對於 gss_cat 中的每個因子，請識別出各級別的順序是任意的還是原則性的。

3. 為什麼將「Not applicable」移到各級別的前面會使其移到圖表的底部？

修改因子級別

比更改級別順序更強大的功能是修改它們的值。這樣，你就可以為了發表而讓標籤更加清楚，為高階顯示摺疊級別。最通用、最強大的工具是 fct_recode()。它允許你重新編碼（recode），或者說更改，每個級別的值。舉例來說，以 gss_cat 資料框中的 partyid 變數為例：

```
gss_cat |> count(partyid)
#> # A tibble: 10 × 2
#>   partyid              n
#>   <fct>            <int>
#> 1 No answer          154
#> 2 Don't know           1
#> 3 Other party        393
#> 4 Strong republican 2314
#> 5 Not str republican 3032
#> 6 Ind,near rep       1791
#> # … with 4 more rows
```

這其中的級別過於簡略而且不連貫。我們把它們調整得更長一些，並使用一致的結構。與 tidyverse 中大多數重新命名和重新編碼的函式一樣，新值在左邊，舊值在右邊：

```
gss_cat |>
  mutate(
    partyid = fct_recode(partyid,
      "Republican, strong"    = "Strong republican",
      "Republican, weak"      = "Not str republican",
      "Independent, near rep" = "Ind,near rep",
      "Independent, near dem" = "Ind,near dem",
      "Democrat, weak"        = "Not str democrat",
      "Democrat, strong"      = "Strong democrat"
    )
  ) |>
  count(partyid)
#> # A tibble: 10 × 2
#>   partyid              n
#>   <fct>            <int>
```

```
#> 1 No answer                154
#> 2 Don't know                 1
#> 3 Other party              393
#> 4 Republican, strong      2314
#> 5 Republican, weak        3032
#> 6 Independent, near rep   1791
#> # … with 4 more rows
```

fct_recode() 會讓未明確提及的級別保持不變，並會在你不小心參考了不存在的級別時發出警告。

要合併群組，可以將多個舊級別指定給同一個新級別：

```
gss_cat |>
  mutate(
    partyid = fct_recode(partyid,
      "Republican, strong"    = "Strong republican",
      "Republican, weak"      = "Not str republican",
      "Independent, near rep" = "Ind,near rep",
      "Independent, near dem" = "Ind,near dem",
      "Democrat, weak"        = "Not str democrat",
      "Democrat, strong"      = "Strong democrat",
      "Other"                 = "No answer",
      "Other"                 = "Don't know",
      "Other"                 = "Other party"
    )
  )
```

請謹慎使用這個技巧：如果你將確實不同的級別分組，最終會得到誤導性的結果。

如果你想摺疊（collapse）大量級別，fct_collapse() 是 fct_recode() 的一個實用變體。你可以為每個新變數提供舊級別的一個向量：

```
gss_cat |>
  mutate(
    partyid = fct_collapse(partyid,
      "other" = c("No answer", "Don't know", "Other party"),
      "rep" = c("Strong republican", "Not str republican"),
      "ind" = c("Ind,near rep", "Independent", "Ind,near dem"),
      "dem" = c("Not str democrat", "Strong democrat")
    )
  ) |>
  count(partyid)
#> # A tibble: 4 × 2
#>   partyid     n
#>   <fct>   <int>
#> 1 other     548
```

```
#> 2 rep      5346
#> 3 ind      8409
#> 4 dem      7180
```

有時，你只是想把小型的群組合併在一起，讓圖表更加簡潔，這就是 `fct_lump_*()` 系列函式的作用。`fct_lump_lowfreq()` 是一個簡單的起點，它會將最小群組的類別逐步歸入「Other（其他）」，並始終保持「Other」為最小類別（category）。

```
gss_cat |>
  mutate(relig = fct_lump_lowfreq(relig)) |>
  count(relig)
#> # A tibble: 2 × 2
#>   relig          n
#>   <fct>      <int>
#> 1 Protestant 10846
#> 2 Other      10637
```

在這個例子中，這並沒有什麼幫助：在這次調查中，大多數美國人確實都是新教徒（Protestant），但我們可能希望看到更多細節！我們可以改為使用 `fct_lump_n()` 來指定我們需要的正好是 10 個群組：

```
gss_cat |>
  mutate(relig = fct_lump_n(relig, n = 10)) |>
  count(relig, sort = TRUE)
#> # A tibble: 10 × 2
#>   relig          n
#>   <fct>      <int>
#> 1 Protestant 10846
#> 2 Catholic    5124
#> 3 None        3523
#> 4 Christian    689
#> 5 Other        458
#> 6 Jewish       388
#> # … with 4 more rows
```

請閱讀說明文件，瞭解 `fct_lump_min()` 和 `fct_lump_prop()`，它們在其他情況下也很有用。

習題

1. 隨著時間的推移，民主黨（Democrat）、共和黨（Republican）和無黨籍（Independent）的比例有何變化？

2. 如何將 rincome 摺疊成一組較小型的類別？

3. 請注意，前面的 `fct_lump` 範例中有 9 個群組（不包括 other），為什麼不是 10 個？
   （提示：鍵入 `?fct_lump`，找出引數 `other_level` 的預設值是「Other」。）

有序因子

在我們繼續討論之前，有一種特殊類型的因子需要簡單提一下：有序因子（ordered factors）。使用由 `ordered()` 所建立的有序因子意味著嚴格的排序和各級別之間的距離相等：第一級別「小於」第二級別，其間差距等同於第二級別「小於」第三級別的差距，依此類推。列印時可以認得出它們，因為它們在因子級別之間使用 `<`：

```
ordered(c("a", "b", "c"))
#> [1] a b c
#> Levels: a < b < c
```

實務上，`ordered()` 因子的行為與常規因子類似。你可能只會在兩個地方注意到行為上的差異：

- 如果在 ggplot2 中將有序因子映射為顏色（color）或填色（fill），預設會使用 `scale_color_viridis()`/`scale_fill_viridis()`，這是一種代表排位的顏色標度。

- 若在線性模型（linear model）中使用有序函式（ordered function），它就會使用「折線對比（polygonal contrasts）」。這些方法有一點用處，但除非你是統計學博士，否則你不太可能聽說過它們，就算是那樣，你可能也不會經常需要解讀它們。如果你想瞭解更多資訊，我們向你推薦 Lisa DeBruine 所著的說明 `vignette("contrasts", package = "faux")`。

鑑於這些差異的實用性值得商榷，我們一般不建議使用有序因子。

總結

本章向你介紹用於處理因子的便利套件 forcats，並解釋了最常用的函式。forcats 還包含其他許多我們沒有篇幅討論的輔助工具，所以每當你遇到以前沒有遇過的因子分析難題時，我強烈建議你瀏覽一下參考索引（*https://oreil.ly/J_IIg*），看看是否有可以幫助你解決問題的函式。

如果讀完本章後還想瞭解更多關於因子的資訊，建議閱讀 Amelia McNamara 和 Nicholas Horton 的論文「Wrangling categorical data in R」（*https://oreil.ly/zPh8E*）。這篇論文介紹了「stringsAsFactors: An unauthorized biography」（*https://oreil.ly/Z9mkP*）和「stringsAsFactors = <sigh>」（*https://oreil.ly/phWQo*）中討論的一些歷史，並將本書中概述的處理類別資料的 tidy 做法與基礎 R 的方法做了比較。該論文的早期版本幫忙確定了 forcats 套件的動機和範疇；感謝 Amelia 和 Nick！

在下一章中，我們將變換思路，開始學習 R 中的日期和時間。日期和時間看似簡單，但你很快就會發現，對它們瞭解得越多，看起來就越複雜！

## 第十七章

日期與時間

簡介

本章將向你展示如何在 R 中處理日期（dates）和時間（times）。乍看之下，日期和時間看似簡單。你在日常生活中一直使用它們，而且它們似乎不會引起太大的困惑。然而，對日期和時間瞭解得越多，它們似乎就越複雜！

為了熱身，請想想一年有多少天、一天有多少小時。你可能記得大多數年份都是 365 天，但閏年（leap years）有 366 天。你知道確定一年是否為閏年的完整規則嗎[1]？一天的小時數就不那麼明顯了：大多數日子都是 24 小時，但在使用夏令時間（daylight saving time，DST，或稱「日光節約時間」）的地方，每年有一天是 23 小時，而另一天有 25 小時。

日期和時間很難處理，因為它們必須協調兩種物理現象（地球自轉和地球繞太陽的公轉）和一系列地緣政治現象，包括月份、時區（time zones）和 DST。本章不會教你關於日期和時間的每一個細節，但會為你提供穩固的實用技能基礎，幫助你應對常見的資料分析挑戰。

首先，我們將向你展示如何從各種輸入建立出日期時間（date-times），然後在獲得日期時間後，你將學習如何取出年、月和日等組成部分。然後，我們將深入探討如何處理時間跨距（time spans）這個棘手的問題，它有各式各樣的風格，取決於你想做的是什麼。最後，我們將簡要討論時區（time zones）帶來的額外挑戰。

1　如果一個年份能被 4 整除，它就是一個閏年，除非它也能被 100 整除，但要包括也能被 400 整除的那些。換句話說，在每一組 400 年中，會有 97 個閏年。

先決條件

本章將重點介紹 lubridate 套件，它讓 R 中的日期和時間處理變得更容易。從最新的 tidyverse 版本開始，lubridate 已成為核心 tidyverse 的一部分。我們還需要 nycflights13 來取得實際的資料。

```
library(tidyverse)
library(nycflights13)
```

建立日期 / 時間

有三種類型的日期 / 時間資料指的是時間中的某個瞬間（instant）。

- 一個日期（*date*）。Tibbles 將其列印為 <date>。

- 一天內的某個時間（*time*）。Tibbles 將其列印為 <time>。

- 一個日期時間（*date-time*），它是一個日期加上一個時間：它唯一識別時間中的某一瞬間（通常精確到秒）。Tibbles 將其列印為 <dttm>。基礎 R 將其稱為 POSIXct，但唸起來並不是很流暢。

在本章中，我們將重點討論日期和日期時間，因為 R 沒有用來儲存時間的原生類別（native class）。如果需要，可以使用 hms 套件。

你應該總是使用最簡單的資料型別來滿足你的需求。也就是說，如果可以使用日期而不是日期時間，那就應該使用日期。由於需要處理時區，日期時間要複雜得多，這一點我們將在本章結尾再討論。

要獲取當前的日期或日期時間，可以使用 today() 或 now()：

```
today()
#> [1] "2023-03-12"
now()
#> [1] "2023-03-12 13:07:31 CDT"
```

除此之外，接下來的章節將介紹建立日期 / 時間（date/time）的四種可能方式：

- 使用 readr 讀取檔案時

- 從字串

- 從個別的日期時間組成部分（date-time components）

- 來自現有日期 / 時間物件

匯入的時候

如果你的 CSV 包含 ISO8601 日期或日期時間，你無須做任何事情，readr 會自動識別之：

```
csv <- "
  date,datetime
  2022-01-02,2022-01-02 05:12
"
read_csv(csv)
#> # A tibble: 1 × 2
#>   date       datetime
#>   <date>     <dttm>
#> 1 2022-01-02 2022-01-02 05:12:00
```

如果你以前沒聽說過 *ISO8601*，它是書寫日期的一種國際標準（*https://oreil.ly/19K7t*），其中日期的組成部分從大到小用 - 分隔。舉例來說，在 ISO8601 中，2022 年 5 月 3 日（May 3, 2022）就是 2022-05-03。ISO8601 日期還可以包括時間，其中小時（hour）、分鐘（minute）和秒（second）用：分隔；日期和時間部分用 T 或一個空格（space）分隔。舉例來說，你可以將 2022 年 5 月 3 日下午 4:26（4:26 p.m. on May 3, 2022）寫成 2022-05-03 16:26 或 2022-05-03T16:26。

對於其他日期時間格式，則需要使用 col_types 加上 col_date() 或 col_datetime()，以及日期時間格式。readr 使用的日期時間格式是許多程式語言都採用的標準，用 % 後跟著單一個字元來描述日期組成部分。舉例來說，%Y-%m-%d 指定的日期是年、-、月（作為數字）-、日。表 17-1 列出所有選項。

表 17-1　readr 可理解的所有日期格式

類型	代碼	意義	例子
Year（年）	%Y	4 位數的年	2021
	%y	2 位數的年	21
Month（月）	%m	數字	2
	%b	縮寫名稱	Feb
	%B	完整名稱	February
Day（日）	%d	兩位數	02
	%e	一或兩位數	2
Time（時間）	%H	24 小時制	13
	%I	12 小時制	1

類型	代碼	意義	例子
	%p	a.m./p.m.	pm
	%M	分鐘	35
	%S	秒	45
	%OS	有小數部分的秒	45.35
	%Z	時區名稱	America/Chicago
	%z	與 UTC 的差值	+0800
其他	%.	跳過一個非數字	:
	%*	跳過任何數目個非數字	

這段程式碼顯示了幾個可套用於非常模糊的日期的選項:

```
csv <- "
  date
  01/02/15
"

read_csv(csv, col_types = cols(date = col_date("%m/%d/%y")))
#> # A tibble: 1 × 1
#>   date
#>   <date>
#> 1 2015-01-02

read_csv(csv, col_types = cols(date = col_date("%d/%m/%y")))
#> # A tibble: 1 × 1
#>   date
#>   <date>
#> 1 2015-02-01

read_csv(csv, col_types = cols(date = col_date("%y/%m/%d")))
#> # A tibble: 1 × 1
#>   date
#>   <date>
#> 1 2001-02-15
```

請注意,無論你如何指定日期格式,一旦將其輸入 R,顯示方式都是一樣的。

如果使用 %b 或 %B 處理非英文日期,還需要提供 locale()。請參閱 date_names_langs()
中的內建語言清單,或使用 date_names() 建立自己的。

從字串

日期時間規格語言的功能強大，但需要仔細分析日期格式。另一種做法是使用 lubridate 的輔助工具，一旦你指定了組成部分的順序，它就會自動判斷格式。要使用它們，首先要確定年、月、日在日期中出現的順序，然後按同樣的順序排列「y」、「m」和「d」。這樣就得出了能剖析你日期的 lubridate 函式名稱。例如：

```
ymd("2017-01-31")
#> [1] "2017-01-31"
mdy("January 31st, 2017")
#> [1] "2017-01-31"
dmy("31-Jan-2017")
#> [1] "2017-01-31"
```

ymd() 和它的朋友們可以建立日期。要建立日期時間（date-time），請在剖析函式名稱中新增底線（underscore）和一或多個「h」、「m」和「s」：

```
ymd_hms("2017-01-31 20:11:59")
#> [1] "2017-01-31 20:11:59 UTC"
mdy_hm("01/31/2017 08:01")
#> [1] "2017-01-31 08:01:00 UTC"
```

你還可以透過提供時區，強制根據日期建立日期時間：

```
ymd("2017-01-31", tz = "UTC")
#> [1] "2017-01-31 UTC"
```

在這裡，我使用 UTC [2] 時區，你可能也以 GMT 或 Greenwich Mean Time（格林威治標準時間）的名稱聽過它，即經度 0° 上的時間 [3]。它不使用夏令時間，因此更容易計算。

從個別的組成部分

有時，日期時間的各個組成部分會分佈在多欄中，而不是單個字串。這就是我們 flights 資料的狀況：

```
flights |>
  select(year, month, day, hour, minute)
#> # A tibble: 336,776 × 5
#>    year month   day  hour minute
#>   <int> <int> <int> <dbl>  <dbl>
#> 1  2013     1     1     5     15
```

---

2 你可能想知道 UTC 代表什麼。它是英語「Coordinated Universal Time」和法語「Temps Universel Coordonné」的折衷方案。

3 猜猜經度系統是哪個國家發明的，但沒有獎品。

```
#> 2  2013     1     1     5     29
#> 3  2013     1     1     5     40
#> 4  2013     1     1     5     45
#> 5  2013     1     1     6      0
#> 6  2013     1     1     5     58
#> # … with 336,770 more rows
```

要根據這種輸入建立日期 / 時間，可使用 make_date() 建立日期，或使用 make_
datetime() 建立日期時間：

```
flights |>
  select(year, month, day, hour, minute) |>
  mutate(departure = make_datetime(year, month, day, hour, minute))
#> # A tibble: 336,776 × 6
#>    year month   day  hour minute departure
#>   <int> <int> <int> <dbl>  <dbl> <dttm>
#> 1  2013     1     1     5     15 2013-01-01 05:15:00
#> 2  2013     1     1     5     29 2013-01-01 05:29:00
#> 3  2013     1     1     5     40 2013-01-01 05:40:00
#> 4  2013     1     1     5     45 2013-01-01 05:45:00
#> 5  2013     1     1     6      0 2013-01-01 06:00:00
#> 6  2013     1     1     5     58 2013-01-01 05:58:00
#> # … with 336,770 more rows
```

我們對 flights 中的四個時間欄位做同樣的處理。其中時間的表示格式略顯奇怪，因此
我們使用模數算術（modulus arithmetic）來取出小時和分鐘部分。建立完日期時間變數
後，我們就可以集中精力研究本章接下來要討論的變數了。

```
make_datetime_100 <- function(year, month, day, time) {
  make_datetime(year, month, day, time %/% 100, time %% 100)
}

flights_dt <- flights |>
  filter(!is.na(dep_time), !is.na(arr_time)) |>
  mutate(
    dep_time = make_datetime_100(year, month, day, dep_time),
    arr_time = make_datetime_100(year, month, day, arr_time),
    sched_dep_time = make_datetime_100(year, month, day, sched_dep_time),
    sched_arr_time = make_datetime_100(year, month, day, sched_arr_time)
  ) |>
  select(origin, dest, ends_with("delay"), ends_with("time"))

flights_dt
#> # A tibble: 328,063 × 9
#>   origin dest  dep_delay arr_delay dep_time            sched_dep_time
#>   <chr>  <chr>     <dbl>     <dbl> <dttm>              <dttm>
#> 1 EWR    IAH           2        11 2013-01-01 05:17:00 2013-01-01 05:15:00
```

```
#> 2 LGA    IAH        4        20 2013-01-01 05:33:00 2013-01-01 05:29:00
#> 3 JFK    MIA        2        33 2013-01-01 05:42:00 2013-01-01 05:40:00
#> 4 JFK    BQN       -1       -18 2013-01-01 05:44:00 2013-01-01 05:45:00
#> 5 LGA    ATL       -6       -25 2013-01-01 05:54:00 2013-01-01 06:00:00
#> 6 EWR    ORD       -4        12 2013-01-01 05:54:00 2013-01-01 05:58:00
#> # … with 328,057 more rows, and 3 more variables: arr_time <dttm>,
#> #   sched_arr_time <dttm>, air_time <dbl>
```

有了這些資料，我們就可以直觀地看到一整年出發時間的分佈情況：

```
flights_dt |>
  ggplot(aes(x = dep_time)) +
  geom_freqpoly(binwidth = 86400) # 86400 seconds = 1 day
```

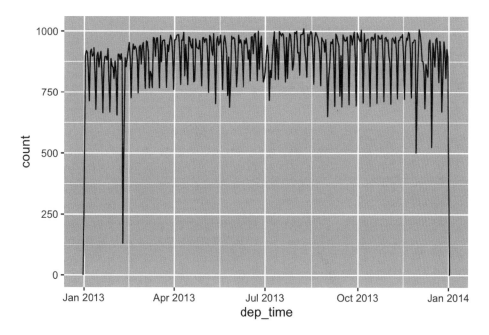

或者在一天之內：

```
flights_dt |>
  filter(dep_time < ymd(20130102)) |>
  ggplot(aes(x = dep_time)) +
  geom_freqpoly(binwidth = 600) # 600 s = 10 minutes
```

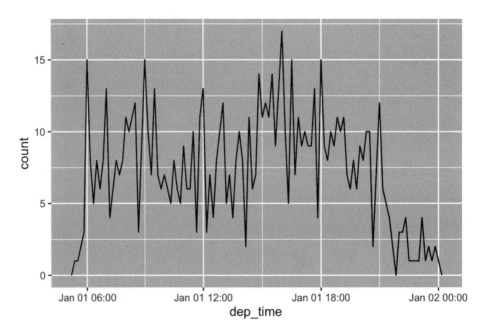

請注意，在數值情境（如直方圖）中使用日期時間時，1 表示 1 秒，因此 86400 的 binwidth（組別寬度）表示一天。對於日期，1 表示 1 天。

從其他型別

你可能希望在日期時間和日期之間切換。這就是 as_datetime() 和 as_date() 的工作：

```
as_datetime(today())
#> [1] "2023-03-12 UTC"
as_date(now())
#> [1] "2023-03-12"
```

有時，你會從「Unix 紀元（Unix epoch）」（1970-01-01）得到以數值偏移量（numeric offsets）表示的日期 / 時間。如果偏移量以秒為單位，就使用 as_datetime()；如果以天為單位，則使用 as_date()。

```
as_datetime(60 * 60 * 10)
#> [1] "1970-01-01 10:00:00 UTC"
as_date(365 * 10 + 2)
#> [1] "1980-01-01"
```

習題

1. 如果剖析的字串包含無效日期,會發生什麼情況?

   ```
   ymd(c("2010-10-10", "bananas"))
   ```

2. today() 的 tzone 引數有什麼作用?為什麼它很重要?

3. 請說明如何使用 readr 欄規格和 lubridate 函式對以下每個日期時間進行剖析。

   ```
   d1 <- "January 1, 2010"
   d2 <- "2015-Mar-07"
   d3 <- "06-Jun-2017"
   d4 <- c("August 19 (2015)", "July 1 (2015)")
   d5 <- "12/30/14" # Dec 30, 2014
   t1 <- "1705"
   t2 <- "11:15:10.12 PM"
   ```

日期時間的組成部分

既然你已經知道如何把日期時間資料弄到 R 的日期時間資料結構中,那麼我們來探討一下如何使用它們。本節將重點介紹取得和設定個別組成部分的存取器函式(accessor functions)。下一節將介紹如何對日期時間進行算術運算。

取得組成部分

透過存取器函式 year()、month()、mday()(月中的某天)、yday()(年中的某日)、wday()(星期)、hour()、minute() 和 second(),可以提取日期的各個部分。它們實際上就是 make_datetime() 反向運算。

```
datetime <- ymd_hms("2026-07-08 12:34:56")

year(datetime)
#> [1] 2026
month(datetime)
#> [1] 7
mday(datetime)
#> [1] 8

yday(datetime)
#> [1] 189
wday(datetime)
#> [1] 4
```

對於 month() 和 wday()，可以設定 label = TRUE 來回傳月份或星期的縮寫名稱。設定 abbr = FALSE 則回傳全名。

```
month(datetime, label = TRUE)
#> [1] Jul
#> 12 Levels: Jan < Feb < Mar < Apr < May < Jun < Jul < Aug < Sep < ... < Dec
wday(datetime, label = TRUE, abbr = FALSE)
#> [1] Wednesday
#> 7 Levels: Sunday < Monday < Tuesday < Wednesday < Thursday < ... < Saturday
```

我們可以使用 wday() 看到一週內平日起飛的航班多於週末起飛的航班：

```
flights_dt |>
  mutate(wday = wday(dep_time, label = TRUE)) |>
  ggplot(aes(x = wday)) +
  geom_bar()
```

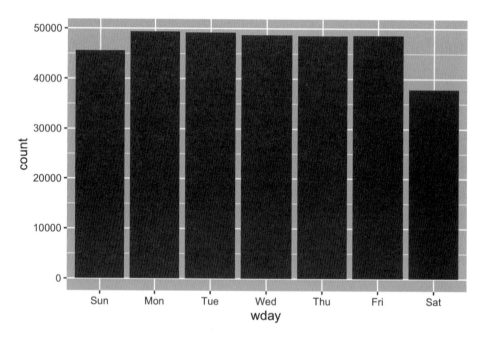

我們還可以檢視一小時內每分鐘的平均起飛延誤時間。這裡有一個有趣的規律：20 ～ 30 分鐘和 50 ～ 60 分鐘起飛的航班的延誤時間要比一小時內其他時段低得多！

```
flights_dt |>
  mutate(minute = minute(dep_time)) |>
  group_by(minute) |>
  summarize(
    avg_delay = mean(dep_delay, na.rm = TRUE),
```

```
  n = n()
) |>
ggplot(aes(x = minute, y = avg_delay)) +
geom_line()
```

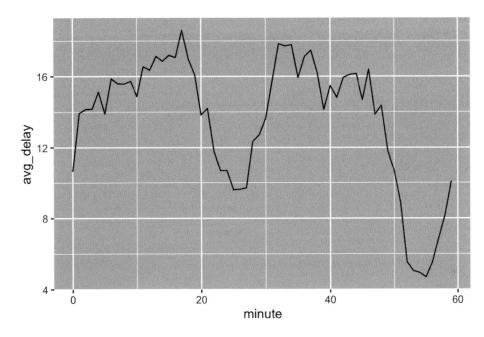

有趣的是，如果我們看一下預定的起飛時間（*scheduled* departure time），就不會發現如此強烈的模式：

```
sched_dep <- flights_dt |>
  mutate(minute = minute(sched_dep_time)) |>
  group_by(minute) |>
  summarize(
    avg_delay = mean(arr_delay, na.rm = TRUE),
    n = n()
  )

ggplot(sched_dep, aes(x = minute, y = avg_delay)) +
  geom_line()
```

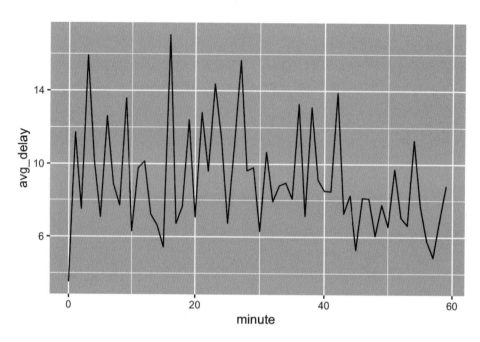

那麼，我們為什麼會在實際起飛時間中看到那種模式呢？正如圖 17-1 所示，與人類蒐集的許多資料一樣，這裡存在一種強烈的傾向，偏好在「好的」起飛時間起飛的航班。在處理涉及人為判斷的資料時，一定要警惕這種模式！

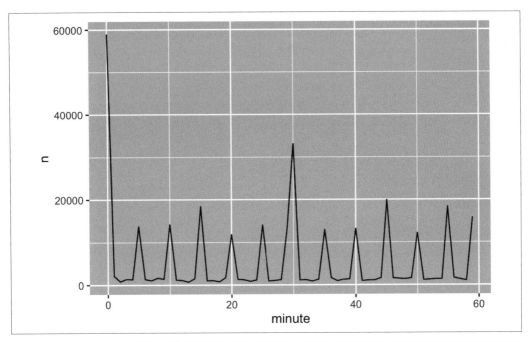

圖 17-1 顯示每小時預定起飛航班數量的次數多邊圖。從圖中可以看出,航空公司非常喜歡像是 0 和 30 這樣的整數,而且一般都偏愛 5 的倍數

捨入

繪製個別組成部分的另一種做法是使用 floor_date()、round_date() 和 ceiling_date(),將日期捨入到附近的時間單位。其中每個函式都接受一個要調整的日期向量,以及要向下捨入(floor)、向上捨入(ceiling)或捨入至的單位名稱。舉例來說,這樣我們就可以繪製每週航班的數量:

```
flights_dt |>
  count(week = floor_date(dep_time, "week")) |>
  ggplot(aes(x = week, y = n)) +
  geom_line() +
  geom_point()
```

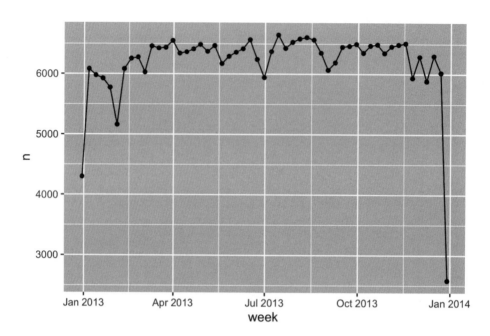

你可以使用捨入，透過計算 dep_time 與當天最早時刻之間的差值來顯示航班在一天內的分佈情況：

```
flights_dt |>
  mutate(dep_hour = dep_time - floor_date(dep_time, "day")) |>
  ggplot(aes(x = dep_hour)) +
  geom_freqpoly(binwidth = 60 * 30)
#> Don't know how to automatically pick scale for object of type <difftime>.
#> Defaulting to continuous.
```

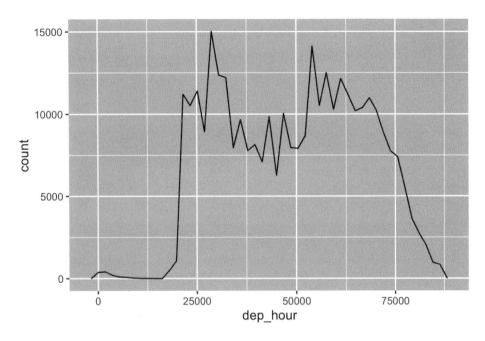

計算一對日期時間之間的差值可以得到一個 difftime（更多內容請參閱第 335 頁的「Interval」）。我們可以將其轉換為 hms 物件，以獲得更有用的 x 軸：

```
flights_dt |>
  mutate(dep_hour = hms::as_hms(dep_time - floor_date(dep_time, "day"))) |>
  ggplot(aes(x = dep_hour)) +
  geom_freqpoly(binwidth = 60 * 30)
```

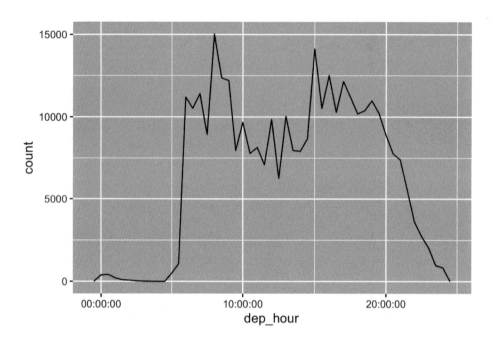

修改組成部分

你還可以使用各個存取器函式來修改日期/時間的組成部分。這在資料分析中並不常見，但在清理日期明顯有錯的資料時非常有用。

```
(datetime <- ymd_hms("2026-07-08 12:34:56"))
#> [1] "2026-07-08 12:34:56 UTC"

year(datetime) <- 2030
datetime
#> [1] "2030-07-08 12:34:56 UTC"
month(datetime) <- 01
datetime
#> [1] "2030-01-08 12:34:56 UTC"
hour(datetime) <- hour(datetime) + 1
datetime
#> [1] "2030-01-08 13:34:56 UTC"
```

另外，與其修改現有變數，你也可以使用 update() 創建一個新的日期時間。這樣就能一個步驟設定多個值：

```
update(datetime, year = 2030, month = 2, mday = 2, hour = 2)
#> [1] "2030-02-02 02:34:56 UTC"
```

如果數值過大，它們就會繞回來：

```
update(ymd("2023-02-01"), mday = 30)
#> [1] "2023-03-02"
update(ymd("2023-02-01"), hour = 400)
#> [1] "2023-02-17 16:00:00 UTC"
```

習題

1. 一天內的飛行時間分佈在一年中發生怎樣的變化？

2. 比較 dep_time、sched_dep_time 與 dep_delay。它們是否一致？解釋你的發現。

3. 將 air_time 與起飛和到達之間的時間進行比較。解釋你的發現。（提示：考慮機場的位置。）

4. 平均延遲時間在一天中是如何變化的？應該使用 dep_time 還是 sched_dep_time？為什麼？

5. 如果想盡量減少延誤的可能性，你應該在一週的哪一天出發？

6. 是什麼使得 diamonds$carat 和 flights$sched_dep_time 的分佈相似？

7. 確認我們的假設，即 20 ～ 30 分鐘和 50 ～ 60 分鐘的航班提前起飛是由於預定航班提早離開所造成的。提示：建立一個二元變數，告訴你航班是否延誤。

時間跨距

接下來，你將學習如何使用日期進行算術運算，包括減法、加法和除法。過程中，你會學到代表時間跨距（time spans）的三個重要類別：

Duration（持續時間）

　　表示精確的秒數

Period（一段時間）

　　表示週和月等人類單位

Interval（時間間隔）

　　表示一個起點和終點

如何在 duration、period 和 interval 之間做出選擇？一如既往，挑選最簡單的資料結構來解決你的問題。如果你只關心物理時間，那就使用 duration；若是你需要新增人類時間，那就使用 period；而如果你需要計算以人類單位表示的時間跨距，那就使用 interval。

Duration

在 R 中，將兩個日期相減時，會得到一個 difftime 物件：

```
# Hadley 的年紀多大？
h_age <- today() - ymd("1979-10-14")
h_age
#> Time difference of 15855 days
```

difftime 類別物件記錄的時間跨距以秒、分鐘、小時、天或週為單位。這種模糊性會讓 difftime 的使用變得有些麻煩，因此 lubridate 提供一種始終以秒計算的替代方案：*duration*。

```
as.duration(h_age)
#> [1] "1369872000s (~43.41 years)"
```

duration 有很多方便的建構器：

```
dseconds(15)
#> [1] "15s"
dminutes(10)
#> [1] "600s (~10 minutes)"
dhours(c(12, 24))
#> [1] "43200s (~12 hours)" "86400s (~1 days)"
ddays(0:5)
#> [1] "0s"                "86400s (~1 days)"  "172800s (~2 days)"
#> [4] "259200s (~3 days)" "345600s (~4 days)" "432000s (~5 days)"
dweeks(3)
#> [1] "1814400s (~3 weeks)"
dyears(1)
#> [1] "31557600s (~1 years)"
```

duration 總是以秒為單位記錄時間跨距。透過將分鐘、小時、天、週和年轉換為秒，可以建立較大的單位：一分鐘有 60 秒、一小時有 60 分鐘、一天有 24 小時、一週有 7 天。更大的時間單位問題較多。年使用一年的「平均」天數，即 365.25 天。沒有辦法將一個月轉換成 duration，因為變化太大了。

你可以相加或相乘 duration：

```
2 * dyears(1)
#> [1] "63115200s (~2 years)"
dyears(1) + dweeks(12) + dhours(15)
#> [1] "38869200s (~1.23 years)"
```

你可以對 duration 加上或減去天數：

```
tomorrow <- today() + ddays(1)
last_year <- today() - dyears(1)
```

不過，由於 duration 表示的是精確的秒數，有時你可能會得到意想不到的結果：

```
one_am <- ymd_hms("2026-03-08 01:00:00", tz = "America/New_York")

one_am
#> [1] "2026-03-08 01:00:00 EST"
one_am + ddays(1)
#> [1] "2026-03-09 02:00:00 EDT"
```

為什麼 3 月 8 日凌晨 1 點的一天後，會回傳為 3 月 9 日凌晨 2 點？如果你仔細觀察這個日期，你可能也會注意到時區發生了變化。3 月 8 日只有 23 個小時，因為那天是夏令時間的起點，所以如果我們加上一整天的秒數，結果就會是不同的時間。

Period

為瞭解決這個問題，lubridate 提供了 *period*。period 是一種時間跨距，但沒有以秒為單位的固定長度；取而代之，它使用的是「人類」時間，如天和月。這使得它們能以更直覺的方式運作：

```
one_am
#> [1] "2026-03-08 01:00:00 EST"
one_am + days(1)
#> [1] "2026-03-09 01:00:00 EDT"
```

就跟 duration 一樣，period 也可以透過一些友善的建構器來建立：

```
hours(c(12, 24))
#> [1] "12H 0M 0S" "24H 0M 0S"
days(7)
#> [1] "7d 0H 0M 0S"
months(1:6)
#> [1] "1m 0d 0H 0M 0S" "2m 0d 0H 0M 0S" "3m 0d 0H 0M 0S" "4m 0d 0H 0M 0S"
#> [5] "5m 0d 0H 0M 0S" "6m 0d 0H 0M 0S"
```

你可以對 period 進行加法和乘法運算：

```
10 * (months(6) + days(1))
#> [1] "60m 10d 0H 0M 0S"
days(50) + hours(25) + minutes(2)
#> [1] "50d 25H 2M 0S"
```

當然，還可以將它們加到日期上。相較於 duration，period 更有可能達到你預期的效果：

```
# 閏年
ymd("2024-01-01") + dyears(1)
#> [1] "2024-12-31 06:00:00 UTC"
ymd("2024-01-01") + years(1)
#> [1] "2025-01-01"

# 夏令時間
one_am + ddays(1)
#> [1] "2026-03-09 02:00:00 EDT"
one_am + days(1)
#> [1] "2026-03-09 01:00:00 EDT"
```

讓我們用 period 來解決一個與航班日期有關的奇怪問題。有些飛機似乎從紐約市（New York City）起飛之前就已到達目的地：

```
flights_dt |>
  filter(arr_time < dep_time)
#> # A tibble: 10,633 × 9
#>   origin dest  dep_delay arr_delay dep_time            sched_dep_time
#>   <chr>  <chr>     <dbl>     <dbl> <dttm>              <dttm>
#> 1 EWR    BQN           9        -4 2013-01-01 19:29:00 2013-01-01 19:20:00
#> 2 JFK    DFW          59        NA 2013-01-01 19:39:00 2013-01-01 18:40:00
#> 3 EWR    TPA          -2         9 2013-01-01 20:58:00 2013-01-01 21:00:00
#> 4 EWR    SJU          -6       -12 2013-01-01 21:02:00 2013-01-01 21:08:00
#> 5 EWR    SFO          11       -14 2013-01-01 21:08:00 2013-01-01 20:57:00
#> 6 LGA    FLL         -10        -2 2013-01-01 21:20:00 2013-01-01 21:30:00
#> # … with 10,627 more rows, and 3 more variables: arr_time <dttm>,
#> #   sched_arr_time <dttm>, air_time <dbl>
```

這些都是跨夜航班（overnight flights）。我們在起飛和到達時間上使用相同的日期資訊，但這些航班是在第二天抵達的。我們可以在每個跨夜航班的到達時間上加上 days(1) 來解決這個問題：

```
flights_dt <- flights_dt |>
  mutate(
    overnight = arr_time < dep_time,
    arr_time = arr_time + days(overnight),
```

```
    sched_arr_time = sched_arr_time + days(overnight)
  )
```

現在，我們所有的航班都遵守物理定律了：

```
flights_dt |>
  filter(arr_time < dep_time)
#> # A tibble: 0 × 10
# … with 10 variables: origin <chr>, dest <chr>, dep_delay <dbl>,
#   arr_delay <dbl>, dep_time <dttm>, sched_dep_time <dttm>, …
# i Use `colnames()` to see all variable names
#> # … with 10,627 more rows, and 4 more variables:
```

Interval

dyears(1) / ddays(365) 會回傳什麼？並不是 1，因為 dyears() 被定義為每個平均年的秒數，也就是 365.25 天的秒數。

years(1) / days(1) 會回傳什麼？如果年份是 2015，回傳值應該是 365，但若是 2016 年，回傳值就應該是 366！對於 lubridate 來說，沒有足夠的資訊給出一個明確的答案。它能做的只是提供一個估計值：

```
years(1) / days(1)
#> [1] 365.25
```

如果想要更精確的測量，就必須使用 *interval*。一個 interval 是一對起始和終止日期時間，也可以將其視為有起點的 duration。

你可以使用 start %--% end 來建立 interval：

```
y2023 <- ymd("2023-01-01") %--% ymd("2024-01-01")
y2024 <- ymd("2024-01-01") %--% ymd("2025-01-01")

y2023
#> [1] 2023-01-01 UTC--2024-01-01 UTC
y2024
#> [1] 2024-01-01 UTC--2025-01-01 UTC
```

然後再除以 days()，就能算出該年有多少天：

```
y2023 / days(1)
#> [1] 365
y2024 / days(1)
#> [1] 366
```

習題

1. 向剛開始學習 R 的人解釋 days(!overnight) 和 days(overnight)。你需要知道的關鍵事實是什麼？

2. 建立一個日期向量，給出 2015 年每個月的第一天。建立一個日期向量，給出目前這一年每個月的第一天。

3. 編寫一個函式，在給定你的生日（一個日期）的情況下，回傳你的年齡。

4. 為什麼 (today() %--% (today() + years(1))) / months(1) 行不通？

時區

時區是一個非常複雜的主題，因為它與地緣政治實體（geopolitical entities）相互影響。幸運的是，我們不需要深入研究所有細節，因為它們對資料分析並非都很重要，但有幾個難題我們需要先解決。

第一個挑戰是，時區的日常名稱往往模稜兩可。舉例來說，如果你是美國人，你可能熟悉 Eastern Standard Time（EST，東部標準時間）。不過，澳大利亞（Australia）和加拿大（Canada）也有 EST！為避免混淆，R 使用國際標準的 IANA 時區。這些時區使用統一的命名方案 {area}/{location}，通常為 {continent}/{city} 或 {ocean}/{city} 這種形式。例如「America/New_York」、「Europe/Paris」和「Pacific/Auckland」。

你可能會問，為什麼時區使用的是城市，而你通常認為時區與國家或國家內的地區有關。這是因為 IANA 資料庫必須記錄數十年的時區規則。在幾十年的時間裡，國家會頻繁更名（或分裂），但城市名稱卻往往保持不變。另一個問題是，名稱不僅要反映當前的行為，還要反映完整的歷史。

舉例來說，「America/New_York」和「America/Detroit」都有時區。這些城市目前都使用 Eastern Standard Time，但在 1969 ～ 1972 年間，Michigan（Detroit 所在的州）並不使用 DST，因此需要一個不同的名稱。查看原始時區資料庫（*https://oreil.ly/NwvsT*）是值得的，即使只是為了閱讀這些故事！

你可以使用 Sys.timezone() 查詢 R 認為你當前的時區是什麼：

```
Sys.timezone()
#> [1] "America/Chicago"
```

（如果 R 不知道，你會得到 NA。）

而要檢視所有時區名稱的完整清單，請使用 OlsonNames()：

```
length(OlsonNames())
#> [1] 597
head(OlsonNames())
#> [1] "Africa/Abidjan"     "Africa/Accra"       "Africa/Addis_Ababa"
#> [4] "Africa/Algiers"     "Africa/Asmara"      "Africa/Asmera"
```

在 R 中，時區是日期時間（date-time）的一個屬性，只會影響列印結果。舉例來說，這三個物件代表同一時刻的時間：

```
x1 <- ymd_hms("2024-06-01 12:00:00", tz = "America/New_York")
x1
#> [1] "2024-06-01 12:00:00 EDT"

x2 <- ymd_hms("2024-06-01 18:00:00", tz = "Europe/Copenhagen")
x2
#> [1] "2024-06-01 18:00:00 CEST"

x3 <- ymd_hms("2024-06-02 04:00:00", tz = "Pacific/Auckland")
x3
#> [1] "2024-06-02 04:00:00 NZST"
```

你可以用減法來驗證它們是否為相同的時間：

```
x1 - x2
#> Time difference of 0 secs
x1 - x3
#> Time difference of 0 secs
```

除非另有指定，否則 lubridate 始終使用 UTC。UTC 是科學界使用的標準時區，大致等同於 GMT。它沒有 DST，是便於計算的一種表示法。結合日期時間的運算（例如 c()）通常會去掉時區。在那種情況下，日期時間將以第一個元素的時區顯示：

```
x4 <- c(x1, x2, x3)
x4
#> [1] "2024-06-01 12:00:00 EDT" "2024-06-01 12:00:00 EDT"
#> [3] "2024-06-01 12:00:00 EDT"
```

你可以透過兩種方式更改時區：

- 保持時間點（instant）不變，但改變顯示方式。若時間點是正確的，但你希望顯示得更自然時，就用這種做法。

  ```
  x4a <- with_tz(x4, tzone = "Australia/Lord_Howe")
  x4a
  #> [1] "2024-06-02 02:30:00 +1030" "2024-06-02 02:30:00 +1030"
  ```

```
#> [3] "2024-06-02 02:30:00 +1030"
x4a - x4
#> Time differences in secs
#> [1] 0 0 0
```

（這也說明了時區的另一個挑戰：它們並非都是整數的小時偏移量！）

- 更改底層的時間點。若遇到標注了錯誤時區的時間點，需要修復時，就可以這樣做。

```
x4b <- force_tz(x4, tzone = "Australia/Lord_Howe")
x4b
#> [1] "2024-06-01 12:00:00 +1030" "2024-06-01 12:00:00 +1030"
#> [3] "2024-06-01 12:00:00 +1030"
x4b - x4
#> Time differences in hours
#> [1] -14.5 -14.5 -14.5
```

總結

本章向你介紹 lubridate 為幫助你處理日期時間資料而提供的工具。處理日期和時間可能感覺比實際需要的更為複雜，但我們希望本章能幫助你理解為什麼：日期時間比乍看之下還要複雜，而要處理每一種可能的情況會增加複雜性。即使你的資料從未跨越 DST 邊界或涉及閏年，函式也必須有能力處理它們。

下一章將綜述缺失值（missing values）。你已經在一些地方看過缺失值，無疑也在自己的分析中遇到過，現在是時候提供處理缺失值的實用技巧了。

## 第十八章

缺失值

簡介

在本書的前半部分你已經學到了缺失值的基本知識。你第一次在第 1 章中看到它們時，是圖表繪製會因為它們而出現警告；在第 55 頁的「summarize()」中，它們會干擾摘要統計量的計算；在第 216 頁的「缺失值」中學到了其傳染性以及如何檢查它們的存在。現在，我們將更深入地討論它們，讓你瞭解更多細節。

首先，我們會討論一些通用工具用以處理記錄為 NA 的缺失值。然後，我們將探討隱含缺失值（implicitly missing values）的概念，即單純沒在資料中出現的值，並展示一些可以用來將其變得明顯的工具。最後，我們將對資料中未出現的因子級別（factor levels）所導致的空群組（empty groups）進行相關討論。

先決條件

處理缺失資料的函式主要來自 dplyr 和 tidyr，它們是 tidyverse 的核心成員。

```
library(tidyverse)
```

明確的缺失值

首先，我們來瞭解一下建立或消除明確缺失值（即單元格中看到 NA 的地方）的幾種便捷工具。

延續前一觀測值

缺失值的一個常見用途是方便資料的錄入。手工輸入資料時，缺失值有時表示前一列的值要被重複（或延續下去）：

```
treatment <- tribble(
  ~person,            ~treatment, ~response,
  "Derrick Whitmore", 1,          7,
  NA,                 2,          10,
  NA,                 3,          NA,
  "Katherine Burke",  1,          4
)
```

你可以使用 tidyr::fill() 填補這些缺失值。它的工作原理與 select() 類似，接受一組欄位（columns）：

```
treatment |>
  fill(everything())
#> # A tibble: 4 × 3
#>   person           treatment response
#>   <chr>                <dbl>    <dbl>
#> 1 Derrick Whitmore         1        7
#> 2 Derrick Whitmore         2       10
#> 3 Derrick Whitmore         3       10
#> 4 Katherine Burke          1        4
```

這種處理方法有時被稱為「last observation carried forward（前一觀測值往後延續）」，簡稱 *locf*。你可以使用 .direction 引數來填補以更特殊方式產生的缺失值。

固定值

有時缺失值代表一些固定的已知值，最常見的是 0。你可以使用 dplyr::coalesce() 替換它們：

```
x <- c(1, 4, 5, 7, NA)
coalesce(x, 0)
#> [1] 1 4 5 7 0
```

有時你會遇到相反的問題，即某些具體值實際上代表了缺失值。這種情況通常出現在較舊軟體所產生的資料中，這些軟體沒有適當的方式來表示缺失值，因此必須使用一些特殊值，如 99 或 -999。

如果可能，請在讀入資料時處理這個問題，例如使用 readr::read_csv() 的 na 引數，像是 read_csv(path, na = "99")。如果你後來才發現這種問題，或者你的資料來源沒有提供在讀取時處理這種情況的方法，你可以使用 dplyr::na_if()：

```
x <- c(1, 4, 5, 7, -99)
na_if(x, -99)
#> [1]  1  4  5  7 NA
```

NaN

在我們繼續之前，有一種特殊的缺失值你會時常遇到：NaN（讀作「nan」），或者說「not a number（不是數字）」。瞭解它並不是那麼重要，因為它的行為通常與 NA 相同：

```
x <- c(NA, NaN)
x * 10
#> [1]  NA NaN
x == 1
#> [1] NA NA
is.na(x)
#> [1] TRUE TRUE
```

在極少數情況下，如果需要區分 NA 和 NaN，可以使用 is.nan(x)。

一般來說，都是在執行結果不確定的數學運算時才會遇到 NaN：

```
0 / 0
#> [1] NaN
0 * Inf
#> [1] NaN
Inf - Inf
#> [1] NaN
sqrt(-1)
#> Warning in sqrt(-1): NaNs produced
#> [1] NaN
```

隱含的缺失值

到目前為止，我們討論的缺失值都是明確（*explicitly*）缺失的；也就是說，你可以在資料中看到 NA。但缺失值也可能是隱含（*implicitly*）缺失，即整列資料都不存在。我們用一個簡單的資料集來說明兩者的區別，這個資料集記錄了某支股票每個季度的價格：

```
stocks <- tibble(
  year = c(2020, 2020, 2020, 2020, 2021, 2021, 2021),
  qtr  = c(   1,    2,    3,    4,    2,    3,    4),
```

```
  price = c(1.88, 0.59, 0.35,   NA, 0.92, 0.17, 2.66)
)
```

該資料集少了兩個觀測值：

- 明確缺少 2020 年第四季度的 price，因為其值為 NA。

- 2021 年第一季度的 price 是隱含缺失的，因為它單純就沒有出現在資料集之中。

可以用這種類似禪宗的公案（Zen koan）來思考兩者的區別：

> An explicit missing value is the presence of an absence. （明確的缺失值是缺席的存在。）

> An implicit missing value is the absence of a presence. （隱含的缺失值是存在的缺席。）

有時你想把隱含缺失明確化，以便有一些實際的東西可以處理。在其他情況下，明確的缺失是因為資料的結構而不得已生成的，因此需要將其去除。下面幾節將討論一些在隱含缺失和明確缺失之間轉換的工具。

Pivoting

我們已經見過一種可以將隱含缺失值明確化而且反過來進行也可以的工具：樞紐轉換（pivoting）。使資料變寬可以使隱含缺失值明確化，因為每一列和新欄位的組合都必須有一些值。舉例來說，如果我們對 stocks 進行樞紐轉換，將 quarter 放在欄中，那麼兩個缺失值都會變得明確：

```
stocks |>
  pivot_wider(
    names_from = qtr,
    values_from = price
  )
#> # A tibble: 2 × 5
#>    year   `1`   `2`   `3`   `4`
#>   <dbl> <dbl> <dbl> <dbl> <dbl>
#> 1  2020  1.88  0.59  0.35 NA
#> 2  2021 NA     0.92  0.17  2.66
```

預設情況下，使資料變長時會保留明確的缺失值，但如果這些缺失值是結構上的缺失值，只是因為資料不整齊（tidy）而存在，則可以透過設定 values_drop_na = TRUE 來捨棄它們（使它們變得隱含）。更多詳情，請參閱第 74 頁「整齊的資料」中的範例。

Complete

`tidyr::complete()` 可以透過提供一組變數來定義應該存在的列組合，從而生成明確的缺失值。舉例來說，我們知道 stocks 資料中應存在 year 和 qtr 的所有組合：

```
stocks |>
  complete(year, qtr)
#> # A tibble: 8 × 3
#>     year   qtr price
#>    <dbl> <dbl> <dbl>
#> 1  2020     1  1.88
#> 2  2020     2  0.59
#> 3  2020     3  0.35
#> 4  2020     4 NA
#> 5  2021     1 NA
#> 6  2021     2  0.92
#> # … with 2 more rows
```

一般情況下，你會使用現有變數的名稱呼叫 complete()，以填補缺失的組合。不過，有時個別變數本身並不完整，因此你可以改為提供自己的資料。舉例來說，你可能知道 stocks 資料集應該包含 2019 年到 2021 年的資料，所以你可以明確提供那些年份值：

```
stocks |>
  complete(year = 2019:2021, qtr)
#> # A tibble: 12 × 3
#>     year   qtr price
#>    <dbl> <dbl> <dbl>
#> 1  2019     1 NA
#> 2  2019     2 NA
#> 3  2019     3 NA
#> 4  2019     4 NA
#> 5  2020     1  1.88
#> 6  2020     2  0.59
#> # … with 6 more rows
```

如果變數的範圍是正確的，但並非所有值都存在，則可以使用 full_seq(x, 1) 產生從 min(x) 到 max(x) 之間間隔為 1 的所有值。

在某些情況下，簡單的變數組合無法生成完整的觀測資料集。在這種情況下，你可以手動進行 complete() 為你做的事情：建立一個包含所有應該存在的列的資料框（使用你需要的任何技術組合），然後用 dplyr::full_join() 將它與你的原始資料集結合起來。

Join

這就引出了揭露隱含缺失的觀測值的另一個重要方法：join（聯結）。你將在第 19 章中學習到更多有關 join 的知識，但我們想在這裡快速向你介紹一下，因為通常只有在與另一個資料集進行比較時，才會知道你的資料集中有值缺失了。

dplyr::anti_join(x, y) 是一個非常有用的工具，因為它只會選擇 x 裡面那些在 y 中沒有匹配對象的列。舉例來說，我們可以使用兩個 anti_join() 來顯示我們缺少 flights 中提到的 4 個機場和 722 架飛機的資訊：

```
library(nycflights13)

flights |>
  distinct(faa = dest) |>
  anti_join(airports)
#> Joining with `by = join_by(faa)`
#> # A tibble: 4 × 1
#>   faa
#>   <chr>
#> 1 BQN
#> 2 SJU
#> 3 STT
#> 4 PSE

flights |>
  distinct(tailnum) |>
  anti_join(planes)
#> Joining with `by = join_by(tailnum)`
#> # A tibble: 722 × 1
#>   tailnum
#>   <chr>
#> 1 N3ALAA
#> 2 N3DUAA
#> 3 N542MQ
#> 4 N730MQ
#> 5 N9EAMQ
#> 6 N532UA
#> # … with 716 more rows
```

習題

1. 你能找到航空公司與 planes 似乎缺少的列之間的關係嗎？

因子和空群組

最後一種缺失類型是空群組（empty group），即不包含任何觀測值的組別，在處理因子（factors）時可能會出現這種情況。舉例來說，假設我們有一個資料集，其中包含一些人的健康資訊：

```
health <- tibble(
  name  = c("Ikaia", "Oletta", "Leriah", "Dashay", "Tresaun"),
  smoker = factor(c("no", "no", "no", "no", "no"), levels = c("yes", "no")),
  age   = c(34, 88, 75, 47, 56),
)
```

比方說，我們想用 dplyr::count() 來計算吸菸者的人數：

```
health |> count(smoker)
#> # A tibble: 1 × 2
#>   smoker      n
#>   <fct>   <int>
#> 1 no          5
```

這個資料集只包含非吸菸者，但我們知道吸菸者是存在的；非吸菸者的群組是空的。我們可以使用 .drop = FALSE 來要求 count() 保留所有群組，即使是資料中沒有出現的組別：

```
health |> count(smoker, .drop = FALSE)
#> # A tibble: 2 × 2
#>   smoker      n
#>   <fct>   <int>
#> 1 yes         0
#> 2 no          5
```

同樣的原理也適用於 ggplot2 的離散軸（discrete axes），它也會丟棄沒有任何值的級別。你可以透過在相應的離散軸上提供 drop = FALSE 來強制顯示它們：

```
ggplot(health, aes(x = smoker)) +
  geom_bar() +
  scale_x_discrete()

ggplot(health, aes(x = smoker)) +
  geom_bar() +
  scale_x_discrete(drop = FALSE)
```

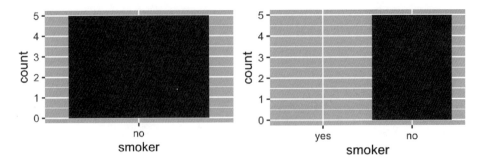

使用 dplyr::group_by() 時也會遇到同樣的問題。你也可以使用 .drop = FALSE 來保留所有因子級別：

```
health |>
  group_by(smoker, .drop = FALSE) |>
  summarize(
    n = n(),
    mean_age = mean(age),
    min_age = min(age),
    max_age = max(age),
    sd_age = sd(age)
  )
#> # A tibble: 2 × 6
#>   smoker     n mean_age min_age max_age sd_age
#>   <fct>  <int>    <dbl>   <dbl>   <dbl>  <dbl>
#> 1 yes        0      NaN     Inf    -Inf     NA
#> 2 no         5       60      34      88   21.6
```

在此我們得到一些有趣的結果，因為在對空群組進行摘要時，摘要函式是套用到長度為零的向量上。長度為 0 的空向量和長度為 1 的缺失值之間有一個重要的區別。

```
# 含有兩個缺失值的一個向量
x1 <- c(NA, NA)
length(x1)
#> [1] 2

# 什麼都不包含的一個向量
x2 <- numeric()
length(x2)
#> [1] 0
```

所有摘要函式都能處理零長度向量，但它們可能會回傳乍看之下令人驚訝的結果。這裡我們看到 mean(age) 回傳 NaN，因為 mean(age) = sum(age)/length(age) 在此為 0/0。對於空向量，max() 和 min() 分別回傳 -Inf 和 Inf，因此若將結果與新資料的非空向量結合起來並重新計算，就會得到新資料的最小值或最大值[1]。

有時，更簡單的做法是先執行摘要，然後用 complete() 將隱含缺失值明確化：

```
health |>
  group_by(smoker) |>
  summarize(
    n = n(),
    mean_age = mean(age),
    min_age = min(age),
    max_age = max(age),
    sd_age = sd(age)
  ) |>
  complete(smoker)
#> # A tibble: 2 × 6
#>   smoker     n mean_age min_age max_age sd_age
#>   <fct> <int>    <dbl>   <dbl>   <dbl>  <dbl>
#> 1 yes      NA       NA      NA      NA     NA
#> 2 no        5       60      34      88   21.6
```

這種做法的主要缺點是，即使你知道計數應該為零，也會得到一個 NA。

總結

缺失值很詭異！有時它們被記錄為明確的 NA，但其他時候你只會在它們缺席時，才會注意到它們。本章提供一些處理明確缺失值的工具和一些發現隱含缺失值的工具，我們還討論了一些能讓隱含變為明確的方法，反之亦然。

在下一章中，我們將討論本篇的最後一章：join（聯結）。這一章與之前的章節有些不同，因為我們要討論的是處理整個資料框的工具，而不是要放在資料框內部的東西。

---

1 換句話說，min(c(x, y)) 永遠等於 min(min(x), min(y))。

第十九章

Join

簡介

資料分析很少只涉及單一資料框（data frame）。一般情況下，你會有很多資料框，你必須將它們 *join*（聯結）起來，才能回答你感興趣的問題。本章將向你介紹兩種重要的 join：

- 變動式聯結（mutating joins），從另一個資料框中匹配的觀測值新增變數到某個資料框。

- 過濾式聯結（filtering joins），依據它們是否匹配另一個資料框中的觀測值來過濾（filter）某個資料框。

我們將首先討論索引鍵（keys），即在 join 過程中用來連接一對資料框的變數。我們將透過檢查 nycflights13 套件中資料集的索引鍵來鞏固理論，然後利用這些知識開始將資料框聯結在一起。接下來，我們將討論 join 的運作方式，重點放在 join 對於列（rows）的作用。最後，我們將討論 non-equi join（非相等聯結），這一系列的 join 提供比預設相等（equality）關係更靈活的索引鍵匹配方式。

先決條件

在本章中，我們將使用 dplyr 的 join 函式來探索 nycflights13 中的五個相關資料集。

```
library(tidyverse)
library(nycflights13)
```

索引鍵

要瞭解 join，首先需要瞭解如何透過資料表（table）中的成對索引鍵（keys）將兩個表連接起來。在本節中，你會學到兩種類型的索引鍵，並在 nycflights13 套件的資料集中看到這兩種索引鍵的實例。你還將學習如何檢查索引鍵是否有效，以及如果表中缺少索引鍵該怎麼辦。

主索引鍵和外部索引鍵

每個 join 都涉及一對索引鍵：主索引鍵和外部索引鍵。主索引鍵（*primary key*）是唯一識別每個觀測值的一個變數或一組變數。如果需要一個以上的變數，則稱為複合索引鍵（*compound key*）。舉例來說，在 nycflights13 中：

- airlines 記錄每家航空公司的兩項資料：航空公司代碼（carrier code）和全稱（full name）。你可以透過航空公司的雙字母代碼識別航空公司，這使得 carrier 成為主索引鍵。

  ```
  airlines
  #> # A tibble: 16 × 2
  #>   carrier name
  #>   <chr>   <chr>
  #> 1 9E      Endeavor Air Inc.
  #> 2 AA      American Airlines Inc.
  #> 3 AS      Alaska Airlines Inc.
  #> 4 B6      JetBlue Airways
  #> 5 DL      Delta Air Lines Inc.
  #> 6 EV      ExpressJet Airlines Inc.
  #> # … with 10 more rows
  ```

- airports 記錄每個機場的資料。你可以透過三個字母的機場代碼來識別每個機場，從而使 faa 成為主索引鍵。

  ```
  airports
  #> # A tibble: 1,458 × 8
  #>   faa   name                        lat   lon   alt    tz dst
  #>   <chr> <chr>                     <dbl> <dbl> <dbl> <dbl> <chr>
  #> 1 04G   Lansdowne Airport          41.1 -80.6  1044    -5 A
  #> 2 06A   Moton Field Municipal Airport 32.5 -85.7 264   -6 A
  #> 3 06C   Schaumburg Regional        42.0 -88.1   801    -6 A
  #> 4 06N   Randall Airport            41.4 -74.4   523    -5 A
  #> 5 09J   Jekyll Island Airport      31.1 -81.4    11    -5 A
  #> 6 0A9   Elizabethton Municipal Airpo… 36.4 -82.2 1593  -5 A
  #> # … with 1,452 more rows, and 1 more variable: tzone <chr>
  ```

- planes 記錄每架飛機的資料。你可以透過飛機的尾翼編號（tail number）來識別飛機，使得 tailnum 成為主索引鍵。

```
planes
#> # A tibble: 3,322 × 9
#>   tailnum  year type             manufacturer     model      engines
#>   <chr>   <int> <chr>            <chr>            <chr>        <int>
#> 1 N10156   2004 Fixed wing multi… EMBRAER          EMB-145XR        2
#> 2 N102UW   1998 Fixed wing multi… AIRBUS INDUSTR… A320-214         2
#> 3 N103US   1999 Fixed wing multi… AIRBUS INDUSTR… A320-214         2
#> 4 N104UW   1999 Fixed wing multi… AIRBUS INDUSTR… A320-214         2
#> 5 N10575   2002 Fixed wing multi… EMBRAER          EMB-145LR        2
#> 6 N105UW   1999 Fixed wing multi… AIRBUS INDUSTR… A320-214         2
#> # … with 3,316 more rows, and 3 more variables: seats <int>,
#> #   speed <int>, engine <chr>
```

- weather 記錄的是始發機場的天氣資料。你可以透過位置和時間的組合來識別每一筆觀測資料，從而使 origin 和 time_hour 共同構成複合的主索引鍵（compound primary key）。

```
weather
#> # A tibble: 26,115 × 15
#>   origin  year month   day  hour  temp  dewp humid wind_dir
#>   <chr>  <int> <int> <int> <int> <dbl> <dbl> <dbl>    <dbl>
#> 1 EWR     2013     1     1     1  39.0  26.1  59.4      270
#> 2 EWR     2013     1     1     2  39.0  27.0  61.6      250
#> 3 EWR     2013     1     1     3  39.0  28.0  64.4      240
#> 4 EWR     2013     1     1     4  39.9  28.0  62.2      250
#> 5 EWR     2013     1     1     5  39.0  28.0  64.4      260
#> 6 EWR     2013     1     1     6  37.9  28.0  67.2      240
#> # … with 26,109 more rows, and 6 more variables: wind_speed <dbl>,
#> #   wind_gust <dbl>, precip <dbl>, pressure <dbl>, visib <dbl>, …
```

*外部索引鍵*是與另一個表中的主索引鍵相對應的一個變數（或一組變數）。舉例來說：

- flights$tailnum 是一個外部索引鍵，與主索引鍵 planes$tailnum 相對應。

- flights$carrier 是與主索引鍵 airlines$carrier 相對應的一個外部索引鍵。

- flights$origin 是一個外部索引鍵，與主索引鍵 airports$faa 相對應。

- flights$dest 是與主索引鍵 airports$faa 相對應的一個外部索引鍵。

- flights$origin-flights$time_hour 是一個複合的外部索引鍵，對應複合主索引鍵 weather$origin-weather$time_hour。

圖 19-1 直觀地概括了這些關係。

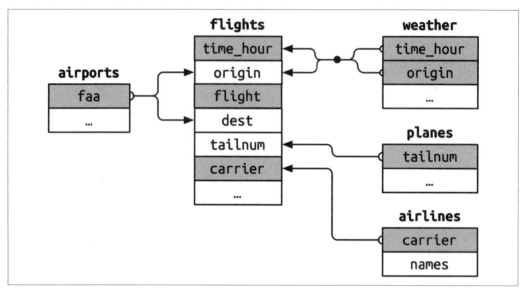

圖 19-1　nycflights13 套件中所有五個資料框之間的連接方式。組成主索引鍵的變數為灰色，並用箭頭連接到相應的外部索引鍵

你會發現這些索引鍵的設計有一個很好的特點：主索引鍵和外部索引鍵幾乎總是具有相同的名稱，如你稍後就會看到的，這將使你的 join 工作變得更加容易。值得注意的還有一種相反的關係：在多個表中使用的所有變數名稱幾乎在每個地方都有相同的含義。只有一個例外：year 在 flights 中指起飛的年份，在 planes 中指製造年份。當我們開始將這些表 join 在一起時，這一點將變得非常重要。

檢查主索引鍵

既然我們已經確定了每個表中的主索引鍵，那麼最好的做法就是驗證這些主索引鍵是否確實唯一識別了每個觀測值。要這樣做，有一種方法是去 count() 主索引鍵，查詢 n 大於 1 的條目。這顯露了 planes 和 weather 看起來都很好：

```
planes |>
  count(tailnum) |>
  filter(n > 1)
#> # A tibble: 0 × 2
#> # … with 2 variables: tailnum <chr>, n <int>

weather |>
```

```
    count(time_hour, origin) |>
    filter(n > 1)
#> # A tibble: 0 × 3
#> # … with 3 variables: time_hour <dttm>, origin <chr>, n <int>
```

你還應該檢查主索引鍵中是否有缺失的值：如果缺失了某個值，那麼它就無法識別觀測值！

```
planes |>
    filter(is.na(tailnum))
#> # A tibble: 0 × 9
#> # … with 9 variables: tailnum <chr>, year <int>, type <chr>,
#> #    manufacturer <chr>, model <chr>, engines <int>, seats <int>, …

weather |>
    filter(is.na(time_hour) | is.na(origin))
#> # A tibble: 0 × 15
#> # … with 15 variables: origin <chr>, year <int>, month <int>, day <int>,
#> #    hour <int>, temp <dbl>, dewp <dbl>, humid <dbl>, wind_dir <dbl>, …
```

Surrogate 索引鍵

到目前為止，我們還沒有討論過 flights 的主索引鍵。在此這並不太重要，因為沒有資料框使用它作為外部索引鍵，但考慮一下主索引鍵還是很有用的，因為如果我們有辦法向其他人描述觀測資料，那麼處理起來就會更容易。

經過一些思考和實驗，我們判斷出三個變數可以共同唯一地識別每個航班：

```
flights |>
    count(time_hour, carrier, flight) |>
    filter(n > 1)
#> # A tibble: 0 × 4
#> # … with 4 variables: time_hour <dttm>, carrier <chr>, flight <int>, n <int>
```

沒有重複是否就自動使得 time_hour-carrier-flight 成為主索引鍵？這當然是一個好的開始，但並不能保證一定如此。舉例來說，海拔（altitude）和緯度（latitude）是 airports 良好的主索引鍵嗎？

```
airports |>
    count(alt, lat) |>
    filter(n > 1)
#> # A tibble: 1 × 3
#>     alt   lat     n
#>   <dbl> <dbl> <int>
#> 1    13  40.6     2
```

透過海拔高度和緯度來識別機場顯然不是個好主意,而且一般來說,僅從資料中無法得知某個變數組合是否為一個好的主索引鍵。但對於航班來說,time_hour、carrier 與 flight 的組合似乎是合理的,因為若同一時間有多個航班號碼相同的航班在空中飛行,會讓航空公司及其客戶非常困惑。

儘管如此,我們最好還是使用列號(row number)引入一個簡單的數值代理索引鍵(surrogate key):

```
flights2 <- flights |>
  mutate(id = row_number(), .before = 1)
flights2
#> # A tibble: 336,776 × 20
#>      id  year month   day dep_time sched_dep_time dep_delay arr_time
#>   <int> <int> <int> <int>    <int>          <int>     <dbl>    <int>
#> 1     1  2013     1     1      517            515         2      830
#> 2     2  2013     1     1      533            529         4      850
#> 3     3  2013     1     1      542            540         2      923
#> 4     4  2013     1     1      544            545        -1     1004
#> 5     5  2013     1     1      554            600        -6      812
#> 6     6  2013     1     1      554            558        -4      740
#> # … with 336,770 more rows, and 12 more variables: sched_arr_time <int>,
#> #   arr_delay <dbl>, carrier <chr>, flight <int>, tailnum <chr>, …
```

在與其他人交流時,代理索引鍵尤其有用:告訴別人看一下航班 2001,要比說看一下 2013 年 1 月 3 日上午 9 點起飛的 UA430 號航班容易得多。

習題

1. 我們忘記在圖 19-1 中畫出 weather 和 airports 之間的關係了。它們的關係是什麼,在圖中應該如何顯示?

2. weather 資訊只包含紐約市(NYC)三個始發機場的資訊。如果它包含了美國所有機場的天氣記錄,那麼它與 flights 會產生哪些額外的關聯?

3. year、month、day、hour 與 origin 變數幾乎構成了 weather 的複合索引鍵,但有一個小時的觀測值是重複的。你能找出那個小時有什麼特別之處嗎?

4. 我們知道,每年的某些日子比較特殊,搭乘飛機的人數會比平時少(如 Christmas Eve 和 Christmas Day)。如何用資料框來表示那些資料?主索引鍵會是什麼?如何連接到現有的資料框呢?

5. 繪製圖表說明 Lahman 套件中 Batting、People 與 Salaries 資料框之間的關聯。再畫一張圖,說明 People、Managers 與 AwardsManagers 之間的關係。如何描述 Batting、Pitching 與 Fielding 資料框之間的關係呢?

基本的 Join

現在，你已經學到資料框是如何透過索引鍵連接起來的，我們可以開始使用 join 來更深入瞭解 flights 資料集。dplyr 提供六個 join 函式：

- `left_join()`
- `inner_join()`
- `right_join()`
- `full_join()`
- `semi_join()`
- `anti_join()`

它們都有相同的介面：接收一對資料框（x 和 y）並回傳一個資料框。輸出中列（rows）和欄（columns）的順序主要由 x 決定。

在本節中，你將學習如何使用一個變動式聯結（mutating join）函式 `left_join()`，以及兩個過濾式聯結（filtering join）函式 `semi_join()` 和 `anti_join()`。在下一節中，你將學習這些函式的具體工作原理，以及剩餘的 `inner_join()`、`right_join()` 和 `full_join()`。

變動式聯結

變動式聯結（*mutating join*）允許你將兩個資料框中的變數合併在一起：它首先按索引鍵匹配觀測值，然後將一個資料框中的變數複製到另一個資料框中。與 `mutate()` 一樣，這些 join 函式也是在右側新增變數，因此如果資料集有很多變數，你就看不到新變數。對於這些範例，我們將建立較窄的僅有六個變數的一個資料集，這樣就能更容易地看出發生了什麼事[1]：

```
flights2 <- flights |>
  select(year, time_hour, origin, dest, tailnum, carrier)
flights2
#> # A tibble: 336,776 × 6
#>    year time_hour           origin dest  tailnum carrier
#>   <int> <dttm>              <chr>  <chr> <chr>   <chr>
#> 1  2013 2013-01-01 05:00:00 EWR    IAH   N14228  UA
#> 2  2013 2013-01-01 05:00:00 LGA    IAH   N24211  UA
#> 3  2013 2013-01-01 05:00:00 JFK    MIA   N619AA  AA
#> 4  2013 2013-01-01 05:00:00 JFK    BQN   N804JB  B6
```

---

[1] 請記住，在 RStudio 中也可以使用 View() 來避免這種問題。

```
#> 5   2013 2013-01-01 06:00:00 LGA     ATL    N668DN  DL
#> 6   2013 2013-01-01 05:00:00 EWR     ORD    N39463  UA
#> # … with 336,770 more rows
```

有四種類型的變動式聯結，但你幾乎只會使用這一種：left_join()。它之所以特別，是因為輸出結果的列數永遠都會與 x 相同[2]。left_join() 的主要用途是新增額外的詮釋資料（metadata）。舉例來說，我們可以使用 left_join() 在 flights2 資料中新增完整的航空公司名稱：

```
flights2 |>
  left_join(airlines)
#> Joining with `by = join_by(carrier)`
#> # A tibble: 336,776 × 7
#>    year time_hour           origin dest  tailnum carrier name
#>   <int> <dttm>              <chr>  <chr> <chr>   <chr>   <chr>
#> 1  2013 2013-01-01 05:00:00 EWR    IAH   N14228  UA      United Air Lines In…
#> 2  2013 2013-01-01 05:00:00 LGA    IAH   N24211  UA      United Air Lines In…
#> 3  2013 2013-01-01 05:00:00 JFK    MIA   N619AA  AA      American Airlines I…
#> 4  2013 2013-01-01 05:00:00 JFK    BQN   N804JB  B6      JetBlue Airways
#> 5  2013 2013-01-01 06:00:00 LGA    ATL   N668DN  DL      Delta Air Lines Inc.
#> 6  2013 2013-01-01 05:00:00 EWR    ORD   N39463  UA      United Air Lines In…
#> # … with 336,770 more rows
```

或者，我們可以找出每架飛機起飛時的溫度和風速：

```
flights2 |>
  left_join(weather |> select(origin, time_hour, temp, wind_speed))
#> Joining with `by = join_by(time_hour, origin)`
#> # A tibble: 336,776 × 8
#>    year time_hour           origin dest  tailnum carrier  temp wind_speed
#>   <int> <dttm>              <chr>  <chr> <chr>   <chr>   <dbl>      <dbl>
#> 1  2013 2013-01-01 05:00:00 EWR    IAH   N14228  UA       39.0       12.7
#> 2  2013 2013-01-01 05:00:00 LGA    IAH   N24211  UA       39.9       15.0
#> 3  2013 2013-01-01 05:00:00 JFK    MIA   N619AA  AA       39.0       15.0
#> 4  2013 2013-01-01 05:00:00 JFK    BQN   N804JB  B6       39.0       15.0
#> 5  2013 2013-01-01 06:00:00 LGA    ATL   N668DN  DL       39.9       16.1
#> 6  2013 2013-01-01 05:00:00 EWR    ORD   N39463  UA       39.0       12.7
#> # … with 336,770 more rows
```

或者是飛的是哪種尺寸的飛機：

```
flights2 |>
  left_join(planes |> select(tailnum, type, engines, seats))
#> Joining with `by = join_by(tailnum)`
#> # A tibble: 336,776 × 9
```

---

[2] 這並非百分之百正確，但只要不是那樣，就會收到警告。

```
#>    year time_hour           origin dest  tailnum carrier type
#>   <int> <dttm>              <chr>  <chr> <chr>   <chr>   <chr>
#> 1  2013 2013-01-01 05:00:00 EWR    IAH   N14228  UA      Fixed wing multi en…
#> 2  2013 2013-01-01 05:00:00 LGA    IAH   N24211  UA      Fixed wing multi en…
#> 3  2013 2013-01-01 05:00:00 JFK    MIA   N619AA  AA      Fixed wing multi en…
#> 4  2013 2013-01-01 05:00:00 JFK    BQN   N804JB  B6      Fixed wing multi en…
#> 5  2013 2013-01-01 06:00:00 LGA    ATL   N668DN  DL      Fixed wing multi en…
#> 6  2013 2013-01-01 05:00:00 EWR    ORD   N39463  UA      Fixed wing multi en…
#> # … with 336,770 more rows, and 2 more variables: engines <int>, seats <int>
```

如果 left_join() 無法為 x 中的某一列找到匹配項,它就會用缺失值充填新變數。舉例來說,沒有尾號為 N3ALAA 的飛機的相關資訊,因此將缺少 type、engines 與 seats:

```
flights2 |>
  filter(tailnum == "N3ALAA") |>
  left_join(planes |> select(tailnum, type, engines, seats))
#> Joining with `by = join_by(tailnum)`
#> # A tibble: 63 × 9
#>    year time_hour           origin dest  tailnum carrier type  engines seats
#>   <int> <dttm>              <chr>  <chr> <chr>   <chr>   <chr>   <int> <int>
#> 1  2013 2013-01-01 06:00:00 LGA    ORD   N3ALAA  AA      <NA>       NA    NA
#> 2  2013 2013-01-02 18:00:00 LGA    ORD   N3ALAA  AA      <NA>       NA    NA
#> 3  2013 2013-01-03 06:00:00 LGA    ORD   N3ALAA  AA      <NA>       NA    NA
#> 4  2013 2013-01-07 19:00:00 LGA    ORD   N3ALAA  AA      <NA>       NA    NA
#> 5  2013 2013-01-08 17:00:00 JFK    ORD   N3ALAA  AA      <NA>       NA    NA
#> 6  2013 2013-01-16 06:00:00 LGA    ORD   N3ALAA  AA      <NA>       NA    NA
#> # … with 57 more rows
```

在本章接下來的內容中,我們還會多次提到這個問題。

指定 join 的索引鍵

預設情況下,left_join() 將使用出現在兩個資料框中的所有變數作為 join 的索引鍵,即所謂的 *natural* join(自然聯結)。這是一種有用的啟發式(heuristic)方法,但並不總是有效。舉例來說,如果我們試著把 flights2 與完整的 planes 資料集進行 join,會發生什麼情況呢?

```
flights2 |>
  left_join(planes)
#> Joining with `by = join_by(year, tailnum)`
#> # A tibble: 336,776 × 13
#>    year time_hour           origin dest  tailnum carrier type  manufacturer
#>   <int> <dttm>              <chr>  <chr> <chr>   <chr>   <chr> <chr>
#> 1  2013 2013-01-01 05:00:00 EWR    IAH   N14228  UA      <NA>  <NA>
#> 2  2013 2013-01-01 05:00:00 LGA    IAH   N24211  UA      <NA>  <NA>
#> 3  2013 2013-01-01 05:00:00 JFK    MIA   N619AA  AA      <NA>  <NA>
```

```
#> 4   2013 2013-01-01 05:00:00 JFK     BQN    N804JB  B6      <NA>    <NA>
#> 5   2013 2013-01-01 06:00:00 LGA     ATL    N668DN  DL      <NA>    <NA>
#> 6   2013 2013-01-01 05:00:00 EWR     ORD    N39463  UA      <NA>    <NA>
#> # … with 336,770 more rows, and 5 more variables: model <chr>,
#> #   engines <int>, seats <int>, speed <int>, engine <chr>
```

由於我們的 join 試圖使用 tailnum 和 year 作為複合索引鍵，因此出現了很多沒有匹配的情況。flights 和 planes 都有一個 year 欄，但它們的含義不同：flights$year 表示飛行發生的年份，而 planes$year 則表示飛機製造的年份。我們只想針對 tailnum 進行 join，因此需要使用 join_by() 提供明確的規格：

```
flights2 |>
  left_join(planes, join_by(tailnum))
#> # A tibble: 336,776 × 14
#>   year.x time_hour           origin dest  tailnum carrier year.y
#>    <int> <dttm>              <chr>  <chr> <chr>   <chr>    <int>
#> 1   2013 2013-01-01 05:00:00 EWR     IAH   N14228  UA       1999
#> 2   2013 2013-01-01 05:00:00 LGA     IAH   N24211  UA       1998
#> 3   2013 2013-01-01 05:00:00 JFK     MIA   N619AA  AA       1990
#> 4   2013 2013-01-01 05:00:00 JFK     BQN   N804JB  B6       2012
#> 5   2013 2013-01-01 06:00:00 LGA     ATL   N668DN  DL       1991
#> 6   2013 2013-01-01 05:00:00 EWR     ORD   N39463  UA       2012
#> # … with 336,770 more rows, and 7 more variables: type <chr>,
#> #   manufacturer <chr>, model <chr>, engines <int>, seats <int>, …
```

請注意，輸出中的 year 變數是用後綴（year.x 和 year.y）來區分的，它會告訴你該變數是來自 x 還是 y 引數。你可以用 suffix 引數覆寫預設的後綴。

join_by(tailnum) 是 join_by(tailnum == tailnum) 的簡寫。瞭解這種更完整的形式有兩個重要原因。首先，它描述兩個表之間的關係：索引鍵必須相等（equal）。這就是為什麼這種 join 經常被稱為 equi join（相等聯結）。你將在第 359 頁「過濾式聯結」中學到非相等的聯結（non-equi joins）。

其次，這是在每個表中指定不同 join 索引鍵的方式。舉例來說，有兩種方法可以聯結 flight2 資料表和 airports 資料表，即依照 dest 或根據 origin：

```
flights2 |>
  left_join(airports, join_by(dest == faa))
#> # A tibble: 336,776 × 13
#>   year time_hour           origin dest  tailnum carrier name
#>  <int> <dttm>              <chr>  <chr> <chr>   <chr>   <chr>
#> 1  2013 2013-01-01 05:00:00 EWR     IAH   N14228  UA      George Bush Interco…
#> 2  2013 2013-01-01 05:00:00 LGA     IAH   N24211  UA      George Bush Interco…
#> 3  2013 2013-01-01 05:00:00 JFK     MIA   N619AA  AA      Miami Intl
#> 4  2013 2013-01-01 05:00:00 JFK     BQN   N804JB  B6      <NA>
```

```
#> 5  2013 2013-01-01 06:00:00 LGA    ATL   N668DN  DL     Hartsfield Jackson …
#> 6  2013 2013-01-01 05:00:00 EWR    ORD   N39463  UA     Chicago Ohare Intl
#> # … with 336,770 more rows, and 6 more variables: lat <dbl>, lon <dbl>,
#> #   alt <dbl>, tz <dbl>, dst <chr>, tzone <chr>

flights2 |>
  left_join(airports, join_by(origin == faa))
#> # A tibble: 336,776 × 13
#>    year time_hour           origin dest  tailnum carrier name
#>   <int> <dttm>              <chr>  <chr> <chr>   <chr>   <chr>
#> 1  2013 2013-01-01 05:00:00 EWR    IAH   N14228  UA      Newark Liberty Intl
#> 2  2013 2013-01-01 05:00:00 LGA    IAH   N24211  UA      La Guardia
#> 3  2013 2013-01-01 05:00:00 JFK    MIA   N619AA  AA      John F Kennedy Intl
#> 4  2013 2013-01-01 05:00:00 JFK    BQN   N804JB  B6      John F Kennedy Intl
#> 5  2013 2013-01-01 06:00:00 LGA    ATL   N668DN  DL      La Guardia
#> 6  2013 2013-01-01 05:00:00 EWR    ORD   N39463  UA      Newark Liberty Intl
#> # … with 336,770 more rows, and 6 more variables: lat <dbl>, lon <dbl>,
#> #   alt <dbl>, tz <dbl>, dst <chr>, tzone <chr>
```

在較舊的程式碼中，你可能會看到另一種指定 join 索引鍵的方式，也就是使用一個字元向量：

- by = "x" 對應於 join_by(x)。
- by = c("a" = "x") 對應於 join_by(a == x)。

既然它已經存在，我們更喜歡用 join_by()，因為它提供更清晰、更靈活的指定方式。

inner_join()、right_join() 和 full_join() 的介面與 left_join() 相同。差別在於它們保留了哪些資料列：left join 會保留 x 中所有的列；right join 保留 y 中所有的列；full join 保留 x 和 y 中所有的列，而 inner join 則只保留同時出現在 x 和 y 中的那些列。稍後我們將詳細討論它們。

過濾式聯結

正如你可能猜到的，過濾式聯結（filtering join）的主要用途是篩選資料列。它們有兩種：semi-join 和 anti-join。semi-join 會保留 x 在 y 中有匹配的所有列。舉例來說，我們可以使用 semi-join 來過濾 airports 資料集，使其只顯示始發機場（origin airports）：

```
airports |>
  semi_join(flights2, join_by(faa == origin))
#> # A tibble: 3 × 8
#>   faa   name               lat    lon   alt    tz dst   tzone
#>   <chr> <chr>            <dbl>  <dbl> <dbl> <dbl> <chr> <chr>
#> 1 EWR   Newark Liberty Intl 40.7 -74.2    18    -5 A     America/New_York
```

```
#> 2 JFK   John F Kennedy Intl   40.6 -73.8   13    -5 A   America/New_York
#> 3 LGA   La Guardia            40.8 -73.9   22    -5 A   America/New_York
```

或只顯示目的地（destinations）：

```
airports |>
  semi_join(flights2, join_by(faa == dest))
#> # A tibble: 101 × 8
#>   faa   name                  lat   lon   alt   tz dst   tzone
#>   <chr> <chr>               <dbl> <dbl> <dbl> <dbl> <chr> <chr>
#> 1 ABQ   Albuquerque Internati…  35.0 -107.  5355   -7 A   America/Denver
#> 2 ACK   Nantucket Mem           41.3  -70.1   48   -5 A   America/New_Yo…
#> 3 ALB   Albany Intl             42.7  -73.8  285   -5 A   America/New_Yo…
#> 4 ANC   Ted Stevens Anchorage…  61.2 -150.   152   -9 A   America/Anchor…
#> 5 ATL   Hartsfield Jackson At…  33.6  -84.4 1026   -5 A   America/New_Yo…
#> 6 AUS   Austin Bergstrom Intl   30.2  -97.7  542   -6 A   America/Chicago
#> # … with 95 more rows
```

anti-join 正好相反：它們會回傳 x 在 y 中沒有匹配的所有列。它們對於找出資料中隱含的缺失值非常有用，這是第 341 頁「隱含的缺失值」之主題。隱含缺失值不會顯示為 NA，而是僅以缺席的狀態存在。舉例來說，我們可以透過查詢沒有匹配目的地機場的航班來找出 airports 中缺少的資料列：

```
flights2 |>
  anti_join(airports, join_by(dest == faa)) |>
  distinct(dest)
#> # A tibble: 4 × 1
#>   dest
#>   <chr>
#> 1 BQN
#> 2 SJU
#> 3 STT
#> 4 PSE
```

或者，我們可以找出 planes 缺少的 tailnum：

```
flights2 |>
  anti_join(planes, join_by(tailnum)) |>
  distinct(tailnum)
#> # A tibble: 722 × 1
#>   tailnum
#>   <chr>
#> 1 N3ALAA
#> 2 N3DUAA
#> 3 N542MQ
#> 4 N730MQ
#> 5 N9EAMQ
```

```
#> 6 N532UA
#> # … with 716 more rows
```

習題

1. 找出（全年）延誤最嚴重的 48 小時。與 weather 資料進行交叉對比。你能看出任何規律嗎？

2. 假設你用這段程式碼找到了十大最受歡迎的目的地：

   ```
   top_dest <- flights2 |>
     count(dest, sort = TRUE) |>
     head(10)
   ```

   如何找到飛往這些目的地的所有航班？

3. 是否每個起飛航班都有該小時相應的天氣資料？

4. 在 planes 中沒有匹配記錄的尾號（tail numbers）有什麼共同點？（提示：有一個變數可以解釋大約 90% 的問題。）

5. 在 planes 中新增一欄，列出所有飛過該飛機的 carrier（航空公司）。你可能會認為飛機和航空公司之間存在隱含關係，因為每架飛機都由單一家航空公司執飛。使用前幾章中學到的工具來確認或否定這一假設。

6. 為 flights 添加出發機場以及目的機場的緯度（latitude）和經度（longitude）。重新命名欄位在 join 前比較容易，還是 join 後？

7. 按目的地計算平均延誤時間，然後 join 到 airports 資料框，讓你可以顯示延誤的空間分佈。下面是繪製美國地圖的簡單方法：

   ```
   airports |>
     semi_join(flights, join_by(faa == dest)) |>
     ggplot(aes(x = lon, y = lat)) +
       borders("state") +
       geom_point() +
       coord_quickmap()
   ```

   你可能希望使用點的 size 或 color 來顯示每個機場的平均延誤時間。

8. 2013 年 6 月 13 日發生了什麼事？繪製延誤地圖，然後使用 Google 與天氣情況進行對照。

Join 的運作方式為何？

現在你已經使用過幾次 join，是時候進一步學習 join 是如何運作的了，重點是 x 中的每一列如何與 y 中的列相匹配。首先，我們將使用接下來所定義並顯示在圖 19-2 中的簡單 tibbles 呈現 join 的視覺化表示。在這些例子中，我們將使用名為 key 的單一索引鍵和單一的值欄位（val_x 和 val_y），但所有想法都可以推廣到多個索引鍵和多個值之上。

```
x <- tribble(
  ~key, ~val_x,
     1, "x1",
     2, "x2",
     3, "x3"
)
y <- tribble(
  ~key, ~val_y,
     1, "y1",
     2, "y2",
     4, "y3"
)
```

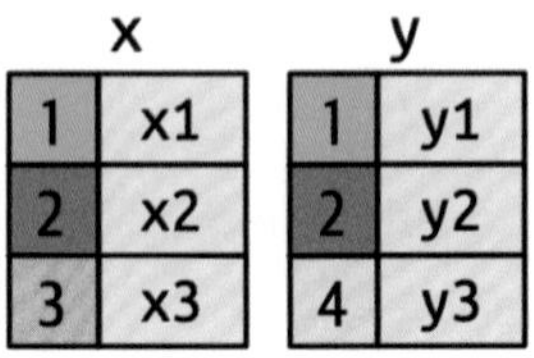

圖 19-2　兩個簡單資料表的圖形表示。彩色的 key 欄將背景顏色映射到索引鍵值。灰色的欄位代表隨行的「值」欄位

圖 19-3 介紹我們視覺化表示的基礎。它將 x 和 y 之間所有可能的匹配顯示為從 x 的每一列和 y 的每一列所畫出的直線之交點。輸出中的列和欄主要由 x 決定，因此 x 表是水平的，並與輸出對齊。

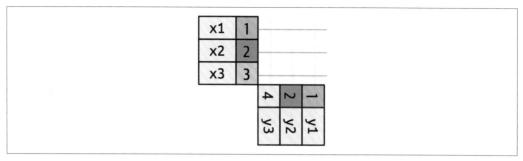

圖 19-3　要理解 join 是如何運作的，不妨想想每一種可能的匹配。這裡我們用連接線的網格來加以顯示

為了描述特定類型的 join，我們用點來表示匹配。匹配決定了輸出結果中的列，輸出即為包含索引鍵、x 的值和 y 的值的一個新資料框。舉例來說，圖 19-4 顯示的是 inner join，只有當索引鍵相等時，才會保留列。

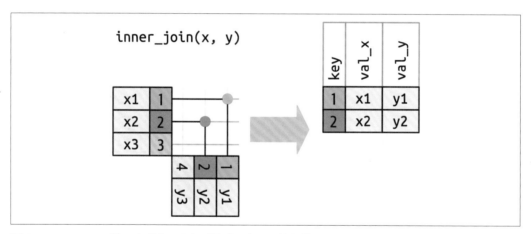

圖 19-4　inner join 將 x 中的每一列匹配到 y 中 key 值相等的列。每個匹配都會成為輸出結果中的一列

我們可以用同樣的原理來解釋 *outer join*，它會保留其中至少一個資料框中出現的觀測值。這種 join 是透過在每個資料框中新增一個額外的「虛擬」觀測值來實作的。這個觀測值有一個索引鍵，如果沒有其他索引鍵匹配，就會匹配這個索引鍵，以及填入 NA 的那些值。outer join 有三種類型：

- 如圖 19-5 所示，*left join* 會保留 x 中的所有觀測值。輸出中保留了 x 的每一列，因為最後總是可以與 y 中的那一列 NA 匹配。

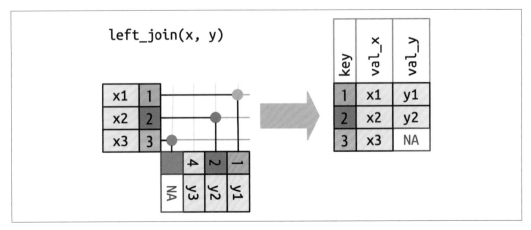

圖 19-5　left join 的視覺化表示，其中 x 的每一列都會出現在輸出中

- 如圖 19-6 所示，*right join* 保留了 y 中的所有觀測值。輸出中保留了 y 的每一列，因為最後總是可以與 x 中的那一列 NA 匹配。其輸出仍會盡可能與 x 匹配；來自 y 的任何額外的資料列都會新增到結尾。

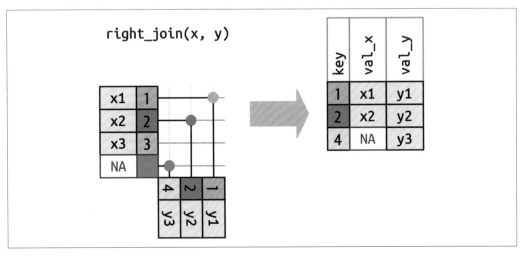

圖 19-6　right join 的視覺化表示，y 的每一列都出現在輸出中

- 如圖 19-7 所示，*full join* 會保留 x 或 y 中出現的所有觀測值。x 和 y 中的每一列都會包含在輸出中，因為 x 和 y 都有一個由 NA 組成的遞補列（fallback row）。同樣地，輸出會從 x 中的所有列開始包含，然後是剩餘的未匹配的 y 列。

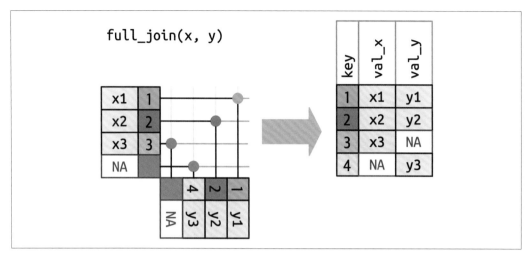

圖 19-7　full join 的視覺化表示，其中 x 和 y 的每一列都會出現在輸出中

另一種顯示不同類型 outer join 之間差異的方法是文氏圖（Venn diagram），如圖 19-8 所示。不過，這種表示方法並不理想，因為它雖然可以喚起你對哪些列（rows）被保留的記憶，但卻無法說明欄位（columns）發生了什麼事情。

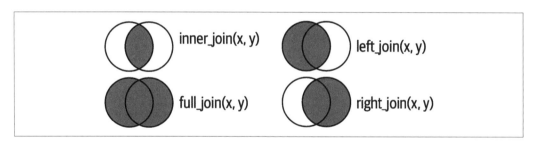

圖 19-8　顯示 inner join、left join、right join 和 full join 之間差別的文氏圖

這裡顯示的 join 都是所謂的 *equi join*，即如果索引鍵相等，則列匹配。相等聯結（equi join）是最常見的 join 類型，因此我們通常會省略 equi 字首，只說「inner join」而不是「equi inner join」。我們將在第 367 頁的「過濾式聯結」再次討論非相等聯結（non-equi joins）。

列匹配

到目前為止，我們已經探討了如果 x 中的一列匹配 y 中的零或一列會發生什麼情況。為了理解發生什麼事，我們先將焦點縮小到 inner_join()，然後繪製一幅圖，如圖 19-9 所示。

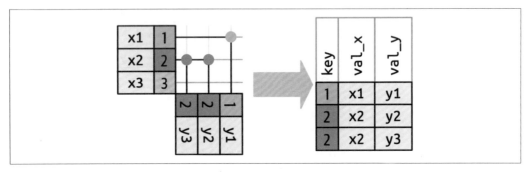

圖 19-9　x 中的一列可以匹配的三種方式。x1 與 y 中的一列匹配；x2 與 y 中的兩列匹配；x3 與 y 中的零列匹配。請注意，雖然 x 中有三列，而輸出中也有三列，但列與列之間並沒有直接的對應關係

x 中的一列有三種可能的結果：

- 如果不匹配任何東西，則會被捨棄。
- 如果與 y 中的一列匹配，就會被保留。
- 如果它匹配了 y 中的多個列，那麼每次匹配，它都會被複製一次。

原則上，這意味著輸出中的列與 x 中的列之間沒有保證的對應關係，但在實務上，這很少引起問題。然而，有一種情況特別危險，可能導致列的組合式爆炸（combinatorial explosion）。想像一下 join 下面兩個表的情形：

```
df1 <- tibble(key = c(1, 2, 2), val_x = c("x1", "x2", "x3"))
df2 <- tibble(key = c(1, 2, 2), val_y = c("y1", "y2", "y3"))
```

雖然 df1 中的第一列只匹配了 df2 中的一列，但第二列和第三列都匹配了兩列。這種情況有時被稱為**多對多聯結**（*many-to-many* join），會導致 dplyr 發出警告：

```
df1 |>
  inner_join(df2, join_by(key))
#> Warning in inner_join(df1, df2, join_by(key)):
#> Detected an unexpected many-to-many relationship between `x` and `y`.
#> ℹ Row 2 of `x` matches multiple rows in `y`.
#> ℹ Row 2 of `y` matches multiple rows in `x`.
#> ℹ If a many-to-many relationship is expected, set `relationship =
#>   "many-to-many"` to silence this warning.
#> # A tibble: 5 × 3
#>     key val_x val_y
#>   <dbl> <chr> <chr>
#> 1     1 x1    y1
#> 2     2 x2    y2
#> 3     2 x2    y3
#> 4     2 x3    y2
#> 5     2 x3    y3
```

若是刻意想這麼做，可以按照警告所提示的，設定 relationship = "many-to-many"。

過濾式聯結

匹配數也決定了過濾式聯結（filtering joins）的行為。semi-join 保留 x 中與 y 有一或多
個匹配的列，如圖 19-10 所示。anti-join 保留 x 中與 y 有零列匹配的列，如圖 19-11 所
示。在這兩種情況下，匹配的存在與否才是最重要的，匹配的次數並不重要。這意味著
過濾式聯結永遠都不會像變動式聯結那樣重複資料列。

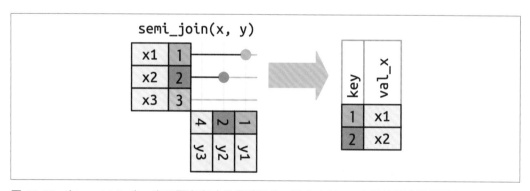

圖 19-10　在 semi-join 中，有匹配存在才是最重要的；除此之外，y 中的值不會影響輸出

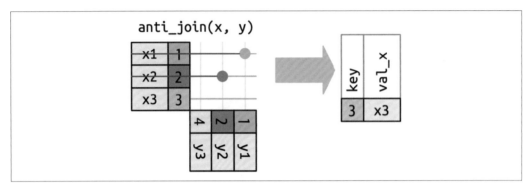

圖 19-11　anti-join 是 semi-join 的相反，它會捨棄在 y 中有匹配的 x 列

非相等聯結

到目前為止，你只看過相等聯結（equi joins），即如果 x 索引鍵等於 y 索引鍵，則兩列就匹配的 join。現在我們將放寬這一限制，討論判斷一對資料列是否匹配的其他方式。

但在此之前，我們需要重新審視一下之前所做的簡化。在 equi join 中，x 的索引鍵和 y 的索引鍵總是相等的，因此我們只需要在輸出中顯示其中一個。我們可以用 keep = TRUE 要求 dplyr 保留兩者的索引鍵，這樣就有了下面的程式碼和圖 19-12 中重新繪製的 inner_join()。

```
x |> left_join(y, by = "key", keep = TRUE)
#> # A tibble: 3 × 4
#>   key.x val_x key.y val_y
#>   <dbl> <chr> <dbl> <chr>
#> 1     1 x1        1 y1
#> 2     2 x2        2 y2
#> 3     3 x3       NA <NA>
```

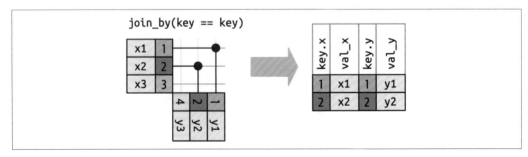

圖 19-12　在輸出中顯示 x 和 y 索引鍵的 inner join

不再使用 equi join 時，我們將始終顯示索引鍵，因為索引鍵通常是不同的。舉例來說，我們可以在 x$key 大於或等於 y$key 時匹配，而不是只有當 x$key 和 y$key 相等時才匹配，從而得到圖 19-13。dplyr 的 join 函式瞭解 equi join 和 non-equi join 之間的區別，因此在執行 non-equi join 時，總是會同時顯示兩邊的索引鍵。

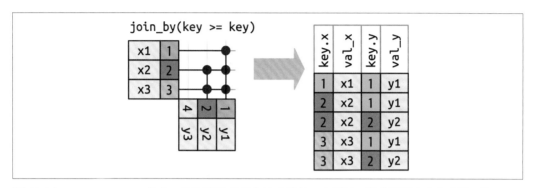

圖 19-13　non-equi join，其中 x 的索引鍵必須大於或等於 y 索引鍵。許多列都會產生多個匹配

non-equi join 並不是一個特別有用的術語，因為它只能告訴你這種 join 不是什麼，而不能告訴你這種 join 是什麼。dplyr 透過識別四種特別有用的 non-equi join 來幫助你分辨：

Cross join（交叉聯結）

　　匹配每一對資料列。

Inequality join（不等聯結）

　　使用 <、<=、> 與 >= 而非 ==。

Rolling join（滾動聯結）

　　與 inequality join 類似，但只找出最接近的匹配。

Overlap join（重疊聯結）

　　一種特殊型別的 inequality join，專為處理範圍（ranges）而設計。

接下來的章節將詳細介紹這裡的每種 join。

Cross Join

cross join（交叉聯結）匹配所有的東西，如圖 19-14 所示，生成列的笛卡爾積（Cartesian product）。這意味著輸出將有 nrow(x) * nrow(y) 列。

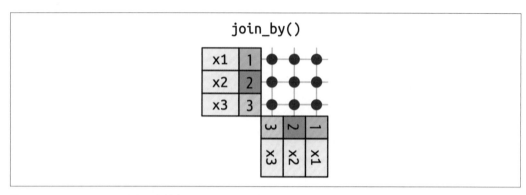

圖 19-14　cross join 匹配 x 中的每一列和 y 中的每一列

cross join 在生成排列（permutations）時非常有用。舉例來說，下面的程式碼會產生名稱的每一個可能配對。由於我們是將 df 聯結到自身，因此有時這稱為 *self-join*（**自我聯結**）。cross join 使用一個不同的 join 函式，因為當你匹配每一列，inner/left/right/full 之間就沒有區別。

```
df <- tibble(name = c("John", "Simon", "Tracy", "Max"))
df |> cross_join(df)
#> # A tibble: 16 × 2
#>   name.x name.y
#>   <chr>  <chr>
#> 1 John   John
#> 2 John   Simon
#> 3 John   Tracy
#> 4 John   Max
#> 5 Simon  John
#> 6 Simon  Simon
#> # … with 10 more rows
```

Inequality Join

inequality join 使用 <、<=、>= 或 > 來限制可能匹配的集合，如圖 19-13 和圖 19-15 所示。

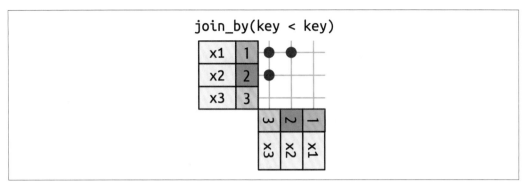

圖 19-15　這個 inequality join 在 x 的索引鍵小於 y 的索引鍵的列上將 x 聯結至 y。這樣就在左上角形成了一個三角形

inequality join 非常通用，通用到很難提出有意義的具體用例。一個實用的小技巧是使用它們來限制 cross join，這樣我們就不會生成所有的排列（permutations），而是生成所有的組合（combinations）：

```
df <- tibble(id = 1:4, name = c("John", "Simon", "Tracy", "Max"))

df |> left_join(df, join_by(id < id))
#> # A tibble: 7 × 4
#>    id.x name.x  id.y name.y
#>   <int> <chr>  <int> <chr>
#> 1     1 John       2 Simon
#> 2     1 John       3 Tracy
#> 3     1 John       4 Max
#> 4     2 Simon      3 Tracy
#> 5     2 Simon      4 Max
#> 6     3 Tracy      4 Max
#> # … with 1 more row
```

Rolling Join

rolling join（滾動）是特殊類型的一種 inequality join，在這種 join 中，不是獲取滿足不等式（inequality）的每一個資料列，而是只取得最接近的列，如圖 19-16 所示。只要加上 closest() 就可以將任何 inequality join 轉化為 rolling join。舉例來說，join_by(closest(x <= y)) 匹配大於或等於 x 的最小 y，而 join_by(closest(x > y)) 匹配小於 x 的最大 y。

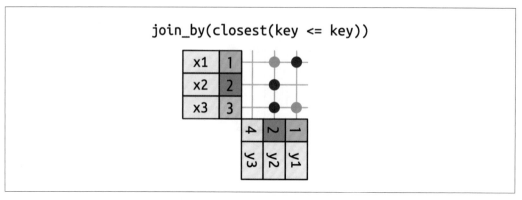

圖 19-16 這個 rolling join 類似於大於或等於的 inequality join，但只匹配第一個值

兩個日期表（tables of dates）的排列方式不完全一致時，rolling join 特別有用，舉例來說，當你想在表 1 中找到出現在表 2 的某個日期之前（或之後）的最接近的日期。

舉例來說，假設你是辦公室派對策劃委員會的負責人。你們公司比較摳門，所以每個季度只舉辦一次派對，而不是每次都舉辦個別的派對。確定派對舉行時間的規則有點複雜：派對總是在週一舉行，由於很多人都在度假，所以要跳過一月的第一週，而 2022 年第三季度的第一個星期一是 7 月 4 日，所以必須推遲一週。這就導致了以下的派對日：

```
parties <- tibble(
  q = 1:4,
  party = ymd(c("2022-01-10", "2022-04-04", "2022-07-11", "2022-10-03"))
)
```

現在想像一下，你有一個員工生日表：

```
employees <- tibble(
  name = sample(babynames::babynames$name, 100),
  birthday = ymd("2022-01-01") + (sample(365, 100, replace = TRUE) - 1)
)
employees
#> # A tibble: 100 × 2
#>   name    birthday
#>   <chr>   <date>
#> 1 Case    2022-09-13
#> 2 Shonnie 2022-03-30
#> 3 Burnard 2022-01-10
#> 4 Omer    2022-11-25
#> 5 Hillel  2022-07-30
#> 6 Curlie  2022-12-11
#> # … with 94 more rows
```

而對於每位員工，我們都希望找到在其生日之前（或當天）的第一個派對日期。我們可以透過 rolling join 來實作：

```
employees |>
  left_join(parties, join_by(closest(birthday >= party)))
#> # A tibble: 100 × 4
#>    name    birthday       q party
#>    <chr>   <date>     <int> <date>
#> 1 Case    2022-09-13     3 2022-07-11
#> 2 Shonnie 2022-03-30     1 2022-01-10
#> 3 Burnard 2022-01-10     1 2022-01-10
#> 4 Omer    2022-11-25     4 2022-10-03
#> 5 Hillel  2022-07-30     3 2022-07-11
#> 6 Curlie  2022-12-11     4 2022-10-03
#> # … with 94 more rows
```

不過，這種做法有一個問題：1 月 10 日之前生日的人不會有派對：

```
employees |>
  anti_join(parties, join_by(closest(birthday >= party)))
#> # A tibble: 0 × 2
#> # … with 2 variables: name <chr>, birthday <date>
```

要解決這個問題，我們需要用另一種方式，即 overlap join。

Overlap Join

overlap join 提供三個使用 inequality join 的輔助工具，使處理間隔（intervals）變得更容易：

- between(x, y_lower, y_upper) 是 x >= y_lower, x <= y_upper 的簡寫。

- within(x_lower, x_upper, y_lower, y_upper) 是 x_lower >= y_lower, x_upper <= y_upper 的簡寫。

- overlaps(x_lower, x_upper, y_lower, y_upper) 是 x_lower <= y_upper, x_upper >= y_lower 的簡寫。

讓我們接續這個生日範例，看看如何使用它們。我們之前使用的策略有一個問題：1 月 1 日至 9 日的生日之前沒有生日派對。因此，最好明確指出每個生日派對跨越的日期範圍，並特殊處理這些較早的生日：

```
parties <- tibble(
  q = 1:4,
  party = ymd(c("2022-01-10", "2022-04-04", "2022-07-11", "2022-10-03")),
  start = ymd(c("2022-01-01", "2022-04-04", "2022-07-11", "2022-10-03")),
```

```
      end = ymd(c("2022-04-03", "2022-07-11", "2022-10-02", "2022-12-31"))
    )
    parties
    #> # A tibble: 4 × 4
    #>       q party      start      end
    #>   <int> <date>     <date>     <date>
    #> 1     1 2022-01-10 2022-01-01 2022-04-03
    #> 2     2 2022-04-04 2022-04-04 2022-07-11
    #> 3     3 2022-07-11 2022-07-11 2022-10-02
    #> 4     4 2022-10-03 2022-10-03 2022-12-31
```

Hadley 的資料登錄能力很差,所以他還想檢查派對的時間段是否重疊。有種方法是使用 self-join 來檢查是否有任何開始到結束的時間段(start-end interval)與另一個時間段重疊:

```
    parties |>
      inner_join(parties, join_by(overlaps(start, end, start, end), q < q)) |>
      select(start.x, end.x, start.y, end.y)
    #> # A tibble: 1 × 4
    #>   start.x    end.x      start.y    end.y
    #>   <date>     <date>     <date>     <date>
    #> 1 2022-04-04 2022-07-11 2022-07-11 2022-10-02
```

糟糕,有一個重疊的地方,讓我們解決這個問題,然後繼續:

```
    parties <- tibble(
      q = 1:4,
      party = ymd(c("2022-01-10", "2022-04-04", "2022-07-11", "2022-10-03")),
      start = ymd(c("2022-01-01", "2022-04-04", "2022-07-11", "2022-10-03")),
      end = ymd(c("2022-04-03", "2022-07-10", "2022-10-02", "2022-12-31"))
    )
```

現在,我們可以將每位員工與他們的派對相匹配。這是使用 unmatched = "error" 的好地方,因為我們想快速找出是否有員工沒有被指定派對:

```
    employees |>
      inner_join(parties, join_by(between(birthday, start, end)), unmatched = "error")
    #> # A tibble: 100 × 6
    #>   name    birthday       q party      start      end
    #>   <chr>   <date>     <int> <date>     <date>     <date>
    #> 1 Case    2022-09-13     3 2022-07-11 2022-07-11 2022-10-02
    #> 2 Shonnie 2022-03-30     1 2022-01-10 2022-01-01 2022-04-03
    #> 3 Burnard 2022-01-10     1 2022-01-10 2022-01-01 2022-04-03
    #> 4 Omer    2022-11-25     4 2022-10-03 2022-10-03 2022-12-31
    #> 5 Hillel  2022-07-30     3 2022-07-11 2022-07-11 2022-10-02
    #> 6 Curlie  2022-12-11     4 2022-10-03 2022-10-03 2022-12-31
    #> # … with 94 more rows
```

習題

1. 你能解釋一下這個 equi join 中的索引鍵是怎麼回事嗎？它們為什麼不同？

```
x |> full_join(y, by = "key")
#> # A tibble: 4 × 3
#>     key val_x val_y
#>   <dbl> <chr> <chr>
#> 1     1 x1    y1
#> 2     2 x2    y2
#> 3     3 x3    <NA>
#> 4     4 <NA>  y3

x |> full_join(y, by = "key", keep = TRUE)
#> # A tibble: 4 × 4
#>   key.x val_x key.y val_y
#>   <dbl> <chr> <dbl> <chr>
#> 1     1 x1        1 y1
#> 2     2 x2        2 y2
#> 3     3 x3       NA <NA>
#> 4    NA <NA>      4 y3
```

2. 在查詢是否有派對時段與另一派對時段重疊時，我們在 join_by() 中使用 q < q？為什麼？如果去掉這個不等式會怎樣？

總結

在本章中，你學到如何使用變動式和過濾式的 join 來結合一對資料框中的資料。在此過程中，你學會了如何識別出索引鍵，並知道了主索引鍵和外部索引鍵的區別。你還學到了 join 的工作原理，以及如何計算輸出將有多少列。最後，你還學習了 non-equi join 的強大功能，並看到了一些有趣的使用案例。

本章是本書「變換（Transform）」部分的結尾，這部分的重點是處理個別欄位和 tibbles 的工具。你學到處理邏輯向量、數字和完整表格的 dplyr 和基礎函式、處理字串的 stringr 函式、處理日期時間的 lubridate 函式，以及處理因子的 forcats 函式。

在本書的下一篇，你會學到將各種類型的資料以整齊的形式匯入 R 的更多相關知識。

## 第四篇

匯入

你將在本篇學習如何將各式各樣的資料匯入 R，以及如何將資料轉換成有用的形式以供分析。有時，這只是從適當的資料匯入套件（data import package）呼叫某個函式。但在更複雜的情況下，可能需要對資料進行整理和變換，才能得到你想要使用的整齊矩形（tidy rectangle）。

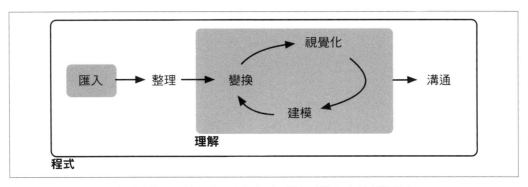

圖 IV-1　資料匯入是資料科學過程的開端；沒有資料，就無法進行資料科學研究！

你將在本篇學習如何存取以下列方式儲存的資料：

- 在第 20 章中，你將學習如何從 Excel 試算表和 Google Sheets 匯入資料。

- 在第 21 章中，你將學習如何從資料庫中取出資料並匯入 R（還會學到如何將資料從 R 中匯出並放入資料庫）。

- 在第 22 章中，你將學習 Arrow，它是處理記憶體外資料（out-of-memory data，尤其是以 parquet 格式儲存的資料）的強大工具。

- 在第 23 章中，你將學習如何處理階層式資料（hierarchical data），包括以 JSON 格式儲存的資料所產生的深層巢狀串列（deeply nested lists）。

- 在第 24 章中，你將學習在 Web 上「scraping（搜刮）」，這是從網頁中擷取資料的技藝和科學。

有兩個重要的 tidyverse 套件我們不會在這裡討論：haven 和 xml2。如果你要處理 SPSS、Stata 和 SAS 檔案中的資料，請查看 haven 套件（*https://oreil.ly/cymF4*）。若要處理 XML 資料，請查看 xml2 套件（*https://oreil.ly/lQNBa*）。否則，你就需要做一些研究來確定需要使用哪個套件；Google 是你在這方面的好夥伴。

## 第二十章

試算表

簡介

在第 7 章中，你學過如何從 .csv 和 .tsv 等純文字檔案匯入資料。現在該學習如何從試算表（Excel 試算表或 Google Sheet）中獲取資料了。本章將以第 7 章所學的大部分內容為基礎，但我們還會討論處理試算表資料時的其他考量和複雜性。

如果你或你的協作者正在使用試算表組織資料，我們強烈建議你閱讀 Karl Broman 和 Kara Woo 撰寫的論文「Data Organization in Spreadsheets」（*https://oreil.ly/Ejuen*）。從試算表中匯入資料到 R 中進行分析和視覺化時，這篇論文中介紹的最佳實務做法將為你省去很多麻煩。

Excel

Microsoft Excel 是一種廣泛使用的試算表軟體程式，資料被組織在試算表檔案（spreadsheet files）內的工作表（worksheets）中。

先決條件

在本節中，你將學習如何使用 readxl 套件在 R 中載入 Excel 試算表中的資料。該套件屬於非核心的 tidyverse，因此需要明確地載入，但在安裝 tidyverse 套件時就會自動安裝。稍後，我們還將使用 writexl 套件，它允許我們建立 Excel 試算表。

```
library(readxl)
library(tidyverse)
library(writexl)
```

開始使用

readxl 的大多數函式都允許你將 Excel 試算表載入 R：

- `read_xls()` 讀取 XLS 格式的 Excel 檔案。

- `read_xlsx()` 讀取 XLSX 格式的 Excel 檔案。

- `read_excel()` 可以同時讀取 XLS 和 XLSX 格式的檔案。它會根據輸入資訊猜測檔案類型。

這些函式都有類似的語法，就像我們之前介紹的用於讀取其他檔案類型的函式一樣，例如 `read_csv()`、`read_table()` 等。在本章接下來的內容中，我們將重點介紹 `read_excel()`。

讀取 Excel 試算表

圖 20-1 顯示了我們要讀入 R 的試算表在 Excel 中的樣子。

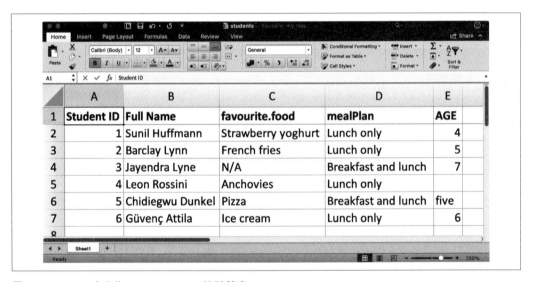

圖 20-1　Excel 中名為 `students.xlsx` 的試算表

`read_excel()` 的第一個引數是要讀取的檔案之路徑。

```
students <- read_excel("data/students.xlsx")
```

read_excel() 會把檔案讀入為一個 tibble。

```
students
#> # A tibble: 6 × 5
#>   `Student ID` `Full Name`     favourite.food     mealPlan           AGE
#>          <dbl> <chr>           <chr>              <chr>              <chr>
#> 1            1 Sunil Huffmann  Strawberry yoghurt Lunch only         4
#> 2            2 Barclay Lynn    French fries       Lunch only         5
#> 3            3 Jayendra Lyne   N/A                Breakfast and lunch 7
#> 4            4 Leon Rossini    Anchovies          Lunch only         <NA>
#> 5            5 Chidiegwu Dunkel Pizza             Breakfast and lunch five
#> 6            6 Güvenç Attila   Ice cream          Lunch only         6
```

我們的資料中有六名學生，每位學生有五個變數。但是，我們可能需要在這個資料集中解決一些問題：

1. 欄名（column names）雜亂無章。你可以提供格式一致的欄名；我們推薦透過 col_names 引數使用 snake_case 這種形式。

```
read_excel(
  "data/students.xlsx",
  col_names = c(
    "student_id", "full_name", "favourite_food", "meal_plan", "age")
)
#> # A tibble: 7 × 5
#>   student_id full_name       favourite_food     meal_plan           age
#>   <chr>      <chr>           <chr>              <chr>              <chr>
#> 1 Student ID Full Name       favourite.food     mealPlan           AGE
#> 2 1          Sunil Huffmann  Strawberry yoghurt Lunch only         4
#> 3 2          Barclay Lynn    French fries       Lunch only         5
#> 4 3          Jayendra Lyne   N/A                Breakfast and lunch 7
#> 5 4          Leon Rossini    Anchovies          Lunch only         <NA>
#> 6 5          Chidiegwu Dunkel Pizza             Breakfast and lunch five
#> 7 6          Güvenç Attila   Ice cream          Lunch only         6
```

遺憾的是，這並沒有完全奏效。我們現在有了想要的變數名，但之前的標頭列（header row）現在卻顯示為資料中的第一個觀測值。你可以使用 skip 引數明確跳過那一列。

```
read_excel(
  "data/students.xlsx",
  col_names = c("student_id", "full_name", "favourite_food", "meal_plan", "age"),
  skip = 1
)
#> # A tibble: 6 × 5
#>   student_id full_name       favourite_food     meal_plan           age
#>        <dbl> <chr>           <chr>              <chr>              <chr>
#> 1          1 Sunil Huffmann  Strawberry yoghurt Lunch only         4
```

```
#> 2           2 Barclay Lynn      French fries     Lunch only           5
#> 3           3 Jayendra Lyne     N/A              Breakfast and lunch 7
#> 4           4 Leon Rossini      Anchovies        Lunch only          <NA>
#> 5           5 Chidiegwu Dunkel  Pizza            Breakfast and lunch five
#> 6           6 Güvenç Attila     Ice cream        Lunch only           6
```

2. 在 favourite_food 一欄中，有一個觀測值為 N/A，代表「not available」，但目前還沒有被辨識為 NA（注意這個 N/A 與清單中第四位學生的 age 之間的對比）。你可以使用 na 引數指定哪些字串應被識別為 NA。預設情況下，只有 ""（空字串，或者從試算表讀取資料時，空的儲存格或帶有公式 =NA() 的儲存格）才會被識別為 NA。

```
read_excel(
  "data/students.xlsx",
  col_names = c("student_id", "full_name", "favourite_food", "meal_plan", "age"),
  skip = 1,
  na = c("", "N/A")
)
#> # A tibble: 6 × 5
#>   student_id full_name        favourite_food      meal_plan           age
#>        <dbl> <chr>            <chr>               <chr>               <chr>
#> 1          1 Sunil Huffmann   Strawberry yoghurt  Lunch only          4
#> 2          2 Barclay Lynn     French fries        Lunch only          5
#> 3          3 Jayendra Lyne    <NA>                Breakfast and lunch 7
#> 4          4 Leon Rossini     Anchovies           Lunch only          <NA>
#> 5          5 Chidiegwu Dunkel Pizza               Breakfast and lunch five
#> 6          6 Güvenç Attila    Ice cream           Lunch only          6
```

3. 還有一個問題是，讀入的 age（年齡）是字元變數，但實際上應該是數值變數。就像 read_csv() 和相關功能從平面檔案（flat files）讀取資料一樣，你可以為 read_excel() 提供一個 col_types 引數，為讀入的變數指定欄位型別（column types）。不過，語法有點不同。你可以選擇 "skip"、"guess"、"logical"、"numeric"、"date"、"text" 或 "list"。

```
read_excel(
  "data/students.xlsx",
  col_names = c("student_id", "full_name", "favourite_food", "meal_plan", "age"),
  skip = 1,
  na = c("", "N/A"),
  col_types = c("numeric", "text", "text", "text", "numeric")
)
#> Warning: Expecting numeric in E6 / R6C5: got 'five'
#> # A tibble: 6 × 5
#>   student_id full_name        favourite_food      meal_plan              age
#>        <dbl> <chr>            <chr>               <chr>                 <dbl>
#> 1          1 Sunil Huffmann   Strawberry yoghurt  Lunch only               4
#> 2          2 Barclay Lynn     French fries        Lunch only               5
#> 3          3 Jayendra Lyne    <NA>                Breakfast and lunch      7
```

```
#> 4        4 Leon Rossini      Anchovies     Lunch only          NA
#> 5        5 Chidiegwu Dunkel Pizza          Breakfast and lunch  NA
#> 6        6 Güvenç Attila     Ice cream     Lunch only            6
```

然而，這樣做也沒有得到理想的結果。透過指定 age 應為數字，我們將一個包含非數值條目（non-numeric entry）的儲存格（值為 five）變成了 NA。在這種情況下，我們應該以 "text" 讀入年齡，然後在 R 中載入資料後再進行更改。

```
students <- read_excel(
  "data/students.xlsx",
  col_names = c("student_id", "full_name", "favourite_food", "meal_plan", "age"),
  skip = 1,
  na = c("", "N/A"),
  col_types = c("numeric", "text", "text", "text", "text")
)

students <- students |>
  mutate(
    age = if_else(age == "five", "5", age),
    age = parse_number(age)
  )

students
#> # A tibble: 6 × 5
#>   student_id full_name         favourite_food    meal_plan             age
#>        <dbl> <chr>             <chr>             <chr>               <dbl>
#> 1          1 Sunil Huffmann    Strawberry yoghurt Lunch only             4
#> 2          2 Barclay Lynn      French fries      Lunch only             5
#> 3          3 Jayendra Lyne     <NA>              Breakfast and lunch    7
#> 4          4 Leon Rossini      Anchovies         Lunch only            NA
#> 5          5 Chidiegwu Dunkel Pizza             Breakfast and lunch    5
#> 6          6 Güvenç Attila     Ice cream         Lunch only             6
```

我們花了多個步驟，反覆試驗，才以我們想要的格式載入了資料，這並不出乎意料。資料科學是一個迭代的過程（iterative process），與其他純文字、矩形資料檔案相比，從試算表讀入資料的迭代過程可能更加繁瑣，因為人類傾向於將資料輸入試算表，並且不僅將其用於資料儲存，還用於共享和交流。

在載入並檢視資料之前，無法確切知道資料會是什麼樣子。好吧，其實有一個辦法，你可以在 Excel 中開啟檔案先偷看一下。如果要這樣做，我們建議你複製一份要開啟的 Excel 檔案，以互動方式瀏覽，同時保留原始資料檔案，並從未動過的檔案讀取資料到 R 中。這將確保你在檢視試算表時不會意外覆寫其中的任何內容。你也不應該害怕像我們在這裡所做的事：載入資料，偷看一眼，調整程式碼，再次載入，並且重複，直到你對結果滿意為止。

讀取工作表

區別試算表與平面檔案的一個重要特徵是多張表（multiple sheets）的概念，稱為工作表（*worksheets*）。圖 20-2 顯示了一個包含多張工作表的 Excel 試算表。資料來自 palmerpenguins 套件。每張工作表都包含從之蒐集資料的不同島嶼上的企鵝資訊。

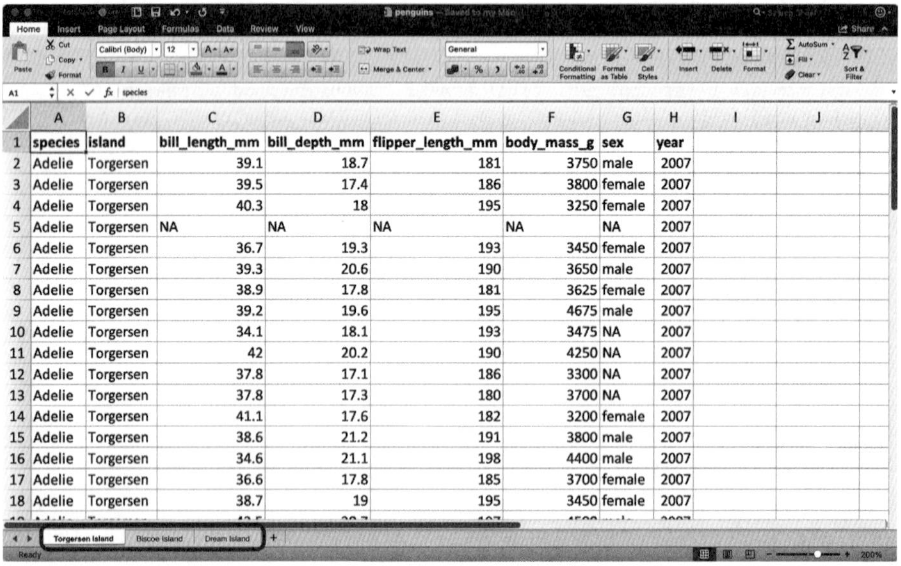

圖 20-2　Excel 中名為 penguins.xlsx 的試算表，包含三張工作表

透過 read_excel() 中的 sheet 引數，可以從試算表中讀取單一工作表。我們到目前為止一直使用的預設值是第一張工作表。

```
read_excel("data/penguins.xlsx", sheet = "Torgersen Island")
#> # A tibble: 52 × 8
#>   species island    bill_length_mm     bill_depth_mm     flipper_length_mm
#>   <chr>   <chr>     <chr>              <chr>             <chr>
#> 1 Adelie  Torgersen 39.1               18.7              181
#> 2 Adelie  Torgersen 39.5               17.399999999999999 186
#> 3 Adelie  Torgersen 40.299999999999997 18                195
#> 4 Adelie  Torgersen NA                 NA                NA
#> 5 Adelie  Torgersen 36.700000000000003 19.3              193
#> 6 Adelie  Torgersen 39.299999999999997 20.6              190
#> # … with 46 more rows, and 3 more variables: body_mass_g <chr>, sex <chr>,
#> #   year <dbl>
```

由於字串 "NA" 沒有被識別為真正的 NA，一些看似包含數值資料的變數被讀取為字元。

```
penguins_torgersen <- read_excel(
  "data/penguins.xlsx", sheet = "Torgersen Island", na = "NA"
)

penguins_torgersen
#> # A tibble: 52 × 8
#>   species island    bill_length_mm bill_depth_mm flipper_length_mm
#>   <chr>   <chr>              <dbl>         <dbl>             <dbl>
#> 1 Adelie  Torgersen           39.1          18.7               181
#> 2 Adelie  Torgersen           39.5          17.4               186
#> 3 Adelie  Torgersen           40.3          18                 195
#> 4 Adelie  Torgersen           NA            NA                 NA
#> 5 Adelie  Torgersen           36.7          19.3               193
#> 6 Adelie  Torgersen           39.3          20.6               190
#> # … with 46 more rows, and 3 more variables: body_mass_g <dbl>, sex <chr>,
#> #   year <dbl>
```

另外，也可以使用 excel_sheets() 獲取 Excel 試算表中所有工作表的資訊，然後讀取感興趣的工作表。

```
excel_sheets("data/penguins.xlsx")
#> [1] "Torgersen Island" "Biscoe Island"    "Dream Island"
```

知道工作表的名稱後，就可以使用 read_excel() 個別讀取它們。

```
penguins_biscoe <- read_excel("data/penguins.xlsx", sheet = "Biscoe Island", na = "NA")
penguins_dream  <- read_excel("data/penguins.xlsx", sheet = "Dream Island", na = "NA")
```

在本例中，整個 penguins 資料集分散在試算表的三個工作表中。每個工作表的欄數相同，但列數不同。

```
dim(penguins_torgersen)
#> [1] 52  8
dim(penguins_biscoe)
#> [1] 168   8
dim(penguins_dream)
#> [1] 124   8
```

我們可以使用 bind_rows() 把它們放在一起：

```
penguins <- bind_rows(penguins_torgersen, penguins_biscoe, penguins_dream)
penguins
#> # A tibble: 344 × 8
#>   species island    bill_length_mm bill_depth_mm flipper_length_mm
#>   <chr>   <chr>              <dbl>         <dbl>             <dbl>
#> 1 Adelie  Torgersen           39.1          18.7               181
```

```
#> 2 Adelie  Torgersen           39.5          17.4               186
#> 3 Adelie  Torgersen           40.3          18                 195
#> 4 Adelie  Torgersen           NA            NA                  NA
#> 5 Adelie  Torgersen           36.7          19.3               193
#> 6 Adelie  Torgersen           39.3          20.6               190
#> # … with 338 more rows, and 3 more variables: body_mass_g <dbl>, sex <chr>,
#> #   year <dbl>
```

在第 26 章中，我們將討論如何在不重複程式碼的情況下完成此類任務。

讀取部分工作表

由於許多人使用 Excel 試算表來展示和儲存資料，因此經常會在試算表中發現一些儲存格條目（cell entries）並不是你想要讀入 R 的資料。圖 20-3 顯示了這樣一個試算表：表格中間是看起來像一個資料框的東西，但資料上方和下方的儲存格中都有無關的文字。

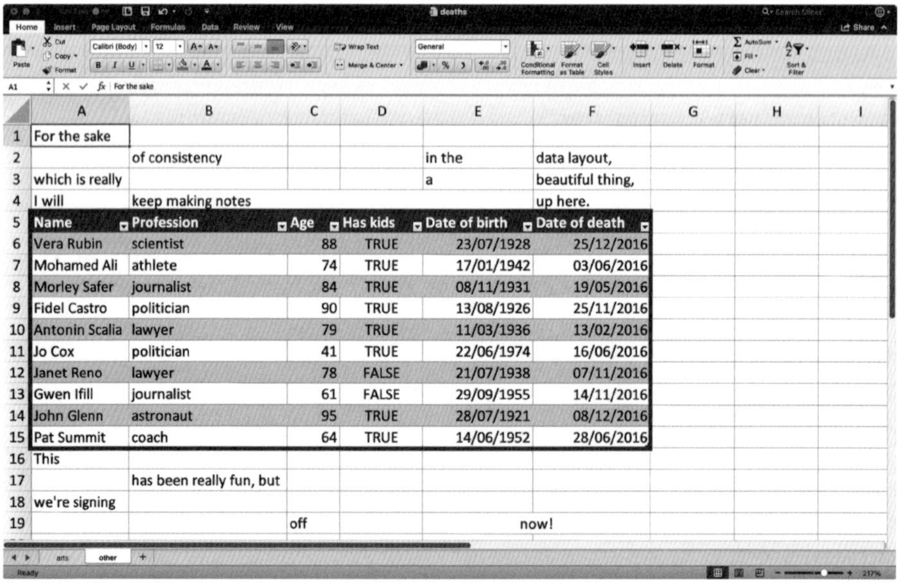

	A	B	C	D	E	F
1	For the sake					
2		of consistency			in the	data layout,
3	which is really				a	beautiful thing,
4	I will	keep making notes				up here.
5	Name	Profession	Age	Has kids	Date of birth	Date of death
6	Vera Rubin	scientist	88	TRUE	23/07/1928	25/12/2016
7	Mohamed Ali	athlete	74	TRUE	17/01/1942	03/06/2016
8	Morley Safer	journalist	84	TRUE	08/11/1931	19/05/2016
9	Fidel Castro	politician	90	TRUE	13/08/1926	25/11/2016
10	Antonin Scalia	lawyer	79	TRUE	11/03/1936	13/02/2016
11	Jo Cox	politician	41	TRUE	22/06/1974	16/06/2016
12	Janet Reno	lawyer	78	FALSE	21/07/1938	07/11/2016
13	Gwen Ifill	journalist	61	FALSE	29/09/1955	14/11/2016
14	John Glenn	astronaut	95	TRUE	28/07/1921	08/12/2016
15	Pat Summit	coach	64	TRUE	14/06/1952	28/06/2016
16	This					
17		has been really fun, but				
18	we're signing					
19			off		now!	

圖 20-3　Excel 中名為 deaths.xlsx 的試算表

該試算表是 readxl 套件中提供的範例試算表之一。你可以使用 `readxl_example()` 函式在你系統中套件安裝的目錄中找到該試算表。這個函式會回傳試算表的路徑，你可以像往常一樣在 `read_excel()` 中使用該路徑。

```
deaths_path <- readxl_example("deaths.xlsx")
deaths <- read_excel(deaths_path)
#> New names:
#> • `` -> `...2`
#> • `` -> `...3`
#> • `` -> `...4`
#> • `` -> `...5`
#> • `` -> `...6`
deaths
#> # A tibble: 18 × 6
#>   `Lots of people`     ...2      ...3  ...4  ...5       ...6
#>   <chr>                <chr>     <chr> <chr> <chr>      <chr>
#> 1 simply cannot resi…  <NA>      <NA>  <NA>  <NA>       some notes
#> 2 at                   the       top   <NA>  of         their spreadsh…
#> 3 or                   merging   <NA>  <NA>  <NA>       cells
#> 4 Name                 Profession Age  Has kids Date of birth Date of death
#> 5 David Bowie          musician  69    TRUE  17175      42379
#> 6 Carrie Fisher        actor     60    TRUE  20749      42731
#> # … with 12 more rows
```

頂部三列和底部四列不屬於資料框的一部分。使用 skip 和 n_max 引數可以消除這些不相干的列,但我們建議使用儲存格範圍(cell ranges)。在 Excel 中,左上角的儲存格是 A1。向右跨欄移動時,儲存格標籤按字母順序向下移動,如 B1、C1 等。而當你在某一欄往下移動時,儲存格標籤中的數字會增加,如 A2、A3 等。

在此,我們要讀入的資料從儲存格 A5 開始,到儲存格 F15 結束。用試算表的符號表示,就是 A5:F15,我們將其提供給 range 引數:

```
read_excel(deaths_path, range = "A5:F15")
#> # A tibble: 10 × 6
#>   Name          Profession  Age `Has kids` `Date of birth`
#>   <chr>         <chr>     <dbl> <lgl>      <dttm>
#> 1 David Bowie   musician     69 TRUE       1947-01-08 00:00:00
#> 2 Carrie Fisher actor        60 TRUE       1956-10-21 00:00:00
#> 3 Chuck Berry   musician     90 TRUE       1926-10-18 00:00:00
#> 4 Bill Paxton   actor        61 TRUE       1955-05-17 00:00:00
#> 5 Prince        musician     57 TRUE       1958-06-07 00:00:00
#> 6 Alan Rickman  actor        69 FALSE      1946-02-21 00:00:00
#> # … with 4 more rows, and 1 more variable: `Date of death` <dttm>
```

資料型別

在 CSV 檔案中,所有值都是字串。這對資料來說並不特別真實,但卻很簡單:一切都是字串。

Excel 試算表中底層的資料則更為複雜。一個儲存格可以是以下四種情況之一:

- Boolean 值,像是 TRUE、FALSE 或 NA

- 數字,例如「10」或「10.5」

- 日期時間,也可包含時間,如「11/1/21」或「11/1/21 3:00 PM」

- 文字字串,像是「ten」

處理試算表資料時,必須牢記底層的資料可能與你在儲存格中看到的資料截然不同。舉例來說,Excel 沒有整數(integer)的概念。所有數字都以浮點數(floating points)儲存,但你可以選擇以自訂的小數點位數顯示資料。同樣地,日期實際上是以數字形式儲存的,具體而言就是自 1970 年 1 月 1 日以來的秒數。你可以透過在 Excel 中套用格式化來自訂日期的顯示方式。令人困惑的是,也有可能出現看起來像數字但實際上是字串的情況(例如,在 Excel 的儲存格中輸入 '10)。

將資料載入到 R 中時,底層資料的儲存方式與顯示方式之間的這些差異可能會令人感到意外。預設情況下,readxl 會猜測給定欄位的資料型別。推薦的工作流程是讓 readxl 猜測欄位型別,確認對猜出來的欄位型別是否滿意,如果不滿意,則回頭重新匯入,並指定 col_types,如第 380 頁的「讀取 Excel 試算表」所示。

另一個挑戰是,Excel 試算表中的某一欄混合了這些型別,舉例來說,一些儲存格是數字,另一些是文字,還有一些是日期。在將資料匯入 R 時,readxl 必須做出一些決定。在這種情況下,你可以將這一欄的型別設定為 "list",這樣就可以將該欄載入為長度為 1 的向量之串列,然後還會猜測向量中每個元素的型別。

> 有時,資料的儲存方式更為奇特,例如儲存格背景的顏色或文字是否加粗。在這種情況下,你可能會發現 tidyxl 套件(*https://oreil.ly/CU5XP*)非常有用。有關 Excel 非表格資料(nontabular data)處理策略的更多資訊,請參閱 *https://oreil.ly/jNskS*。

寫入 Excel

讓我們建立一個小資料框,然後將其寫出。請注意,item 是一個因子,而 quantity 是一個整數。

```
bake_sale <- tibble(
  item     = factor(c("brownie", "cupcake", "cookie")),
  quantity = c(10, 5, 8)
```

```
)
bake_sale
#> # A tibble: 3 × 2
#>   item    quantity
#>   <fct>      <dbl>
#> 1 brownie       10
#> 2 cupcake        5
#> 3 cookie         8
```

你可以使用 writexl 套件（*https://oreil.ly/Gzphe*）中的 write_xlsx()，將資料作為 Excel 檔案寫回磁碟：

```
write_xlsx(bake_sale, path = "data/bake-sale.xlsx")
```

圖 20-4 顯示資料在 Excel 中的樣子。請注意，欄名已包含在內並以粗體顯示。透過將 col_names 和 format_headers 引數設定為 FALSE，可以關閉這些名稱。

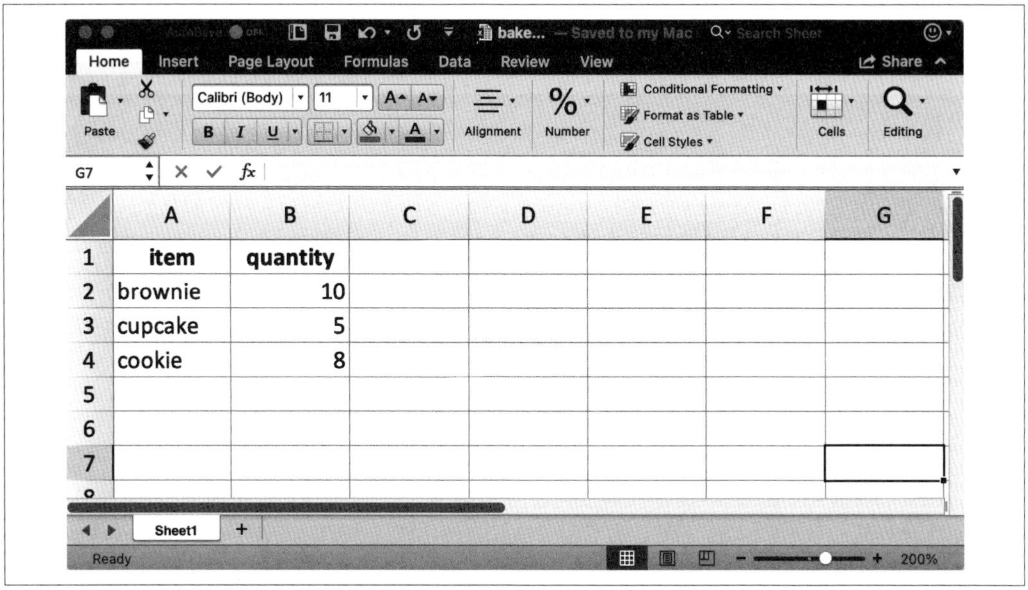

圖 20-4　Excel 中名為 bake_sale.xlsx 的試算表

就像從 CSV 中讀取資料一樣，當我們讀回資料時，資料型別的資訊就會丟失。這使得 Excel 檔案用來快取臨時結果（interim results）時也不可靠。相關的替代方法，請參閱第 115 頁的「寫入一個檔案」。

```
read_excel("data/bake-sale.xlsx")
#> # A tibble: 3 × 2
#>   item     quantity
#>   <chr>       <dbl>
#> 1 brownie        10
#> 2 cupcake         5
#> 3 cookie          8
```

格式化的輸出

writexl 套件是編寫簡單 Excel 試算表的輕量化解決方案,但如果你對其他功能感興趣,例如寫入試算表中的工作表和改變樣式,則需要使用 openxlsx 套件(*https://oreil.ly/JtHOt*)。我們不會在此詳述使用該套件的細節,但建議閱讀 *https://oreil.ly/clwtE* 上廣泛的討論,以瞭解利用 openxlsx 套件從 R 寫入至 Excel 時資料進一步格式化的功能。

請注意,該套件不是 tidyverse 的一部分,因此函式和工作流程可能會讓人感覺陌生。舉例來說,函式名稱為 camelCase,不能用管線組合多個函式,引數的順序與在 tidyverse 中習慣的順序不同。不過,這些都沒關係。隨著你對於 R 的學習和使用範圍擴大到本書之外,你還會遇到各種 R 套件所使用的許多不同風格,而你可能會用它們在 R 中達成特定目標。熟悉新套件所用編程風格(coding style)的一個好方法是執行函式說明文件中提供的範例,以大略瞭解語法和輸出格式,並閱讀套件可能附帶的任何 vignettes 說明頁面。

習題

1. 在 Excel 檔案中建立以下資料集,並將其儲存為 survey.xlsx。或者,你也可以將它下載為 Excel 檔案(*https://oreil.ly/03oQy*)。

然後將其讀入 R,讓 survey_id 作為字元變數,而 n_pets 是數值變數。

```
#> # A tibble: 6 × 2
#>   survey_id n_pets
```

```
#>        <chr>  <dbl>
#>  1 1      0
#>  2 2      1
#>  3 3      NA
#>  4 4      2
#>  5 5      2
#>  6 6      NA
```

2. 在另一個 Excel 檔案中建立以下資料集，並將其儲存為 `roster.xlsx`。或者，你也可以將它下載為 Excel 檔案（*https://oreil.ly/E4dIi*）。

	A	B	C
1	group	subgroup	id
2	1	A	1
3			2
4			3
5		B	4
6			5
7			6
8			7
9	2	A	8
10			9
11		B	10
12			11
13			12

然後將其讀取到 R 中。所產生的資料框應稱為 `roster`，其外觀如下：

```
#> # A tibble: 12 × 3
#>    group subgroup    id
#>    <dbl> <chr>    <dbl>
#>  1     1 A            1
#>  2     1 A            2
#>  3     1 A            3
#>  4     1 B            4
#>  5     1 B            5
#>  6     1 B            6
#>  7     1 B            7
#>  8     2 A            8
#>  9     2 A            9
#> 10     2 B           10
#> 11     2 B           11
#> 12     2 B           12
```

3. 在一個新的 Excel 檔案中，建立以下資料集，並將其儲存為 sales.xlsx。或者，你也可以將它下載為 Excel 檔案（*https://oreil.ly/m6q7i*）。

	A	B
1	This file contains information on sales.	
2	Data are organized by brand name, and for each brand, we have the ID number for the item sold, and how many are sold.	
3		
4		
5	Brand 1	n
6	1234	8
7	8721	2
8	1822	3
9	Brand 2	n
10	3333	1
11	2156	3
12	3987	6
13	3216	5

a. 讀入 sales.xlsx，並儲存為 sales。這個資料框看起來應如下所示，欄名為 id 和 n，而且共有九列：

```
#> # A tibble: 9 × 2
#>   id      n
#>   <chr>   <chr>
#> 1 Brand 1 n
#> 2 1234    8
#> 3 8721    2
#> 4 1822    3
#> 5 Brand 2 n
#> 6 3333    1
#> 7 2156    3
#> 8 3987    6
#> 9 3216    5
```

b. 進一步修改 sales，使其變成以下整齊的格式，包括三個欄位（brand、id 和 n）和七列資料。請注意，id 和 n 是數值變數，而 brand 是字元變數。

```
#> # A tibble: 7 × 3
#>   brand    id      n
```

```
#>     <chr>    <dbl> <dbl>
#> 1 Brand 1   1234     8
#> 2 Brand 1   8721     2
#> 3 Brand 1   1822     3
#> 4 Brand 2   3333     1
#> 5 Brand 2   2156     3
#> 6 Brand 2   3987     6
#> 7 Brand 2   3216     5
```

4. 重新建立 bake_sale 資料框，並使用 openxlsx 套件中的 write.xlsx() 函式將其寫入一個 Excel 檔案。

5. 在第 7 章中，我們學到了 janitor::clean_names() 函式，用來將欄名轉換為蛇形大小寫（snake case）。讀取本節前面介紹的 students.xlsx 檔案，並使用該函式「清理」欄名。

6. 如果嘗試使用 read_xls() 讀入延伸檔名為 .xlsx 的檔案，會發生什麼情況？

Google Sheets

Google Sheets 是另一款廣泛被使用的試算表程式。它是免費的，並以 Web 為基礎。與 Excel 一樣，Google Sheets 將資料組織在試算表檔案內的工作表（worksheets，也稱作 *sheets*）中。

先決條件

本節也將關注試算表，但這次你將使用 googlesheets4 套件從一份 Google Sheet 載入資料。這個套件也是非核心的 tidyverse，所以你需要明確地載入它：

```
library(googlesheets4)
library(tidyverse)
```

關於此套件名稱的簡要說明：googlesheets4 使用 Sheets API v4（*https://oreil.ly/VMlBY*）為 Google Sheets 提供 R 介面。

開始使用

googlesheets4 套件的主要函式是 read_sheet()，用來從 URL 或檔案 ID 讀取 Google Sheet。這個函式還有一個名稱叫 range_read()。

你還可以使用 gs4_create() 建立一個新工作表，或使用 sheet_write() 和其他函式寫入現有工作表。

在本節中，我們將使用與 Excel 部分相同的資料集，以突顯從 Excel 和 Google Sheets 中讀取資料的工作流程之間的異同。readxl 和 googlesheets4 套件都是為了模仿 readr 套件的功能而設計的，後者提供第 7 章中提到的 read_csv() 函式。因此，許多工作只需將 read_excel() 換成 read_sheet() 即可完成。不過，你也會發現，Excel 和 Google Sheets 的行為方式並不相同；因此，其他任務可能需要進一步更新函式呼叫。

讀取 Google Sheets

圖 20-5 顯示了我們要讀入 R 的試算表在 Google Sheets 中的樣子。這與圖 20-1 中的資料集相同，只不過它是儲存在 Google Sheet 中，而非 Excel 中。

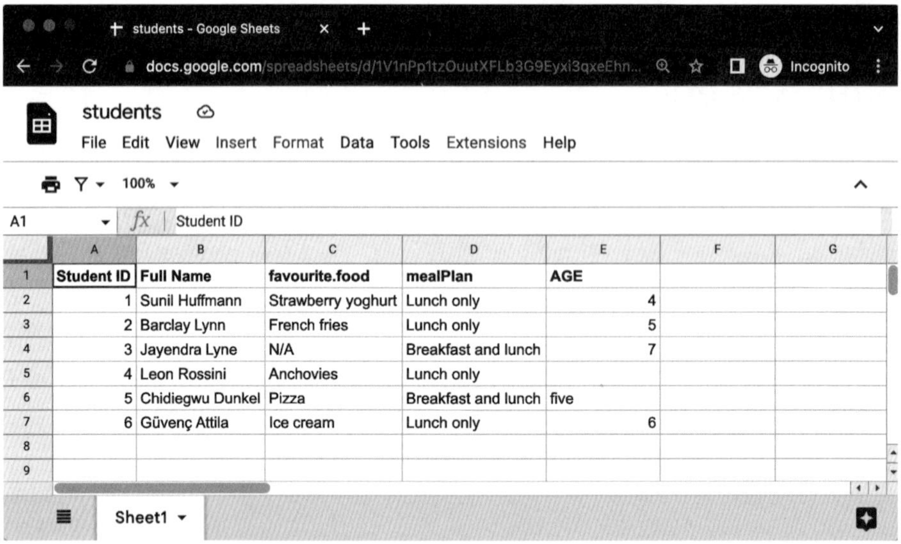

圖 20-5　Google Sheet 在瀏覽器視窗中叫出 students 試算表

read_sheet() 的 第 一 個 引 數 是 要 讀 取 的 檔 案 的 URL， 它 回 傳 一 個 tibble（*https://oreil.ly/c7DEP*）。

使用這些 URL 並不方便，因此你通常需要透過工作表的 ID 來識別工作表。

```
students_sheet_id <- "1V1nPp1tzOuutXFLb3G9Eyxi3qxeEhnOXUzL5_BcCQ0w"
students <- read_sheet(students_sheet_id)
```

```
#> ✓ Reading from students.
#> ✓ Range Sheet1.
students
#> # A tibble: 6 × 5
#>   `Student ID` `Full Name`       favourite.food      mealPlan             AGE
#>        <dbl> <chr>              <chr>               <chr>              <list>
#> 1          1 Sunil Huffmann     Strawberry yoghurt Lunch only          <dbl>
#> 2          2 Barclay Lynn       French fries        Lunch only          <dbl>
#> 3          3 Jayendra Lyne      N/A                 Breakfast and lunch <dbl>
#> 4          4 Leon Rossini       Anchovies           Lunch only         <NULL>
#> 5          5 Chidiegwu Dunkel   Pizza               Breakfast and lunch <chr>
#> 6          6 Güvenç Attila      Ice cream           Lunch only          <dbl>
```

就像使用 read_excel() 一樣，我們可以向 read_sheet() 提供欄名、NA 字串和欄位型別。

```
students <- read_sheet(
  students_sheet_id,
  col_names = c("student_id", "full_name", "favourite_food", "meal_plan", "age"),
  skip = 1,
  na = c("", "N/A"),
  col_types = "dcccc"
)
#> ✓ Reading from students.
#> ✓ Range 2:10000000.

students
#> # A tibble: 6 × 5
#>   student_id full_name         favourite_food      meal_plan           age
#>        <dbl> <chr>              <chr>               <chr>              <chr>
#> 1          1 Sunil Huffmann     Strawberry yoghurt Lunch only          4
#> 2          2 Barclay Lynn       French fries        Lunch only          5
#> 3          3 Jayendra Lyne      <NA>                Breakfast and lunch 7
#> 4          4 Leon Rossini       Anchovies           Lunch only          <NA>
#> 5          5 Chidiegwu Dunkel   Pizza               Breakfast and lunch five
#> 6          6 Güvenç Attila      Ice cream           Lunch only          6
```

請注意，我們在這裡定義欄位型別的方式有點不同，是使用簡短的代碼。舉例來說，
「dcccc」代表「double, character, character, character, character」。

還可以從 Google Sheets 中讀取個別工作表。讓我們從 penguins 這個 Google Sheet
（*https://oreil.ly/qgKTY*）中讀取「Torgersen Island」工作表：

```
penguins_sheet_id <- "1aFu8lnD_g0yjF5O-K6SFgSEWiHPpgvFCF0NY9D6LXnY"
read_sheet(penguins_sheet_id, sheet = "Torgersen Island")
#> ✓ Reading from penguins.
#> ✓ Range ''Torgersen Island''.
#> # A tibble: 52 × 8
```

```
#>    species island     bill_length_mm bill_depth_mm flipper_length_mm
#>    <chr>   <chr>       <list>         <list>        <list>
#> 1 Adelie  Torgersen  <dbl [1]>       <dbl [1]>     <dbl [1]>
#> 2 Adelie  Torgersen  <dbl [1]>       <dbl [1]>     <dbl [1]>
#> 3 Adelie  Torgersen  <dbl [1]>       <dbl [1]>     <dbl [1]>
#> 4 Adelie  Torgersen  <chr [1]>       <chr [1]>     <chr [1]>
#> 5 Adelie  Torgersen  <dbl [1]>       <dbl [1]>     <dbl [1]>
#> 6 Adelie  Torgersen  <dbl [1]>       <dbl [1]>     <dbl [1]>
#> # … with 46 more rows, and 3 more variables: body_mass_g <list>, sex <chr>,
#> #   year <dbl>
```

使用 sheet_names() 可以獲得一個 Google Sheet 中所有工作表的清單：

```
sheet_names(penguins_sheet_id)
#> [1] "Torgersen Island" "Biscoe Island"    "Dream Island"
```

最後，就像使用 read_excel() 一樣，我們可以透過在 read_sheet() 中定義一個 range 來讀取 Google Sheet 的一部分。請注意，我們還使用 gs4_example() 函式來找出一個範例 Google Sheet，該範例包含在以下的 googlesheets4 套件中：

```
deaths_url <- gs4_example("deaths")
deaths <- read_sheet(deaths_url, range = "A5:F15")
#> ✓ Reading from deaths.
#> ✓ Range A5:F15.
deaths
#> # A tibble: 10 × 6
#>    Name           Profession   Age `Has kids` `Date of birth`
#>    <chr>          <chr>      <dbl> <lgl>      <dttm>
#> 1 David Bowie     musician      69 TRUE       1947-01-08 00:00:00
#> 2 Carrie Fisher   actor         60 TRUE       1956-10-21 00:00:00
#> 3 Chuck Berry     musician      90 TRUE       1926-10-18 00:00:00
#> 4 Bill Paxton     actor         61 TRUE       1955-05-17 00:00:00
#> 5 Prince          musician      57 TRUE       1958-06-07 00:00:00
#> 6 Alan Rickman    actor         69 FALSE      1946-02-21 00:00:00
#> # … with 4 more rows, and 1 more variable: `Date of death` <dttm>
```

寫入 Google Sheets

透過 write_sheet() 可以從 R 寫入資料到 Google Sheets。第一個引數是要寫入的資料框，第二個引數是要寫入的 Google Sheet 的名稱（或其他識別字）：

```
write_sheet(bake_sale, ss = "bake-sale")
```

如果想將資料寫入 Google Sheet 中特定的（工作）表，也可以使用 sheet 引數來指定：

```
write_sheet(bake_sale, ss = "bake-sale", sheet = "Sales")
```

認證（Authentication）

雖然你可以讀取公開的 Google Sheet，而無須使用 Google 帳號進行身分驗證，但讀取私人工作表或寫入工作表則需要身分驗證，這樣 googlesheets4 才能檢視和管理你的 Google Sheets。

試著讀入需要身分驗證的工作表時，googlesheets4 會將你引導到 Web 瀏覽器，並提示你登入到 Google 帳號，並授予以你的名義在 Google Sheets 上作業的權限。不過，若要指定特定的 Google 帳號、認證範疇（authentication scope）等，可以使用 gs4_auth()，例如 gs4_auth(email = "mine@example.com")，它會強制使用與特定電子郵件相關聯的權杖（token）。有關身分驗證進一步的細節，建議閱讀 googlesheets4 auth 的 vignette 說明頁面（*https://oreil.ly/G28nV*）。

習題

1. 從 Excel 和 Google Sheets 中讀取本章前面的 students 資料集，不向 read_excel() 和 read_sheet() 函式提供額外引數。在 R 中得到的資料框是否完全相同？如果不一樣，有什麼不同？

2. 讀取名為 survey 的 Google Sheet（*https://oreil.ly/PYENq*），其中 survey_id 為字元變數，而 n_pets 為數值變數。

3. 讀取名為 roster 的 Google Sheet（*https://oreil.ly/sAjBM*）。生成的資料框應稱為 roster，而且看起來應該會像這樣：

```
#> # A tibble: 12 × 3
#>    group subgroup    id
#>    <dbl> <chr>    <dbl>
#>  1     1 A           1
#>  2     1 A           2
#>  3     1 A           3
#>  4     1 B           4
#>  5     1 B           5
#>  6     1 B           6
#>  7     1 B           7
#>  8     2 A           8
#>  9     2 A           9
#> 10     2 B          10
#> 11     2 B          11
#> 12     2 B          12
```

總結

Microsoft Excel 和 Google Sheets 是兩種最流行的試算表系統。能夠直接在 R 中與儲存在 Excel 和 Google Sheets 檔案中的資料互動是一種超能力！在本章中，你學到如何使用 readxl 套件中的 `read_excel()`，以及 googlesheets4 套件中的 `read_sheet()`，將 Excel 和 Google Sheets 中的試算表資料讀入 R。這些函式的工作原理非常相似，都有類似的引數用於指定欄名、NA 字串、讀入的檔案前面要跳過的列…等等。此外，這兩個函式都可以從試算表中讀取單個工作表。

另一方面，寫入 Excel 檔案則需要使用不同的套件和函式（`writexl::write_xlsx()`），而使用 googlesheets4 套件的 `write_sheet()` 則可以寫入 Google Sheet。

在下一章中，你將學習另一種資料來源，也就是資料庫（databases），以及如何將資料從那種來源讀入 R。

## 第二十一章

資料庫

簡介

有非常龐大的資料儲存在資料庫中，因此你必須知道如何存取那些資料。有時，你可以請別人幫你將快照（snapshot）下載到 .csv 檔案中，但這樣做很快就會變得麻煩：每次你需要進行變更時，都必須與另一個人溝通。你希望能夠在需要的時候直接進入資料庫獲取所需的資料。

在本章中，首先你將學習 DBI 套件的基礎知識：如何使用它連線到資料庫，然後使用 SQL[1] 查詢取回資料。*SQL* 是 Structured Query Language（結構化查詢語言）的簡稱，是資料庫的通用語言，也是所有資料科學家必須學習的重要語言。儘管如此，我們並不打算從 SQL 開始，而是教你 dbplyr，它可以將你的 dplyr 程式碼轉譯成 SQL。我們將以此為契機，向你傳授 SQL 的一些最重要的功能。本章結束時，你不會成為 SQL 大師，但你將能夠識別出最重要的組成部分並瞭解它們的作用。

先決條件

在本章中，我們將介紹 DBI 和 dbplyr。DBI 是連接資料庫並執行 SQL 的低階介面；dbplyr 是將 dplyr 程式碼轉譯為 SQL 查詢，然後透過 DBI 執行的高階介面。

```
library(DBI)
library(dbplyr)
library(tidyverse)
```

1　SQL 唸成「s」-「q」-「l」或「sequel」。

資料庫的基礎知識

在最簡單的層面上，你可以把資料庫看作是資料框的群集（collection of data frames），資料框在資料庫術語中稱為資料表（tables）。與資料框一樣，資料庫的資料表也是具名欄位（named columns）的群集，欄中的每個值都有相同的型別。資料框和資料表之間有三個高階的差異：

- 資料表儲存在磁碟上，可以任意增大。資料框儲存在記憶體中，從根本上受到限制（儘管對於許多問題來說，這個限制仍然很寬鬆）。

- 資料表幾乎都有索引（indexes）。資料庫索引就像一本書的索引，讓它可以快速找到感興趣的列，而不必檢視每一列。資料框和 tibbles 都沒有索引，但資料表有，這也是它們如此快速的原因之一。

- 大多數傳統資料庫都是為快速蒐集資料而最佳化的，而非分析現有資料。這些資料庫被稱為**列導向**（*row-oriented*）的資料庫，因為資料是逐列儲存的，而不是像 R 那樣逐欄儲存。最近，**欄導向**（*column-oriented*）的資料庫有了很大的發展，使現有資料的分析速度大大加快。

資料庫由資料庫管理系統（database management systems，簡稱 *DBMS*）運行，它有三種基本形式：

- *client-server*（客戶端與伺服器）DBMS 執行在一個功能強大的中央伺服器上，你可以透過電腦（客戶端）連接伺服器。它們非常適合與組織中的多人共享資料。流行的 client-server DBMS 包括 PostgreSQL、MariaDB、SQL Server 和 Oracle。

- *cloud*（雲端）DBMS，如 Snowflake、Amazon 的 RedShift 和 Google 的 BigQuery，類似於 client-server DBMS，但它們在雲端上執行。這意味著它們可以輕鬆處理超大型資料集，並能根據需要自動提供更多計算資源。

- *in-process*（行程內）DBMS（如 SQLite 或 duckdb）完全在你的電腦上執行。它們非常適合處理你是主要使用者的大型資料集。

連線到資料庫

要從 R 連線到資料庫，需要使用一對套件：

- 你一定會用到 DBI（*database interface*，資料庫介面），因為它提供一組通用函式，用來連接資料庫、上傳資料、執行 SQL 查詢等。

- 你還會使用一個專為所連線的 DBMS 量身訂製的套件。該套件將通用的 DBI 命令轉譯為給定的 DBMS 所需的特殊命令。通常每個 DBMS 都有一個套件，舉例來說，PostgreSQL 使用 RPostgres，而 MySQL 使用 RMariaDB。

如果找不到適用於你 DBMS 的特定套件，通常可以改為使用 odbc 套件，它使用許多 DBMS 都支援的 ODBC 協定。odbc 需要更多的設定，因為你還得安裝 ODBC 驅動程式，並告訴 odbc 套件在哪裡可以找到它。

具體來說，你可以使用 DBI::dbConnect() 建立資料庫連線。第一個引數選擇 DBMS[2]，然後第二個和後續的引數描述如何連線到那個資料庫管理系統（即位在哪裡和存取它所需的憑證）。下面的程式碼展示了幾個典型範例：

```
con <- DBI::dbConnect(
  RMariaDB::MariaDB(),
  username = "foo"
)
con <- DBI::dbConnect(
  RPostgres::Postgres(),
  hostname = "databases.mycompany.com",
  port = 1234
)
```

連線的具體細節因 DBMS 而異，因此我們無法在此介紹所有詳情。這意味著你需要自己做一些研究。一般情況下，你可以詢問團隊中的其他資料科學家或跟你的 DBA（*database administrator*，資料庫管理員）談談。初始設定通常需要推敲一下（也許還需要上網搜尋）才能正確完成，但一般只需要做一次。

在本書中

對於本書來說，設定 client-server 或雲端 DBMS 會很麻煩，因此我們將使用完全存在於 R 套件中的行程內 DBMS：duckdb。得益於神奇的 DBI，使用 duckdb 和其他 DBMS 的唯一區別只在於如何連線到資料庫。這使得它非常適合用於教學，因為你可以輕鬆地執行這段程式碼，也可以輕易將學到的知識應用到其他地方。

連線到 duckdb 特別簡單，因為預設情況下會建立一個臨時資料庫，退出 R 時該資料庫就會被刪除。這對學習有很大幫助，因為那保證了每次重啟 R 的時候都會從乾淨的狀態開始：

```
con <- DBI::dbConnect(duckdb::duckdb())
```

---

[2] 通常，這是客戶端套件中唯一會用到的函式，因此我們建議使用 :: 來調出這一個函式，而非使用 library() 來載入整個套件。

duckdb 是一種高效能資料庫，其設計非常符合資料科學家的需求。我們之所以在這裡使用它，是因為它不僅易於上手，還能以極快的速度處理好幾 GB 的資料。如果你想在實際的資料分析專案中使用 duckdb，你還需要提供 dbdir 引數來建立一個續存資料庫（persistent database），並告訴 duckdb 要把它儲存在哪裡。假設你使用的是一個專案（第 6 章），將其儲存在當前專案的 duckdb 目錄中是合理的做法：

```
con <- DBI::dbConnect(duckdb::duckdb(), dbdir = "duckdb")
```

載入一些資料

由於這是一個新資料庫，我們需要先新增一些資料。在此，我們將使用 DBI::dbWriteTable() 從 ggplot2 新增 mpg 和 diamonds 資料集。dbWriteTable() 最簡單的用法需要三個引數：一個資料庫連線、要在資料庫中建立的資料表之名稱，和作為資料來源的資料框。

```
dbWriteTable(con, "mpg", ggplot2::mpg)
dbWriteTable(con, "diamonds", ggplot2::diamonds)
```

如果你在實際專案中使用 duckdb，我們強烈推薦你去瞭解 duckdb_read_csv() 和 duckdb_register_arrow()。這些功能為你提供強大而高效能的方法，可直接將資料快速載入到 duckdb 中，而無須先將資料載入到 R 中。我們還將在第 518 頁的「寫入資料庫」中展示將多個檔案載入資料庫的實用技巧。

DBI 基礎知識

你可以使用其他的幾個 DBI 函式檢查資料是否已正確載入：dbListTable() 列出資料庫中的所有資料表 [3]，而 dbReadTable() 則可取回表的內容。

```
dbListTables(con)
#> [1] "diamonds" "mpg"

con |>
  dbReadTable("diamonds") |>
  as_tibble()
#> # A tibble: 53,940 × 10
#>    carat cut        color clarity depth table price     x     y     z
#>    <dbl> <fct>      <fct> <fct>   <dbl> <dbl> <int> <dbl> <dbl> <dbl>
#> 1  0.23  Ideal      E     SI2      61.5    55   326  3.95  3.98  2.43
#> 2  0.21  Premium    E     SI1      59.8    61   326  3.89  3.84  2.31
#> 3  0.23  Good       E     VS1      56.9    65   327  4.05  4.07  2.31
#> 4  0.29  Premium    I     VS2      62.4    58   334  4.2   4.23  2.63
```

3　至少是你有權檢視的所有資料表。

```
#> 5  0.31 Good       J    SI2     63.3   58   335  4.34  4.35  2.75
#> 6  0.24 Very Good J    VVS2    62.8   57   336  3.94  3.96  2.48
#> # … with 53,934 more rows
```

dbReadTable() 回傳一個 data.frame，因此我們使用 as_tibble() 將其變換為 tibble，這樣就能以美觀的方式印出。

如果你已經懂 SQL，就可以使用 dbGetQuery() 來獲取在資料庫中執行查詢的結果：

```
sql <- "
  SELECT carat, cut, clarity, color, price
  FROM diamonds
  WHERE price > 15000
"
as_tibble(dbGetQuery(con, sql))
#> # A tibble: 1,655 × 5
#>   carat cut       clarity color price
#>   <dbl> <fct>     <fct>   <fct> <int>
#> 1  1.54 Premium   VS2     E     15002
#> 2  1.19 Ideal     VVS1    F     15005
#> 3  2.1  Premium   SI1     I     15007
#> 4  1.69 Ideal     SI1     D     15011
#> 5  1.5  Very Good VVS2    G     15013
#> 6  1.73 Very Good VS1     G     15014
#> # … with 1,649 more rows
```

如果你以前從未見過 SQL，也不用擔心！你很快就會學到更多關於它的知識。但如果仔細閱讀，你可能會猜到，這選出了 diamonds 資料集中的五欄以及 price 大於 15,000 的所有列。

dbplyr 基礎知識

現在，我們已經連線到資料庫並載入了一些資料，就可以開始學習 dbplyr 了。dbplyr 是一個 dplyr 後端（backend），這意味著你可以繼續編寫 dplyr 程式碼，但後端會以不同的方式執行它。在此，dbplyr 會轉譯為 SQL；其他的後端包括 dtplyr（https://oreil.ly/9Dq5p）和 multidplyr（https://oreil.ly/gmDpk），前者轉譯為 data.table（https://oreil.ly/k3EaP），後者在多個核心上執行你的程式碼。

要使用 dbplyr，必須先使用 tbl() 建立代表資料表的物件：

```
diamonds_db <- tbl(con, "diamonds")
diamonds_db
#> # Source:   table<diamonds> [?? x 10]
```

```
#> # Database: DuckDB 0.6.1 [root@Darwin 22.3.0:R 4.2.1/:memory:]
#>   carat cut       color clarity depth table price     x     y     z
#>   <dbl> <fct>     <fct> <fct>   <dbl> <dbl> <int> <dbl> <dbl> <dbl>
#> 1  0.23 Ideal     E     SI2      61.5    55   326  3.95  3.98  2.43
#> 2  0.21 Premium   E     SI1      59.8    61   326  3.89  3.84  2.31
#> 3  0.23 Good      E     VS1      56.9    65   327  4.05  4.07  2.31
#> 4  0.29 Premium   I     VS2      62.4    58   334  4.2   4.23  2.63
#> 5  0.31 Good      J     SI2      63.3    58   335  4.34  4.35  2.75
#> 6  0.24 Very Good J     VVS2     62.8    57   336  3.94  3.96  2.48
#> # … with more rows
```

 還有兩種常見的資料庫互動方式。首先，許多公司的資料庫都非常龐大，因此需要某種階層架構來組織所有的資料表。在這種情況下，你可能需要提供一個結構描述（schema），或者一個目錄（catalog）和一個結構描述，以選擇你感興趣的表：

```
diamonds_db <- tbl(con, in_schema("sales", "diamonds"))
diamonds_db <- tbl(
  con, in_catalog("north_america", "sales", "diamonds")
  )
```

其他時候，你可能需要使用自己的 SQL 查詢作為起點：

```
diamonds_db <- tbl(con, sql("SELECT * FROM diamonds"))
```

這個物件是惰性（*lazy*）的；對它使用 dplyr 動詞時，dplyr 不會做任何工作：它單純記錄你想要執行的運算序列（sequence of operations），並在需要時才執行。舉例來說，請看下面的管線：

```
big_diamonds_db <- diamonds_db |>
  filter(price > 15000) |>
  select(carat:clarity, price)

big_diamonds_db
#> # Source:   SQL [?? x 5]
#> # Database: DuckDB 0.6.1 [root@Darwin 22.3.0:R 4.2.1/:memory:]
#>   carat cut       color clarity price
#>   <dbl> <fct>     <fct> <fct>   <int>
#> 1  1.54 Premium   E     VS2     15002
#> 2  1.19 Ideal     F     VVS1    15005
#> 3  2.1  Premium   I     SI1     15007
#> 4  1.69 Ideal     D     SI1     15011
#> 5  1.5  Very Good G     VVS2    15013
#> 6  1.73 Very Good G     VS1     15014
#> # … with more rows
```

你可以看出這個物件代表了一個資料庫查詢（database query），因為它在頂端列印了 DBMS 名稱，雖然它告訴了你欄的數量，但通常不知道列的數量。這是因為要找出總列數通常需要執行完整的查詢，而這正是我們要避免的。

你可以透過 show_query() 函式檢視 dplyr 生成的 SQL 程式碼。如果你懂 dplyr，這會是學習 SQL 的絕佳方法！編寫一些 dplyr 程式碼，讓 dbplyr 將其轉譯成 SQL，然後試著釐清兩種語言之間的對應關係。

```
big_diamonds_db |>
  show_query()
#> <SQL>
#> SELECT carat, cut, color, clarity, price
#> FROM diamonds
#> WHERE (price > 15000.0)
```

要將所有資料回傳到 R，需要呼叫 collect()。在幕後，這會產生 SQL，呼叫 dbGetQuery() 來取得資料，然後將結果轉化為 tibble：

```
big_diamonds <- big_diamonds_db |>
  collect()
big_diamonds
#> # A tibble: 1,655 × 5
#>   carat cut        color clarity price
#>   <dbl> <fct>      <fct> <fct>   <int>
#> 1  1.54 Premium    E     VS2     15002
#> 2  1.19 Ideal      F     VVS1    15005
#> 3  2.1  Premium    I     SI1     15007
#> 4  1.69 Ideal      D     SI1     15011
#> 5  1.5  Very Good  G     VVS2    15013
#> 6  1.73 Very Good  G     VS1     15014
#> # … with 1,649 more rows
```

一般情況下，你會使用 dbplyr 從資料庫中選出你想要的資料，然後使用接下來會描述的轉譯功能執行基本的過濾（filtering）和彙總（aggregation）。然後，一旦準備好以 R 獨有的函式分析資料，就可以使用 collect() 蒐集（collect）資料，取得放在記憶體內的 tibble，然後繼續使用純 R 程式碼工作。

SQL

本章的其餘部分將透過 dbplyr 的視角教授你一些 SQL 知識。這是相當非傳統的 SQL 入門教程，但我們希望它能讓你很快掌握基礎知識。幸運的是，如果你懂得 dplyr，你就有優勢快速學會 SQL，因為許多概念都是相同的。

我們會使用 nycflights13 套件中的一些老朋友來探索 dplyr 和 SQL 之間的關係：flights
和 planes。這些資料集很輕易就能放到我們的學習資料庫中，因為 dbplyr 自帶的函式可
以將 nycflights13 中的資料表複製到我們的資料庫：

```
dbplyr::copy_nycflights13(con)
#> Creating table: airlines
#> Creating table: airports
#> Creating table: flights
#> Creating table: planes
#> Creating table: weather
flights <- tbl(con, "flights")
planes <- tbl(con, "planes")
```

SQL 基礎知識

SQL 的頂層組成部分稱為述句（*statements*）。常見的述句包括用於定義新表的 CREATE、
用於新增資料的 INSERT 和用於擷取資料的 SELECT。我們將重點討論 SELECT 述句，它們
也被稱為查詢（*queries*），因為身為資料科學家，你幾乎只會用到這種述句。

一個查詢由子句（*clauses*）構成。有五個重要的子句：SELECT、FROM、WHERE、ORDER BY
和 GROUP BY。每個查詢都必須包含 SELECT[4] 和 FROM[5] 子句，最簡單的查詢是 SELECT * FROM
table，它會從指定的表中選出所有欄位。這就是 dbplyr 為一個純粹的資料表所生成的
東西：

```
flights |> show_query()
#> <SQL>
#> SELECT *
#> FROM flights
planes |> show_query()
#> <SQL>
#> SELECT *
#> FROM planes
```

WHERE 和 ORDER BY 控制要包含哪些列以及如何排序：

```
flights |>
  filter(dest == "IAH") |>
  arrange(dep_delay) |>
  show_query()
#> <SQL>
```

4　令人困惑的是，根據所在情境，SELECT 既可以是述句，也可以是子句。為避免混淆，我們一般使用
　　SELECT 查詢而非 SELECT 述句。

5　嚴格來說，只有 SELECT 是必要的，因為你可以編寫 SELECT 1+1 之類的查詢來執行基本計算。但是，如
　　果你想處理資料（就像你一直以來所做的那樣！），你就會需要 FROM 子句。

```
#> SELECT *
#> FROM flights
#> WHERE (dest = 'IAH')
#> ORDER BY dep_delay
```

GROUP BY 將查詢（query）轉換為摘要（summary），從而達成彙總動作：

```
flights |>
  group_by(dest) |>
  summarize(dep_delay = mean(dep_delay, na.rm = TRUE)) |>
  show_query()
#> <SQL>
#> SELECT dest, AVG(dep_delay) AS dep_delay
#> FROM flights
#> GROUP BY dest
```

dplyr 動詞和 SELECT 子句有兩個重要的差異：

- 在 SQL 中，大小寫並不重要：你可以寫成 select、SELECT，或甚至 SeLeCt。在本書中，我們將維持用大寫字母書寫 SQL 關鍵字的通用慣例，以辨別它們和資料表或變數名稱。

- 在 SQL 中，順序很重要：你必須始終按照 SELECT、FROM、WHERE、GROUP BY 和 ORDER BY 的順序編寫子句。令人困惑的是，這個順序與實際估算子句的方式並不一致，即首先是 FROM，然後是 WHERE、GROUP BY、SELECT 和 ORDER BY。

接下來的章節將對每個子句進行更詳細的探討。

> 請注意，雖然 SQL 是一種標準，但它極其複雜，沒有任何資料庫會完全遵循這一標準。雖然我們在本書中重點討論的主要組成部分在不同 DBMS 之間是相似的，但也會有許多細微的變化。幸運的是，dbplyr 就是設計來處理這種問題的，為不同的資料庫生成不同的翻譯。它並不完美，但持續改善中，如果你遇到問題，可以在 GitHub 上提出問題（*https://oreil.ly/xgmg8*），幫助我們做得更好。

SELECT

SELECT 子句是查詢的主力軍，與 select()、mutate()、rename()、relocate() 以及下一節將介紹的 summarize() 執行相同的任務。

select()、rename() 和 relocate() 到 SELECT 的轉譯非常直接，因為它們僅影響欄位出現的位置（如果有的話）及其名稱：

```
planes |>
  select(tailnum, type, manufacturer, model, year) |>
  show_query()
#> <SQL>
#> SELECT tailnum, "type", manufacturer, model, "year"
#> FROM planes

planes |>
  select(tailnum, type, manufacturer, model, year) |>
  rename(year_built = year) |>
  show_query()
#> <SQL>
#> SELECT tailnum, "type", manufacturer, model, "year" AS year_built
#> FROM planes

planes |>
  select(tailnum, type, manufacturer, model, year) |>
  relocate(manufacturer, model, .before = type) |>
  show_query()
#> <SQL>
#> SELECT tailnum, manufacturer, model, "type", "year"
#> FROM planes
```

本範例還向你展示了 SQL 如何進行重新命名（renaming）。在 SQL 術語中，重新命名稱為別名（aliasing），以 AS 達成。請注意，不同於 mutate()，舊名稱在左邊，新名稱在右邊。

在前面的範例中，請注意 "year" 和 "type" 是用雙引號包裹起來的。這是因為這些在 duckdb 中是保留字（reserved words），所以 dbplyr 為它們加上了引號，以避免欄位或資料表名稱和 SQL 運算子之間的潛在混淆。

使用其他資料庫時，你可能會看到每個變數名稱都加了引號，因為只有少數客戶端套件（如 duckdb）知道全部的保留字有哪些，所以為了安全起見，它們會為所有變數名稱加上引號：

```
SELECT "tailnum", "type", "manufacturer", "model", "year"
FROM "planes"
```

其他一些資料庫系統使用反引號（backticks）而非引號（quotes）：

```
SELECT `tailnum`, `type`, `manufacturer`, `model`, `year`
FROM `planes`
```

mutate() 的翻譯同樣簡單明瞭：每個變數都會成為 SELECT 中的一個新運算式：

```
flights |>
  mutate(
```

```
      speed = distance / (air_time / 60)
    ) |>
    show_query()
#> <SQL>
#> SELECT *, distance / (air_time / 60.0) AS speed
#> FROM flights
```

我們將在第 414 頁的「函式轉譯」中再來討論個別組成部分（如 / ）的翻譯方式。

FROM

FROM 子句定義資料來源。由於我們用的只是單一資料表，因此暫時不會太有趣。當我們碰到 join 函式時，你會看到更複雜的範例。

GROUP BY

group_by() 被轉譯為 GROUP BY[6] 子句，而 summarize() 則被轉譯為 SELECT 子句：

```
    diamonds_db |>
      group_by(cut) |>
      summarize(
        n = n(),
        avg_price = mean(price, na.rm = TRUE)
      ) |>
      show_query()
#> <SQL>
#> SELECT cut, COUNT(*) AS n, AVG(price) AS avg_price
#> FROM diamonds
#> GROUP BY cut
```

我們將在第 414 頁的「函式轉譯」中再次討論翻譯 n() 和 mean() 時發生了什麼事。

WHERE

filter() 會被轉譯為 WHERE 子句：

```
    flights |>
      filter(dest == "IAH" | dest == "HOU") |>
      show_query()
#> <SQL>
#> SELECT *
#> FROM flights
#> WHERE (dest = 'IAH' OR dest = 'HOU')
```

---

6 這絕非巧合：此 dplyr 函式名稱的靈感正是源自於這個 SQL 子句。

```
flights |>
  filter(arr_delay > 0 & arr_delay < 20) |>
  show_query()
#> <SQL>
#> SELECT *
#> FROM flights
#> WHERE (arr_delay > 0.0 AND arr_delay < 20.0)
```

這裡有幾個重要的細節需要注意：

- | 變成 OR，而 & 變成 AND。

- SQL 使用 = 進行比較，而非 ==。SQL 沒有指定（assignment），因此不會產生混淆。

- SQL 只用 '' 表示字串，而不是 ""。在 SQL 中，"" 用於識別變數，就像 R 的 `` 一樣。

另一個有用的 SQL 運算子是 IN，它與 R 的 %in% 很接近：

```
flights |>
  filter(dest %in% c("IAH", "HOU")) |>
  show_query()
#> <SQL>
#> SELECT *
#> FROM flights
#> WHERE (dest IN ('IAH', 'HOU'))
```

SQL 使用 NULL 而非 NA。NULL 的行為與 NA 類似。主要差別在於，雖然它們在比較和算術運算中具有「傳染性」，但在摘要（summarizing）時會被悄悄丟棄。dbplyr 會在你第一次碰到這種行為時提醒你：

```
flights |>
  group_by(dest) |>
  summarize(delay = mean(arr_delay))
#> Warning: Missing values are always removed in SQL aggregation functions.
#> Use `na.rm = TRUE` to silence this warning
#> This warning is displayed once every 8 hours.
#> # Source:   SQL [?? x 2]
#> # Database: DuckDB 0.6.1 [root@Darwin 22.3.0:R 4.2.1/:memory:]
#>   dest   delay
#>   <chr>  <dbl>
#> 1 ATL    11.3
#> 2 ORD     5.88
#> 3 RDU    10.1
#> 4 IAD    13.9
#> 5 DTW     5.43
#> 6 LAX     0.547
#> # … with more rows
```

如果你想進一步瞭解 NULL 如何運作，請參閱 Markus Winand 撰寫的「The Three-Valued Logic of SQL」（*https://oreil.ly/PTwQz*）。

一般來說，你都可以使用 R 中處理 NA 的函式來處理 NULL：

```
flights |>
  filter(!is.na(dep_delay)) |>
  show_query()
#> <SQL>
#> SELECT *
#> FROM flights
#> WHERE (NOT((dep_delay IS NULL)))
```

這個 SQL 查詢闡明了 dbplyr 的一個缺點：雖然 SQL 是正確的，但並不像手工編寫的那樣簡單。在這種情況下，可以去掉括弧，使用一種更容易閱讀的特殊運算子：

```
WHERE "dep_delay" IS NOT NULL
```

請注意，如果你 filter() 一個使用摘要建立的變數，dbplyr 將產生一個 HAVING 子句，而不是 WHERE 子句。這是 SQL 的特殊習性之一：WHERE 會在 SELECT 和 GROUP BY 之前進行估算（evaluate），因此 SQL 需要另一個在後面執行的子句才能完成相關操作。

```
diamonds_db |>
  group_by(cut) |>
  summarize(n = n()) |>
  filter(n > 100) |>
  show_query()
#> <SQL>
#> SELECT cut, COUNT(*) AS n
#> FROM diamonds
#> GROUP BY cut
#> HAVING (COUNT(*) > 100.0)
```

ORDER BY

對資料列排序只需將 arrange() 子句直接轉譯為 ORDER BY 子句：

```
flights |>
  arrange(year, month, day, desc(dep_delay)) |>
  show_query()
#> <SQL>
#> SELECT *
#> FROM flights
#> ORDER BY "year", "month", "day", dep_delay DESC
```

請注意 desc() 是如何被翻譯成 DESC 的：這是 dplyr 眾多函式中的一個，其名稱直接受到 SQL 的啟發。

子查詢

有時無法將 dplyr 管線轉譯為單一 SELECT 述句，因此需要使用子查詢。子查詢（*subquery*）單純就是在 FROM 子句中用作資料來源的查詢，而不是一般的資料表。

dbplyr 通常使用子查詢來繞過 SQL 的限制。舉例來說，SELECT 子句中的運算式無法參考剛剛建立的欄位。這意味著下面（有點蠢）的 dplyr 管線需要分兩步進行：第一個（內層）查詢負責計算 year1，然後第二個（外層）查詢就能計算 year2：

```
flights |>
  mutate(
    year1 = year + 1,
    year2 = year1 + 1
  ) |>
  show_query()
#> <SQL>
#> SELECT *, year1 + 1.0 AS year2
#> FROM (
#>   SELECT *, "year" + 1.0 AS year1
#>   FROM flights
#> ) q01
```

如果試圖 filter() 一個剛建立的變數，也會出現這種情況。請記住，儘管 WHERE 寫在 SELECT 之後，但它是在 SELECT 之前執行的，因此在這個（愚蠢的）範例中我們需要一個子查詢：

```
flights |>
  mutate(year1 = year + 1) |>
  filter(year1 == 2014) |>
  show_query()
#> <SQL>
#> SELECT *
#> FROM (
#>   SELECT *, "year" + 1.0 AS year1
#>   FROM flights
#> ) q01
#> WHERE (year1 = 2014.0)
```

有時，dbplyr 會建立一個不需要的子查詢，因為它還不知道如何最佳化該翻譯。隨著 dbplyr 的不斷改進，這種情況會越來越少，但可能永遠不會消失。

聯結

如果你熟悉 dplyr 的 join（聯結）功能，SQL 的 join 也與之類似。下面是一個簡單的
例子：

```
flights |>
  left_join(planes |> rename(year_built = year), by = "tailnum") |>
  show_query()
#> <SQL>
#> SELECT
#>   flights.*,
#>   planes."year" AS year_built,
#>   "type",
#>   manufacturer,
#>   model,
#>   engines,
#>   seats,
#>   speed,
#>   engine
#> FROM flights
#> LEFT JOIN planes
#>   ON (flights.tailnum = planes.tailnum)
```

這裡需要注意的主要是語法：SQL 聯結使用 FROM 子句的次子句（subclauses）來引入額
外的表，並使用 ON 來定義表之間如何關聯。

dplyr 的這些函式名稱與 SQL 關係密切，你可以很容易地猜出和 inner_join()、right_
join() 和 full_join() 等效的 SQL：

```
SELECT flights.*, "type", manufacturer, model, engines, seats, speed
FROM flights
INNER JOIN planes ON (flights.tailnum = planes.tailnum)

SELECT flights.*, "type", manufacturer, model, engines, seats, speed
FROM flights
RIGHT JOIN planes ON (flights.tailnum = planes.tailnum)

SELECT flights.*, "type", manufacturer, model, engines, seats, speed
FROM flights
FULL JOIN planes ON (flights.tailnum = planes.tailnum)
```

在處理資料庫中的資料時，你可能需要多次的 join。這是因為資料表通常以高度標準化
（normalized）的形式儲存，其中每個「事實（fact）」都儲存在單一位置，而要保存一
個完整的資料集以進行分析，就需要瀏覽由主索引鍵和外部索引鍵連接的複雜資料表網
路。如果你遇到這種情況，由 Tobias Schieferdecker、Kirill Müller 和 Darko Bergant 編寫

的 dm 套件（*https://oreil.ly/tVS8h*）就是你的救星。它可以使用 DBA 經常會提供的約束條件（constraints）自動判斷表之間的關聯，將那些連線視覺化，讓你一目瞭然，並產生連接一個表和另一個表所需的 join。

其他動詞

dbplyr 還能翻譯 distinct()、slice_*() 和 intersect() 等其他動詞，以及 pivot_longer() 和 pivot_wider() 等越來越多的 tidyr 函式。要檢視當前可用的全部功能，最簡單的方法就是拜訪 dbplyr 網站（*https://oreil.ly/A8OGW*）。

習題

1. distinct() 會被轉譯成什麼？head() 呢？

2. 解釋以下每個 SQL 查詢的作用，並嘗試使用 dbplyr 重現它們：

   ```
   SELECT *
   FROM flights
   WHERE dep_delay < arr_delay

   SELECT *, distance / (airtime / 60) AS speed
   FROM flights
   ```

函式轉譯

到目前為止，我們一直在關注 dplyr 動詞如何被翻譯成查詢子句的概要。現在，我們要拉近一點，談談處理個別欄位的 R 函式的翻譯；例如，在 summarize() 中使用 mean(x) 時會發生什麼事？

為了幫忙看出發生了些什麼，我們將使用幾個小型輔助函式來執行 summarize() 或 mutate()，並顯示生成的 SQL。這將使我們更容易探索一些變化，並瞭解摘要（summaries）和變換（transformations）的不同之處。

```
summarize_query <- function(df, ...) {
  df |>
    summarize(...) |>
    show_query()
}
mutate_query <- function(df, ...) {
  df |>
    mutate(..., .keep = "none") |>
    show_query()
}
```

讓我們深入瞭解一些摘要函式！看看下面的程式碼，你會發現一些摘要函式（如 mean()）的翻譯相對簡單，而其他函式（如 median()）則複雜得多。對於統計中常見而資料庫中較少見的運算，其複雜性通常較高。

```
flights |>
  group_by(year, month, day) |>
  summarize_query(
    mean = mean(arr_delay, na.rm = TRUE),
    median = median(arr_delay, na.rm = TRUE)
  )
#> `summarise()` has grouped output by "year" and "month". You can override
#> using the `.groups` argument.
#> <SQL>
#> SELECT
#>   "year",
#>   "month",
#>   "day",
#>   AVG(arr_delay) AS mean,
#>   PERCENTILE_CONT(0.5) WITHIN GROUP (ORDER BY arr_delay) AS median
#> FROM flights
#> GROUP BY "year", "month", "day"
```

在 mutate() 內使用摘要函式（summary functions）時，摘要函式的轉譯工作會變得更加複雜，因為它們必須轉換成所謂的視窗函式（window functions）。在 SQL 中，你可以在普通彙總函式（aggregation function）後加上 OVER 將其轉化為視窗函式：

```
flights |>
  group_by(year, month, day) |>
  mutate_query(
    mean = mean(arr_delay, na.rm = TRUE),
  )
#> <SQL>
#> SELECT
#>   "year",
#>   "month",
#>   "day",
#>   AVG(arr_delay) OVER (PARTITION BY "year", "month", "day") AS mean
#> FROM flights
```

在 SQL 中，GROUP BY 子句專門用於摘要，因此在這裡可以看到分組從 PARTITION BY 引數移到了 OVER。

視窗函式包括所有前看或後看的函式，如 lead() 和 lag()，它們分別檢視「前一個」或「後一個」值：

```
flights |>
  group_by(dest) |>
  arrange(time_hour) |>
  mutate_query(
    lead = lead(arr_delay),
    lag = lag(arr_delay)
  )
#> <SQL>
#> SELECT
#>   dest,
#>   LEAD(arr_delay, 1, NULL) OVER (PARTITION BY dest ORDER BY time_hour) AS lead,
#>   LAG(arr_delay, 1, NULL) OVER (PARTITION BY dest ORDER BY time_hour) AS lag
#> FROM flights
#> ORDER BY time_hour
```

由於 SQL 資料表沒有固有順序，因此在這裡 arrange() 資料是非常重要的。事實上，如果不使用 arrange()，每次回傳的資料列順序都可能不同！請注意，對於視窗函式，排序資訊是重複的：主查詢的 ORDER BY 子句不會自動套用到視窗函式。

另一個重要的 SQL 功能是 CASE WHEN。它被用作 if_else() 和 case_when()（它直接啟發了後者）的翻譯。下面是幾個簡單的例子：

```
flights |>
  mutate_query(
    description = if_else(arr_delay > 0, "delayed", "on-time")
  )
#> <SQL>
#> SELECT CASE WHEN
#>   (arr_delay > 0.0) THEN 'delayed'
#>   WHEN NOT (arr_delay > 0.0) THEN 'on-time' END AS description
#> FROM flights
flights |>
  mutate_query(
    description =
      case_when(
        arr_delay < -5 ~ "early",
        arr_delay < 5 ~ "on-time",
        arr_delay >= 5 ~ "late"
      )
  )
#> <SQL>
#> SELECT CASE
#> WHEN (arr_delay < -5.0) THEN 'early'
#> WHEN (arr_delay < 5.0) THEN 'on-time'
#> WHEN (arr_delay >= 5.0) THEN 'late'
#> END AS description
#> FROM flights
```

CASE WHEN 還可用於一些無法直接從 R 轉譯為 SQL 的其他函式。cut() 就是一個很好的例子：

```
flights |>
  mutate_query(
    description =  cut(
      arr_delay,
      breaks = c(-Inf, -5, 5, Inf),
      labels = c("early", "on-time", "late")
    )
  )
#> <SQL>
#> SELECT CASE
#> WHEN (arr_delay <= -5.0) THEN 'early'
#> WHEN (arr_delay <= 5.0) THEN 'on-time'
#> WHEN (arr_delay > 5.0) THEN 'late'
#> END AS description
#> FROM flights
```

dbplyr 還翻譯了常用的字串和日期時間運算函式，你可以在 vignette("translation-function", package = "dbplyr") 說明頁面中瞭解更多。dbplyr 的翻譯當然並不完美，還有許多 R 函式尚未翻譯，但 dbplyr 在涵蓋你經常會用到的函式方面做得出乎意料的好。

總結

在本章中，你學到如何從資料庫存取資料。我們專注在 dbplyr：一個 dplyr「後端（backend）」，允許你編寫熟悉的 dplyr 程式碼，並將其自動轉譯為 SQL。我們用那些翻譯來教你一點 SQL；學習 SQL 是非常重要的，因為它是處理資料最常用的語言，瞭解一些 SQL 會讓你更容易與其他不使用 R 的資料人員交流。如果你已經學完本章，並希望進一步瞭解 SQL，我們可以推薦兩項參考資源：

- Renée M. P. Teate 所著的《*SQL for Data Scientists*》（*https://oreil.ly/QfAat*）是專門針對資料科學家的需求而設計的 SQL 簡介，其中包括在實際組織中可能遇到那種高度互聯的資料範例。

- Anthony DeBarros 所著的《*Practical SQL*》（*https://oreil.ly/-0Usp*）以資料記者（data journalist，專門講述引人入勝的故事的資料科學家）的視角撰寫，更詳細地介紹了如何將資料匯入資料庫並執行自己的 DBMS。繁體中文版《SQL 語法查詢入門｜挖掘數據真相，征服大數據時代的第一本書》由碁峰資訊出版。

在下一章中，我們將學習另一個用於處理大規模資料的 dplyr 後端：arrow。arrow 套件專為處理磁碟上的大型檔案而設計，是與資料庫相輔相成的理想配套工具。

## 第二十二章

Arrow

簡介

CSV 檔案在設計上就是為了讓人類容易閱讀。它是一種很好的交換格式，因為很簡單，幾乎太陽底下的所有工具都能讀取它。但 CSV 檔案的效率不高：要將資料讀入 R，你必須做大量的工作。在本章，你將瞭解到一種強大的替代格式：parquet 格式（*https://oreil.ly/ClE7D*），這是一種基於開放標準的格式，被大資料系統廣泛使用。

我們將搭配使用 parquet 檔案與 Apache Arrow（*https://oreil.ly/TGrH5*），後者是一種多語言工具箱，專為高效分析和傳輸大型資料集而設計。我們將透過 arrow 套件（*https://oreil.ly/g60F8*）使用 Apache Arrow，它提供一個 dplyr 後端，允許你使用熟悉的 dplyr 語法分析記憶體無法容納的大型資料集。作為額外的好處，arrow 執行速度還很快；你將在本章後面看到一些範例。

arrow 和 dbplyr 都提供 dplyr 後端，所以你可能會想知道何時要使用哪一種後端。在很多情況下，你已經做出了選擇，因為資料已經存在於資料庫或 parquet 檔案中，你會希望原封不動地使用那些資料。但是，如果你一開始用的是自己的資料（或許是 CSV 檔案），你可以將其載入到資料庫或轉換為 parquet 檔案。一般來說，很難知道哪種做法最有效，因此在分析的早期階段，我們鼓勵你兩種做法都試試，然後挑選最適合你的一種。

（衷心感謝 Danielle Navarro 對於本章最初版本的貢獻。）

先決條件

在本章中，我們將繼續使用 tidyverse，尤其是 dplyr，但我們會把它跟專門為處理大型資料而設計的 arrow 套件搭配使用：

```
library(tidyverse)
library(arrow)
```

在本章後面，我們還會看到 arrow 和 duckdb 之間的一些關聯，因此我們也需要 dbplyr 和 duckdb：

```
library(dbplyr, warn.conflicts = FALSE)
library(duckdb)
#> Loading required package: DBI
```

取得資料

我們首先要取得值得使用這些工具的資料集：西雅圖（Seattle）公共圖書館借閱項目資料集，可在線上的 Seattle Open Data（*https://oreil.ly/u56DR*）獲取。該資料集包含 41,389,465 列，告訴你從 2005 年 4 月到 2022 年 10 月，每本書每月被借出的次數。

以下程式碼將為你取得這份資料的快取複本。這份資料是一個 9 GB 的 CSV 檔案，因此下載需要一些時間。我強烈推薦你使用 curl::multidownload() 來下載超大型檔案，因為它就是為這個目的而設計的：它會提供一個進度列，如果下載中斷，它還能接續下載。

```
dir.create("data", showWarnings = FALSE)

curl::multi_download(
  "https://r4ds.s3.us-west-2.amazonaws.com/seattle-library-checkouts.csv",
  "data/seattle-library-checkouts.csv",
  resume = TRUE
)
```

開啟資料集

我們先來看看資料。這個檔案有 9 GB 之大，我們可能不想把整個檔案都載入到記憶體中。一個好的經驗法則是，你需要的記憶體通常至少要是資料大小的兩倍，而許多筆記型電腦的記憶體上限都是 16GB。這意味著我們要避免使用 read_csv()，而是使用 arrow::open_dataset()：

```
seattle_csv <- open_dataset(
  sources = "data/seattle-library-checkouts.csv",
  format = "csv"
)
```

執行這段程式碼會發生什麼事？open_dataset() 會掃描幾千列，以瞭解資料集的結構。然後，它會記錄下所發現的事情並停止；只有在你特別請求時，它才會讀取更多的列。如果我們列印 seattle_csv，就會看到這些詮釋資料（metadata）：

```
seattle_csv
#> FileSystemDataset with 1 csv file
#> UsageClass: string
#> CheckoutType: string
#> MaterialType: string
#> CheckoutYear: int64
#> CheckoutMonth: int64
#> Checkouts: int64
#> Title: string
#> ISBN: null
#> Creator: string
#> Subjects: string
#> Publisher: string
#> PublicationYear: string
```

輸出結果中的第一行顯示，seattle_csv 以單個 CSV 檔案的形式儲存在本地磁碟上；只有在需要時才會載入到記憶體中。輸出的其餘部分會告訴你 arrow 為每一欄估算出的欄位型別。

我們可以透過 glimpse() 檢視實際資料。這指出共有大約 4,100 萬列和 12 欄，並顯示了幾個值。

```
seattle_csv |> glimpse()
#> FileSystemDataset with 1 csv file
#> 41,389,465 rows x 12 columns
#> $ UsageClass      <string> "Physical", "Physical", "Digital", "Physical", "Ph…
#> $ CheckoutType    <string> "Horizon", "Horizon", "OverDrive", "Horizon", "Hor…
#> $ MaterialType    <string> "BOOK", "BOOK", "EBOOK", "BOOK", "SOUNDDISC", "BOO…
#> $ CheckoutYear     <int64> 2016, 2016, 2016, 2016, 2016, 2016, 2016, 2016, 20…
#> $ CheckoutMonth    <int64> 6, 6, 6, 6, 6, 6, 6, 6, 6, 6, 6, 6, 6, 6, 6, 6,…
#> $ Checkouts        <int64> 1, 1, 1, 1, 1, 1, 1, 1, 4, 1, 1, 2, 3, 2, 1, 3, 2,…
#> $ Title           <string> "Super rich : a guide to having it all / Russell S…
#> $ ISBN            <string> "", "", "", "", "", "", "", "", "", "", "", "", ""…
#> $ Creator         <string> "Simmons, Russell", "Barclay, James, 1965-", "Tim …
#> $ Subjects        <string> "Self realization, Conduct of life, Attitude Psych…
#> $ Publisher       <string> "Gotham Books,", "Pyr,", "Random House, Inc.", "Di…
#> $ PublicationYear <string> "c2011.", "2010.", "2015", "2005.", "c2004.", "c20…
```

我們可以開始透過 dplyr 動詞來運用這個資料集，使用 collect() 迫使 arrow 執行計算並回傳一些資料。舉例來說，這段程式碼告訴我們每年的借閱總數：

```
seattle_csv |>
  count(CheckoutYear, wt = Checkouts) |>
  arrange(CheckoutYear) |>
  collect()
#> # A tibble: 18 × 2
#>   CheckoutYear       n
#>          <int>   <int>
#> 1         2005 3798685
#> 2         2006 6599318
#> 3         2007 7126627
#> 4         2008 8438486
#> 5         2009 9135167
#> 6         2010 8608966
#> # … with 12 more rows
```

多虧了 arrow，無論底層的資料集有多龐大，這段程式碼都能正常運作。但目前執行速度相當慢：在 Hadley 的電腦上執行需要 10 秒左右。考慮到我們有這麼多資料，這並不是那麼糟，但我們可以切換到更好的格式來讓它快很多。

Parquet 格式

為了讓這些資料更容易處理，讓我們改用 parquet 檔案格式，並將其分割成多個檔案。接下來的章節會先介紹 parquet 和分割功能，然後將我們學到的知識套用到西雅圖圖書館的資料上。

Parquet 的優點

與 CSV 類似，parquet 也用於矩形資料（rectangular data），但它不是一種可用任何檔案編輯器讀取的文字格式，而是一種專為大資料的需求而設計的自訂二進位格式。這意味著：

- parquet 檔案通常比同等的 CSV 檔案小。parquet 依靠高效編碼（*https://oreil.ly/OzpFo*）來減低檔案大小，並支援檔案壓縮。這有助於加快 parquet 檔案的處理速度，因為要從磁碟移動到記憶體的資料更少了。

- parquet 檔案有豐富的型別系統（type system）。正如我們在第 110 頁「控制欄位型別」中提到的，CSV 檔案不提供任何有關欄位型別的資訊。舉例來說，CSV 讀取器必須猜測 "08-10-2022" 應該被剖析為字串還是日期。相較之下，parquet 檔案儲存資料的方式是將型別與資料一起記錄下來。

- parquet 檔案是「欄導向的（column-oriented）」。這意味著它們是根據欄位（column by column）組織的，很像 R 的資料框。與逐列（row by row）組織的 CSV 檔案相比，這通常能為資料分析任務帶來更好的效能。

- parquet 檔案是「分區塊的（chunked）」，因此可以同時處理檔案的不同部分，如果幸運的話，還可以完全跳過某些區塊。

分割

隨著資料集越來越大，將所有資料儲存在單一檔案中會變得越來越麻煩，因此將大型資料集分割到多個檔案中通常很有用。如果能巧妙地進行結構化，這種策略可以顯著提高效能，因為許多分析都只會需要檔案的某個子集。

如何分割資料集並沒有一成不變的規則：結果取決於你的資料、存取模式和讀取資料的系統。在找到適合自己情況的理想分割方式之前，你可能需要做一些實驗。作為粗略的準則，arrow 建議你避免使用小於 20 MB 和大於 2 GB 的檔案，並避免分割之後會產生超過 10,000 個檔案的情況。你還應盡量根據你用以篩選的變數進行分割；不久你就會看到，這樣可以讓 arrow 只需讀取相關檔案，從而省去大量工作。

改寫西雅圖圖書館的資料

讓我們將這些想法套用到西雅圖圖書館的資料上，看看它們在實務上是如何發揮作用的。我們將按 CheckoutYear 進行分割，因為有些分析可能只想檢視最近的資料，而按年份分割可以得到 18 個大小合理的區塊。

為了改寫資料，我們使用 dplyr::group_by() 定義分割，然後透過 arrow::write_dataset() 將分割出來的區塊儲存到一個目錄中。write_dataset() 有兩個重要的引數：一個是我們要建立檔案的目錄，另一個是我們要使用的格式。

```
pq_path <- "data/seattle-library-checkouts"
seattle_csv |>
  group_by(CheckoutYear) |>
  write_dataset(path = pq_path, format = "parquet")
```

這個程式大約需要執行一分鐘；如我們很快就會看到，這是一項初始投資，它的回報是讓未來的運算變得快很多。

來看看剛才產生的結果：

```
tibble(
  files = list.files(pq_path, recursive = TRUE),
  size_MB = file.size(file.path(pq_path, files)) / 1024^2
)
#> # A tibble: 18 × 2
#>   files                          size_MB
#>   <chr>                            <dbl>
#> 1 CheckoutYear=2005/part-0.parquet   109.
#> 2 CheckoutYear=2006/part-0.parquet   164.
#> 3 CheckoutYear=2007/part-0.parquet   178.
#> 4 CheckoutYear=2008/part-0.parquet   195.
#> 5 CheckoutYear=2009/part-0.parquet   214.
#> 6 CheckoutYear=2010/part-0.parquet   222.
#> # … with 12 more rows
```

我們的單個 9 GB CSV 檔案已被改寫為 18 個 parquet 檔案。檔案名稱使用 Apache Hive 專案（*https://oreil.ly/kACzC*）所用的「自我說明（self-describing）」慣例。Hive 風格的分割使用「key=value」的慣例來為資料夾命名，因此你可能猜到了，CheckoutYear=2005 目錄包含 CheckoutYear 為 2005 的所有資料。每個檔案的大小在 100 到 300 MB 之間，現在總大小約為 4 GB，只比原始 CSV 檔案的一半還多一點。這正是我們所期望的，因為 parquet 是一種效率更高的格式。

結合使用 dplyr 和 Arrow

現在我們已經建立好了這些 parquet 檔案，就得再次讀取它們。我們同樣使用 open_ dataset()，但這次我們要給它一個目錄：

```
seattle_pq <- open_dataset(pq_path)
```

現在，可以編寫我們的 dplyr 管線了。舉例來說，我們可以統計過去五年每月借出的圖書總數：

```
query <- seattle_pq |>
  filter(CheckoutYear >= 2018, MaterialType == "BOOK") |>
  group_by(CheckoutYear, CheckoutMonth) |>
  summarize(TotalCheckouts = sum(Checkouts)) |>
  arrange(CheckoutYear, CheckoutMonth)
```

為 arrow 的資料撰寫 dplyr 程式碼在概念上與第 21 章討論的 dbplyr 類似：你編寫的 dplyr 程式碼會自動變換成 Apache Arrow C++ 程式庫能理解的查詢，然後會在你呼叫 collect() 時執行。如果我們印出 query 物件，就可以看到執行的時候，我們預期 Arrow 會回傳的一些資訊：

```
query
#> FileSystemDataset (query)
#> CheckoutYear: int32
#> CheckoutMonth: int64
#> TotalCheckouts: int64
#>
#> * Grouped by CheckoutYear
#> * Sorted by CheckoutYear [asc], CheckoutMonth [asc]
#> See $.data for the source Arrow object
```

而我們可以透過呼叫 collect() 來獲取結果：

```
query |> collect()
#> # A tibble: 58 × 3
#> # Groups:   CheckoutYear [5]
#>   CheckoutYear CheckoutMonth TotalCheckouts
#>          <int>         <int>          <int>
#> 1         2018             1         355101
#> 2         2018             2         309813
#> 3         2018             3         344487
#> 4         2018             4         330988
#> 5         2018             5         318049
#> 6         2018             6         341825
#> # … with 52 more rows
```

就跟 dbplyr 一樣，arrow 只能理解某些 R 運算式，因此你可能無法寫出與平時完全相同的程式碼。不過，所支援的運算和函式相當廣泛，而且還在不斷增加；在 ?acero 中可以找到當前支援函式的完整清單。

效能

讓我們快速瞭解一下從 CSV 切換為 parquet 對效能的影響。首先，我們來計算一下，當資料儲存為一個大型 CSV 檔案時，2021 年每個月借出的圖書數量所需的時間：

```
seattle_csv |>
  filter(CheckoutYear == 2021, MaterialType == "BOOK") |>
  group_by(CheckoutMonth) |>
  summarize(TotalCheckouts = sum(Checkouts)) |>
  arrange(desc(CheckoutMonth)) |>
  collect() |>
  system.time()
#>    user  system elapsed
#>  11.997   1.189  11.343
```

現在，讓我們使用新版本的資料集，其中西雅圖圖書館的借閱資料已被分割成 18 個較小型的 parquet 檔案：

```
seattle_pq |>
  filter(CheckoutYear == 2021, MaterialType == "BOOK") |>
  group_by(CheckoutMonth) |>
  summarize(TotalCheckouts = sum(Checkouts)) |>
  arrange(desc(CheckoutMonth)) |>
  collect() |>
  system.time()
#>    user  system elapsed
#>   0.272   0.063   0.063
```

這大約 100 倍的速度提升可歸因於兩個要素：多檔案分割和個別檔案的格式：

- 分割可以提高效能，因為該查詢使用 CheckoutYear == 2021 來過濾資料，而且 arrow 很聰明，知道它只需要讀取 18 個 parquet 檔案中的 1 個就好了。

- parquet 格式以二進位格式儲存資料，可以更直接地讀入記憶體，從而增進效能。以欄位劃分的格式和豐富的詮釋資料意味著 arrow 只需讀取此查詢中實際會用到的四個欄位（CheckoutYear、MaterialType、CheckoutMonth 和 Checkouts）。

這效能上的巨大差異就是將大型 CSV 轉換為 parquet 之所以值得的原因所在！

搭配使用 dbplyr 和 Arrow

parquet 和 arrow 還有最後一個優勢：呼叫 arrow::to_duckdb() 可以輕鬆地將 arrow 資料集轉化為 DuckDB 資料庫（第 21 章）：

```
seattle_pq |>
  to_duckdb() |>
  filter(CheckoutYear >= 2018, MaterialType == "BOOK") |>
  group_by(CheckoutYear) |>
  summarize(TotalCheckouts = sum(Checkouts)) |>
  arrange(desc(CheckoutYear)) |>
  collect()
#> Warning: Missing values are always removed in SQL aggregation functions.
#> Use `na.rm = TRUE` to silence this warning
#> This warning is displayed once every 8 hours.
#> # A tibble: 5 × 2
#>   CheckoutYear TotalCheckouts
#>          <int>          <dbl>
#> 1         2022        2431502
#> 2         2021        2266438
```

```
#> 3      2020        1241999
#> 4      2019        3931688
#> 5      2018        3987569
```

to_duckdb() 的妙處在於，傳輸過程不涉及任何記憶體複製，這與 arrow 生態系統的目標不謀而合：實現從一個計算環境到另一個計算環境的無縫遷移。

總結

在本章中，你體驗過了 arrow 套件，它提供用來處理磁碟上大型資料集的 dplyr 後端。它可以處理 CSV 檔案，而且如果把資料轉換為 parquet 格式，速度會更快。parquet 是一種二進位資料格式，專為在現代電腦上進行資料分析而設計。與 CSV 相比，能處理 parquet 檔案的工具要少得多，但它的分割、壓縮和欄式結構（columnar structure）使其分析效率更高。

接下來你將學習你的第一個非矩形（nonrectangular）資料來源，並使用 tidyr 套件提供的工具來進行處理。我們將重點討論來自 JSON 檔案的資料，但一般原則適用於任何來源的樹狀資料。

## 第二十三章

階層式資料

簡介

在本章中，你將學習資料矩形化（*rectangling*）的技藝，也就是把本質上為階層式（hierarchical）或樹狀（tree-like）的資料轉換為由列（rows）和欄（columns）構成的矩形資料框（rectangular data frame）。這一點非常重要，因為階層式資料意外地常見，尤其是在處理來自 Web 的資料時。

要學習矩形化，首先需要瞭解串列（lists），它是一種使階層式資料變得可能的資料結構。接著，你將學習兩個關鍵的 tidyr 函式：`tidyr::unnest_longer()` 和 `tidyr::unnest_wider()`。然後，我們將向你展示幾個案例研究，反覆套用這些簡單函式來解決實際問題。最後，我們將討論 JSON，它是階層式資料集最常見的來源，也是 Web 上資料交換的常用格式。

先決條件

在本章中，我們將使用 tidyr 的許多函式，它是 tidyverse 的核心成員。我們還將使用 *repurrrsive* 提供一些有趣的資料集以練習矩形化，最後使用 *jsonlite* 來把 JSON 檔案讀入 R 串列。

```
library(tidyverse)
library(repurrrsive)
library(jsonlite)
```

串列

到目前為止，你已經使用過包含簡單向量（如整數、數字、字元、日期時間和因子）的資料框。這些向量之所以簡單，是因為它們是同質的（homogeneous）：每個元素都有相同的資料型別。如果要在同一向量中儲存不同型別的元素，就得使用**串列**（*list*），你可以用 list() 來創建它：

```
x1 <- list(1:4, "a", TRUE)
x1
#> [[1]]
#> [1] 1 2 3 4
#>
#> [[2]]
#> [1] "a"
#>
#> [[3]]
#> [1] TRUE
```

為串列的組成部分（components）或**子元素**（*children*）命名，通常可以帶來很多方便，命名方式與命名 tibble 欄位的方法相同：

```
x2 <- list(a = 1:2, b = 1:3, c = 1:4)
x2
#> $a
#> [1] 1 2
#>
#> $b
#> [1] 1 2 3
#>
#> $c
#> [1] 1 2 3 4
```

即使是這些簡單的串列，將之印出也會佔用大量空間。一個實用替代方法是 str()，它以緊湊的方式顯示結構（*structure*），而不強調內容：

```
str(x1)
#> List of 3
#>  $ : int [1:4] 1 2 3 4
#>  $ : chr "a"
#>  $ : logi TRUE
str(x2)
#> List of 3
#>  $ a: int [1:2] 1 2
#>  $ b: int [1:3] 1 2 3
#>  $ c: int [1:4] 1 2 3 4
```

如你所見，str() 會在獨立的一行中顯示串列中的每個子元素。它會顯示名稱（如果有的話）、型別縮寫和前幾個值。

階層架構（Hierarchy）

串列可以包含任何型別的物件，包括其他串列。因此，串列適合表示階層式（樹狀）結構：

```
x3 <- list(list(1, 2), list(3, 4))
str(x3)
#> List of 2
#>  $ :List of 2
#>   ..$ : num 1
#>   ..$ : num 2
#>  $ :List of 2
#>   ..$ : num 3
#>   ..$ : num 4
```

這與生成平面向量（flat vector）的 c() 有明顯不同：

```
c(c(1, 2), c(3, 4))
#> [1] 1 2 3 4

x4 <- c(list(1, 2), list(3, 4))
str(x4)
#> List of 4
#>  $ : num 1
#>  $ : num 2
#>  $ : num 3
#>  $ : num 4
```

隨著串列變得越來越複雜，str() 也越來越有用，因為它能讓你一眼就看到階層架構：

```
x5 <- list(1, list(2, list(3, list(4, list(5)))))
str(x5)
#> List of 2
#>  $ : num 1
#>  $ :List of 2
#>   ..$ : num 2
#>   ..$ :List of 2
#>   .. ..$ : num 3
#>   .. ..$ :List of 2
#>   .. .. ..$ : num 4
#>   .. .. ..$ :List of 1
#>   .. .. .. ..$ : num 5
```

當串列變得更大、更複雜時，str() 終究會失效，這時就需要切換到 View()[1]。圖 23-1 顯示了呼叫 View(x5) 後的結果。檢視器（viewer）開始時只顯示串列的最頂層，但你可以互動式地展開任何組成部分，檢視更多內容，如圖 23-2 所示。RStudio 還會顯示存取該元素所需的程式碼，如圖 23-3 所示。我們將在第 530 頁的「使用 $ 和 [[選擇單一元素」再來討論這段程式碼是如何運作的。

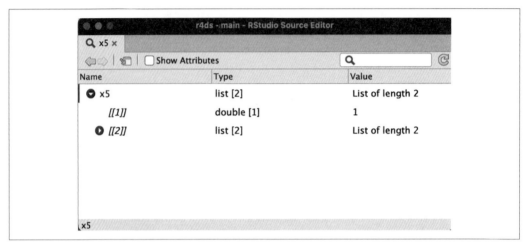

圖 23-1　透過 RStudio 檢視功能，可以互動式地查看複雜的串列。開啟的檢視器只顯示串列的最頂層

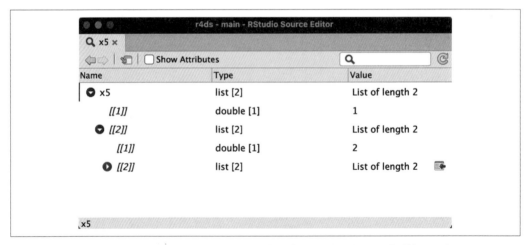

圖 23-2　點擊向右的三角形可以展開串列中的那個組成部分，從而也可以看到其子元素

1　這是 RStudio 的功能。

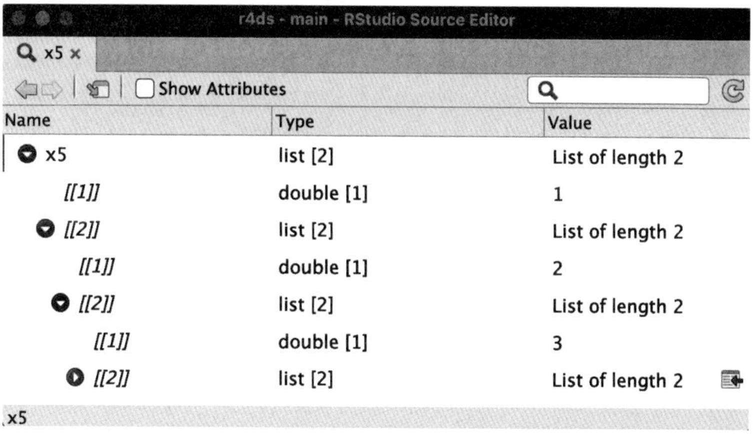

圖 23-3　你可以視需要多次重複此運算，以獲取感興趣的資料。請注意左下角：如果點選串列中的某個元素，RStudio 會給出存取該元素所需的子集化程式碼（subsetting code），在本例中為 x5[[2]][[2]][[2]]

串列欄位

串列也可以放在 tibble 中，我們稱之為串列欄位（list columns，或簡稱「串列欄」）。串列欄位非常有用，因為它們允許你在 tibble 中放置通常不屬於其中的物件。特別是在 tidymodels 生態系統（*https://oreil.ly/0giAa*）中，串列欄位的使用率很高，因為它們可以在資料框中儲存模型輸出或重新取樣（resamples）等內容。

下面是一個串列欄位的簡單範例：

```
df <- tibble(
  x = 1:2,
  y = c("a", "b"),
  z = list(list(1, 2), list(3, 4, 5))
)
df
#> # A tibble: 2 × 3
#>       x y     z
#>   <int> <chr> <list>
#> 1     1 a     <list [2]>
#> 2     2 b     <list [3]>
```

tibble 中的串列沒有什麼特別之處，它們的行為與其他欄位一樣：

```
df |>
  filter(x == 1)
#> # A tibble: 1 × 3
#>       x y     z
#>   <int> <chr> <list>
#> 1     1 a     <list [2]>
```

使用串列欄位進行計算比較困難，但這是因為使用串列進行計算通常都比較難；我們
將在第 26 章再討論這個問題。在本章中，我們將重點討論如何將串列欄位 unnest（攤
平）到常規變數中，以便利用現有工具處理它們。

預設的列印方法只會顯示內容的粗略摘要。串列欄位可以任意複雜，因此沒有好的列印
方式。如果你想看到它，你需要只取出那一個串列欄位，並套用你以前學過的技術之
一，如 df |> pull(z) |> str() 或 df |> pull(z) |> View()。

基礎 R

在 data.frame 的一欄中放入一個串列也是可行的，但要麻煩得多，因為
data.frame() 會將一個串列視為一個由欄組成的串列（a list of columns，
即「欄串列」）：

```
data.frame(x = list(1:3, 3:5))
#>   x.1.3 x.3.5
#> 1     1     3
#> 2     2     4
#> 3     3     5
```

你可以用串列 I() 包裹 data.frame()，使其將串列視為列串列（list of
rows），但印出的效果並不理想：

```
data.frame(
  x = I(list(1:2, 3:5)),
  y = c("1, 2", "3, 4, 5")
)
#>          x       y
#> 1     1, 2    1, 2
#> 2 3, 4, 5 3, 4, 5
```

tibble 更容易與串列欄一起使用，因為 tibble() 將串列視為向量，而列印
方法在設計時也有考慮到串列。

Unnesting

在學習了串列和串列欄的基礎知識後,我們來探討如何將它們變回常規的列和欄。在此,我們將使用簡單的範例資料讓你瞭解基本概念;在下一節中,我們將切換到真實資料。

串列欄通常有兩種基本形式:具名(named)和未具名(unnamed)。當子元素是**具名**時,它們往往在每一列中都有相同的名稱。舉例來說,在 df1 中,串列欄 y 的每個元素都有兩個分別名為 a 和 b 的元素。具名的串列欄會自然地 unnest 為欄位:每個具名元素都會成為一個新的具名欄位。

```
df1 <- tribble(
  ~x, ~y,
  1, list(a = 11, b = 12),
  2, list(a = 21, b = 22),
  3, list(a = 31, b = 32),
)
```

當子元素是**未具名**時,各列的元素個數往往各不相同。舉例來說,在 df2 中,串列欄 y 的元素是未具名的,長度從 1 到 3 不等。未具名的串列欄會自然地 unnest 為列:每個子元素都會有一列。

```
df2 <- tribble(
  ~x, ~y,
  1, list(11, 12, 13),
  2, list(21),
  3, list(31, 32),
)
```

tidyr 針對這兩種情況提供了兩個函式:unnest_wider() 和 unnest_longer()。下列章節將解釋它們的工作原理。

unnest_wider()

當每一列都有數量相同的同名元素時(如 df1),使用 unnest_wider() 將每個組成部分放入自己的欄位是很自然的事:

```
df1 |>
  unnest_wider(y)
#> # A tibble: 3 × 3
#>       x     a     b
#>   <dbl> <dbl> <dbl>
#> 1     1    11    12
```

```
#> 2     2    21    22
#> 3     3    31    32
```

預設情況下，新欄位的名稱完全來自串列元素的名稱，但可以使用 `names_sep` 引數要求將欄位名稱和元素名稱結合起來。這有助於消除有歧義的重複名稱。

```
df1 |>
  unnest_wider(y, names_sep = "_")
#> # A tibble: 3 × 3
#>       x   y_a   y_b
#>   <dbl> <dbl> <dbl>
#> 1     1    11    12
#> 2     2    21    22
#> 3     3    31    32
```

unnest_longer()

當每列都包含一個未具名串列時，最自然的做法是使用 `unnest_longer()` 將每個元素放入自己的列中：

```
df2 |>
  unnest_longer(y)
#> # A tibble: 6 × 2
#>       x     y
#>   <dbl> <dbl>
#> 1     1    11
#> 2     1    12
#> 3     1    13
#> 4     2    21
#> 5     3    31
#> 6     3    32
```

請注意 x 是如何為 y 中的每個元素而重複的：串列欄內的每個元素都會有一列輸出。但是，如果其中一個元素是空的，就像下面的例子一樣，那會發生什麼情況呢？

```
df6 <- tribble(
  ~x, ~y,
  "a", list(1, 2),
  "b", list(3),
  "c", list()
)
df6 |> unnest_longer(y)
#> # A tibble: 3 × 2
#>   x         y
#>   <chr> <dbl>
#> 1 a         1
```

```
#> 2 a           2
#> 3 b           3
```

輸出結果中的列數會是零，因此該列等同於消失了。若想保留該列，就在 y 中新增 NA，
並設定 keep_empty = TRUE。

不一致的型別

如果對包含不同型別向量的串列欄進行 unnest，會發生什麼情況？舉例來說，在下面的
資料集中，串列欄 y 含有兩個數字、一個字元和一個邏輯值，而這三種東西通常不能混
在單一欄中：

```
df4 <- tribble(
  ~x, ~y,
  "a", list(1),
  "b", list("a", TRUE, 5)
)
```

unnest_longer() 總是會在改變列數的同時保持欄位集合不變。所以會發生什麼事？
unnest_longer() 如何在保留 y 中所有東西的前提下，產生五個列？

```
df4 |>
  unnest_longer(y)
#> # A tibble: 4 × 2
#>   x       y
#>   <chr> <list>
#> 1 a     <dbl [1]>
#> 2 b     <chr [1]>
#> 3 b     <lgl [1]>
#> 4 b     <dbl [1]>
```

正如你所看到的，輸出結果包含一個串列欄，但該串列欄中的每個元素都只包含一個
元素。由於 unnest_longer() 無法找到共同型別的向量，因此它將原始型別保留在一個
串列欄中。你可能會問，這是否違反了欄中每個元素都必須是相同型別的規定。其實不
然：每個元素都是一個串列，即使其內容物的型別不同。

處理不一致型別很有挑戰性，具體細節取決於問題的確切性質和你的目標，但你很可能
需要第 26 章中的工具。

其他函式

tidyr 還有其他一些我們不會在本書中介紹的有用的矩形化函式：

- unnest_auto() 會根據串列欄的結構自動在 unnest_longer() 和 unnest_wider() 之間挑選。對於快速探索來說，這很好，但終究還是個壞主意，因為它不會強迫你理解資料的結構，並讓你的程式碼更難理解。

- unnest() 列和欄都可以擴充。當你的串列欄包含像資料框這樣的 2D 結構時，它就派上用場了，這在本書中看不到，但如果你有使用 tidymodels 生態系統（*https://oreil.ly/ytJvP*），就可能會遇到這種情況。

瞭解這些函式很有好處，因為在閱讀別人的程式碼或自己解決較罕見的矩形化難題時，你可能會遭遇它們。

習題

1. 使用 unnest_wider() 時，如果用的是像 df2 這樣的未具名串列欄，會發生什麼情況？現在需要什麼引數？缺失值會怎樣？

2. 對於 df1 這樣的具名串列欄使用 unnest_longer() 會發生什麼事？輸出中會出現哪些額外資訊？如何抑制這些額外的細節？

3. 你經常會遇到資料框中的多個串列欄的值是對齊的。舉例來說，在下面的資料框中，y 和 z 的值是對齊的（即 y 和 z 在一列中的長度總是相同，並且 y 的第一個值與 z 的第一個值相對應）。若對該資料框呼叫兩次 unnest_longer()，會發生什麼情況？如何才能保持 x 和 y 之間的關係？（提示：仔細閱讀說明文件。）

```
df4 <- tribble(
  ~x, ~y, ~z,
  "a", list("y-a-1", "y-a-2"), list("z-a-1", "z-a-2"),
  "b", list("y-b-1", "y-b-2", "y-b-3"), list("z-b-1", "z-b-2", "z-b-3")
)
```

案例研究

我們前面使用的簡單範例與真實資料的主要差異在於，真實資料通常包含巢狀的多層內嵌（multiple levels of nesting），需要多次呼叫 unnest_longer() 或 unnest_wider()。為了在實際應用中展示這一點，本節將使用 repurrrsive 套件中的資料集來解決三個真實的矩形化挑戰。

非常寬的資料

我們從 gh_repos 開始。這是一個串列，其中包含透過 GitHub API 取得的一些 GitHub 儲存庫（repositories）的資料。這是一個內嵌很深的巢狀串列，因此很難在本書中展示其結構；我們建議在繼續閱讀之前，先用 View(gh_repos) 自行探索一下。

gh_repos 是一個串列，但我們的工具處理的是串列欄，所以我們先將其放入一個 tibble 中。我們稱這一欄為 json，原因稍後再談。

```
repos <- tibble(json = gh_repos)
repos
#> # A tibble: 6 × 1
#>   json
#>   <list>
#> 1 <list [30]>
#> 2 <list [30]>
#> 3 <list [30]>
#> 4 <list [26]>
#> 5 <list [30]>
#> 6 <list [30]>
```

這個 tibble 包含六列，gh_repos 的每個子元素都有一列。每列都包含一個未具名串列，帶有 26 或 30 列。由於這些都是未具名的，我們會先使用 unnest_longer()，將每個子元素放到自己的列中：

```
repos |>
  unnest_longer(json)
#> # A tibble: 176 × 1
#>   json
#>   <list>
#> 1 <named list [68]>
#> 2 <named list [68]>
#> 3 <named list [68]>
#> 4 <named list [68]>
#> 5 <named list [68]>
#> 6 <named list [68]>
#> # … with 170 more rows
```

乍看之下，我們似乎並沒有改善情況：雖然我們有了更多列（176 列而非 6 列），但 json 的每個元素仍然是一個串列。但有一個重要的區別：現在每個元素都是一個具名串列，因此我們可以使用 unnest_wider()，將每個元素放入自己的欄中：

```
repos |>
  unnest_longer(json) |>
  unnest_wider(json)
```

```
#> # A tibble: 176 × 68
#>           id name       full_name          owner           private html_url
#>        <int> <chr>      <chr>              <list>          <lgl>   <chr>
#> 1 61160198 after      gaborcsardi/after  <named list>    FALSE   https://github…
#> 2 40500181 argufy     gaborcsardi/argu…  <named list>    FALSE   https://github…
#> 3 36442442 ask        gaborcsardi/ask    <named list>    FALSE   https://github…
#> 4 34924886 baseimports gaborcsardi/base… <named list>    FALSE   https://github…
#> 5 61620661 citest     gaborcsardi/cite…  <named list>    FALSE   https://github…
#> 6 33907457 clisymbols gaborcsardi/clis…  <named list>    FALSE   https://github…
#> # … with 170 more rows, and 62 more variables: description <chr>,
#> #   fork <lgl>, url <chr>, forks_url <chr>, keys_url <chr>, …
```

這樣做是可行的，但結果有點令人難以接受：由於欄數太多，tibble 甚至無法列印出所有的欄位！我們可以用 names() 檢視它們全部，這裡我們只看前 10 欄：

```
repos |>
  unnest_longer(json) |>
  unnest_wider(json) |>
  names() |>
  head(10)
#>  [1] "id"        "name"        "full_name"  "owner"       "private"
#>  [6] "html_url"  "description" "fork"       "url"         "forks_url"
```

我們選出幾個看起來有趣的：

```
repos |>
  unnest_longer(json) |>
  unnest_wider(json) |>
  select(id, full_name, owner, description)
#> # A tibble: 176 × 4
#>           id full_name                  owner               description
#>        <int> <chr>                      <list>              <chr>
#> 1 61160198 gaborcsardi/after          <named list [17]> Run Code in the Backgro…
#> 2 40500181 gaborcsardi/argufy         <named list [17]> Declarative function ar…
#> 3 36442442 gaborcsardi/ask            <named list [17]> Friendly CLI interactio…
#> 4 34924886 gaborcsardi/baseimports    <named list [17]> Do we get warnings for …
#> 5 61620661 gaborcsardi/citest         <named list [17]> Test R package and repo…
#> 6 33907457 gaborcsardi/clisymbols     <named list [17]> Unicode symbols for CLI…
#> # … with 170 more rows
```

你可以利用這一點回頭瞭解 gh_repos 的結構：每個子元素都是一位 GitHub 使用者，其中包含他們建立的最多 30 個 GitHub 儲存庫之串列。

owner 是另一個串列欄，由於它包含一個命名串列，我們可以使用 unnest_wider() 來取得那些值：

```
repos |>
  unnest_longer(json) |>
  unnest_wider(json) |>
  select(id, full_name, owner, description) |>
  unnest_wider(owner)
#> Error in `unnest_wider()`:
#> ! Can't duplicate names between the affected columns and the original
#>   data.
#> ✖ These names are duplicated:
#>   ℹ `id`, from `owner`.
#> ℹ Use `names_sep` to disambiguate using the column name.
#> ℹ Or use `names_repair` to specify a repair strategy.
```

糟了,這個串列欄也包含一個 id 欄,而我們不能在同一個資料框中有兩個 id 欄。根據建議,我們使用 names_sep 來解決這個問題:

```
repos |>
  unnest_longer(json) |>
  unnest_wider(json) |>
  select(id, full_name, owner, description) |>
  unnest_wider(owner, names_sep = "_")
#> # A tibble: 176 × 20
#>          id full_name                owner_login owner_id owner_avatar_url
#>       <int> <chr>                    <chr>          <int> <chr>
#> 1 61160198 gaborcsardi/after        gaborcsardi   660288 https://avatars.gith…
#> 2 40500181 gaborcsardi/argufy       gaborcsardi   660288 https://avatars.gith…
#> 3 36442442 gaborcsardi/ask          gaborcsardi   660288 https://avatars.gith…
#> 4 34924886 gaborcsardi/baseimports  gaborcsardi   660288 https://avatars.gith…
#> 5 61620661 gaborcsardi/citest       gaborcsardi   660288 https://avatars.gith…
#> 6 33907457 gaborcsardi/clisymbols   gaborcsardi   660288 https://avatars.gith…
#> # … with 170 more rows, and 15 more variables: owner_gravatar_id <chr>,
#> #   owner_url <chr>, owner_html_url <chr>, owner_followers_url <chr>, …
```

這給出了另一個較寬的資料集,但你可以感覺到,owner 似乎包含了許多關於「擁有(owns)」該儲存庫的人額外的資料。

關聯式資料

巢狀資料(nested data)有時用於表示我們通常分散在多個資料框中的資料。舉例來說,got_chars 包含《Game of Thrones》書籍和電視劇中出現的人物資料。和 gh_repos 一樣,它也是一個串列,因此我們首先將它轉化為 tibble 的串列欄:

```
chars <- tibble(json = got_chars)
chars
#> # A tibble: 30 × 1
#>   json
```

```
#>   <list>
#> 1 <named list [18]>
#> 2 <named list [18]>
#> 3 <named list [18]>
#> 4 <named list [18]>
#> 5 <named list [18]>
#> 6 <named list [18]>
#> # … with 24 more rows
```

json 欄包含具名的元素，因此我們首先要拓寬（widening）它：

```
chars |>
  unnest_wider(json)
#> # A tibble: 30 × 18
#>   url                 id name          gender culture    born
#>   <chr>            <int> <chr>         <chr>  <chr>      <chr>
#> 1 https://www.anapio… 1022 Theon Greyjoy   Male   "Ironborn" "In 278 AC or …
#> 2 https://www.anapio… 1052 Tyrion Lannist… Male   ""         "In 273 AC, at…
#> 3 https://www.anapio… 1074 Victarion Grey… Male   "Ironborn" "In 268 AC or …
#> 4 https://www.anapio… 1109 Will          Male   ""         ""
#> 5 https://www.anapio… 1166 Areo Hotah     Male   "Norvoshi" "In 257 AC or …
#> 6 https://www.anapio… 1267 Chett         Male   ""         "At Hag's Mire"
#> # … with 24 more rows, and 12 more variables: died <chr>, alive <lgl>,
#> #   titles <list>, aliases <list>, father <chr>, mother <chr>, …
```

然後，我們挑選幾欄，使其更易於閱讀：

```
characters <- chars |>
  unnest_wider(json) |>
  select(id, name, gender, culture, born, died, alive)
characters
#> # A tibble: 30 × 7
#>      id name             gender culture    born            died
#>   <int> <chr>            <chr>  <chr>      <chr>           <chr>
#> 1  1022 Theon Greyjoy      Male   "Ironborn" "In 278 AC or 27… ""
#> 2  1052 Tyrion Lannister   Male   ""         "In 273 AC, at C… ""
#> 3  1074 Victarion Greyjoy  Male   "Ironborn" "In 268 AC or be… ""
#> 4  1109 Will               Male   ""         ""              "In 297 AC, at…
#> 5  1166 Areo Hotah         Male   "Norvoshi" "In 257 AC or be… ""
#> 6  1267 Chett              Male   ""         "At Hag's Mire"  "In 299 AC, at…
#> # … with 24 more rows, and 1 more variable: alive <lgl>
```

這個資料集也包含許多串列欄：

```
chars |>
  unnest_wider(json) |>
  select(id, where(is.list))
#> # A tibble: 30 × 8
#>      id titles   aliases    allegiances books    povBooks tvSeries playedBy
```

```
#>   <int> <list>    <list>    <list>    <list>    <list>   <list>   <list>
#> 1  1022 <chr [2]> <chr [4]> <chr [1]> <chr [3]> <chr>    <chr>    <chr>
#> 2  1052 <chr [2]> <chr [11]> <chr [1]> <chr [2]> <chr>    <chr>    <chr>
#> 3  1074 <chr [2]> <chr [1]> <chr [1]> <chr [3]> <chr>    <chr>    <chr>
#> 4  1109 <chr [1]> <chr [1]> <NULL>    <chr [1]> <chr>    <chr>    <chr>
#> 5  1166 <chr [1]> <chr [1]> <chr [1]> <chr [3]> <chr>    <chr>    <chr>
#> 6  1267 <chr [1]> <chr [1]> <NULL>    <chr [2]> <chr>    <chr>    <chr>
#> # … with 24 more rows
```

我們來看看 titles 欄。這是一個未具名的串列欄，因此我們將把它 unnest 成列：

```
chars |>
  unnest_wider(json) |>
  select(id, titles) |>
  unnest_longer(titles)
#> # A tibble: 59 × 2
#>      id titles
#>   <int> <chr>
#> 1  1022 Prince of Winterfell
#> 2  1022 Lord of the Iron Islands (by law of the green lands)
#> 3  1052 Acting Hand of the King (former)
#> 4  1052 Master of Coin (former)
#> 5  1074 Lord Captain of the Iron Fleet
#> 6  1074 Master of the Iron Victory
#> # … with 53 more rows
```

你可能會預期看到這個資料被放在它自己的表中，因為在需要時，很容易就能與人物資料 join 起來。讓我們那樣做吧，這需要稍作清理：刪除包含空字串的列，並將 titles 重新命名為 title，因為現在每列只包含一個標題（title）。

```
titles <- chars |>
  unnest_wider(json) |>
  select(id, titles) |>
  unnest_longer(titles) |>
  filter(titles != "") |>
  rename(title = titles)
titles
#> # A tibble: 52 × 2
#>      id title
#>   <int> <chr>
#> 1  1022 Prince of Winterfell
#> 2  1022 Lord of the Iron Islands (by law of the green lands)
#> 3  1052 Acting Hand of the King (former)
#> 4  1052 Master of Coin (former)
#> 5  1074 Lord Captain of the Iron Fleet
#> 6  1074 Master of the Iron Victory
#> # … with 46 more rows
```

你可以想像為每個串列欄建立一個這樣的表，然後根據需要使用 join 將它們與人物資料結合起來。

深層內嵌

我們將以一個內嵌得很深、需要反覆使用 unnest_wider() 和 unnest_longer() 才能解開的串列欄，即 gmaps_cities，來結束這些案例研究。這是一個有雙欄的 tibble，包含五個城市名稱，以及使用 Google 的 geocoding API（*https://oreil.ly/cdBWZ*）確定其位置的結果：

```
gmaps_cities
#> # A tibble: 5 × 2
#>   city        json
#>   <chr>       <list>
#> 1 Houston     <named list [2]>
#> 2 Washington  <named list [2]>
#> 3 New York    <named list [2]>
#> 4 Chicago     <named list [2]>
#> 5 Arlington   <named list [2]>
```

json 是一個內部帶有名稱的串列欄，因此我們先使用 unnest_wider()：

```
gmaps_cities |>
  unnest_wider(json)
#> # A tibble: 5 × 3
#>   city        results    status
#>   <chr>       <list>     <chr>
#> 1 Houston     <list [1]> OK
#> 2 Washington  <list [2]> OK
#> 3 New York    <list [1]> OK
#> 4 Chicago     <list [1]> OK
#> 5 Arlington   <list [2]> OK
```

這就給出了 status 和 results。我們將去掉狀態（status）欄，因為它們全都是 OK；在實際分析中，你可能還會想要捕捉 status != "OK" 的所有列，並找出發生錯誤的原因。results 是一個未具名的串列，有一個或兩個元素（我們很快就會知道為什麼），所以我們會把它 unnest 成列：

```
gmaps_cities |>
  unnest_wider(json) |>
  select(-status) |>
  unnest_longer(results)
#> # A tibble: 7 × 2
#>   city        results
#>   <chr>       <list>
#> 1 Houston     <named list [5]>
```

```
#> 2 Washington <named list [5]>
#> 3 Washington <named list [5]>
#> 4 New York   <named list [5]>
#> 5 Chicago    <named list [5]>
#> 6 Arlington  <named list [5]>
#> # … with 1 more row
```

現在 results 是一個具名的串列，因此我們使用 unnest_wider()：

```
locations <- gmaps_cities |>
  unnest_wider(json) |>
  select(-status) |>
  unnest_longer(results) |>
  unnest_wider(results)
locations
#> # A tibble: 7 × 6
#>   city       address_compone…¹ formatted_address geometry      place_id
#>   <chr>      <list>            <chr>             <list>        <chr>
#> 1 Houston    <list [4]>        Houston, TX, USA  <named list>  ChIJAYWNSLS4QI…
#> 2 Washington <list [2]>        Washington, USA   <named list>  ChIJ-bDD5__lhV…
#> 3 Washington <list [4]>        Washington, DC, … <named list>  ChIJW-T2Wt7Gt4…
#> 4 New York   <list [3]>        New York, NY, USA <named list>  ChIJOwg_06VPwo…
#> 5 Chicago    <list [4]>        Chicago, IL, USA  <named list>  ChIJ7cv00DwsDo…
#> 6 Arlington  <list [4]>        Arlington, TX, U… <named list>  ChIJ05gI5NJiTo…
#> # … with 1 more row, 1 more variable: types <list>, and abbreviated variable
#> #   name ¹address_components
```

現在我們知道為何有兩個城市得到兩個結果了：Washington 同時匹配華盛頓州（Washington state）和華盛頓特區（Washington, DC），而 Arlington 則匹配維吉尼亞州的阿靈頓（Arlington, Virginia）和德克薩斯州的阿靈頓（Arlington, Texas）。

從這裡我們有幾個可能的下一步。我們可能想要確定匹配的確切位置，而該位置儲存在 geometry 串列欄中：

```
locations |>
  select(city, formatted_address, geometry) |>
  unnest_wider(geometry)
#> # A tibble: 7 × 6
#>   city       formatted_address  bounds            location      location_type
#>   <chr>      <chr>              <list>            <list>        <chr>
#> 1 Houston    Houston, TX, USA   <named list [2]>  <named list>  APPROXIMATE
#> 2 Washington Washington, USA    <named list [2]>  <named list>  APPROXIMATE
#> 3 Washington Washington, DC, USA <named list [2]> <named list>  APPROXIMATE
#> 4 New York   New York, NY, USA  <named list [2]>  <named list>  APPROXIMATE
#> 5 Chicago    Chicago, IL, USA   <named list [2]>  <named list>  APPROXIMATE
#> 6 Arlington  Arlington, TX, USA <named list [2]>  <named list>  APPROXIMATE
#> # … with 1 more row, and 1 more variable: viewport <list>
```

這樣我們就有了新的 bounds（一個矩形區域）和 location（一個地點）。我們可以對 location 做 unnest，以檢視緯度（lat）和經度（lng）：

```
locations |>
  select(city, formatted_address, geometry) |>
  unnest_wider(geometry) |>
  unnest_wider(location)
#> # A tibble: 7 × 7
#>   city       formatted_address  bounds              lat    lng location_type
#>   <chr>      <chr>              <list>            <dbl>  <dbl> <chr>
#> 1 Houston    Houston, TX, USA   <named list [2]>   29.8  -95.4 APPROXIMATE
#> 2 Washington Washington, USA    <named list [2]>   47.8 -121.  APPROXIMATE
#> 3 Washington Washington, DC, USA <named list [2]>  38.9  -77.0 APPROXIMATE
#> 4 New York   New York, NY, USA  <named list [2]>   40.7  -74.0 APPROXIMATE
#> 5 Chicago    Chicago, IL, USA   <named list [2]>   41.9  -87.6 APPROXIMATE
#> 6 Arlington  Arlington, TX, USA <named list [2]>   32.7  -97.1 APPROXIMATE
#> # … with 1 more row, and 1 more variable: viewport <list>
```

取出邊界（bounds）還需要幾個步驟：

```
locations |>
  select(city, formatted_address, geometry) |>
  unnest_wider(geometry) |>
  # 聚焦於感興趣的變數
  select(!location:viewport) |>
  unnest_wider(bounds)
#> # A tibble: 7 × 4
#>   city       formatted_address  northeast         southwest
#>   <chr>      <chr>              <list>            <list>
#> 1 Houston    Houston, TX, USA   <named list [2]> <named list [2]>
#> 2 Washington Washington, USA    <named list [2]> <named list [2]>
#> 3 Washington Washington, DC, USA <named list [2]> <named list [2]>
#> 4 New York   New York, NY, USA  <named list [2]> <named list [2]>
#> 5 Chicago    Chicago, IL, USA   <named list [2]> <named list [2]>
#> 6 Arlington  Arlington, TX, USA <named list [2]> <named list [2]>
#> # … with 1 more row
```

然後，我們重新命名 southwest 和 northeast（矩形的四角），這樣我們就可以使用 names_sep 建立簡短但容易回想的名稱：

```
locations |>
  select(city, formatted_address, geometry) |>
  unnest_wider(geometry) |>
  select(!location:viewport) |>
  unnest_wider(bounds) |>
  rename(ne = northeast, sw = southwest) |>
  unnest_wider(c(ne, sw), names_sep = "_")
```

```
#> # A tibble: 7 × 6
#>   city       formatted_address   ne_lat ne_lng sw_lat sw_lng
#>   <chr>      <chr>                <dbl>  <dbl>  <dbl>  <dbl>
#> 1 Houston    Houston, TX, USA      30.1  -95.0   29.5  -95.8
#> 2 Washington Washington, USA       49.0 -117.    45.5 -125.
#> 3 Washington Washington, DC, USA   39.0  -76.9   38.8  -77.1
#> 4 New York   New York, NY, USA     40.9  -73.7   40.5  -74.3
#> 5 Chicago    Chicago, IL, USA      42.0  -87.5   41.6  -87.9
#> 6 Arlington  Arlington, TX, USA    32.8  -97.0   32.6  -97.2
#> # … with 1 more row
```

注意到我們是如何透過向 unnest_wider() 提供一個變數名稱向量來同時 unnest 兩欄的。

一旦發現了獲取感興趣的組成部分的路徑，就可以使用另一個 tidyr 函式 hoist() 直接擷取它們：

```
locations |>
  select(city, formatted_address, geometry) |>
  hoist(
    geometry,
    ne_lat = c("bounds", "northeast", "lat"),
    sw_lat = c("bounds", "southwest", "lat"),
    ne_lng = c("bounds", "northeast", "lng"),
    sw_lng = c("bounds", "southwest", "lng"),
  )
```

如果這些案例研究已經引起了你的興趣，想瞭解更多現實生活中的矩形化作業，可以在 vignette("rectangling", package = "tidyr") 說明頁面中檢視更多範例。

習題

1. 粗略估計 gh_repos 的建立時間。為什麼只能粗略估計日期呢？

2. gh_repo 的 owner 欄包含大量重複資訊，因為每個所有者（owner）都可以擁有多個 repo。你能否建構一個 owners 資料框，其中每個所有者都有一列？（提示：distinct() 是否適用於 list-cols？）

3. 按照我們為 titles 進行的步驟，為《Game of Thrones》角色的別名（aliases）、效忠對象（allegiances）、書籍和電視劇建立類似的表格。

4. 逐行解釋下面的程式碼。為什麼它很有趣？它為什麼對 got_chars 有效，但在一般情況下可能無效？

   ```
   tibble(json = got_chars) |>
     unnest_wider(json) |>
   ```

```
  select(id, where(is.list)) |>
  pivot_longer(
    where(is.list),
    names_to = "name",
    values_to = "value"
  ) |>
  unnest_longer(value)
```

5. 在 gmaps_cities 中，address_components 包含哪些內容？為什麼列與列之間的長度不同？請適當地對其進行 unnest 以找出答案。（提示：types 似乎總是包含兩個元素。比起 unnest_longer()，unnest_wider() 是否讓它更容易進行運算？）

JSON

上一節中的所有案例研究都來自現實環境可以遇到的 JSON。JSON 是 JavaScript Object Notation 的縮寫，是大多數網路 API 回傳資料的方式。瞭解它很重要，因為雖然 JSON 和 R 的資料型別非常相似，但並不存在完美的一對一映射，所以如果出了問題，最好還是瞭解一下 JSON。

資料型別

JSON 是一種簡單的格式，旨在方便機器而非人類讀寫。它有六種關鍵的資料型別。其中四種是純量（scalars）：

- 最簡單的型別是空值（null），其作用與 R 中的 NA 相同。它代表資料沒有出現。
- 字串（*string*）與 R 中的字串很相似，但必須始終都使用雙引號（double quotes）。
- 數字（*number*）與 R 的數字類似：可以使用整數（如 123）、十進位小數（如 123.45）或科學記號（如 1.23e3）。JSON 不支援 Inf、-Inf 或 NaN。
- *Boolean* 值類似於 R 的 TRUE 和 FALSE，但使用小寫的 true 和 false。

JSON 的字串、數字和 Boolean 值與 R 的字元、數值和邏輯向量非常相似。主要區別在於 JSON 的純量只能表示單一個值。若要表示多個值，你需要使用其餘兩種型別之一：陣列和物件。

陣列和物件都類似於 R 中的串列（lists），差別在於它們是否具名。陣列（*array*）就像一個未具名的串列，用 [] 寫成。舉例來說，[1, 2, 3] 是包含三個數字的陣列，而 [null, 1, "string", false] 則是包含空值、數字、字串和 Boolean 值的一個陣列。物件（*object*）就像一個具名串列，用 {} 寫成。名稱（JSON 術語中的「鍵值（keys）」）是字串，因此必須用引號括起來。舉例來說，{"x": 1, "y": 2} 是將 x 映射為 1、將 y 映射為 2 的一個物件。

需要注意的是，JSON 並沒有表示日期或日期時間的原生方法，因此它們通常被儲存為字串，你需要使用 readr::parse_date() 或 readr::parse_datetime() 將它們轉換為正確的資料結構。同樣地，JSON 中表示浮點數（floating-point numbers）的規則有點不精確，所以有時也會發現數字儲存在字串中。請視需要使用 readr::parse_double() 來獲取正確的變數型別。

jsonlite

要將 JSON 轉換為 R 資料結構，我們推薦使用 Jeroen Ooms 編寫的 jsonlite 套件。我們只會使用兩個 jsonlite 函式：read_json() 和 parse_json()。在現實生活中，你會使用 read_json() 從磁碟讀取 JSON 檔案。舉例來說，repurrsive 套件也以一個 JSON 檔案的形式提供 gh_user 的原始碼，你可以用 read_json() 讀取它：

```
# 指向套件內 json 檔案的路徑：
gh_users_json()
#> [1] "/Users/hadley/Library/R/arm64/4.2/library/repurrrsive/extdata/gh_users.json"

# 使用 read_json() 讀取它
gh_users2 <- read_json(gh_users_json())

# 檢查它是否與我們之前使用的資料相同
identical(gh_users, gh_users2)
#> [1] TRUE
```

在本書中，我們還將使用 parse_json()，因為它接受一個包含 JSON 的字串，這使得它很適合用來產生簡單的範例。下面是三個簡單的 JSON 資料集，從一個數字開始，然後將幾個數字放入一個陣列，再將該陣列放入一個物件：

```
str(parse_json('1'))
#>  int 1
str(parse_json('[1, 2, 3]'))
#> List of 3
#>  $ : int 1
#>  $ : int 2
#>  $ : int 3
str(parse_json('{"x": [1, 2, 3]}'))
#> List of 1
#>  $ x:List of 3
#>  ..$ : int 1
#>  ..$ : int 2
#>  ..$ : int 3
```

jsonlite 還有一個重要函式，叫作 fromJSON()。我們在這裡沒有使用，因為它會自動進行簡化（simplifyVector = TRUE）。這通常效果很好，尤其是在簡單的情況下，但我們認為最好還是自己進行矩形化，這樣你就能清楚地知道發生了什麼，並能更輕易地處理最複雜的巢狀結構。

開始矩形化程序

在大多數情況下，JSON 檔案都包含一個頂層陣列（top-level array），因為它們的設計目的是提供關於多樣「事物（things）」的資料，例如多張頁面、多條記錄或多個結果。在這種情況下，你將以 tibble(json) 開始矩形化，這樣每個元素都將成為一列：

```
json <- '[
  {"name": "John", "age": 34},
  {"name": "Susan", "age": 27}
]'
df <- tibble(json = parse_json(json))
df
#> # A tibble: 2 × 1
#>   json
#>   <list>
#> 1 <named list [2]>
#> 2 <named list [2]>

df |>
  unnest_wider(json)
#> # A tibble: 2 × 2
#>   name    age
#>   <chr> <int>
#> 1 John     34
#> 2 Susan    27
```

在更罕見的情況下，JSON 檔案由單個頂層 JSON 物件組成，代表一項「事物」。在這種情況下，你需要在將其放入 tibble 之前，先把它包裹在一個串列中，從而啟動矩形化過程：

```
json <- '{
  "status": "OK",
  "results": [
    {"name": "John", "age": 34},
    {"name": "Susan", "age": 27}
  ]
}
'
df <- tibble(json = list(parse_json(json)))
df
```

```
#> # A tibble: 1 × 1
#>   json
#>   <list>
#> 1 <named list [2]>

df |>
  unnest_wider(json) |>
  unnest_longer(results) |>
  unnest_wider(results)
#> # A tibble: 2 × 3
#>   status name    age
#>   <chr>  <chr> <int>
#> 1 OK     John     34
#> 2 OK     Susan    27
```

或者，你也可以進到剖析後的 JSON 內部，從你真正關心的部分開始：

```
df <- tibble(results = parse_json(json)$results)
df |>
  unnest_wider(results)
#> # A tibble: 2 × 2
#>   name    age
#>   <chr> <int>
#> 1 John     34
#> 2 Susan    27
```

習題

1. 請矩形化下面的 df_col 和 df_row。它們代表在 JSON 中對資料框進行編碼的兩種方式。

```
json_col <- parse_json('
  {
    "x": ["a", "x", "z"],
    "y": [10, null, 3]
  }
')
json_row <- parse_json('
  [
    {"x": "a", "y": 10},
    {"x": "x", "y": null},
    {"x": "z", "y": 3}
  ]
')

df_col <- tibble(json = list(json_col))
df_row <- tibble(json = json_row)
```

總結

在本章中，你學到了什麼是串列、如何從 JSON 檔案生成串列，以及如何將串列轉化為矩形資料框。令人驚訝的是，我們只需要兩個新函式：unnest_longer() 用來將串列元素放入列中，而 unnest_wider() 則用來將串列元素放入欄中。不管串列欄的巢狀內嵌有多深，你都只需反覆呼叫這兩個函式即可。

JSON 是 Web API 最常見的回傳資料格式。如果一個網站沒有 API，但你在該網站上看到想要的資料，那該怎麼辦？這是下一章的主題：Web scraping，也就是從 HTML 網頁中擷取出資料。

## 第二十四章

Web Scraping

簡介

本章將向你介紹使用 rvest（*https://oreil.ly/lUNa6*）進行 Web scraping（網頁搜刮）的基礎知識。Web scraping 是從網頁中擷取資料的有用工具。有些網站會提供 API，即一組以 JSON 格式回傳資料的結構化 HTTP 請求，你可以使用第 23 章中的技巧來處理取回的資料。你應盡可能使用 API[1]，因為它通常能提供更可靠的資料。但遺憾的是，使用 Web API 的程式設計不在本書的討論範圍之內。取而代之，我們教授的是 scraping，無論網站是否提供 API，這種技術都能發揮作用。

在本章中，我們將在深入學習 HTML 基礎知識之前，先討論 scraping 的道德和法律問題。接著，你將學習 CSS 選擇器（selectors）的基本概念，以便在頁面上找到特定元素的位置，並學習如何使用 rvest 的函式從 HTML 中獲取文字和屬性（attributes）資料，並將其輸入 R。然後，我們將討論一些技巧，用以確定你需要為正在搜刮（scraping）的頁面使用哪種 CSS 選擇器，最後我們還將進行一些案例研究，並簡要討論動態網站（dynamic websites）。

先決條件

在本章中，我們將重點介紹 rvest 所提供的工具。rvest 是 tidyverse 的成員，但並非核心成員，因此需要明確地載入。我們還將載入完整的 tidyverse，因為我們會發現它在處理搜刮回來的資料時非常有用。

```
library(tidyverse)
library(rvest)
```

---

1 許多流行的 API 都已經有 CRAN 套件對其進行了封裝，因此首先要做一點研究！

Scraping 的道德與合法性

在開始討論進行 Web scraping 所需的程式碼之前，我們先需要談談這樣做是否合法或合乎道德。總的來說，這兩面向的情況都很複雜。

法律問題在很大程度上取決於你居住的地方。不過，一般來說，如果資料是公開的、非個人的和事實性的，就不會有問題[2]。這三個因素非常重要，因為它們與網站的使用條款和規定（terms and conditions）、可識別個人的身分資訊（personally identifiable information）和著作權（copyright）有關，我們將對此進行討論。

若資料不是公開的、非個人的或事實性的，或者如果你是特地為了用這些資料來賺錢而進行資料搜刮，你就需要和律師談談。無論如何，你都應該尊重你搜刮之網頁的伺服器資源。最重要的是，這意味著如果你要搜刮許多頁面，則應確保在每次請求之間稍作等待。要這樣做，有個簡單的方法就是使用 Dmytro Perepolkin 製作的 polite 套件（*https://oreil.ly/rlujg*）。它會在請求之間自動暫停，並快取結果，這樣你就不會重複請求同一個頁面了。

服務條款

如果你仔細觀察，就會發現許多網站在頁面的某個地方都包含「terms and conditions（使用條款與規定）」或「terms of service（服務條款）」的連結，如果你詳細閱讀那些頁面，往往會發現網站明確禁止 Web scraping。這些條款頁面往往是企業進行法律權利擴張的工具，他們會提出非常廣泛的聲明。在可能的情況下，盡可能尊重這些服務條款是禮貌之舉，但對於其中的主張要抱持謹慎的保留態度。

美國法院通常認為，只是將服務條款放在網站頁尾並不足以讓你受其約束，例如 *HiQ Labs vs. LinkedIn* 的訴訟案（*https://oreil.ly/mDAin*）。一般來說，要受到服務條款的約束，你必須採取一些明確的行動，比如創建一個帳號或勾選一個核取方塊。這就是為什麼資料是否**公開**很重要；如果你不需要帳號就能存取這些資料，那麼就不太可能受到服務條款的約束。但請注意，歐洲的情況有所不同，歐洲法院認為，即使你沒有明確表示同意，服務條款也是可以強制施加的。

---

[2] 顯然，我們並非律師，這也不是法律建議。但這是我們在閱讀了大量相關資料後所能給出的最佳總結。

可識別個人的身分資訊

即使資料是公開的，你也應該非常小心地蒐集可識別個人的身分資訊（personally identifiable information），如姓名、電子郵件位址、電話號碼、出生日期等。歐洲對此類資料的蒐集和儲存有特別嚴格的法律規定（GDPR（*https://oreil.ly/nzJwO*）），無論你住在哪裡，都有可能陷入道德泥沼。舉例來說，2016 年，一群研究人員在交友網站 OkCupid 上搜刮了 70,000 人的公開個人資訊（如使用者名稱、年齡、性別、所在地等），並在未做任何匿名化處理的情況下公開發佈了這些資料。雖然研究人員認為這並沒有什麼不妥，因為資料已經公開，但由於資料集中釋出的使用者資訊存在可識別性（identifiability）方面的道德疑慮，這項工作受到了廣泛的譴責。如果你的工作涉及搜刮可識別個人的身分資訊，我們強烈建議你閱讀 OkCupid 研究的相關資訊[3]、以及牽涉到獲取和釋出個人識別資訊且研究倫理受質疑的類似研究。

著作權

最後，你還需要考慮著作權法（copyright law）。著作權法很複雜，但值得一看美國的法律（*https://oreil.ly/OqUgO*），其中明確描述受到保護的是什麼：「[...] original works of authorship fixed in any tangible medium of expression, [...]（表達於任何有形媒介的原創作品）」。該法接著描述其適用的具體類別，如文學作品、音樂作品、電影等。值得注意的是，資料（data）不受著作權保護。這意味著，只要你的 scraping 僅限於事實，著作權保護就不適用（但請注意，歐洲有一項「自成一類（sui generi）」的權利（*https://oreil.ly/0ewJe*）用以保護資料庫）。

舉個簡單的例子，在美國，成分清單和說明書不享有著作權，因此不能用著作權保護食譜。但是，如果食譜附有大量新穎的文學內容，則可以獲得著作權。這就是為什麼你在網際網路上尋找食譜時，食譜之前總是會有很多其他內容。

如果你確實需要搜刮（scrape）原創內容（如文字或圖片），你可能仍然受到合理使用（fair use）原則的保護（*https://oreil.ly/oFh0-*）。合理使用並非一成不變的硬性規定，而是要權衡多種因素。如果你是出於研究或非商業目的而蒐集資料，而且你將搜刮的內容限制在你需要的範圍內，那麼它就更有可能適用。

3　舉例來說，Wired（*https://oreil.ly/rzd7z*）就發表了一篇關於 OkCupid 研究的文章。

HTML 基礎知識

要搜刮網頁內容，就得先瞭解一下 *HTML*，這是一種描述網頁的語言。HTML 是 HyperText Markup Language（超文本標記語言）的縮寫，看起來像這樣：

```
<html>
<head>
  <title>Page title</title>
</head>
<body>
  <h1 id='first'>A heading</h1>
  <p>Some text &amp; <b>some bold text.</b></p>
  <img src='myimg.png' width='100' height='100'>
</body>
```

HTML 有一種由元素（*elements*）組成的階層式結構，元素由起始標記（start tag，如 `<tag>`）、選擇性的屬性（*attributes*，`id='first'`）、結束標記[4]（end tag，如 `</tag>`）和內容（*contents*，起始標記和結束標記之間的所有東西）組成。

由於 < 和 > 用於起始和結束標記，因此不能直接寫出它們。取而代之，你必須使用 HTML 轉義（*escapes*）`&gt;`（大於）和 `&lt;`（小於）。由於這些轉義使用的是 &，因此如果要使用字面上的 & 符號（ampersand），就必須將其轉義為 `&amp;`。可能的 HTML 轉義範圍很廣，但你不必過於擔心，因為 rvest 會自動為你處理。

Web scraping 之所以可行，是因為含有要搜刮的資料的大多數頁面一般都具有一致的結構。

元素

HTML 元素有 100 多個。其中最重要的有：

- 每個 HTML 頁面都必須包含一個 `<html>` 元素，而且必須有兩個子元素：`<head>` 包含頁面標題等文件詮釋資料（document metadata），而 `<body>` 則含有你在瀏覽器中看到的內容。

- `<h1>`（heading 1，標題 1）、`<section>`（小節）、`<p>`（paragraph，段落）和 `<ol>`（ordered list，有序串列）等區塊標記（block tags）構成了頁面的整體結構。

---

4 許多標記（包括 `<p>` 和 `<li>`）不需要結尾標記，但我們認為最好還是包含那些標記，因為這樣更容易看清 HTML 的結構。

- 行內標記（inline tags），像是 <b>（bold，粗體）、<i>（italics，斜體）以及 <a>（link，連結），格式化區塊標記內的文字。

如果遇到從未見過的標記，只要上網搜尋一下就能知道它的作用。另一個好的開始是 MDN Web Docs（*https://oreil.ly/qIgHp*），它幾乎描述了 Web 程式設計的每個面向。

大多數元素的起始和結束標記之間都可以有內容。這些內容可以是文字，也可以是更多的元素。舉例來說，下面的 HTML 包含一個段落的文字，其中一個單詞用粗體表示：

```
<p>
  Hi! My <b>name</b> is Hadley.
</p>
```

子元素（*children*）是它所包含的元素，因此前面的 <p> 元素有一個子元素，即 <b> 元素。<b> 元素沒有子元素，但確實有內容（文字「name」）。

屬性

標記可以有具名屬性（*attributes*），如 name1='value1' name2='value2'。其中兩個最重要的屬性是 id 和 class，它們與 Cascading Style Sheets（CSS）結合使用，可控制頁面的視覺外觀。從頁面上搜刮資料時，這些通常很有用。屬性也用來記錄連結的目的地（<a> 元素的 href 屬性）以及影像的來源（<img> 元素的 src 屬性）。

擷取資料

要開始 scraping，你需要想搜刮的頁面的 URL，通常你可以從 Web 瀏覽器中複製這個 URL。然後，你需要使用 read_html() 將該頁面的 HTML 讀取到 R 中。這將回傳一個 xml_document [5] 物件，然後你就能使用 rvest 的函式來操作它：

```
html <- read_html("http://rvest.tidyverse.org/")
html
#> {html_document}
#> <html lang="en">
#> [1] <head>\n<meta http-equiv="Content-Type" content="text/html; charset=UT ...
#> [2] <body>\n    <a href="#container" class="visually-hidden-focusable">Ski ...
```

rvest 還包含一個可讓你在行內編寫 HTML 的函式。在本章中，我們將透過簡單的範例來介紹各種 rvest 函式的工作原理，並將多次使用該函式。

5　這個類別來自 xml2 套件（*https://oreil.ly/lQNBa*）。xml2 是一個低階套件，rvest 就是在它的基礎上建置的。

```
html <- minimal_html("
  <p>This is a paragraph</p>
  <ul>
    <li>This is a bulleted list</li>
  </ul>
")
html
#> {html_document}
#> <html>
#> [1] <head>\n<meta http-equiv="Content-Type" content="text/html; charset=UT ...
#> [2] <body>\n<p>This is a paragraph</p>\n<p>\n   </p>\n<ul>\n<li>This is a b ...
```

現在你在 R 中已經有了 HTML，是時候擷取感興趣的資料了。首先，你將學習 CSS 選擇器，它可以讓你識別感興趣的元素，以及你可以用來從之擷取資料的 rvest 函式。然後，我們將簡要介紹 HTML 表格，它有一些特殊的工具。

尋找元素

CSS 是一種定義 HTML 文件視覺樣式的工具。CSS 包括一種在頁面上選擇元素的微型語言，稱為 CSS 選擇器（*selectors*）。CSS 選擇器定義了用來找出 HTML 元素的模式（patterns），由於它提供一種簡潔的方式來描述你想擷取的元素，因此對 scraping 非常有用。

我們將在第 462 頁的「找出正確的選擇器」中詳細介紹 CSS 選擇器，但幸運的是，只需使用三個選擇器，就能讓你做到很多事情：

p

選擇所有 <p> 元素。

.title

選擇 class 為「title」的所有元素。

#title

選擇 id 屬性等於「title」的元素。id 屬性在文件中必須是唯一的，因此這只能選擇單一個元素。

我們用一個簡單的例子來試試這些選擇器：

```
html <- minimal_html("
  <h1>This is a heading</h1>
  <p id='first'>This is a paragraph</p>
```

```
    <p class='important'>This is an important paragraph</p>
")
```

使用 html_elements() 來找出與選擇器匹配的所有元素：

```
html |> html_elements("p")
#> {xml_nodeset (2)}
#> [1] <p id="first">This is a paragraph</p>
#> [2] <p class="important">This is an important paragraph</p>
html |> html_elements(".important")
#> {xml_nodeset (1)}
#> [1] <p class="important">This is an important paragraph</p>
html |> html_elements("#first")
#> {xml_nodeset (1)}
#> [1] <p id="first">This is a paragraph</p>
```

另一個重要函式是 html_element()，它總是回傳與輸入相同數量的輸出。如果將其套用於整個文件，它會給出第一個匹配結果：

```
html |> html_element("p")
#> {html_node}
#> <p id="first">
```

使用的選擇器不匹配任何元素時，html_element() 和 html_elements() 之間會有一個重要的區別：html_elements() 會回傳一個長度為 0 的向量，而 html_element() 則回傳一個缺失值。這一點很快就會變得很重要。

```
html |> html_elements("b")
#> {xml_nodeset (0)}
html |> html_element("b")
#> {xml_missing}
#> <NA>
```

巢狀選擇

在大多數情況下，你會同時使用 html_elements() 和 html_element()，通常是使用 html_elements() 來識別會成為觀察值的元素，然後使用 html_element() 來找出將成為變數的元素。我們透過一個簡單的範例來瞭解這一點。這裡我們有一個無序串列（unordered list，<ul>），其中每個串列項目（list item，<li>）都包含 *Star Wars* 中四名角色的一些資訊：

```
html <- minimal_html("
  <ul>
    <li><b>C-3PO</b> is a <i>droid</i> that weighs <span class='weight'>167 kg</span></
li>
```

```
   <li><b>R4-P17</b> is a <i>droid</i></li>
   <li><b>R2-D2</b> is a <i>droid</i> that weighs <span class='weight'>96 kg</span></
li>
   <li><b>Yoda</b> weighs <span class='weight'>66 kg</span></li>
  </ul>
 ")
```

我們可以使用 html_elements() 製作一個向量，其中每個元素對應一個不同的角色：

```
characters <- html |> html_elements("li")
characters
#> {xml_nodeset (4)}
#> [1] <li>\n<b>C-3PO</b> is a <i>droid</i> that weighs <span class="weight"> ...
#> [2] <li>\n<b>R4-P17</b> is a <i>droid</i>\n</li>
#> [3] <li>\n<b>R2-D2</b> is a <i>droid</i> that weighs <span class="weight"> ...
#> [4] <li>\n<b>Yoda</b> weighs <span class="weight">66 kg</span>\n</li>
```

要擷取每個角色的名稱，我們使用 html_element()，因為套用到 html_elzaements() 的輸出時，它能保證每個元素回傳一個回應：

```
characters |> html_element("b")
#> {xml_nodeset (4)}
#> [1] <b>C-3PO</b>
#> [2] <b>R4-P17</b>
#> [3] <b>R2-D2</b>
#> [4] <b>Yoda</b>
```

html_element() 和 html_elements() 之間的區別對名稱（name）來說並不重要，但對體重（weight）來說卻很重要。我們希望為每個角色取得一個體重，即使沒有 weight <span>。這就是 html_element() 的作用：

```
characters |> html_element(".weight")
#> {xml_nodeset (4)}
#> [1] <span class="weight">167 kg</span>
#> [2] <NA>
#> [3] <span class="weight">96 kg</span>
#> [4] <span class="weight">66 kg</span>
```

html_elements() 找出 characters 的子代的所有 weight <span>。只有三個角色有，因此我們失去了名稱和體重之間的關聯：

```
characters |> html_elements(".weight")
#> {xml_nodeset (3)}
#> [1] <span class="weight">167 kg</span>
#> [2] <span class="weight">96 kg</span>
#> [3] <span class="weight">66 kg</span>
```

既然已經選擇了感興趣的元素，就需要從文字內容或某些屬性中擷取資料。

文字和屬性

html_text2()[6] 擷取 HTML 元素的純文字內容（plain-text contents）：

```
characters |>
  html_element("b") |>
  html_text2()
#> [1] "C-3PO"  "R4-P17" "R2-D2"  "Yoda"

characters |>
  html_element(".weight") |>
  html_text2()
#> [1] "167 kg" NA       "96 kg"  "66 kg"
```

請注意，任何的轉義都會自動被處理；你只會在來源 HTML 中看到 HTML 轉義符，而不會在 rvest 回傳的資料中看到。

html_attr() 可從屬性中擷取資料：

```
html <- minimal_html("
  <p><a href='https://en.wikipedia.org/wiki/Cat'>cats</a></p>
  <p><a href='https://en.wikipedia.org/wiki/Dog'>dogs</a></p>
")

html |>
  html_elements("p") |>
  html_element("a") |>
  html_attr("href")
#> [1] "https://en.wikipedia.org/wiki/Cat" "https://en.wikipedia.org/wiki/Dog"
```

html_attr() 回傳的總是字串，因此如果要擷取數字或日期，就需要進行一些後置處理。

表格

如果幸運的話，你的資料可能已經儲存在 HTML 表格（table）中，只需從表格中讀取資料即可。在瀏覽器中認出表格通常很簡單：表格有列（rows）與欄（columns）的矩形結構，而且你可以將其複製貼上到 Excel 等工具中。

---

[6] rvest 也提供 html_text()，但你幾乎總是應該使用 html_text2()，因為它能更好地將巢狀的 HTML 轉換為文字。

HTML 表格由四個主要元素組成：`<table>`、`<tr>`（table row，表格列）、`<th>`（table heading，表格標題）和 `<td>`（table data，表格資料）。下面是一個兩欄三列的簡單 HTML 表格：

```
html <- minimal_html("
  <table class='mytable'>
    <tr><th>x</th>    <th>y</th></tr>
    <tr><td>1.5</td> <td>2.7</td></tr>
    <tr><td>4.9</td> <td>1.3</td></tr>
    <tr><td>7.2</td> <td>8.1</td></tr>
  </table>
  ")
```

rvest 提供一個知道如何讀取這種資料的函式：`html_table()`。它會回傳一個串列，其中包含頁面上每個表格的一個 tibble。請使用 `html_element()` 識別要擷取的表格：

```
html |>
  html_element(".mytable") |>
  html_table()
#> # A tibble: 3 × 2
#>       x     y
#>   <dbl> <dbl>
#> 1   1.5   2.7
#> 2   4.9   1.3
#> 3   7.2   8.1
```

請注意，x 和 y 已自動轉換為數字。這種自動轉換並不總是有效，所以在更複雜的情況下，你可能需要用 `convert = FALSE` 關掉它，然後自行轉換。

找出正確的選擇器

找出資料所需的選擇器通常是問題中最困難的部分。你通常需要做一些實驗，才能找到一個既具體（即不會選擇你不關心的東西）又敏感（即會選擇你在意的所有東西）的選擇器。過程中大量的嘗試錯誤（trial and error）是正常的！在這個過程中，有兩個主要工具可以幫助你：SelectorGadget 和瀏覽器的開發人員工具（developer tools）。

SelectorGadget（*https://oreil.ly/qui0z*）是一個 JavaScript bookmarklet（書籤小程式），它能根據你提供的正反例子自動產生 CSS 選擇器。它並非總是能奏效，但只要成功，就會產生神奇的效果！你可以透過閱讀 vignette 說明頁面（*https://oreil.ly/qui0z*）或觀看 Mine 的影片（*https://oreil.ly/qNv6l*）瞭解如何安裝和使用 SelectorGadget。

每個現代瀏覽器都有一些開發人員工具組，但我們推薦 Chrome 瀏覽器，即使它不是你經常使用的瀏覽器：它的 Web 開發人員工具是最好的，而且可以立即使用。右鍵點選頁面上的元素，然後點擊「Inspect（檢查）」。這將開啟完整 HTML 頁面的可展開檢視畫面，以你剛剛點選的元素為中心。你可以用它來探索頁面，瞭解哪些選擇器可能有效。請特別注意 class 和 id 屬性，因為它們通常用於形成頁面的視覺化結構，因此是擷取所需資料的好工具。

在「Elements」分頁中，你還可以右鍵點擊一個元素，然後選擇「Copy as Selector（複製為選擇器）」，產生一個選擇器，以唯一識別感興趣的元素。

如果你無法理解 SelectorGadget 或 Chrome DevTools 生成的 CSS 選擇器，可以試試 Selectors Explained（*https://oreil.ly/eD6eC*），它能將 CSS 選擇器翻譯成淺顯易懂的英文。如果你發現自己經常這樣做，那麼你可能想學習更多有關 CSS 選擇器的一般知識。我們建議你從有趣的 CSS dinner（*https://oreil.ly/McJtu*）教程開始，然後參考 MDN Web 說明文件（*https://oreil.ly/mpfMF*）。

全部整合在一起

讓我們把這一切結合起來，來搜刮一些網站。你執行這些範例時，有可能會出現無法正常運行的情況，這就是 Web scraping 的基本挑戰；如果網站的結構發生變化，就必須更改搜刮程式碼。

Star Wars

rvest 在 vignette("starwars") 中提供一個非常簡單的範例。這是使用最少量 HTML 的一個簡單頁面，因此是很好的起點。我們建議你現在就前往該頁面，並使用 Inspect Element 檢視其中一個標題，即《*Star Wars*》某部電影的名稱。使用鍵盤或滑鼠探索 HTML 的階層架構，看看能否瞭解每部電影所使用的共通結構。

你應該可以看到，每部電影都有一個共通的結構，看起來像這樣：

```
<section>
  <h2 data-id="1">The Phantom Menace</h2>
  <p>Released: 1999-05-19</p>
  <p>Director: <span class="director">George Lucas</span></p>

  <div class="crawl">
    <p>...</p>
    <p>...</p>
```

```
      <p>...</p>
    </div>
  </section>
```

我們的目標是將這些資料轉化為一個包含 title、year、director 與 intro 等變數的七列
資料框。首先，我們將讀取 HTML 並擷取所有的 <section> 元素：

```
url <- "https://rvest.tidyverse.org/articles/starwars.html"
html <- read_html(url)

section <- html |> html_elements("section")
section
#> {xml_nodeset (7)}
#> [1] <section><h2 data-id="1">\nThe Phantom Menace\n</h2>\n<p>\nReleased: 1 ...
#> [2] <section><h2 data-id="2">\nAttack of the Clones\n</h2>\n<p>\nReleased: ...
#> [3] <section><h2 data-id="3">\nRevenge of the Sith\n</h2>\n<p>\nReleased:  ...
#> [4] <section><h2 data-id="4">\nA New Hope\n</h2>\n<p>\nReleased: 1977-05-2 ...
#> [5] <section><h2 data-id="5">\nThe Empire Strikes Back\n</h2>\n<p>\nReleas ...
#> [6] <section><h2 data-id="6">\nReturn of the Jedi\n</h2>\n<p>\nReleased: 1 ...
#> [7] <section><h2 data-id="7">\nThe Force Awakens\n</h2>\n<p>\nReleased: 20 ...
```

這樣就取回了與該頁面上找到的七部電影相匹配的七個元素，這表明使用 section 作為
選擇器是良好的選擇。擷取單個元素非常簡單，因為資料總是可以在文字中找到。只需
找到正確的選擇器即可：

```
section |> html_element("h2") |> html_text2()
#> [1] "The Phantom Menace"      "Attack of the Clones"
#> [3] "Revenge of the Sith"     "A New Hope"
#> [5] "The Empire Strikes Back" "Return of the Jedi"
#> [7] "The Force Awakens"

section |> html_element(".director") |> html_text2()
#> [1] "George Lucas"     "George Lucas"      "George Lucas"
#> [4] "George Lucas"     "Irvin Kershner"    "Richard Marquand"
#> [7] "J. J. Abrams"
```

一旦我們對每個組成部分都做了上述運算，就可以將所有結果彙整到一個 tibble 中：

```
tibble(
  title = section |>
    html_element("h2") |>
    html_text2(),
  released = section |>
    html_element("p") |>
    html_text2() |>
    str_remove("Released: ") |>
    parse_date(),
```

```
    director = section |>
      html_element(".director") |>
      html_text2(),
    intro = section |>
      html_element(".crawl") |>
      html_text2()
  )
#> # A tibble: 7 × 4
#>   title                   released   director         intro
#>   <chr>                   <date>     <chr>            <chr>
#> 1 The Phantom Menace      1999-05-19 George Lucas     "Turmoil has engulfed …
#> 2 Attack of the Clones    2002-05-16 George Lucas     "There is unrest in th…
#> 3 Revenge of the Sith     2005-05-19 George Lucas     "War! The Republic is …
#> 4 A New Hope              1977-05-25 George Lucas     "It is a period of civ…
#> 5 The Empire Strikes Back 1980-05-17 Irvin Kershner   "It is a dark time for…
#> 6 Return of the Jedi      1983-05-25 Richard Marquand "Luke Skywalker has re…
#> # … with 1 more row
```

我們又對 released 做了更多的一些處理，以得到一個變數，方便以後的分析使用。

IMDb 熱門影片

在下一項任務中，我們將處理一些更棘手的問題，即從 IMDb 中擷取排名前 250 位的電影。在我們撰寫本章時，該頁面看起來如圖 24-1 所示。

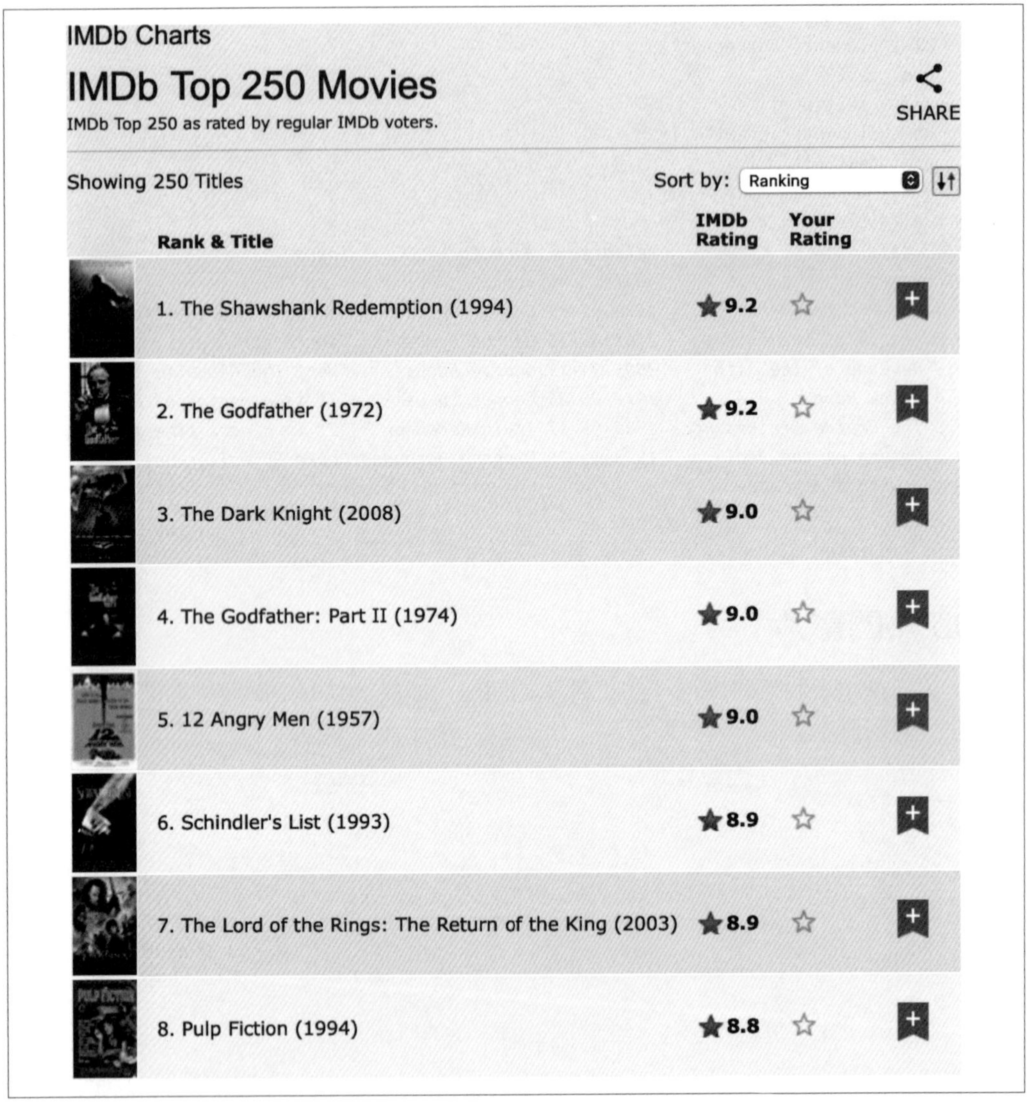
IMDb Charts
IMDb Top 250 Movies
IMDb Top 250 as rated by regular IMDb voters.
SHARE
Showing 250 Titles
Sort by:
Ranking
Rank & Title
IMDb Rating
Your Rating
1. The Shawshank Redemption (1994)
9.2
2. The Godfather (1972)
9.2
3. The Dark Knight (2008)
9.0
4. The Godfather: Part II (1974)
9.0
5. 12 Angry Men (1957)
9.0
6. Schindler's List (1993)
8.9
7. The Lord of the Rings: The Return of the King (2003)
8.9
8. Pulp Fiction (1994)
8.8

圖 24-1 IMDb 熱門電影網頁，截圖於 2022-12-05

這些資料具有清晰的表格結構，因此值得先從 html_table() 開始：

```
url <- "https://www.imdb.com/chart/top"
html <- read_html(url)

table <- html |>
  html_element("table") |>
  html_table()
```

```
table
#> # A tibble: 250 × 5
#>    ``    `Rank & Title`                     `IMDb Rating` `Your Rating` ``
#>    <lgl> <chr>                                      <dbl> <chr>         <lgl>
#> 1 NA    "1.\n     The Shawshank Redempt…           9.2 "12345678910\n… NA
#> 2 NA    "2.\n     The Godfather\n       …           9.2 "12345678910\n… NA
#> 3 NA    "3.\n     The Dark Knight\n     …           9   "12345678910\n… NA
#> 4 NA    "4.\n     The Godfather Part II…           9   "12345678910\n… NA
#> 5 NA    "5.\n     12 Angry Men\n        …           9   "12345678910\n… NA
#> 6 NA    "6.\n     Schindler's List\n    …           8.9 "12345678910\n… NA
#> # … with 244 more rows
```

這包括一些空欄，但整體而言很好地捕捉了表中的資訊。不過，我們還需要做一些處理，使其更易於使用。首先，我們將重新命名欄位，使其更容易處理，並移除排名（rank）和標題（title）中多餘的空白。我們將使用 select()（而非 rename()）一步完成這兩欄的重新命名和選擇工作。然後，我們將刪除換行（new lines）和多餘的空格，然後套用 separate_wider_regex()（源自第 282 頁的「擷取變數」）將標題、年份和排名取出放到各自的變數中。

```
ratings <- table |>
  select(
    rank_title_year = `Rank & Title`,
    rating = `IMDb Rating`
  ) |>
  mutate(
    rank_title_year = str_replace_all(rank_title_year, "\n +", " ")
  ) |>
  separate_wider_regex(
    rank_title_year,
    patterns = c(
      rank = "\\d+", "\\. ",
      title = ".+", " +\\(",
      year = "\\d+", "\\)"
    )
  )
ratings
#> # A tibble: 250 × 4
#>    rank  title                     year  rating
#>    <chr> <chr>                     <chr>  <dbl>
#> 1 1     The Shawshank Redemption  1994     9.2
#> 2 2     The Godfather             1972     9.2
#> 3 3     The Dark Knight           2008     9
#> 4 4     The Godfather Part II     1974     9
#> 5 5     12 Angry Men              1957     9
#> 6 6     Schindler's List          1993     8.9
#> # … with 244 more rows
```

即使在這種大部分資料都來自表格儲存格（table cells）的情況下，仍然值得檢視原始 HTML。若是那樣做，你會發現我們可以使用其中的屬性之一來新增一些額外的資料。這也是值得花點時間深入研究頁面原始碼的原因之一；你可能會發現額外的資料或更簡單的剖析路徑。

```
html |>
  html_elements("td strong") |>
  head() |>
  html_attr("title")
#> [1] "9.2 based on 2,712,990 user ratings"
#> [2] "9.2 based on 1,884,423 user ratings"
#> [3] "9.0 based on 2,685,826 user ratings"
#> [4] "9.0 based on 1,286,204 user ratings"
#> [5] "9.0 based on 801,579 user ratings"
#> [6] "8.9 based on 1,370,458 user ratings"
```

我們可以將其與表格資料相結合，並再次套用 separate_wider_regex() 來擷取我們所關心的資料：

```
ratings |>
  mutate(
    rating_n = html |> html_elements("td strong") |> html_attr("title")
  ) |>
  separate_wider_regex(
    rating_n,
    patterns = c(
      "[0-9.]+ based on ",
      number = "[0-9,]+",
      " user ratings"
    )
  ) |>
  mutate(
    number = parse_number(number)
  )
#> # A tibble: 250 × 5
#>    rank  title                      year  rating   number
#>    <chr> <chr>                      <chr>  <dbl>    <dbl>
#> 1  1     The Shawshank Redemption   1994     9.2  2712990
#> 2  2     The Godfather              1972     9.2  1884423
#> 3  3     The Dark Knight            2008     9    2685826
#> 4  4     The Godfather Part II      1974     9    1286204
#> 5  5     12 Angry Men               1957     9     801579
#> 6  6     Schindler's List           1993     8.9  1370458
#> # … with 244 more rows
```

動態網站

到目前為止，我們主要關注的網站都會在套用 `html_elements()` 後回傳你在瀏覽器中能看到的東西，並討論如何剖析它回傳的內容，以及如何將這些資訊整理到整齊的資料框中。不過，有時你會遇到這樣的網站：`html_elements()` 和相關函式所回傳的資訊與你在瀏覽器中看到的完全不同。在許多情況下，這是因為你試圖搜刮使用 JavaScript 動態生成頁面內容的網站。目前 rvest 無法做到這一點，因為 rvest 下載的是原始 HTML，不會執行任何 JavaScript。

但仍然可以對這些類網站進行搜刮，只是 rvest 需要使用更昂貴的過程：完全模擬 Web 瀏覽器，包括執行所有 JavaScript。在撰寫本文時，這一功能尚不可用，但我們正在積極開發，也許在你讀到本文時就已經可用了。它使用 chromote 套件（*https://oreil.ly/xaHTf*），它實際上是在背景執行 Chrome 瀏覽器，並為你提供與網站互動的額外工具，例如模仿人類輸入文字和點選按鈕。更多詳情，請前往 rvest 網站（*https://oreil.ly/YoxV7*）。

總結

在本章中，你學到為何要從網頁搜刮資料、為什麼不能以及如何搜刮資料。首先，你學習 HTML 的基礎知識並使用 CSS 選擇器來參考特定元素，然後學到如何使用 rvest 套件將資料從 HTML 取出放到 R 中。隨後，我們透過兩個案例研究演示了 Web scraping：一個是從 rvest 套件網站搜刮《*Star Wars*》電影資料的簡單場景，另一個較為複雜的場景是從 IMDb 搜刮排名最前面的 250 部電影。

從網路上搜刮資料的技術細節可能很複雜，尤其是在處理網站時；然而，法律和道德方面的考量可能更加複雜。在開始搜刮資料之前，你必須教育自己去瞭解這兩個面向的知識。

本書的匯入（import）部分到此結束，你已經學會了將資料從其所在位置（試算表、資料庫、JSON 檔案和網站）變換為 R 中整齊形式的技巧。現在，我們要把目光轉向一個新主題：充分運用作為程式語言的 R。

## 第五篇

程式

本書的這篇會幫助改善你的程式設計技能。程式設計是所有資料科學工作都需要的一項跨領域技能：你必須使用電腦來進行資料科學工作，光靠頭腦或紙筆是無法辦到的。

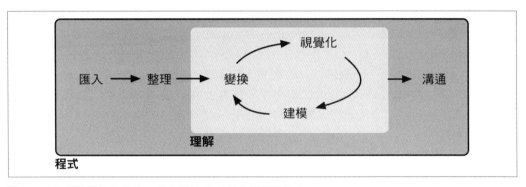

圖 V-1　程式設計就像是水，所有其他組成部分都優游其中

程式設計產生程式碼，而程式碼是一種交流工具。顯然，程式碼告訴電腦你希望它做什麼，但它也向其他人傳達意義。將程式碼視為一種溝通載體是很重要的事情，因為你參與的每個專案基本上都是協作性的。即使你沒有與其他人一起工作，你也一定會與未來的你一起工作！寫出清晰的程式碼非常重要，這樣其他人（比如未來的你）才能理解你為什麼要以這種方式進行分析。這意味著，要提高程式設計能力，也要提升溝通能力。隨著時間的推移，你會希望自己的程式碼不僅寫起來更容易，也更容易讓他人閱讀。

在接下來的三章中，你將學習提高程式設計能力的技巧：'

- 複製貼上（copy and paste）是一種強大的工具，但應避免重複使用兩次以上。在程式碼中重複是危險的，因為這很容易導致錯誤和不一致。取而代之，在第 25 章中，你將學習如何編寫函式（*functions*），透過函式，你可以抽取出重複的程式碼，以便於再利用。

- 函式可以抽取出重複的程式碼，但你經常需要對不同的輸入重複相同的動作。你需要一些迭代（*iteration*）工具，讓你一次又一次進行類似的事情。這些工具包括 for 迴圈和函式型程式設計（functional programming），你將在第 26 章學到它們。

- 隨著你閱讀了更多其他人編寫的程式碼，你會看到更多沒有使用 tidyverse 的程式碼。在第 27 章中，你將學習一些最重要的基礎 R 函式，你會在真實世界中見到它們。

這些章節的目標是向你傳授資料科學所需的最基本的程式設計知識。一旦你掌握了這裡的內容，我們強烈建議繼續投資你的程式設計技能。我們編寫了兩本書，你可能會發現它們很有幫助。Garrett Grolemund 所著的《*Hands on Programming with R*》（*https://oreil.ly/LBFUN*，O'Reilly 出版）介紹作為程式語言的 R，如果 R 是你的第一個程式語言，這本書將是絕佳的入門讀物。Hadley Wickham 所著的《*Advanced R*》（*https://oreil.ly/I2wE0*，CRC Press 出版）深入探討 R 程式語言的細節；若是你已有程式設計經驗，這將是一個良好的起點，而如果你已經內化了這些章節中的觀念，這會是很好的下一步。

## 第二十五章

函式

簡介

編寫函式是提高資料科學家能力的最佳方法之一。與複製貼上相比，函式允許你以更強大、更通用的方式自動化常見任務。相較於使用複製貼上，編寫函式有三大優勢：

- 你可以為函式取一個易於回想的名稱，使程式碼更容易理解。

- 隨著需求的變化，你只需要在一個地方更新程式碼，而不是在許多地方。

- 這樣就不會在複製貼上時偶然出錯（例如，在一處更新了變數名稱，但在另一處卻沒有更新）。

- 它使你更容易在各個專案之間重複使用你的作品，從而提高你的長期工作效率。

一個好的經驗法則是，當你複製貼上一個程式碼區塊超過兩次時（即你現在有三份相同的程式碼），就請考慮編寫一個函式。本章將介紹三種有用的函式：

- 向量函式（vector functions）接受一或多個向量作為輸入，並回傳一個向量作為輸出。

- 資料框函式（data frame functions）接受資料框作為輸入，並回傳資料框作為輸出。

- 繪圖函式（plot functions）接受資料框作為輸入，並回傳圖表（plot）作為輸出。

這些章節都包含許多範例，可以幫助你歸納出你所看到的模式。如果沒有 Twitter 朋友們的幫助，這些範例是不可能實現的，我們鼓勵你透過註解中的連結檢視原始靈感。你可能還想閱讀作為一般函式（*https://oreil.ly/Ymcmk*）和繪圖函式（*https://oreil.ly/mXy2q*）動機來源的原始推文，以瞭解更多函式。

先決條件

我們將涵蓋 tidyverse 中的各種函式。我們也會使用 nycflights13 作為熟悉的資料來源，以搭配我們的函式使用：

```
library(tidyverse)
library(nycflights13)
```

向量函式

我們將從向量函式開始：這些函式接收一或多個向量，並回傳一個向量結果。舉例來說，請看這段程式碼。它是做什麼的呢？

```
df <- tibble(
  a = rnorm(5),
  b = rnorm(5),
  c = rnorm(5),
  d = rnorm(5),
)

df |> mutate(
  a = (a - min(a, na.rm = TRUE)) /
    (max(a, na.rm = TRUE) - min(a, na.rm = TRUE)),
  b = (b - min(b, na.rm = TRUE)) /
    (max(b, na.rm = TRUE) - min(a, na.rm = TRUE)),
  c = (c - min(c, na.rm = TRUE)) /
    (max(c, na.rm = TRUE) - min(c, na.rm = TRUE)),
  d = (d - min(d, na.rm = TRUE)) /
    (max(d, na.rm = TRUE) - min(d, na.rm = TRUE)),
)
#> # A tibble: 5 × 4
#>        a     b     c     d
#>    <dbl> <dbl> <dbl> <dbl>
#> 1 0.339  2.59 0.291 0
#> 2 0.880  0     0.611 0.557
#> 3 0      1.37  1     0.752
#> 4 0.795  1.37  0     1
#> 5 1      1.34  0.580 0.394
```

你也許能猜出這是在重新調整每一欄的範圍，使在 0 到 1 之間，但你發現錯誤了嗎？Hadley 撰寫這段程式碼時，他在複製貼上時犯了一個錯誤，忘了把某個 a 改為 b。防止這類錯誤是學習如何編寫函式很好的理由。

撰寫函式

要編寫一個函式，首先需要分析你重複的程式碼，找出哪些部分是不變的，哪些部分會變化的。如果我們把前面的程式碼拉到 mutate() 之外，就能更容易地看出其中的規律，因為現在每次重複都自成一行：

```
(a - min(a, na.rm = TRUE)) / (max(a, na.rm = TRUE) - min(a, na.rm = TRUE))
(b - min(b, na.rm = TRUE)) / (max(b, na.rm = TRUE) - min(b, na.rm = TRUE))
(c - min(c, na.rm = TRUE)) / (max(c, na.rm = TRUE) - min(c, na.rm = TRUE))
(d - min(d, na.rm = TRUE)) / (max(d, na.rm = TRUE) - min(d, na.rm = TRUE))
```

為了更清楚地說明這一點，我們可以將會變化的部分用 ▌ 取代：

```
(▌ - min(▌, na.rm = TRUE)) / (max(▌, na.rm = TRUE) - min(▌, na.rm = TRUE))
```

要將此轉化為一個函式，你需要三樣東西：

- 一個名稱（*name*）。這裡我們使用 rescale01，因為此函式會將一個向量重新縮放（rescales）到 0 和 1 之間。

- 引數（*arguments*）。引數是在不同的呼叫中會有所變化的東西，而我們的分析表明，我們只有一個引數。我們稱之為 x，因為這是數值向量的慣例名稱。

- 主體（*body*）。主體是在所有呼叫中重複的程式碼。

然後根據此樣板建立一個函式：

```
name <- function(arguments) {
  body
}
```

就此例而言，這會變成：

```
rescale01 <- function(x) {
  (x - min(x, na.rm = TRUE)) / (max(x, na.rm = TRUE) - min(x, na.rm = TRUE))
}
```

此時，你可以使用一些簡單的輸入進行測試，以確保你已正確捕捉到其邏輯：

```
rescale01(c(-10, 0, 10))
#> [1] 0.0 0.5 1.0
rescale01(c(1, 2, 3, NA, 5))
#> [1] 0.00 0.25 0.50   NA 1.00
```

然後你可以將 mutate() 的呼叫改寫為：

```
df |> mutate(
  a = rescale01(a),
  b = rescale01(b),
  c = rescale01(c),
  d = rescale01(d),
)
#> # A tibble: 5 × 4
#>       a     b     c     d
#>   <dbl> <dbl> <dbl> <dbl>
#> 1 0.339 1     0.291 0
#> 2 0.880 0     0.611 0.557
#> 3 0     0.530 1     0.752
#> 4 0.795 0.531 0     1
#> 5 1     0.518 0.580 0.394
```

（在第 26 章中，你將學習如何使用 across() 來進一步減少重複，因此只需 df |> mutate(across(a:d, rescale01)) 即可。）

改善我們的函式

你可能會注意到 rescale01() 函式做了一些不必要的工作，也就是，與其計算兩次 min() 和一次 max()，我們還不如使用 range() 一步計算出最小值和最大值：

```
rescale01 <- function(x) {
  rng <- range(x, na.rm = TRUE)
  (x - rng[1]) / (rng[2] - rng[1])
}
```

你也可以在包含無限值（infinite value）的向量上嘗試使用此函式：

```
x <- c(1:10, Inf)
rescale01(x)
#>  [1]   0   0   0   0   0   0   0   0   0   0 NaN
```

這個結果並不是特別有用，所以我們可以要求 range() 忽略無限值：

```
rescale01 <- function(x) {
  rng <- range(x, na.rm = TRUE, finite = TRUE)
  (x - rng[1]) / (rng[2] - rng[1])
}

rescale01(x)
#>  [1] 0.0000000 0.1111111 0.2222222 0.3333333 0.4444444 0.5555556 0.6666667
#>  [8] 0.7777778 0.8888889 1.0000000       Inf
```

這些變更展示了函式的一個重要優點：由於我們將重複的程式碼移到了函式中，因此只需在一個地方進行更改。

變動函式

既然你已經學到了函式的基本概念，那就來看看大量的例子吧。先來看看「變動（mutate）」函式，即在 `mutate()` 和 `filter()` 中運作良好的函式，因為它們回傳的輸出長度與輸入長度相同。

讓我們從 `rescale01()` 的一個簡單變體開始。也許你想計算 Z 分數（Z-score），將一個向量的平均值（mean）重新調整為 0，標準差（standard deviation）重新調整為 1：

```
z_score <- function(x) {
  (x - mean(x, na.rm = TRUE)) / sd(x, na.rm = TRUE)
}
```

或者，你可能想直接包裹一個簡單的 `case_when()`，並為它取一個有用的名稱。例如，這個 `clamp()` 函式可以確保向量的所有值都位於給定的最小值和最大值之間：

```
clamp <- function(x, min, max) {
  case_when(
    x < min ~ min,
    x > max ~ max,
    .default = x
  )
}

clamp(1:10, min = 3, max = 7)
#>  [1] 3 3 3 4 5 6 7 7 7 7
```

當然，函式不僅僅需要處理數值變數。你可能想要進行重複的字串操作。也許你需要把第一個字元改成大寫：

```
first_upper <- function(x) {
  str_sub(x, 1, 1) <- str_to_upper(str_sub(x, 1, 1))
  x
}

first_upper("hello")
#> [1] "Hello"
```

又或者，在將字串轉換為數字之前，你可能想去掉百分號、逗號和美元符號：

```
# https://twitter.com/NVlabormarket/status/1571939851922198530
clean_number <- function(x) {
  is_pct <- str_detect(x, "%")
```

```
  num <- x |>
    str_remove_all("%") |>
    str_remove_all(",") |>
    str_remove_all(fixed("$")) |>
    as.numeric(x)
  if_else(is_pct, num / 100, num)
}

clean_number("$12,300")
#> [1] 12300
clean_number("45%")
#> [1] 0.45
```

有時，你的函式會針對某個資料分析步驟而高度特化。舉例來說，若有許多變數的缺失值記錄為 997、998 或 999，你可能想要編寫一個函式，用 NA 替換它們：

```
fix_na <- function(x) {
  if_else(x %in% c(997, 998, 999), NA, x)
}
```

我們將重點放在接受單個向量的範例上，因為我們認為它們是最常見的。但你的函式沒有理由不能接受多個向量輸入。

摘要函式

另一個重要的向量函式系列是摘要函式（summary functions），這些函式回傳單個值供 summarize() 使用。有時，只需設定一兩個預設引數即可：

```
commas <- function(x) {
  str_flatten(x, collapse = ", ", last = " and ")
}

commas(c("cat", "dog", "pigeon"))
#> [1] "cat, dog and pigeon"
```

或者你也可以進行簡單的計算，比如變異係數（coefficient of variation），也就是標準差除以平均數：

```
cv <- function(x, na.rm = FALSE) {
  sd(x, na.rm = na.rm) / mean(x, na.rm = na.rm)
}

cv(runif(100, min = 0, max = 50))
#> [1] 0.5196276
cv(runif(100, min = 0, max = 500))
#> [1] 0.5652554
```

又或者，你只是想為一個常見的模式取一個好記的名稱，讓它更容易被記住：

```
# https://twitter.com/gbganalyst/status/1571619641390252033
n_missing <- function(x) {
  sum(is.na(x))
}
```

你還可以編寫具有多個向量輸入的函式。舉例來說，你可能想計算平均絕對預測誤差
（mean absolute prediction error），以幫助你比較模型預測值和實際值：

```
# https://twitter.com/neilgcurrie/status/1571607727255834625
mape <- function(actual, predicted) {
  sum(abs((actual - predicted) / actual)) / length(actual)
}
```

RStudio

開始編寫函式後，有兩個 RStudio 捷徑超級有用：

- 要查詢你所編寫的函式之定義，請將游標放在函式名稱上，然後按
  F2。
- 要快速跳轉到某個函式，請按 Ctrl+. 以開啟 fuzzy file and function
  finder，然後鍵入函式名稱的前幾個字母。你還可以巡覽到檔案、
  Quarto 部分等，使其成為一個方便的導覽工具。

習題

1. 練習將以下程式碼片段轉化為函式。想想每個函式的作用。你會怎麼稱呼它？它需
   要幾個引數？

   ```
   mean(is.na(x))
   mean(is.na(y))
   mean(is.na(z))

   x / sum(x, na.rm = TRUE)
   y / sum(y, na.rm = TRUE)
   z / sum(z, na.rm = TRUE)

   round(x / sum(x, na.rm = TRUE) * 100, 1)
   round(y / sum(y, na.rm = TRUE) * 100, 1)
   round(z / sum(z, na.rm = TRUE) * 100, 1)
   ```

2. 在 rescale01() 的第二個變數中，無限值保持不變。能否改寫 rescale01() 使 -Inf 被
   映射為 0，而 Inf 映射為 1？

3. 給定一個出生日期向量，編寫一個以年為單位計算年齡的函式。

4. 編寫你自己的函式來計算數值向量的變異數（variance）和偏度（skewness）。你可以在維基百科或其他地方查詢相關定義。

5. 編寫摘要函式 both_na()，該函式接收兩個長度相同的向量，並回傳兩個向量中都有 NA 的位置數。

6. 閱讀說明文件，瞭解以下函式的作用。為什麼它們簡短卻很有用？

```
is_directory <- function(x) {
  file.info(x)$isdir
}
is_readable <- function(x) {
  file.access(x, 4) == 0
}
```

資料框函式

向量函式對於抽取出在 dplyr 動詞中重複出現的程式碼非常有用。但你也會經常重複使用那些動詞本身，尤其是在大型管線中。當你發現自己多次複製貼上多個動詞時，你可能會考慮編寫一個資料框函式（data frame function）。資料框函式的工作原理與 dplyr 動詞類似：它們接受資料框作為第一個引數，並使用一些額外的引數說明如何處理該資料框，然後回傳一個資料框或向量。

為了讓你編寫一個使用 dplyr 動詞的函式，我們將首先向你介紹間接引用（indirection）的挑戰，以及如何透過 embracing，即 {{ }}，來克服它。然後，我們將向你展示一系列範例，說明你可以如何使用它。

間接引用和整齊估算

開始編寫使用 dplyr 動詞的函式時，你很快就會遇到間接引用（indirection）的問題。讓我們用一個簡單的函式 grouped_mean() 來闡明這個問題。此函式的目的是計算依照 group_var 分組的 mean_var 之平均值：

```
grouped_mean <- function(df, group_var, mean_var) {
  df |>
    group_by(group_var) |>
    summarize(mean(mean_var))
}
```

如果我們試著使用它，就會出現錯誤：

```
diamonds |> grouped_mean(cut, carat)
#> Error in `group_by()`:
#> ! Must group by variables found in `.data`.
#> ✖ Column `group_var` is not found.
```

為了讓問題更加清晰，我們可以使用一個虛構的資料框：

```
df <- tibble(
  mean_var = 1,
  group_var = "g",
  group = 1,
  x = 10,
  y = 100
)

df |> grouped_mean(group, x)
#> # A tibble: 1 × 2
#>   group_var `mean(mean_var)`
#>   <chr>                <dbl>
#> 1 g                        1
df |> grouped_mean(group, y)
#> # A tibble: 1 × 2
#>   group_var `mean(mean_var)`
#>   <chr>                <dbl>
#> 1 g                        1
```

無論我們如何呼叫 grouped_mean()，它總是執行 df |> group_by(group_var) |> summarize(mean(mean_var))，而不是 df |> group_by(group) |> summarize(mean(x)) 或 df |> group_by(group) |> summarize(mean(y))。這是間接引用的問題，之所以會出現，是因為 dplyr 使用整齊估算（*tidy evaluation*），讓你得以參考資料框中的變數名稱，而無須任何特殊處理。

95% 的情況下，整齊估算都是非常好的，因為它能讓你的資料分析變得非常簡潔，因為你無須說明變數來自哪個資料框，從上下文的情境中就能看出來。當我們想把重複的 tidyverse 程式碼封裝到一個函式中時，整齊估算的缺點就出現了。在這裡，我們需要某種方法來告訴 group_mean() 和 summarize() 不要把 group_var 和 mean_var 視為變數名稱，而是在它們裡面找尋我們實際要使用的變數。

整齊估算包含解決這種問題的一種方法，叫作「*embracing*（採納）」。「採納」一個變數的意思就是用大括號（braces）將變數包起來，舉例來說，var 會變成 {{ var }}。採納變數會告訴 dplyr 使用儲存在引數內的值，而非把引數當成字面上的變數名稱。要記住這裡到底發生了什麼事，可以把 {{ }} 想像成是往隧道裡面看：{{ var }} 將使 dplyr 函式在 var 內尋找，而非查找名為 var 的變數。

因此，為了讓 grouped_mean() 正常運作，我們需要在 group_var 和 mean_var 周圍加上 {{ }}：

```
grouped_mean <- function(df, group_var, mean_var) {
  df |>
    group_by({{ group_var }}) |>
    summarize(mean({{ mean_var }}))
}

df |> grouped_mean(group, x)
#> # A tibble: 1 × 2
#>   group `mean(x)`
#>   <dbl>     <dbl>
#> 1     1        10
```

成功！

何時要採納呢？

編寫資料框函式的關鍵挑戰在於弄清需要「採納（embrace）」哪些引數。幸運的是，這很容易，因為你可以在說明文件中找到。要在說明文件找出兩個術語，它們對應於整齊估算最常見的兩種子類型：

資料遮罩（*data masking*）

這用於使用變數進行計算的函式，如 arrange()、filter() 和 summarize()。

整齊選取（*tidy selection*）

用於選擇變數的函式，如 select()、relocate() 和 rename()。

你對哪些引數使用整齊估算的直覺在許多常見函式身上應該都準確，只需想想你是否可以計算（例如 x + 1）或選擇（例如 a:x）就行了。

在接下來的章節中，我們將探討在瞭解 embracing 後可以編寫的各種便捷函式。

常見用例

如果你在進行初始資料探索時經常執行同一組摘要，你可以考慮把它們封裝在一個輔助函式中：

```
summary6 <- function(data, var) {
  data |> summarize(
    min = min({{ var }}, na.rm = TRUE),
    mean = mean({{ var }}, na.rm = TRUE),
```

```
    median = median({{ var }}, na.rm = TRUE),
    max = max({{ var }}, na.rm = TRUE),
    n = n(),
    n_miss = sum(is.na({{ var }})),
    .groups = "drop"
  )
}

diamonds |> summary6(carat)
#> # A tibble: 1 × 6
#>     min  mean median   max     n n_miss
#>   <dbl> <dbl>  <dbl> <dbl> <int>  <int>
#> 1   0.2 0.798    0.7  5.01 53940      0
```

（每當你在輔助函式中封裝 summarize() 時，我們都認為最好設定 .groups = "drop"，這樣既能避免出現訊息，又能使資料處於未分組狀態。）

這個函式的好處在於，由於它封裝了 summarize()，因此可以用於已分組的資料：

```
diamonds |>
  group_by(cut) |>
  summary6(carat)
#> # A tibble: 5 × 7
#>   cut         min  mean median   max     n n_miss
#>   <ord>     <dbl> <dbl>  <dbl> <dbl> <int>  <int>
#> 1 Fair       0.22 1.05    1     5.01  1610      0
#> 2 Good       0.23 0.849   0.82  3.01  4906      0
#> 3 Very Good  0.2  0.806   0.71  4    12082      0
#> 4 Premium    0.2  0.892   0.86  4.01 13791      0
#> 5 Ideal      0.2  0.703   0.54  3.5  21551      0
```

此外，由於 summaryize 的引數是資料遮罩（data masking）引數，因此 summary6() 的 var 引數也會是資料遮罩引數。這意味著你也可以對計算出來的變數進行摘要：

```
diamonds |>
  group_by(cut) |>
  summary6(log10(carat))
#> # A tibble: 5 × 7
#>   cut          min    mean  median   max     n n_miss
#>   <ord>      <dbl>   <dbl>   <dbl> <dbl> <int>  <int>
#> 1 Fair      -0.658 -0.0273  0      0.700  1610      0
#> 2 Good      -0.638 -0.133  -0.0862 0.479  4906      0
#> 3 Very Good -0.699 -0.164  -0.149  0.602 12082      0
#> 4 Premium   -0.699 -0.125  -0.0655 0.603 13791      0
#> 5 Ideal     -0.699 -0.225  -0.268  0.544 21551      0
```

若想摘要（summarize）多個變數，需要等到第 498 頁的「修改多個欄位」，在那裡你將學習如何使用 across()。

另一個常用的 summarize() 輔助函式是也能計算比例（proportions）的 count()：

```
# https://twitter.com/Diabb6/status/1571635146658402309
count_prop <- function(df, var, sort = FALSE) {
  df |>
    count({{ var }}, sort = sort) |>
    mutate(prop = n / sum(n))
}

diamonds |> count_prop(clarity)
#> # A tibble: 8 × 3
#>   clarity     n   prop
#>   <ord>   <int>  <dbl>
#> 1 I1        741 0.0137
#> 2 SI2      9194 0.170
#> 3 SI1     13065 0.242
#> 4 VS2     12258 0.227
#> 5 VS1      8171 0.151
#> 6 VVS2     5066 0.0939
#> # … with 2 more rows
```

該函式有三個引數：df、var 和 sort。只有 var 需要被採納，因為它會被傳入給 count()，而 count() 會對所有變數使用資料遮罩。請注意，我們為 sort 使用預設值，因此如果使用者沒有提供自己的值，預設值將是 FALSE。

或者，你想為資料的某個子集找出某個變數經過排序的唯一值。我們將允許使用者提供一個條件（condition），而不是提供一個變數和一個值來進行過濾：

```
unique_where <- function(df, condition, var) {
  df |>
    filter({{ condition }}) |>
    distinct({{ var }}) |>
    arrange({{ var }})
}

# 找出十二月的所有目的地
flights |> unique_where(month == 12, dest)
#> # A tibble: 96 × 1
#>   dest
#>   <chr>
#> 1 ABQ
#> 2 ALB
#> 3 ATL
```

```
#>  4 AUS
#>  5 AVL
#>  6 BDL
#>  # … with 90 more rows
```

這裡我們採納了 condition，因為它會被傳入給 filter()，而採納 var 是因為它會被傳入給 distinct() 和 arrange()。

我們讓所有的範例都接受資料框作為第一個引數，但若要重複處理相同的資料，將之寫定（hardcode it）也是合理的。舉例來說，下面的函式始終使用 flights 資料集，並且總是選擇 time_hour、carrier 與 flight，因為它們構成了複合主索引鍵，讓你得以識別資料列：

```
subset_flights <- function(rows, cols) {
  flights |>
    filter({{ rows }}) |>
    select(time_hour, carrier, flight, {{ cols }})
}
```

資料遮蔽 vs. 整齊選取

有時，你需要在使用資料遮罩的函式中選取變數。例如，假設你想編寫一個 count_missing() 方法，計算列中缺少的觀測值之數量。你可能會試著寫出這樣的東西：

```
count_missing <- function(df, group_vars, x_var) {
  df |>
    group_by({{ group_vars }}) |>
    summarize(
      n_miss = sum(is.na({{ x_var }})),
      .groups = "drop"
    )
}

flights |>
  count_missing(c(year, month, day), dep_time)
#> Error in `group_by()`:
#> i In argument: `c(year, month, day)`.
#> Caused by error:
#> ! `c(year, month, day)` must be size 336776 or 1, not 1010328.
```

這是行不通的，因為 group_by() 使用的是資料遮罩，而非整齊選取。我們可以使用方便的 pick() 函式來解決此問題，該函式允許你在資料遮罩函式中使用整齊選取：

```
count_missing <- function(df, group_vars, x_var) {
  df |>
```

```
    group_by(pick({{ group_vars }})) |>
    summarize(
      n_miss = sum(is.na({{ x_var }})),
      .groups = "drop"
  )
}

flights |>
  count_missing(c(year, month, day), dep_time)
#> # A tibble: 365 × 4
#>    year month   day n_miss
#>   <int> <int> <int>  <int>
#> 1  2013     1     1      4
#> 2  2013     1     2      8
#> 3  2013     1     3     10
#> 4  2013     1     4      6
#> 5  2013     1     5      3
#> 6  2013     1     6      1
#> # … with 359 more rows
```

pick() 的另一個便利用法是製作二維計數表（2D table of counts）。在這裡，我們使用 rows 和 columns 中的所有變數進行計數，然後使用 pivot_wider() 將計數結果重新排列成一個網格：

```
# https://twitter.com/pollicipes/status/1571606508944719876
count_wide <- function(data, rows, cols) {
  data |>
    count(pick(c({{ rows }}, {{ cols }}))) |>
    pivot_wider(
      names_from = {{ cols }},
      values_from = n,
      names_sort = TRUE,
      values_fill = 0
    )
}

diamonds |> count_wide(c(clarity, color), cut)
#> # A tibble: 56 × 7
#>   clarity color  Fair  Good `Very Good` Premium Ideal
#>     <ord>  <ord> <int> <int>       <int>   <int> <int>
#> 1 I1      D         4     8           5      12    13
#> 2 I1      E         9    23          22      30    18
#> 3 I1      F        35    19          13      34    42
#> 4 I1      G        53    19          16      46    16
#> 5 I1      H        52    14          12      46    38
#> 6 I1      I        34     9           8      24    17
#> # … with 50 more rows
```

雖然我們的範例主要集中在 dplyr 上，但整齊估算（tidy evaluation）也是 tidyr 的基礎，如果檢視 pivot_wider() 的說明文件，就會發現 names_from 使用整齊選取。

習題

1. 使用 nycflights13 中的資料集編寫一個函式，它會：

   a. 查詢所有取消（即 is.na(arr_time)）或延誤超過一小時的航班：

   ```
   flights |> filter_severe()
   ```

   b. 統計取消的航班和延誤超過一小時的航班數量：

   ```
   flights |> group_by(dest) |> summarize_severe()
   ```

   c. 找出取消或延誤超過使用者提供的小時數的所有航班：

   ```
   flights |> filter_severe(hours = 2)
   ```

   d. 對天氣情況進行摘要，計算由使用者提供的一個變數之最小值、平均值和最大值：

   ```
   weather |> summarize_weather(temp)
   ```

   e. 將使用者所提供的使用時鐘時間（clock time）的變數（如 dep_time、arr_time 等）轉換為十進位小數時間（即 hours + [minutes / 60]）：

   ```
   weather |> standardize_time(sched_dep_time)
   ```

2. 針對以下每個函式，列出使用整齊估算（tidy evaluation）的所有引數，並說明它們是使用資料遮罩（data masking）還是整齊選取（tidy selection）：distinct()、count()、group_by()、rename_with()、slice_min()、slice_sample()。

3. 將下面的函式一般化，讓你可以提供任意數量的變數來進行計數：

   ```
   count_prop <- function(df, var, sort = FALSE) {
     df |>
       count({{ var }}, sort = sort) |>
       mutate(prop = n / sum(n))
   }
   ```

繪圖函式

與其回傳一個資料框，你可能會想回傳一個圖表（plot）。幸運的是，你可以在 ggplot2 中使用相同的技巧，因為 aes() 是一個資料遮罩函式。舉例來說，想像一下你正在繪製大量的直方圖（histograms）：

```
diamonds |>
  ggplot(aes(x = carat)) +
  geom_histogram(binwidth = 0.1)

diamonds |>
  ggplot(aes(x = carat)) +
  geom_histogram(binwidth = 0.05)
```

若能將其封裝成一個直方圖函式，豈不更好？只要你知道 aes() 是一個資料遮罩函式而你需要進行採納（embrace），就可以輕鬆達成：

```
histogram <- function(df, var, binwidth = NULL) {
  df |>
    ggplot(aes(x = {{ var }})) +
    geom_histogram(binwidth = binwidth)
}
```

```
diamonds |> histogram(carat, 0.1)
```

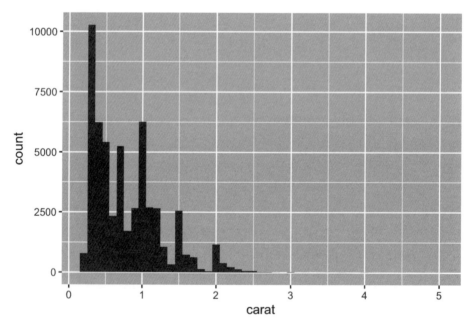

請注意，histogram() 回傳的是一個 ggplot2 圖表，這意味著你仍然可以根據需要新增組成部分。只需記住將 |> 切換為 + :

```
diamonds |>
  histogram(carat, 0.1) +
  labs(x = "Size (in carats)", y = "Number of diamonds")
```

更多變數

新增更多變數也很簡單。舉例來說，你可能需要一種簡單的方法，透過疊加一條平滑曲線和一條直線來判斷資料集是否為線性的：

```
# https://twitter.com/tyler_js_smith/status/1574377116988104704
linearity_check <- function(df, x, y) {
  df |>
    ggplot(aes(x = {{ x }}, y = {{ y }})) +
    geom_point() +
    geom_smooth(method = "loess", formula = y ~ x, color = "red", se = FALSE) +
    geom_smooth(method = "lm", formula = y ~ x, color = "blue", se = FALSE)
}

starwars |>
  filter(mass < 1000) |>
  linearity_check(mass, height)
```

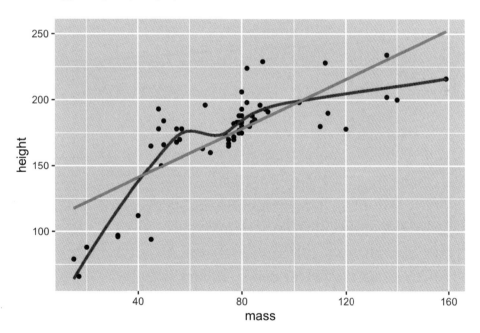

或者，你可能需要彩色散佈圖（colored scatterplots）的替代方法，以解決超大型資料集重疊繪製（overplotting）的問題：

```
# https://twitter.com/ppaxisa/status/1574398423175921665
hex_plot <- function(df, x, y, z, bins = 20, fun = "mean") {
  df |>
    ggplot(aes(x = {{ x }}, y = {{ y }}, z = {{ z }})) +
```

```
    stat_summary_hex(
      aes(color = after_scale(fill)), # 使邊框顏色與 fill 相同
      bins = bins,
      fun = fun,
    )
}

diamonds |> hex_plot(carat, price, depth)
```

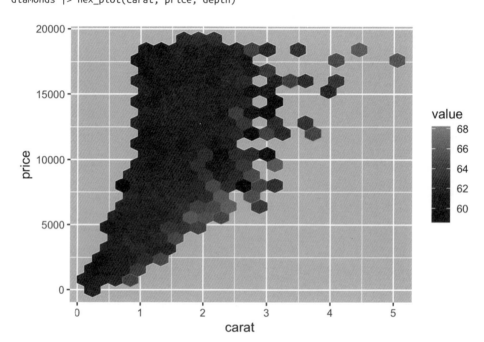

與其他 Tidyverse 套件相結合

一些最實用的輔助工具會將 ggplot2 和少量的資料操作結合在一起。舉例來說，你可能想繪製一個垂直長條圖（vertical bar chart），使用 fct_infreq() 按次數（frequency）對長條圖自動排序。由於長條圖是垂直的，因此我們還需要顛倒通常的順序，將最高值放在頂端：

```
sorted_bars <- function(df, var) {
  df |>
    mutate({{ var }} := fct_rev(fct_infreq({{ var }}))) |>
    ggplot(aes(y = {{ var }})) +
    geom_bar()
}

diamonds |> sorted_bars(clarity)
```

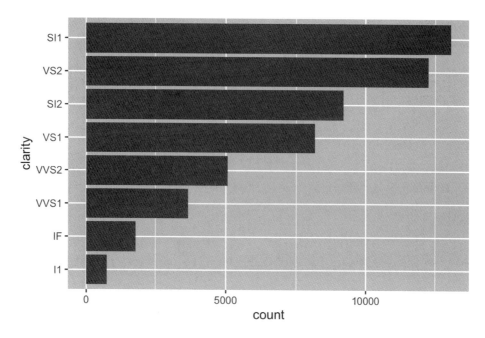

在此我們必須使用一個新的運算子 :=，因為我們是根據使用者提供的資料生成變數名稱的。變數名稱位於 = 的左側，但 R 的語法不允許 = 的左側有任何東西，除非是單一的字面名稱。為了繞過這個問題，我們使用特殊運算子 :=，其整齊估算（tidy evaluation）的處理方式與 = 相同。

或者，你可能只想輕鬆繪製某個資料子集的長條圖：

```
conditional_bars <- function(df, condition, var) {
  df |>
    filter({{ condition }}) |>
    ggplot(aes(x = {{ var }})) +
    geom_bar()
}

diamonds |> conditional_bars(cut == "Good", clarity)
```

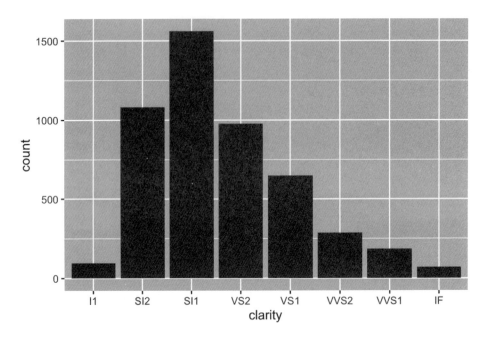

你還可以發揮創意，以其他方式顯示資料摘要。你可以在 *https://oreil.ly/MV4kQ* 上找到一個很酷的應用程式；它使用座標軸標籤來顯示最高值。隨著你對 ggplot2 的進一步瞭解，你函式的功能也將不斷增強。

最後，我們將討論一個更複雜的案例：為你所建立的圖表加上標籤（即「標注」圖表）。

標注（Labeling）

還記得我們之前展示的直方圖函式嗎？

```
histogram <- function(df, var, binwidth = NULL) {
  df |>
    ggplot(aes(x = {{ var }})) +
    geom_histogram(binwidth = binwidth)
}
```

如果我們能在輸出結果中標注變數和使用的組別寬度（bin width），豈不更好？要做到這一點，我們必須在整齊估算（tidy evaluation）的掩護下，使用我們還沒有討論過的套件中的一個函式，這個套件就是 rlang。rlang 是一個低階套件，幾乎所有其他的 tidy 套件都有使用它，因為它實作了整齊估算（以及其他許多有用的工具）。

為瞭解決標注的問題，我們可以使用 rlang::englue()。它的運作原理與 str_glue() 類似，因此任何用 { } 圍住的值都會插入字串中。但它也能理解 {{ }}，自動插入適當的變數名稱：

```
histogram <- function(df, var, binwidth) {
  label <- rlang::englue("A histogram of {{var}} with binwidth {binwidth}")

  df |>
    ggplot(aes(x = {{ var }})) +
    geom_histogram(binwidth = binwidth) +
    labs(title = label)
}

diamonds |> histogram(carat, 0.1)
```

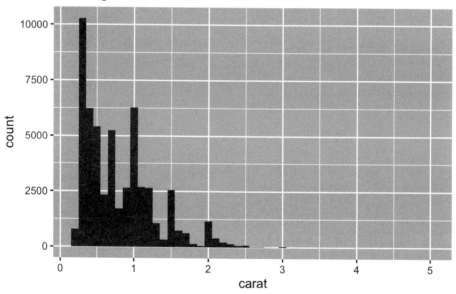

你可以在其他需要在 ggplot2 圖表中提供字串的任何地方使用同樣的方法。

習題

透過逐步實作下列每個步驟，建置出功能豐富的繪圖函式：

1. 給定一個資料集以及 x 和 y 變數，繪製散佈圖（scatterplot）。

2. 新增一條最佳擬合（best fit）線（即無標準誤差的線性模型）。

3. 新增一個標題。

風格

R 並不在意函式或引數的名稱，但這些名稱對人類來說卻大不相同。理想情況下，函式名稱應簡短，但能清楚讓人回想到函式的作用。這很難！但是，清楚明白比簡短更好，因為 RStudio 的自動完成功能可協助你輕易鍵入較長的名稱。

一般來說，函式名應該是動詞（verbs），引數應該是名詞（nouns）。但也有一些例外：如果函式計算的是眾所周知的名詞（例如，`mean()` 勝過於 `compute_mean()`）或存取的是物件的某些特性（例如，`coef()` 勝過於 `get_coefficients()`），則可以使用名詞。請運用你最佳的判斷力，如果你後來想出了一個更好的名稱，不要害怕重新命名函式。

```
# 太短
f()

# 不是動詞，也不具描述性
my_awesome_function()

# 較長但清楚
impute_missing()
collapse_years()
```

R 也不關心你如何在函式中使用空白，但未來的讀者會在意。請繼續遵循第 4 章中的規則。此外，`function()` 後應始終接著大括號（{}），且內容應額外內縮兩個空格。這樣，只要瀏覽左側邊緣，就可以輕易看出程式碼中的階層架構。

```
# 少了額外的兩個空格
density <- function(color, facets, binwidth = 0.1) {
diamonds |>
  ggplot(aes(x = carat, y = after_stat(density), color = {{ color }})) +
  geom_freqpoly(binwidth = binwidth) +
  facet_wrap(vars({{ facets }}))
}

# 管線縮排的方式錯誤
density <- function(color, facets, binwidth = 0.1) {
  diamonds |>
  ggplot(aes(x = carat, y = after_stat(density), color = {{ color }})) +
  geom_freqpoly(binwidth = binwidth) +
  facet_wrap(vars({{ facets }}))
}
```

正如你所看到的，我們建議在 {{ }} 內加入額外的空格。這樣就能明顯看出這裡有些不尋常的事情正在發生。

習題

1. 閱讀以下兩個函式的原始碼，釐清它們的作用，然後絞盡腦汁為它們取一個更好的名稱：

```
f1 <- function(string, prefix) {
  str_sub(string, 1, str_length(prefix)) == prefix
}

f3 <- function(x, y) {
  rep(y, length.out = length(x))
}
```

2. 選出你最近編寫的一個函式，花五分鐘時間專心思考，為它及其引數取一個更好的名稱。

3. 說明為什麼 norm_r()、norm_d() 之類的名稱會比 rnorm() 和 dnorm() 更好。也請給出反面的意見。如何使這些名稱更加清晰呢？

總結

在本章中，你學到了如何為三種實用的情況編寫函式：建立向量、建立資料框或建立圖表。在學習的過程中，你還看到了許多範例，這些範例應能有效激發你的創造力，並為你提供一些靈感，知道函式在哪些方面可以幫助你編寫分析程式碼。

我們僅向你展示了函式入門最基本的知識，需要學習的內容還有很多。你可以從以下幾個地方瞭解更多資訊：

- 要瞭解使用整齊估算（tidy evaluation）進行程式設計的更多相關資訊，請參閱 programming with dplyr（*https://oreil.ly/8xygI*） 和 programming with tidyr（*https://oreil.ly/QGH9n*）中的實用訣竅，並在「What is data masking and why do I need {{?」（*https://oreil.ly/eecUd*）中學習更多理論。

- 要進一步學習如何減少 ggplot2 程式碼的重複，請閱讀 ggplot2 書中的「Programming with ggplot2」一章（*https://oreil.ly/Vvt6k*）。

- 有關函式風格的更多建議，請參閱 tidyverse style guide（*https://oreil.ly/rLKSn*）。

下一章，我們將深入探討迭代（iteration），它將為你提供減少程式碼重複的更多工具。

## 第二十六章

迭代

簡介

在本章中,你將學習用於迭代(iteration)的工具,也就是重複地在不同物件上執行相同的運算。R 語言中的迭代看起來通常與其他程式語言不同,因為很多迭代都是隱含的,我們可以免費獲得。舉例來說,若要在 R 中將一個數值向量 x 加倍,只需寫下 2 * x 即可。在大多數其他語言中,你需要使用某種 for 迴圈(loop)明確地將 x 的每個元素加倍。

本書已經為你提供了為數不多但功能強大的工具,可以對多個「事物」執行相同的運算:

- facet_wrap() 和 facet_grid() 會為每個子集繪製圖表。

- group_by() 加上 summarize() 會為每個子集計算摘要統計值。

- unnest_wider() 和 unnest_longer() 會為串列欄的每個元素建立新的列和欄。

現在是時候學習一些更通用的工具了,這些工具通常被稱為*函式型程式設計*(*functional programming*)工具,因為它們是圍繞著「把其他函式當作輸入的函式」而建置的。學習函式型程式設計很容易陷入抽象的境地,但在本章中,我們將把重點放在三種常見任務上,使其具體化,即修改多個欄位、讀取多個檔案和儲存多個物件。

先決條件

在本章中,我們將重點介紹 dplyr 和 purrr 提供的工具,它們都是 tidyverse 的核心成員。你以前見過 dplyr,而 purrr(*https://oreil.ly/f0HWP*)則是新的工具。

在本章中，我們只會使用少數幾個 purrr 函式，但在提高程式設計技能的過程中，它是一個非常值得探索的套件：

```
library(tidyverse)
```

修改多個欄位

想像你有這個簡單的 tibble，而你想要計算觀測值的數量，並計算每一欄的中位數（median）：

```
df <- tibble(
  a = rnorm(10),
  b = rnorm(10),
  c = rnorm(10),
  d = rnorm(10)
)
```

你可以透過複製貼上來達成：

```
df |> summarize(
  n = n(),
  a = median(a),
  b = median(b),
  c = median(c),
  d = median(d),
)
#> # A tibble: 1 × 5
#>       n      a      b       c     d
#>   <int>  <dbl>  <dbl>   <dbl> <dbl>
#> 1    10 -0.246 -0.287 -0.0567 0.144
```

這違背了我們的經驗法則，即複製貼上絕不超過兩次，可以想像，若有幾十甚至上百欄，這將變得非常繁瑣乏味。取而代之，你可以使用 across()：

```
df |> summarize(
  n = n(),
  across(a:d, median),
)
#> # A tibble: 1 × 5
#>       n      a      b       c     d
#>   <int>  <dbl>  <dbl>   <dbl> <dbl>
#> 1    10 -0.246 -0.287 -0.0567 0.144
```

across() 有三個特別重要的引數，我們將在接下來的章節中詳細討論。每次使用 across() 時都會用到前兩個引數：第一個引數 .cols 指定要迭代的欄位，而第二個引

數 .fns 則指定要對每一欄進行什麼運算。若需要對輸出欄的名稱進行額外控制,就可以使用 .names 引數,這在搭配使用 across() 和 mutate() 時尤為重要。我們還將討論搭配 filter() 使用的兩個重要變體,即 if_any() 和 if_all()。

使用 .cols 選取欄位

across() 的第一個引數 .cols 用於選取要變換的欄位。它與第 49 頁「select()」中的 select() 使用相同的規格,因此可以透過 starts_with() 和 ends_with() 等函式根據欄名進行挑選。

有兩種額外的選擇技巧對 across() 特別有用:everything() 和 where()。everything() 簡單明瞭:它會選擇每一個(非分組)欄位:

```
df <- tibble(
  grp = sample(2, 10, replace = TRUE),
  a = rnorm(10),
  b = rnorm(10),
  c = rnorm(10),
  d = rnorm(10)
)

df |>
  group_by(grp) |>
  summarize(across(everything(), median))
#> # A tibble: 2 × 5
#>     grp       a       b     c     d
#>   <int>   <dbl>   <dbl> <dbl> <dbl>
#> 1     1 -0.0935 -0.0163 0.363 0.364
#> 2     2  0.312  -0.0576 0.208 0.565
```

請注意,分組欄(grouping columns,此處為 grp)不包括在 across() 中,因為它們是由 summarize() 自動保留的。

where() 允許你根據欄的型別進行選擇:

where(is.numeric)

選擇所有的數值欄位。

where(is.character)

選擇所有的字串欄位。

```
where(is.Date)
```

選擇所有的日期欄位。

```
where(is.POSIXct)
```

選擇所有日期時間欄位。

```
where(is.logical)
```

選擇所有的邏輯欄位。

就跟其他選擇器一樣，你可以將這些選擇器與 Boolean 代數結合起來。舉例來說，`!where(is.numeric)` 選擇所有非數值欄，而 `starts_with("a") & where(is.logical)` 則選擇名稱以「a」開頭的所有邏輯欄位。

呼叫單一函式

`across()` 的第二個引數定義了如何變換每一欄。如這裡所示，在簡單的情況下，那會是一個現有的函式。這是 R 的一個相當特殊的功能：我們將一個函式（`median`、`mean`、`str_flatten` 等）傳入給另一個函式（`across`）。這也是使 R 成為函式型程式設計語言的特點之一。

需要注意的是，我們將此函式傳入給 `across()`，這樣 `across()` 就可以呼叫它，而不是我們自行呼叫它。這意味著函式名稱後面絕不能有 `()`。如果忘記了，就會出錯：

```
df |>
  group_by(grp) |>
  summarize(across(everything(), median()))
#> Error in `summarize()`:
#> ℹ In argument: `across(everything(), median())`.
#> Caused by error in `is.factor()`:
#> ! argument "x" is missing, with no default
```

出現該錯誤的原因是你在呼叫函式時沒有提供輸入，例如：

```
median()
#> Error in is.factor(x): argument "x" is missing, with no default
```

呼叫多個函式

在更複雜的情況下，你可能需要提供額外的引數或執行多重變換。讓我們用一個簡單的例子來說明這個問題：如果我們的資料中有一些缺失值，會發生什麼情況？`median()` 會傳播那些缺失值，給出一個次優的輸出結果：

```
rnorm_na <- function(n, n_na, mean = 0, sd = 1) {
  sample(c(rnorm(n - n_na, mean = mean, sd = sd), rep(NA, n_na)))
}

df_miss <- tibble(
  a = rnorm_na(5, 1),
  b = rnorm_na(5, 1),
  c = rnorm_na(5, 2),
  d = rnorm(5)
)
df_miss |>
  summarize(
    across(a:d, median),
    n = n()
  )
#> # A tibble: 1 × 5
#>       a     b     c     d     n
#>   <dbl> <dbl> <dbl> <dbl> <int>
#> 1    NA    NA    NA  1.15     5
```

若我們能將 na.rm = TRUE 傳入給 median()，以去除缺失值，那就更好了。為此，我們不需要直接呼叫 median()，而是創建一個新函式，使用所需的引數呼叫 median()：

```
df_miss |>
  summarize(
    across(a:d, function(x) median(x, na.rm = TRUE)),
    n = n()
  )
#> # A tibble: 1 × 5
#>       a     b      c     d     n
#>   <dbl> <dbl>  <dbl> <dbl> <int>
#> 1 0.139 -1.11 -0.387  1.15     5
```

這有點囉嗦，所以 R 提供一個便利的捷徑：對於這種用完即丟（或「匿名」，*anonymous*）[1] 的函式，你可以用 \ 代替 function [2]：

```
df_miss |>
  summarize(
    across(a:d, \(x) median(x, na.rm = TRUE)),
    n = n()
  )
```

---

1 之所以匿名，是因為我們未曾明確使用 <- 為它命名。程式設計師為此使用的另一個術語是 *lambda function*。

2 在較舊的程式碼中，你可能會看到類似 ~ .x + 1 的語法。這是編寫匿名函式的另一種方法，但它只能在 tidyverse 函式中使用，而且總是使用變數名稱 .x。我們現在推薦基礎語法 \(x) x + 1。

在這任一種情況中，across() 都會有效地擴充為以下程式碼：

```
df_miss |>
  summarize(
    a = median(a, na.rm = TRUE),
    b = median(b, na.rm = TRUE),
    c = median(c, na.rm = TRUE),
    d = median(d, na.rm = TRUE),
    n = n()
  )
```

移除 median() 中的缺失值時，最好能知道到底刪除了多少個值。我們可以向 across() 提供兩個函式來瞭解：一個用於計算中位數（median），另一個用來計數缺失值。對 .fns 使用一個具名串列可以提供多個函式：

```
df_miss |>
  summarize(
    across(a:d, list(
      median = \(x) median(x, na.rm = TRUE),
      n_miss = \(x) sum(is.na(x))
    )),
    n = n()
  )
#> # A tibble: 1 × 9
#>   a_median a_n_miss b_median b_n_miss c_median c_n_miss d_median d_n_miss
#>      <dbl>    <int>    <dbl>    <int>    <dbl>    <int>    <dbl>    <int>
#> 1    0.139        1    -1.11        1   -0.387        2     1.15        0
#> # … with 1 more variable: n <int>
```

如果仔細觀察，你可能會發現欄位的命名使用 glue 規格（第 259 頁的「str_glue()」），如 {.col}_{.fn}，其中 .col 是原始欄位的名稱，而 .fn 是函式的名稱。這並非巧合！在下一節中，你將學到如何使用 .names 引數來提供自己的 glue 規格。

欄位名稱

across() 的結果將根據 .names 引數中提供的規格命名。如果我們希望函式名稱排在前面，也可以指定我們自己的規格[3]：

```
df_miss |>
  summarize(
    across(
      a:d,
      list(
        median = \(x) median(x, na.rm = TRUE),
```

---

[3] 目前無法更改欄的順序，但可以在事後使用 relocate() 或類似方法重新排列。

```
      n_miss = \(x) sum(is.na(x))
    ),
    .names = "{.fn}_{.col}"
  ),
  n = n(),
)
#> # A tibble: 1 × 9
#>   median_a n_miss_a median_b n_miss_b median_c n_miss_c median_d n_miss_d
#>      <dbl>    <int>    <dbl>    <int>    <dbl>    <int>    <dbl>    <int>
#> 1    0.139        1    -1.11        1   -0.387        2     1.15        0
#> # … with 1 more variable: n <int>
```

搭配 mutate() 使用 across() 時，.names 引數尤為重要。預設情況下，across() 的輸出會
被賦予與輸入相同的名稱。這意味著 mutate() 中的 across() 將替換現有欄位。舉例來
說，這裡我們使用 coalesce() 將 NA 取代為 0：

```
df_miss |>
  mutate(
    across(a:d, \(x) coalesce(x, 0))
  )
#> # A tibble: 5 × 4
#>        a      b      c     d
#>    <dbl>  <dbl>  <dbl> <dbl>
#> 1  0.434 -1.25   0     1.60
#> 2  0     -1.43  -0.297 0.776
#> 3 -0.156 -0.980  0     1.15
#> 4 -2.61  -0.683 -0.785 2.13
#> 5  1.11   0     -0.387 0.704
```

若想創建新欄位，可以使用 .names 引數賦予輸出新的名稱：

```
df_miss |>
  mutate(
    across(a:d, \(x) abs(x), .names = "{.col}_abs")
  )
#> # A tibble: 5 × 8
#>        a      b      c     d a_abs b_abs c_abs d_abs
#>    <dbl>  <dbl>  <dbl> <dbl> <dbl> <dbl> <dbl> <dbl>
#> 1  0.434 -1.25  NA     1.60  0.434 1.25  NA    1.60
#> 2 NA     -1.43  -0.297 0.776 NA    1.43   0.297 0.776
#> 3 -0.156 -0.980 NA     1.15  0.156 0.980 NA    1.15
#> 4 -2.61  -0.683 -0.785 2.13  2.61  0.683  0.785 2.13
#> 5  1.11  NA     -0.387 0.704 1.11  NA     0.387 0.704
```

過濾

across() 非常適合與 summarize() 或 mutate() 搭配使用，但與 filter() 並用時就比較麻煩了，因為通常需要用 | 或 & 來組合多個條件。顯然，across() 可以幫忙建立多個邏輯欄位，但然後呢？為此，dplyr 提供 across() 的兩種變體，分別稱為 if_any() 和 if_all()：

```
# 等同於 df_miss |> filter(is.na(a) | is.na(b) | is.na(c) | is.na(d))
df_miss |> filter(if_any(a:d, is.na))
#> # A tibble: 4 × 4
#>        a      b      c      d
#>    <dbl>  <dbl>  <dbl>  <dbl>
#> 1  0.434  -1.25  NA     1.60
#> 2 NA      -1.43  -0.297 0.776
#> 3 -0.156  -0.980 NA     1.15
#> 4  1.11   NA     -0.387 0.704

# 等同於 df_miss |> filter(is.na(a) & is.na(b) & is.na(c) & is.na(d))
df_miss |> filter(if_all(a:d, is.na))
#> # A tibble: 0 × 4
#> # … with 4 variables: a <dbl>, b <dbl>, c <dbl>, d <dbl>
```

函式中的 across()

across() 對於程式設計特別有用，因為它允許你對多個欄位進行運算。舉例來說，Jacob Scott（*https://oreil.ly/6vVc4*）使用這個小型輔助函式，它封裝了一些 lubridate 函式，將所有日期欄位擴充為年、月和日的欄位：

```
expand_dates <- function(df) {
  df |>
    mutate(
      across(where(is.Date), list(year = year, month = month, day = mday))
    )
}

df_date <- tibble(
  name = c("Amy", "Bob"),
  date = ymd(c("2009-08-03", "2010-01-16"))
)

df_date |>
  expand_dates()
#> # A tibble: 2 × 5
#>   name  date       date_year date_month date_day
#>   <chr> <date>         <dbl>      <dbl>    <int>
```

```
#> 1 Amy    2009-08-03    2009         8        3
#> 2 Bob    2010-01-16    2010         1       16
```

由於第一個引數使用整齊選取（tidy-select），因此 across() 還可以輕鬆地在單個引數中提供多欄資料；只要記得 embrace（採納）該引數即可，正如我們在第 482 頁「何時要採納呢？」中所討論的。舉例來說，此函式預設會計算數值欄的平均值。但透過提供第二個引數，你可以選擇只對選定的欄位進行摘要：

```
summarize_means <- function(df, summary_vars = where(is.numeric)) {
  df |>
    summarize(
      across({{ summary_vars }}, \(x) mean(x, na.rm = TRUE)),
      n = n()
    )
}
diamonds |>
  group_by(cut) |>
  summarize_means()
#> # A tibble: 5 × 9
#>   cut       carat depth table price     x     y     z     n
#>   <ord>     <dbl> <dbl> <dbl> <dbl> <dbl> <dbl> <dbl> <int>
#> 1 Fair       1.05  64.0  59.1 4359.  6.25  6.18  3.98  1610
#> 2 Good       0.849 62.4  58.7 3929.  5.84  5.85  3.64  4906
#> 3 Very Good  0.806 61.8  58.0 3982.  5.74  5.77  3.56 12082
#> 4 Premium    0.892 61.3  58.7 4584.  5.97  5.94  3.65 13791
#> 5 Ideal      0.703 61.7  56.0 3458.  5.51  5.52  3.40 21551

diamonds |>
  group_by(cut) |>
  summarize_means(c(carat, x:z))
#> # A tibble: 5 × 6
#>   cut       carat     x     y     z     n
#>   <ord>     <dbl> <dbl> <dbl> <dbl> <int>
#> 1 Fair       1.05  6.25  6.18  3.98  1610
#> 2 Good       0.849 5.84  5.85  3.64  4906
#> 3 Very Good  0.806 5.74  5.77  3.56 12082
#> 4 Premium    0.892 5.97  5.94  3.65 13791
#> 5 Ideal      0.703 5.51  5.52  3.40 21551
```

與 pivot_longer() 相比

在我們繼續之前，值得指出的是 across() 和 pivot_longer()（第 77 頁的「資料加長」）之間的一個有趣關聯。在很多情況下，你會先對資料進行樞紐轉換（pivoting），然後按組別而非欄位來執行運算，從而實現相同的計算。舉例來說，請看下面的多函式摘要（multifunction summary）：

```
df |>
  summarize(across(a:d, list(median = median, mean = mean)))
#> # A tibble: 1 × 8
#>   a_median a_mean b_median b_mean c_median c_mean d_median d_mean
#>      <dbl>  <dbl>    <dbl>  <dbl>    <dbl>  <dbl>    <dbl>  <dbl>
#> 1   0.0380  0.205  -0.0163 0.0910    0.260 0.0716    0.540  0.508
```

我們可以透過加長的樞紐轉換，再進行摘要，以計算出相同的值：

```
long <- df |>
  pivot_longer(a:d) |>
  group_by(name) |>
  summarize(
    median = median(value),
    mean = mean(value)
  )
long
#> # A tibble: 4 × 3
#>   name  median    mean
#>   <chr>  <dbl>   <dbl>
#> 1 a     0.0380  0.205
#> 2 b    -0.0163 0.0910
#> 3 c     0.260  0.0716
#> 4 d     0.540  0.508
```

而如果你想獲得與 across() 相同的結構，可以再次進行樞紐轉換：

```
long |>
  pivot_wider(
    names_from = name,
    values_from = c(median, mean),
    names_vary = "slowest",
    names_glue = "{name}_{.value}"
  )
#> # A tibble: 1 × 8
#>   a_median a_mean b_median b_mean c_median c_mean d_median d_mean
#>      <dbl>  <dbl>    <dbl>  <dbl>    <dbl>  <dbl>    <dbl>  <dbl>
#> 1   0.0380  0.205  -0.0163 0.0910    0.260 0.0716    0.540  0.508
```

這是一個實用的技巧，因為有時你會遇到目前無法用 across() 解決的問題：當你有分成不同組別的欄位，而你想要同時使用它們來進行計算。舉例來說，假設我們的資料框同時包含數值和權重，而我們想計算加權平均值（weighted mean）：

```
df_paired <- tibble(
  a_val = rnorm(10),
  a_wts = runif(10),
  b_val = rnorm(10),
```

```
    b_wts = runif(10),
    c_val = rnorm(10),
    c_wts = runif(10),
    d_val = rnorm(10),
    d_wts = runif(10)
  )
```

目前 across() 無法做到這一點 [4]，但使用 pivot_longer() 來解決則相對簡單：

```
df_long <- df_paired |>
  pivot_longer(
    everything(),
    names_to = c("group", ".value"),
    names_sep = "_"
  )
df_long
#> # A tibble: 40 × 3
#>    group    val    wts
#>    <chr>  <dbl>  <dbl>
#> 1 a       0.715  0.518
#> 2 b      -0.709  0.691
#> 3 c       0.718  0.216
#> 4 d      -0.217  0.733
#> 5 a      -1.09   0.979
#> 6 b      -0.209  0.675
#> # … with 34 more rows

df_long |>
  group_by(group) |>
  summarize(mean = weighted.mean(val, wts))
#> # A tibble: 4 × 2
#>    group     mean
#>    <chr>    <dbl>
#> 1 a        0.126
#> 2 b       -0.0704
#> 3 c       -0.360
#> 4 d       -0.248
```

如果需要，可以將其 pivot_wider()，恢復到原來的形式。

習題

1. 透過以下方法練習你的 across() 技能：

  a. 計算 palmerpenguins::penguins 每欄中唯一值的數量。

4　也許會有這麼一天，但目前我們還不知道如何做到。

b. 計算 mtcars 中每一欄的平均值。

c. 按照 cut、clarity 和 color 對鑽石進行分組，然後計算觀察值的數量，並計算每個數值欄的平均值。

2. 若在 across() 中使用一個函式串列，但沒有為它們命名，會發生什麼情況？輸出結果會如何命名？

3. 調整 expand_dates()，使其在展開後自動移除日期欄位。需要採納（embrace）任何引數嗎？

4. 解釋一下這個函式中管線的每一步是做什麼的。我們利用了 where() 的什麼特殊功能？

```
show_missing <- function(df, group_vars, summary_vars = everything()) {
  df |>
    group_by(pick({{ group_vars }})) |>
    summarize(
      across({{ summary_vars }}, \(x) sum(is.na(x))),
      .groups = "drop"
    ) |>
    select(where(\(x) any(x > 0)))
}
nycflights13::flights |> show_missing(c(year, month, day))
```

讀取多個檔案

在上一節中，你學到如何使用 dplyr::across() 在多欄上重複變換。在本節中，你將學習如何使用 purrr::map() 對目錄中的每個檔案進行處理。讓我們從一個小型的動機開始：想像一下，你有裝滿 Excel 試算表[5]的一個目錄，而你想讀取它們。你可以透過複製貼上來完成：

```
data2019 <- readxl::read_excel("data/y2019.xlsx")
data2020 <- readxl::read_excel("data/y2020.xlsx")
data2021 <- readxl::read_excel("data/y2021.xlsx")
data2022 <- readxl::read_excel("data/y2022.xlsx")
```

然後使用 dplyr::bind_rows() 將它們組合在一起：

```
data <- bind_rows(data2019, data2020, data2021, data2022)
```

5　如果你有格式相同的 CSV 檔案的一個目錄，可以使用第 114 頁「從多個檔案讀取資料」中的技巧。

你可以想像，這樣做很快就會變得乏味，尤其是如果你有數百個檔案，而不僅僅是四個。接下來的章節將向你展示如何自動化這類任務。有三個基本步驟：使用 list.files() 列出一個目錄中的所有檔案，然後使用 purrr::map() 將每個檔案讀入一個串列，最後使用 purrr::list_rbind() 將它們合併為一個資料框。接著我們將討論如何處理異質性不斷增加，讓你無法對每個檔案做同樣處理的情況。

列出一個目錄中的檔案

顧名思義，list.files() 會列出一個目錄中的檔案。幾乎總是使用三個引數：

- 第一個引數 path 是要查詢的目錄。

- pattern 是用來過濾檔案名稱的正規表達式。最常見的模式是像 [.]xlsx$ 或 [.]csv$ 這樣的運算式，以找出具有指定延伸檔名的所有檔案。

- full.names 決定輸出中是否包含目錄名稱。你幾乎總是希望它為 TRUE。

為了使我們的動機範例更加具體，本書包含一個資料夾，其中有 12 個 Excel 試算表，包含來自 gapminder 套件的資料。每個檔案都包含 142 個國家一年的資料。我們可以透過呼叫 list.files() 列出所有檔案：

```
paths <- list.files("data/gapminder", pattern = "[.]xlsx$", full.names = TRUE)
paths
#> [1] "data/gapminder/1952.xlsx" "data/gapminder/1957.xlsx"
#> [3] "data/gapminder/1962.xlsx" "data/gapminder/1967.xlsx"
#> [5] "data/gapminder/1972.xlsx" "data/gapminder/1977.xlsx"
#> [7] "data/gapminder/1982.xlsx" "data/gapminder/1987.xlsx"
#> [9] "data/gapminder/1992.xlsx" "data/gapminder/1997.xlsx"
#> [11] "data/gapminder/2002.xlsx" "data/gapminder/2007.xlsx"
```

串列

現在我們有了這 12 個路徑，就可以呼叫 read_excel() 12 次，取得 12 個資料框：

```
gapminder_1952 <- readxl::read_excel("data/gapminder/1952.xlsx")
gapminder_1957 <- readxl::read_excel("data/gapminder/1957.xlsx")
gapminder_1962 <- readxl::read_excel("data/gapminder/1962.xlsx")
 ...,
gapminder_2007 <- readxl::read_excel("data/gapminder/2007.xlsx")
```

但是，若將每個工作表放入自己的變數中，就很難在下一步中對它們進行處理。取而代之，如果我們把它們放在一個物件中，處理起來就會更容易。在此，串列（list）就是最合適的工具：

```
files <- list(
  readxl::read_excel("data/gapminder/1952.xlsx"),
  readxl::read_excel("data/gapminder/1957.xlsx"),
  readxl::read_excel("data/gapminder/1962.xlsx"),
  ...,
  readxl::read_excel("data/gapminder/2007.xlsx")
)
```

現在，你已將這些資料框放入一個串列中，那麼如何取出其中一個呢？你可以使用
files[[i]] 擷取第 *i* 個元素：

```
files[[3]]
#> # A tibble: 142 × 5
#>    country     continent lifeExp       pop gdpPercap
#>    <chr>       <chr>       <dbl>     <dbl>     <dbl>
#> 1 Afghanistan Asia         32.0 10267083       853.
#> 2 Albania     Europe       64.8  1728137      2313.
#> 3 Algeria     Africa       48.3 11000948      2551.
#> 4 Angola      Africa       34     4826015      4269.
#> 5 Argentina   Americas     65.1 21283783      7133.
#> 6 Australia   Oceania      70.9 10794968     12217.
#> # … with 136 more rows
```

我們將在第 530 頁的「使用 $ 和 [[選擇單一元素」中詳細介紹 [[。

purrr::map() 和 list_rbind()

在串列中「手工」蒐集這些資料框的程式碼，基本上與逐個讀取檔案的程式碼一樣
繁瑣。幸運的是，我們可以使用 purrr::map() 來更加善用 paths 向量。map() 類似於
across()，但它不是對資料框中的每一欄執行運算，而是對向量中的每個元素執行運
算。map(x, f) 是下列程式碼的簡寫：

```
list(
  f(x[[1]]),
  f(x[[2]]),
  ...,
  f(x[[n]])
)
```

因此，我們可以使用 map() 獲得一個包含 12 個資料框的串列：

```
files <- map(paths, readxl::read_excel)
length(files)
#> [1] 12

files[[1]]
```

```
#> # A tibble: 142 × 5
#>    country     continent lifeExp      pop gdpPercap
#>    <chr>       <chr>       <dbl>    <dbl>     <dbl>
#> 1 Afghanistan Asia         28.8  8425333      779.
#> 2 Albania     Europe       55.2  1282697     1601.
#> 3 Algeria     Africa       43.1  9279525     2449.
#> 4 Angola      Africa       30.0  4232095     3521.
#> 5 Argentina   Americas     62.5 17876956     5911.
#> 6 Australia   Oceania      69.1  8691212    10040.
#> # … with 136 more rows
```

（這是另一個用 str() 顯示起來並不特別緊湊的資料結構，所以你可能想把它載入到 RStudio 中，然後用 View() 檢視。）

現在，我們可以使用 purrr::list_rbind() 將資料框串列合併為一個資料框：

```
list_rbind(files)
#> # A tibble: 1,704 × 5
#>    country     continent lifeExp      pop gdpPercap
#>    <chr>       <chr>       <dbl>    <dbl>     <dbl>
#> 1 Afghanistan Asia         28.8  8425333      779.
#> 2 Albania     Europe       55.2  1282697     1601.
#> 3 Algeria     Africa       43.1  9279525     2449.
#> 4 Angola      Africa       30.0  4232095     3521.
#> 5 Argentina   Americas     62.5 17876956     5911.
#> 6 Australia   Oceania      69.1  8691212    10040.
#> # … with 1,698 more rows
```

或者，我們也可以在管線中同時完成這兩個步驟：

```
paths |>
  map(readxl::read_excel) |>
  list_rbind()
```

如果我們想為 read_excel() 傳入額外的引數怎麼辦？我們可以使用與 across() 相同的技巧。舉例來說，設定 n_max = 1 來檢視資料的前幾列通常很有用：

```
paths |>
  map(\(path) readxl::read_excel(path, n_max = 1)) |>
  list_rbind()
#> # A tibble: 12 × 5
#>    country     continent lifeExp      pop gdpPercap
#>    <chr>       <chr>       <dbl>    <dbl>     <dbl>
#> 1 Afghanistan Asia         28.8  8425333      779.
#> 2 Afghanistan Asia         30.3  9240934      821.
#> 3 Afghanistan Asia         32.0 10267083      853.
#> 4 Afghanistan Asia         34.0 11537966      836.
```

```
#> 5 Afghanistan Asia        36.1 13079460      740.
#> 6 Afghanistan Asia        38.4 14880372      786.
#> # … with 6 more rows
```

這清楚地表明缺少了一些東西：沒有 year 欄，因為該值記錄在路徑中，而非個別檔案中。下一步我們將解決這個問題。

路徑中的資料

有時，檔案名稱本身就是資料。在本例中，檔案名稱中包含了年份（year），而單個檔案中並沒有記錄年份。要將那一欄放入最終資料框，我們需要做兩件事。

首先，我們要為路徑向量命名。最簡單的方法是使用 set_names() 函式，它可以接受一個函式。在此，我們使用 basename() 從完整路徑中只擷取出檔案名稱：

```
paths |> set_names(basename)
#>                 1952.xlsx                 1957.xlsx
#> "data/gapminder/1952.xlsx" "data/gapminder/1957.xlsx"
#>                 1962.xlsx                 1967.xlsx
#> "data/gapminder/1962.xlsx" "data/gapminder/1967.xlsx"
#>                 1972.xlsx                 1977.xlsx
#> "data/gapminder/1972.xlsx" "data/gapminder/1977.xlsx"
#>                 1982.xlsx                 1987.xlsx
#> "data/gapminder/1982.xlsx" "data/gapminder/1987.xlsx"
#>                 1992.xlsx                 1997.xlsx
#> "data/gapminder/1992.xlsx" "data/gapminder/1997.xlsx"
#>                 2002.xlsx                 2007.xlsx
#> "data/gapminder/2002.xlsx" "data/gapminder/2007.xlsx"
```

這些名稱會自動帶入所有 map 函式中，因此資料框串列將擁有相同的名稱：

```
files <- paths |>
  set_names(basename) |>
  map(readxl::read_excel)
```

這使得對 map() 的呼叫成為了下列的簡寫：

```
files <- list(
  "1952.xlsx" = readxl::read_excel("data/gapminder/1952.xlsx"),
  "1957.xlsx" = readxl::read_excel("data/gapminder/1957.xlsx"),
  "1962.xlsx" = readxl::read_excel("data/gapminder/1962.xlsx"),
  ...,
  "2007.xlsx" = readxl::read_excel("data/gapminder/2007.xlsx")
)
```

你還可以使用 [[依據名稱擷取元素：

```
files[["1962.xlsx"]]
#> # A tibble: 142 × 5
#>   country     continent lifeExp     pop gdpPercap
#>   <chr>       <chr>       <dbl>   <dbl>     <dbl>
#> 1 Afghanistan Asia         32.0 10267083     853.
#> 2 Albania     Europe       64.8  1728137    2313.
#> 3 Algeria     Africa       48.3 11000948    2551.
#> 4 Angola      Africa       34    4826015    4269.
#> 5 Argentina   Americas     65.1 21283783    7133.
#> 6 Australia   Oceania      70.9 10794968   12217.
#> # … with 136 more rows
```

接著，我們使用 names_to 引數告訴 list_rbind()，將名稱儲存到名為 year 的新欄中，然後使用 readr::parse_number() 從字串中擷取數字：

```
paths |>
  set_names(basename) |>
  map(readxl::read_excel) |>
  list_rbind(names_to = "year") |>
  mutate(year = parse_number(year))
#> # A tibble: 1,704 × 6
#>    year country     continent lifeExp      pop gdpPercap
#>   <dbl> <chr>       <chr>       <dbl>    <dbl>     <dbl>
#> 1  1952 Afghanistan Asia         28.8  8425333     779.
#> 2  1952 Albania     Europe       55.2  1282697    1601.
#> 3  1952 Algeria     Africa       43.1  9279525    2449.
#> 4  1952 Angola      Africa       30.0  4232095    3521.
#> 5  1952 Argentina   Americas     62.5 17876956    5911.
#> 6  1952 Australia   Oceania      69.1  8691212   10040.
#> # … with 1,698 more rows
```

在更複雜的情況下，目錄名稱中可能儲存有其他變數，或者檔案名稱包含多項資料。在這種情況下，使用 set_names()（不帶任何引數）記錄完整路徑，然後使用 tidyr::separate_wider_delim() 和相關工具將它們轉化為有用的欄位：

```
paths |>
  set_names() |>
  map(readxl::read_excel) |>
  list_rbind(names_to = "year") |>
  separate_wider_delim(year, delim = "/", names = c(NA, "dir", "file")) |>
  separate_wider_delim(file, delim = ".", names = c("file", "ext"))
#> # A tibble: 1,704 × 8
#>   dir       file  ext   country     continent lifeExp      pop gdpPercap
#>   <chr>     <chr> <chr> <chr>       <chr>       <dbl>    <dbl>     <dbl>
#> 1 gapminder 1952  xlsx  Afghanistan Asia         28.8  8425333     779.
#> 2 gapminder 1952  xlsx  Albania     Europe       55.2  1282697    1601.
#> 3 gapminder 1952  xlsx  Algeria     Africa       43.1  9279525    2449.
```

```
#> 4 gapminder 1952  xlsx  Angola     Africa      30.0  4232095     3521.
#> 5 gapminder 1952  xlsx  Argentina  Americas    62.5 17876956     5911.
#> 6 gapminder 1952  xlsx  Australia  Oceania     69.1  8691212    10040.
#> # … with 1,698 more rows
```

儲存你的工作

你已經完成了所有的這些艱苦工作，得到了一個整齊（tidy）的資料框，現在就是儲存你作品的大好時機：

```
gapminder <- paths |>
  set_names(basename) |>
  map(readxl::read_excel) |>
  list_rbind(names_to = "year") |>
  mutate(year = parse_number(year))

write_csv(gapminder, "gapminder.csv")
```

現在，當你將來再次遇到這個問題時，只要讀取一個 CSV 檔案就行了。對於大型和內容更豐富的資料集，使用 parquet 格式可能比 .csv 更好，詳見第 422 頁的「Parquet 格式」。

如果你在一個專案中工作，我們建議你稱呼進行此類資料準備工作的檔案為 0-cleanup.R 之類的名稱。檔名中的 0 表示應先執行該檔案，然後再執行其他檔案。

如果你的輸入資料檔案會隨著時間的推移而改變，你可以考慮學習類似 targets（https://oreil.ly/oJsOo）的工具來設定你的資料清理程式碼，以便在其中一個輸入檔案被修改時自動重新執行。

多次簡單迭代

在此我們直接從磁碟載入資料，並幸運地得到了一個整齊的資料集。在大多數情況下，你需要做一些額外的整理，而你有兩個基本選擇：你可以用複雜函式做一輪迭代，或者用簡單函式做多輪迭代。根據我們的經驗，大多數人都會先選擇一次複雜的迭代，但一般情況下，進行多次簡單的迭代會更好。

舉例來說，假設你想讀入一堆檔案，過濾掉缺失值，進行樞紐轉換，然後合併。解決這種問題的一種做法是編寫一個函式，接受一個檔案並完成所有的這些步驟，然後呼叫一次 map()：

```
process_file <- function(path) {
  df <- read_csv(path)

  df |>
    filter(!is.na(id)) |>
    mutate(id = tolower(id)) |>
    pivot_longer(jan:dec, names_to = "month")
}

paths |>
  map(process_file) |>
  list_rbind()
```

或者，也可以為每個檔案執行 process_file() 的每個步驟：

```
paths |>
  map(read_csv) |>
  map(\(df) df |> filter(!is.na(id))) |>
  map(\(df) df |> mutate(id = tolower(id))) |>
  map(\(df) df |> pivot_longer(jan:dec, names_to = "month")) |>
  list_rbind()
```

我們之所以推薦這種做法，是因為它可以防止你過度執著於先處理好第一個檔案再進行其他檔案。在整理和清理時考慮到所有資料，你就更有可能從整體上考慮問題，最終獲得更高品質的結果。

在這個特殊的例子中，你還可以進行另一種最佳化，即提前將所有資料框繫結（bind）在一起。然後，你就可以仰賴 dplyr 的常規行為了：

```
paths |>
  map(read_csv) |>
  list_rbind() |>
  filter(!is.na(id)) |>
  mutate(id = tolower(id)) |>
  pivot_longer(jan:dec, names_to = "month")
```

異質資料

遺憾的是，有時不可能從 map() 直接轉到 list_rbind()，因為資料框的異質性太強，list_rbind() 要麼失敗，要麼得到沒用的資料框。在這種情況下，從載入所有檔案開始還是很有用的：

```
files <- paths |>
  map(readxl::read_excel)
```

然後，一個實用的策略就是捕捉資料框的結構，以便運用你的資料科學技能進行探索。其中一種方法是透過這個便利的 **df_types** 函式 [6]，它可以回傳每欄一列的一個 tibble：

```
df_types <- function(df) {
  tibble(
    col_name = names(df),
    col_type = map_chr(df, vctrs::vec_ptype_full),
    n_miss = map_int(df, \(x) sum(is.na(x)))
  )
}

df_types(gapminder)
#> # A tibble: 6 × 3
#>   col_name   col_type    n_miss
#>   <chr>      <chr>        <int>
#> 1 year       double           0
#> 2 country    character        0
#> 3 continent  character        0
#> 4 lifeExp    double           0
#> 5 pop        double           0
#> 6 gdpPercap  double           0
```

然後，你就可以將此函式套用到所有檔案，或許還可以做一些樞紐轉換（pivoting）處理，以便更容易看出差異所在。舉例來說，這樣就可以很容易地驗證我們一直在使用的 gapminder 試算表是否全都相當異質：

```
files |>
  map(df_types) |>
  list_rbind(names_to = "file_name") |>
  select(-n_miss) |>
  pivot_wider(names_from = col_name, values_from = col_type)
#> # A tibble: 12 × 6
#>   file_name  country   continent lifeExp pop    gdpPercap
#>   <chr>      <chr>     <chr>     <chr>   <chr>  <chr>
#> 1 1952.xlsx  character character double  double double
#> 2 1957.xlsx  character character double  double double
#> 3 1962.xlsx  character character double  double double
#> 4 1967.xlsx  character character double  double double
#> 5 1972.xlsx  character character double  double double
#> 6 1977.xlsx  character character double  double double
#> # … with 6 more rows
```

如果檔案的格式各有不同，可能需要進行更多處理才能成功合併。遺憾的是，我們現在要讓你自行去解決這個問題，但你可能想瞭解一下 **map_if()** 和 **map_at()**。**map_if()** 允許

---

6 我們不打算解釋它是如何運作的，但只要檢視一下所用函式的說明文件，你應該就能弄明白了。

你依據它們的值，選擇性地修改串列中的元素；map_at() 允許你根據名稱選擇性地修改元素。

處理失敗情況

有時，你資料的結構可能非常複雜，甚至無法用單一道命令讀取所有檔案。這時你就會碰到 map() 的一個缺點：它的成功或失敗都是整體性的。map() 要麼成功讀取一個目錄中的所有檔案，要麼因為出錯讀取失敗，一個檔案都沒讀到。這很令人討厭：為什麼一次失敗會阻止你存取其他所有成功的檔案？

幸運的是，purrr 提供解決這一問題的輔助函式：possibly()。possibly() 是所謂的函式運算子（function operator）：它接收一個函式，並回傳行為經過修改的一個函式。特別是，possibly() 可以讓一個函式從產生錯誤變為回傳你指定的值：

```
files <- paths |>
  map(possibly(\(path) readxl::read_excel(path), NULL))

data <- files |> list_rbind()
```

由於 list_rbind()（和許多 tidyverse 函式一樣）會自動忽略 NULL，所以在此特別有效。

現在你已經掌握了所有可以輕鬆讀取的資料，是時候解決困難的部分了，那就是找出某些檔案載入失敗的原因以及解決方式。首先取得載入失敗的路徑：

```
failed <- map_vec(files, is.null)
paths[failed]
#> character(0)
```

然後針對每次失敗再次呼叫匯入函式，找出問題所在。

儲存多個輸出

在上一節中，我們學習了 map()，它對於將多個檔案讀入一個物件非常有用。在本節中，我們將探討一個相反的問題：如何將一或多個 R 物件儲存到一或多個檔案中？我們將透過三個例子來探討這種挑戰：

- 將多個資料框儲存到資料庫中
- 將多個資料框儲存為多個 .csv 檔案
- 將多個圖表儲存為多個 .png 檔案

寫入資料庫

有時，同時處理多個檔案的時候，不可能一次將所有資料都裝入記憶體，因此無法執行 map(files, read_csv)。解決這個問題的一種做法是將資料載入到資料庫中，這樣就可以用 dbplyr 只存取需要的部分。

如果幸運的話，你所用的資料庫套件會提供一個方便的函式，可以獲取路徑向量並將它們全部載入到資料庫中。duckdb 的 duckdb_read_csv() 就是這種情況：

```
con <- DBI::dbConnect(duckdb::duckdb())
duckdb::duckdb_read_csv(con, "gapminder", paths)
```

這在此也行得通，但我們沒有 CSV 檔案，只有 Excel 試算表。因此，我們必須「手工」完成。當你有一堆 CSV 檔案，而你使用的資料庫又沒有可以將它們全部載入進來的函式時，學習手動操作也會對你有所幫助。

我們首先需要建立一個可以充填資料的資料表。最簡單的方法是建立一個樣板（template），即一個含有我們想要的所有欄位，但只包含部分資料的虛擬資料框。對於 gapminder 資料，我們可以透過讀取單個檔案並為之新增年份來製作這個樣板：

```
template <- readxl::read_excel(paths[[1]])
template$year <- 1952
template
#> # A tibble: 142 × 6
#>   country     continent lifeExp     pop gdpPercap  year
#>   <chr>       <chr>       <dbl>   <dbl>     <dbl> <dbl>
#> 1 Afghanistan Asia         28.8 8425333      779. 1952
#> 2 Albania     Europe       55.2 1282697     1601. 1952
#> 3 Algeria     Africa       43.1 9279525     2449. 1952
#> 4 Angola      Africa       30.0 4232095     3521. 1952
#> 5 Argentina   Americas     62.5 17876956    5911. 1952
#> 6 Australia   Oceania      69.1 8691212    10040. 1952
#> # … with 136 more rows
```

現在，我們可以連線到資料庫，並使用 DBI::dbCreateTable() 將樣板轉化為資料表：

```
con <- DBI::dbConnect(duckdb::duckdb())
DBI::dbCreateTable(con, "gapminder", template)
```

dbCreateTable() 不會使用 template 中的資料，只會使用變數名稱和型別。因此，如果我們現在檢視 gapminder 表，你會發現它是空的，但其中有我們需要的變數和期望的型別：

```
con |> tbl("gapminder")
#> # Source:    table<gapminder> [0 x 6]
#> # Database: DuckDB 0.6.1 [root@Darwin 22.3.0:R 4.2.1/:memory:]
#> # … with 6 variables: country <chr>, continent <chr>, lifeExp <dbl>,
#> #   pop <dbl>, gdpPercap <dbl>, year <dbl>
```

接下來,我們需要一個函式來接收單個檔案路徑,將其讀入 R,並把結果新增到
gapminder 表中。我們可以結合 read_excel() 與 DBI::dbAppendTable() 來做到這點:

```
append_file <- function(path) {
  df <- readxl::read_excel(path)
  df$year <- parse_number(basename(path))

  DBI::dbAppendTable(con, "gapminder", df)
}
```

現在,我們需要為 paths 的每個元素呼叫一次 append_file()。這當然可以透過 map() 來
實作:

```
paths |> map(append_file)
```

但我們並不關心 append_file() 的輸出結果,所以用 walk() 代替 map() 會更好一些。
walk() 做的事情跟 map() 完全相同,但會丟棄輸出結果:

```
paths |> walk(append_file)
```

現在我們可以看看表中是否包含了所有資料:

```
con |>
  tbl("gapminder") |>
  count(year)
#> # Source:    SQL [?? x 2]
#> # Database: DuckDB 0.6.1 [root@Darwin 22.3.0:R 4.2.1/:memory:]
#>    year     n
#>   <dbl> <dbl>
#> 1  1952   142
#> 2  1957   142
#> 3  1962   142
#> 4  1967   142
#> 5  1972   142
#> 6  1977   142
#> # … with more rows
```

寫入 CSV 檔案

如果我們想寫入多個 CSV 檔案,每組一個,基本原理也是一樣的。假設我們想要取出 ggplot2::diamonds 資料,並為每個 clarity 儲存一個 CSV 檔案。首先,我們需要建立這些個別的資料集。有很多方法可以做到這一點,但有一種方式我們特別喜歡:group_nest()。

```
by_clarity <- diamonds |>
  group_nest(clarity)

by_clarity
#> # A tibble: 8 × 2
#>   clarity          data
#>   <ord>    <list<tibble[,9]>>
#> 1 I1           [741 × 9]
#> 2 SI2        [9,194 × 9]
#> 3 SI1       [13,065 × 9]
#> 4 VS2       [12,258 × 9]
#> 5 VS1        [8,171 × 9]
#> 6 VVS2       [5,066 × 9]
#> # … with 2 more rows
```

這樣就得到了一個有八列兩欄的新 tibble。clarity 是我們的分組變數,data 是一個串列欄,其中每個唯一的 clarity 值都包含一個 tibble:

```
by_clarity$data[[1]]
#> # A tibble: 741 × 9
#>   carat cut      color depth table price     x     y     z
#>   <dbl> <ord>    <ord> <dbl> <dbl> <int> <dbl> <dbl> <dbl>
#> 1  0.32 Premium  E      60.9    58   345  4.38  4.42  2.68
#> 2  1.17 Very Good J     60.2    61  2774  6.83  6.9   4.13
#> 3  1.01 Premium  F      61.8    60  2781  6.39  6.36  3.94
#> 4  1.01 Fair     E      64.5    58  2788  6.29  6.21  4.03
#> 5  0.96 Ideal    F      60.7    55  2801  6.37  6.41  3.88
#> 6  1.04 Premium  G      62.2    58  2801  6.46  6.41  4
#> # … with 735 more rows
```

此處我們使用 mutate() 和 str_glue() 建立一欄,提供輸出檔案的名稱:

```
by_clarity <- by_clarity |>
  mutate(path = str_glue("diamonds-{clarity}.csv"))

by_clarity
#> # A tibble: 8 × 3
#>   clarity             data path
#>   <ord>    <list<tibble[,9]>> <glue>
```

```
#> 1 I1          [741 × 9] diamonds-I1.csv
#> 2 SI2       [9,194 × 9] diamonds-SI2.csv
#> 3 SI1      [13,065 × 9] diamonds-SI1.csv
#> 4 VS2      [12,258 × 9] diamonds-VS2.csv
#> 5 VS1       [8,171 × 9] diamonds-VS1.csv
#> 6 VVS2      [5,066 × 9] diamonds-VVS2.csv
#> # … with 2 more rows
```

因此，如果我們要手動儲存這些資料框，可能會寫出類似這樣的東西：

```
write_csv(by_clarity$data[[1]], by_clarity$path[[1]])
write_csv(by_clarity$data[[2]], by_clarity$path[[2]])
write_csv(by_clarity$data[[3]], by_clarity$path[[3]])
...
write_csv(by_clarity$by_clarity[[8]], by_clarity$path[[8]])
```

這與我們之前使用 map() 時有一點不同，因為有兩個引數在變化，而不僅僅是一個。這意味著我們需要一個新函式：map2()，它會同時改變第一個和第二個引數。同樣地，由於我們並不關心輸出結果，我們需要的是 walk2() 而非 map2()。這樣就會有：

```
walk2(by_clarity$data, by_clarity$path, write_csv)
```

儲存圖表

我們可以用同樣的基本方法建立許多圖表。讓我們先製作一個函式，繪製我們想要的圖表：

```
carat_histogram <- function(df) {
  ggplot(df, aes(x = carat)) + geom_histogram(binwidth = 0.1)
}

carat_histogram(by_clarity$data[[1]])
```

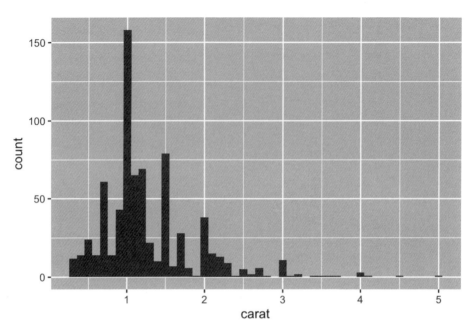

現在，我們可以使用 map() 建立包含多個圖表 [7] 及其最終檔案路徑的一個串列：

```
by_clarity <- by_clarity |>
  mutate(
    plot = map(data, carat_histogram),
    path = str_glue("clarity-{clarity}.png")
  )
```

然後使用 walk2() 和 ggsave() 儲存每幅圖：

```
walk2(
  by_clarity$path,
  by_clarity$plot,
  \(path, plot) ggsave(path, plot, width = 6, height = 6)
)
```

這是下列程式碼的簡寫：

```
ggsave(by_clarity$path[[1]], by_clarity$plot[[1]], width = 6, height = 6)
ggsave(by_clarity$path[[2]], by_clarity$plot[[2]], width = 6, height = 6)
ggsave(by_clarity$path[[3]], by_clarity$plot[[3]], width = 6, height = 6)
...
ggsave(by_clarity$path[[8]], by_clarity$plot[[8]], width = 6, height = 6)
```

---

7 你可以印出 by_clarity$plot，以獲得粗略的動畫效果：plots 的每個元素都將獲得一個圖表。

總結

在本章中，你看到如何使用明確的迭代（iteration）來解決資料科學中經常出現的三種問題：操作多個欄位、讀取多個檔案和儲存多個輸出。但總的來說，迭代是一種超能力：如果你掌握了正確的迭代技巧，就能輕鬆地從解決一個問題變為解決所有問題。掌握了本章的技巧後，我們強烈建議你閱讀《*Advanced R*》書中的「Functionals」一章（*https://oreil.ly/VmXg4*）並訪問 purrr 網站（*https://oreil.ly/f0HWP*），以瞭解更多資訊。

如果你對其他語言的迭代很瞭解，你可能會對我們沒有討論 for 迴圈感到驚訝。這是由於 R 在資料分析上的特殊取向，改變了我們進行的迭代方式：在大多數情況下，你可以仰賴現有的慣用語對每一欄或每一組做一些事情。而當你無法那樣做時，通常可以使用函式型程式設計工具，如 map()，對串列中的每個元素進行處理。不過，你會在真實世界的程式碼中看到 for 迴圈，所以你將在下一章討論一些重要的基礎 R 工具時，學到它們。

## 第二十七章

基礎 R 的操作指南

簡介

在程式設計部分的最後，我們將帶你快速瀏覽一下我們在書中尚未討論過的最重要的基礎 R 函式。當你進行更多程式設計，這些工具會特別有用，並能幫助你讀懂在真實世界遇到的程式碼。

這裡需要提醒大家，tidyverse 並不是解決資料科學問題的唯一辦法。我們在本書中講授 tidyverse，是因為 tidyverse 套件秉持一個共同的設計理念，增加了各函式之間的一致性，使每個新函式或套件更容易學習和使用。若不使用基礎 R，就不可能使用 tidyverse，因此我們實際上已經教了你很多基礎 R 函式，包括載入套件的 library()；用於數值摘要的 sum() 和 mean()；因子、日期和 POSIXct 資料型別；當然還有所有的基本運算子，如 +、-、/、*、|、& 與 !。到目前為止，我們尚未關注的是基礎 R 的工作流程，因此我們將在本章中重點介紹其中的幾個。

讀完本書後，你會瞭解到使用基礎 R、data.table 和其他套件解決相同問題的其他做法。毫無疑問，當你開始閱讀他人編寫的 R 程式碼時，特別是在使用 StackOverflow 時，你就會遇到這些其他方法。混合多種做法編寫程式碼是完全沒問題的，別讓任何人告訴你不能這樣做！

在本章中，我們將重點討論四大主題：用 [進行子集化（subsetting）、用 [[和 $ 進行子集化、使用 apply 系列函式以及 for 迴圈的使用。最後，我們將簡要討論兩個基本的繪圖函式。

先決條件

這裡專注於基礎 R，因此沒有任何真正的先決條件，但我們將載入 tidyverse 來解釋其中的一些差異：

```
library(tidyverse)
```

使用 [選擇多個元素

[用來從向量和資料框中擷取子部分（subcomponents），其呼叫方式類似於 x[i] 或 x[i, j]。在本節中，我們將介紹 [的強大功能，首先向你展示如何用於向量，然後向你示範如何將同樣的原理直接擴充到資料框等二維結構（2D structures）。然後，我們將說明各種 dplyr 動詞如何是 [的特例，來幫助你鞏固這些知識。

取向量的子集

你可以用五種類型的東西來子集化一個向量，即可以是 x[i] 中的 i 的東西：

- 正整數向量。使用正整數進行子集化，可保留在那些位置上的元素：

  ```
  x <- c("one", "two", "three", "four", "five")
  x[c(3, 2, 5)]
  #> [1] "three" "two"   "five"
  ```

  藉由重複一個位置，你實際上可以獲得比輸入更長的輸出，因此「子集化（subsetting）」一詞有點名不符實：

  ```
  x[c(1, 1, 5, 5, 5, 2)]
  #> [1] "one"  "one"  "five" "five" "five" "two"
  ```

- 負整數向量。負值會丟棄指定位置上的元素：

  ```
  x[c(-1, -3, -5)]
  #> [1] "two"  "four"
  ```

- 邏輯向量。使用邏輯向量進行子集化時，會保留與 TRUE 值相對應的所有值。這通常會與比較函式一起使用：

  ```
  x <- c(10, 3, NA, 5, 8, 1, NA)

  # x 的所有非缺失值
  x[!is.na(x)]
  #> [1] 10  3  5  8  1

  # x 的所有偶數（或缺失！）值
  ```

```
x[x %% 2 == 0]
#> [1] 10 NA  8 NA
```

與 filter() 不同的是，NA 索引將作為 NA 包含在輸出中。

- 字元向量。如果你有一個具名向量，你可以用一個字元向量對其進行子集化：

```
x <- c(abc = 1, def = 2, xyz = 5)
x[c("xyz", "def")]
#> xyz def
#>   5   2
```

和正整數子集化一樣，可以使用字元向量來重複個別條目。

- 什麼都沒有（*nothing*）。子集化的最後一種類型是「什麼都沒有」，也就是 x[]，它回傳完整的 x。這對子集化向量沒有用，但正如我們很快就會看到的，它在子集化二維結構（如 tibbles）時很有用。

子集化資料框

有很多不同的方法[1]可以搭配資料框使用 [，但最重要的是使用 df[rows, cols] 獨立選擇列和欄。如前所述，這裡的 rows（列）和 cols（欄）都是向量。舉例來說，df[rows,] 和 df[, cols] 只選擇列或欄，使用空子集（empty subset）保留另一個維度。

這裡有幾個例子：

```
df <- tibble(
  x = 1:3,
  y = c("a", "e", "f"),
  z = runif(3)
)

# 選擇第一列和第二欄
df[1, 2]
#> # A tibble: 1 × 1
#>   y
#>   <chr>
#> 1 a

# 選擇所有列和欄 x 和 y
df[, c("x" , "y")]
#> # A tibble: 3 × 2
#>       x y
```

---

[1] 請閱讀《*Advanced R*》中的「Selecting multiple elements」章節（*https://oreil.ly/VF0sY*），瞭解如何像一維物件一樣對資料框進行子集化，以及如何使用矩陣（matrix）對資料框進行子集化。

```
#>     <int> <chr>
#> 1     1 a
#> 2     2 e
#> 3     3 f

# 選擇 `x` 大於 1 的列和所有欄
df[df$x > 1, ]
#> # A tibble: 2 × 3
#>       x y         z
#>   <int> <chr> <dbl>
#> 1     2 e     0.834
#> 2     3 f     0.601
```

我們很快會再討論 $, 但你應該能從上下文猜到 df$x 的作用:它從 df 中擷取 x 變數。我們需要在這裡使用它,因為 [不使用整齊估算(tidy evaluation),所以你需要明確指出 x 變數的來源。

涉及到 [時,tibbles 和資料框(data frames)之間有一個重要的差異。在本書中,我們主要使用的是 tibbles,它們也是資料框,但調整了一些行為,讓你的工作更輕鬆一些。在大多數地方,你可以互換使用「tibble」和「data frame」,所以當我們要把注意力拉到 R 的內建資料框時,我們會寫 data.frame。如果 df 是一個 data.frame,那麼如果 cols 只選擇了一欄,df[, cols] 就會回傳一個向量;如果選擇了一欄以上,df[, cols] 將回傳一個資料框。如果 df 是一個 tibble,那麼 [將始終回傳一個 tibble。

```
df1 <- data.frame(x = 1:3)
df1[, "x"]
#> [1] 1 2 3

df2 <- tibble(x = 1:3)
df2[, "x"]
#> # A tibble: 3 × 1
#>       x
#>   <int>
#> 1     1
#> 2     2
#> 3     3
```

使用 data.frame 時,避免這種歧義的一種方法是明確指定 drop = FALSE:

```
df1[, "x" , drop = FALSE]
#>   x
#> 1 1
#> 2 2
#> 3 3
```

dplyr 等效功能

有幾個 dplyr 動詞是 [的特例：

- `filter()` 相當於用邏輯向量對列進行子集化，同時注意排除缺失值：

```
df <- tibble(
  x = c(2, 3, 1, 1, NA),
  y = letters[1:5],
  z = runif(5)
)
df |> filter(x > 1)

# 等同於
df[!is.na(df$x) & df$x > 1, ]
```

  另一種常見的實務技巧是利用 `which()` 的副作用來刪除缺失值：
  `df[which(df$x > 1), ]`。

- `arrange()` 相當於用整數向量對列進行子集化，這個整數向量通常用 `order()` 建立：

```
df |> arrange(x, y)

# 等同於
df[order(df$x, df$y), ]
```

  你可以使用 `order(decreasing = TRUE)` 按遞減順序（descending order）對所有的欄位排序，或使用 `-rank(col)` 按遞減順序對各欄排序。

- `select()` 和 `relocate()` 都類似於使用字元向量對欄進行子集化：

```
df |> select(x, z)

# 等同於
df[, c("x", "z")]
```

基礎 R 還提供一個結合了 `filter()` 和 `select()`[2] 功能的函式，名為 `subset()`：

```
df |>
  filter(x > 1) |>
  select(y, z)
#> # A tibble: 2 × 2
#>   y         z
#>   <chr>   <dbl>
#> 1 a       0.157
#> 2 b       0.00740
```

2　但它無法以不同方式處理分組資料框，也不支援 `starts_with()` 等選擇輔助函式。

```
# 等同於
df |> subset(x > 1, c(y, z))
```

這個函式是 dplyr 大部分語法的靈感來源。

習題

1. 建立接受向量作為輸入並回傳下列東西的函式：

    a. 偶數位置上的元素

    b. 除最後一個值之外的所有元素

    c. 只有偶數值（而且沒有缺失值）

2. 為什麼 x[-which(x > 0)] 與 x[x <= 0] 不一樣？請閱讀 which() 的說明文件並做一些實驗來釐清。

使用 $ 和 [[選擇單一元素

[可以選擇多個元素，而 [[和 $ 只能擷取單個元素。在本節中，我們將向你展示如何使用 [[和 $ 從資料框中取出欄位、討論 data.frame 和 tibbles 之間的一些區別，並強調 [和 [[用於串列時的一些重要差異。

資料框

[[和 $ 可用來從資料框中擷取欄位。[[可以根據位置或名稱存取，而 $ 則專門用於依照名稱取用：

```
tb <- tibble(
  x = 1:4,
  y = c(10, 4, 1, 21)
)

# 藉由位置
tb[[1]]
#> [1] 1 2 3 4

# 藉由名稱
tb[["x"]]
#> [1] 1 2 3 4
tb$x
#> [1] 1 2 3 4
```

它們還可用來創建新欄，相當於基礎 R 的 mutate()：

```
tb$z <- tb$x + tb$y
tb
#> # A tibble: 4 × 3
#>       x     y     z
#>   <int> <dbl> <dbl>
#> 1     1    10    11
#> 2     2     4     6
#> 3     3     1     4
#> 4     4    21    25
```

建立新欄的其他基礎 R 方法還有 transform()、with() 和 within()。Hadley 蒐集了一些範例（*https://oreil.ly/z6vyT*）。

直接使用 $ 進行快速摘要是很方便的。舉例來說，如果只想找出最大鑽石的大小或 cut（切工）可能的值，就沒有必要使用 summarize()：

```
max(diamonds$carat)
#> [1] 5.01

levels(diamonds$cut)
#> [1] "Fair"      "Good"      "Very Good" "Premium"   "Ideal"
```

dplyr 還提供一個我們在第 3 章中沒有提到的與 [[和 $ 等效的功能：pull()。pull() 接收變數名稱或變數位置，並只回傳該欄。這意味著我們可以改寫之前的程式碼來使用管線：

```
diamonds |> pull(carat) |> mean()
#> [1] 0.7979397

diamonds |> pull(cut) |> levels()
#> [1] "Fair"      "Good"      "Very Good" "Premium"   "Ideal"
```

Tibbles

就 $ 而言，tibbles 和基礎的 data.frame 之間有一些重要的區別。資料框會匹配任何變數名稱的前綴（即所謂的部分匹配，*partial matching*），而如果欄不存在，資料框也不會抱怨：

```
df <- data.frame(x1 = 1)
df$x
#> Warning in df$x: partial match of 'x' to 'x1'
#> [1] 1
df$z
#> NULL
```

tibbles 更為嚴格：它們只能完全匹配變數名稱，而如果試圖存取的欄不存在，它們會產生警告：

```
tb <- tibble(x1 = 1)

tb$x
#> Warning: Unknown or uninitialised column: `x`.
#> NULL
tb$z
#> Warning: Unknown or uninitialised column: `z`.
#> NULL
```

因此，我們有時會開玩笑說，tibbles 懶惰又暴躁，做得少，抱怨多。

串列

[[和 $ 對於處理串列（lists）也非常重要，瞭解它們與 [的區別很重要。讓我們用名為 l 的串列來說明它們的差別：

```
l <- list(
  a = 1:3,
  b = "a string",
  c = pi,
  d = list(-1, -5)
)
```

- [會擷取子串列（sublist）。無論擷取多少元素，結果都會是一個串列。

```
str(l[1:2])
#> List of 2
#>  $ a: int [1:3] 1 2 3
#>  $ b: chr "a string"

str(l[1])
#> List of 1
#>  $ a: int [1:3] 1 2 3

str(l[4])
#> List of 1
#>  $ d:List of 2
#>   ..$ : num -1
#>   ..$ : num -5
```

就跟向量一樣，你可以使用邏輯向量、整數向量或字元向量進行子集化。

- [[和 $ 從串列中擷取單個組成部分。它們會從串列中移除階層架構的一層。

```
str(l[[1]])
#>  int [1:3] 1 2 3

str(l[[4]])
#> List of 2
#>  $ : num -1
#>  $ : num -5

str(l$a)
#>  int [1:3] 1 2 3
```

對於串列來說，[和 [[之間的區別尤其重要，因為 [[可以深入串列，而 [則只是回傳一個較小的新串列。為了幫助你記住這兩者的區別，請看一下圖 27-1 所示的不尋常的胡椒瓶（pepper shaker）。如果這個胡椒瓶是你的串列 pepper，那麼 pepper[1] 就是含有一包胡椒粉的胡椒瓶。pepper[2] 看起來也會一樣，只是裡面放的是第二包胡椒粉。pepper[1:2] 會是一個裝有兩包胡椒粉的胡椒瓶。pepper[[1]] 則會取出胡椒粉包本身。

圖 27-1　（左）Hadley 有次在飯店房間裡發現的胡椒瓶。（中）pepper[1]。（右）pepper[[1]]

這一原則同樣適用於對資料框使用 1D [時：df["x"] 回傳一個單欄資料框，而 df[["x"]] 回傳一個向量。

習題

1. 如果使用 [[時用了大於向量長度的正整數，會發生什麼情況？若以不存在的名稱進行子集化，會發生什麼事？

2. pepper[[1]][1] 是什麼？pepper[[1]][[1]] 又是什麼？

Apply 系列函式

在第 26 章中，你學到了用於迭代的 tidyverse 技術，如 dplyr::across() 和 map 系列函式。在本節中，你將學習它們在基礎 R 中的等效功能：*apply 系列函式*。在此情境之下，apply 和 map 是同義詞，因為「在向量的每個元素上映射一個函式（map a function over each element of a vector）」的另一種說法是「在向量的每個元素上套用一個函式（apply a function over each element of a vector）」。在這裡，我們將為你簡要介紹這個系列的函式，以便你在實際應用中認得它們。

這個系列中最重要的成員是 lapply()，它類似於 purrr::map()[3]。事實上，由於我們沒有用到 map() 的任何進階功能，因此你可以用 lapply() 代替第 26 章中的所有 map() 呼叫。

基礎 R 沒有與 across() 完全等效的功能，但可以透過使用 [和 lapply() 來趨近。這樣做之所以行得通，是因為資料框就是欄組成的串列（lists of columns），因此在資料框上呼叫 lapply() 會將函式套用到每一欄。

```
df <- tibble(a = 1, b = 2, c = "a", d = "b", e = 4)

# 首先找出數值欄
num_cols <- sapply(df, is.numeric)
num_cols
#>     a      b      c      d      e
#>   TRUE   TRUE  FALSE  FALSE   TRUE

# 然後使用 lapply() 對每一欄進行變換，然後替換原始值
df[, num_cols] <- lapply(df[, num_cols, drop = FALSE], \(x) x * 2)
df
#> # A tibble: 1 × 5
#>       a      b c     d         e
#>   <dbl>  <dbl> <chr> <chr> <dbl>
#> 1     2      4 a     b         8
```

3　它只是缺少一些方便的功能，如進度列和在出現錯誤時報告哪個元素導致了問題。

前面的程式碼用到一個新函式 sapply()。它類似於 lapply()，但總是會試著簡化（simplify）結果，這也是其名稱中包含 s 的原因，在這裡產生的是邏輯向量而不是串列。我們不建議在程式設計時使用它，因為簡化可能會失敗，並產生意外的型別，但互動式使用通常沒有問題。purrr 有一個我們在第 26 章中沒有提到的類似函式，叫作 map_vec()。

基礎 R 提供一個更嚴格版本的 sapply()，稱為 vapply()，是 *vector apply* 的縮寫。它接受一個額外的引數來指定預期型別，從而確保無論輸入什麼，都能以相同的方式進行簡化。舉例來說，我們可以用 vapply() 取代之前的 sapply()，並在其中指定我們希望 is.numeric() 回傳長度為 1 的邏輯向量：

```
vapply(df, is.numeric, logical(1))
#>    a     b     c     d     e
#> TRUE  TRUE FALSE FALSE  TRUE
```

在函式內部，sapply() 和 vapply() 的差異非常重要（因為這對函式處理異常輸入的穩健性有很大影響），但在資料分析中通常並不重要。

apply 系列函式的另一個重要成員是 tapply()，它可以計算單個分組摘要（grouped summary）：

```
diamonds |>
  group_by(cut) |>
  summarize(price = mean(price))
#> # A tibble: 5 × 2
#>   cut       price
#>   <ord>     <dbl>
#> 1 Fair      4359.
#> 2 Good      3929.
#> 3 Very Good 3982.
#> 4 Premium   4584.
#> 5 Ideal     3458.

tapply(diamonds$price, diamonds$cut, mean)
#>      Fair      Good Very Good   Premium     Ideal
#>  4358.758  3928.864  3981.760  4584.258  3457.542
```

遺憾的是，tapply() 會以具名向量的形式回傳結果，如果你想蒐集多個摘要並將變數分組到一個資料框中，就需要做一些操作（當然也可以不這樣做，只使用單獨的向量，但根據我們的經驗，這只會拖延工作）。如果你想瞭解如何使用 tapply() 或其他基礎技術來執行其他分組摘要，Hadley 在一個 gist 中蒐集了一些技巧（*https://oreil.ly/evpcw*）。

apply 系列的最後一個成員是名為 apply() 的函式，它可以處理矩陣（matrices）和陣列（arrays）。特別要注意的是 apply(df, 2, something)，它是進行 lapply(df, something) 的一種緩慢且有潛在危險的方式。這在資料科學中很少出現，因為我們通常使用資料框而不是矩陣。

for 迴圈

for 迴圈是迭代的基本構件，apply 和 map 系列函式在底層都會使用它。for 迴圈是功能強大的通用工具，隨著你成為一名經驗豐富的 R 程式設計師，學習它就非常重要。for 迴圈的基本結構如下：

```
for (element in vector) {
  # 使用元素來做些事情
}
```

for 迴圈最直接的用途是達成與 walk() 相同的效果：在串列的每個元素上呼叫某個具有副作用的函式。舉例來說，在第 518 頁的「寫入資料庫」中，若不使用 walk()：

```
paths |> walk(append_file)
```

我們可以改為使用 for 迴圈：

```
for (path in paths) {
  append_file(path)
}
```

若要儲存 for 迴圈的輸出，情況就會變得比較棘手，例如像第 26 章那樣讀取一個目錄中的所有 Excel 檔案：

```
paths <- dir("data/gapminder", pattern = "\\.xlsx$", full.names = TRUE)
files <- map(paths, readxl::read_excel)
```

你可以使用幾種不同的技巧，但我們建議你事先指明輸出將是什麼樣子。在本例中，我們需要一個與 paths 長度相同的串列，這可以使用 vector() 建立：

```
files <- vector("list", length(paths))
```

然後，我們不是迭代 paths 的元素，而是迭代它們的索引（indices），使用 seq_along 來為 paths 的每個元素產生一個索引：

```
seq_along(paths)
#>  [1]  1  2  3  4  5  6  7  8  9 10 11 12
```

使用索引非常重要，因為它允許我們將輸入中的每個位置與輸出中的相應位置關聯起來：

```
for (i in seq_along(paths)) {
  files[[i]] <- readxl::read_excel(paths[[i]])
}
T
```

要將這個由 tibbles 構成的串列合併為一個 tibble，可以使用 do.call() + rbind()：

```
do.call(rbind, files)
#> # A tibble: 1,704 × 5
#>   country     continent lifeExp      pop gdpPercap
#>   <chr>       <chr>       <dbl>    <dbl>    <dbl>
#> 1 Afghanistan Asia         28.8  8425333      779.
#> 2 Albania     Europe       55.2  1282697     1601.
#> 3 Algeria     Africa       43.1  9279525     2449.
#> 4 Angola      Africa       30.0  4232095     3521.
#> 5 Argentina   Americas     62.5 17876956     5911.
#> 6 Australia   Oceania      69.1  8691212    10040.
#> # … with 1,698 more rows
```

一個更簡單的做法是逐步建置資料框，而不是製作一個串列並儲存結果：

```
out <- NULL
for (path in paths) {
  out <- rbind(out, readxl::read_excel(path))
}
```

我們建議避免使用這種模式，因為當向量較長時，速度會變得很慢。這就是一直以來「for 迴圈很慢」謬誤的根源：其實並不慢，但迭代地增長向量卻很慢。

繪圖

由於具有合理的預設設定、自動圖例和現代外觀等有用的功能，許多在其他方面沒有使用 tidyverse 的 R 使用者還是喜歡使用 ggplot2 繪製圖表。不過，基礎 R 繪圖函式（plotting functions）仍然非常有用，因為它們非常簡潔，只需鍵入很少的字就能製作基本的探索式圖表。

在實際應用中，你會看到兩種主要類型的基礎圖表：散佈圖（scatterplots）和直方圖（histograms），分別用 plot() 和 hist() 製作。下面是來自 diamonds 資料集的一個簡單範例：

```
# 左
hist(diamonds$carat)

# 右
plot(diamonds$carat, diamonds$price)
```

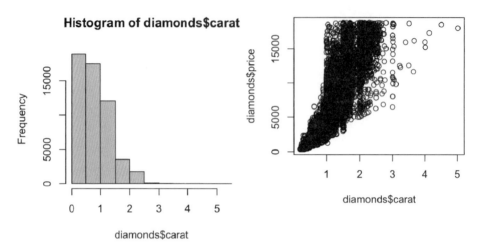

請注意，基礎繪圖函式使用向量，因此需要使用 $ 或其他技巧從資料框中取出欄位。

總結

在本章中，我們向你展示了一些對子集化和迭代有用的基礎 R 函式。與書中其他地方討論的做法相比，這些函式更接近「向量」風味，而非「資料框」風味，因為基礎 R 函式傾向於接受單個向量，而不是資料框和一些欄位規格。這通常會讓程式設計變得更容易，因此隨著你編寫更多的函式並開始編寫自己的套件，這一點就變得越來越重要。

本章結束了本書的程式設計部分。在成為一名不僅會使用 R，而且會用 R 語言設計程式的資料科學家之旅程上，你有了一個堅實的起點。我們希望這些章節能激發你對程式設計的興趣，並期望在本書之外學習更多。

## 第六篇

溝通

到目前為止，你已經學會了將資料匯入 R 的工具、把資料整理成便於分析的形式，然後透過變換和視覺化來理解資料。但是，如果你無法向他人解釋你的分析，那麼你的分析再好也沒有用：你需要傳達（*communicate*）你的結果。

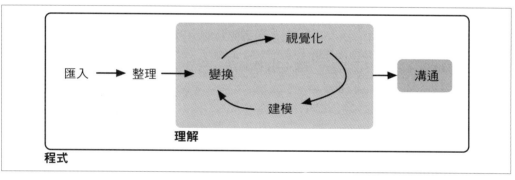

圖 VI-1　溝通是資料科學過程的最後一個環節；如果不能把結果傳達給其他人，那麼再好的分析也沒有用

溝通（communication）是接下來兩章的主題：

- 在第 28 章中，你會學到 Quarto，這是一種整合散文、程式碼和結果的工具。你可以使用 Quarto 進行分析師與分析師之間的交流，也可以進行分析師與決策者之間的溝通。由於 Quarto 格式的強大功能，你甚至可以將同一文件同時用於這兩種用途。

- 在第 29 章中，你將瞭解到使用 Quarto 可以製作的其他多種輸出，包括儀表板（dashboards）、網站和書籍。

這些章節主要關注的是溝通的技術機制，而不是如何將你的想法傳達給其他人的真正難題。不過，我們會在每章結尾為你推薦很多其他關於溝通的好書。

Quarto

簡介

Quarto 為資料科學提供統一的寫作框架（authoring framework），將你的程式碼、結果和散文結合在一起。Quarto 文件（documents）可完全重現，並支援 PDF、Word 檔案、簡報等數十種輸出格式。

Quarto 檔案有三種使用方式：

- 用於與決策者溝通，決策者希望關注結論，而不是分析背後的程式碼

- 用來與其他資料科學家（包括未來的你！）進行協作，他們對你的結論和得出結論的方式（即程式碼）都很感興趣

- 作為進行資料科學研究的環境，當作現代的實驗筆記本，你不僅可以記錄你所做的事情，還可以記錄你的想法

Quarto 是命令列介面工具，而不是 R 套件。這意味著，Quarto 的說明頁面基本上無法透過 ? 取得。因此，在學習本章和將來使用 Quarto 時，應參考 Quarto 的說明文件（*https://oreil.ly/_6LNH*）。

如果你是 R Markdown 使用者，你可能會想：「Quarto 聽起來很像 R Markdown」。沒錯！Quarto 將 R Markdown 生態系統中的許多套件（rmarkdown、bookdown、distill、xaringan 等）的功能統整到一個系統中，並透過對多種程式語言（如 Python 和 Julia，以及 R）的原生支援對其進行了擴充。在某種程度上，Quarto 反映了十年來在擴充和支援 R Markdown 生態系統的過程中所學到的一切。

先決條件

你需要使用 Quarto 命令列介面（command-line interface，Quarto CLI），但不需要明確安裝或載入，因為 RStudio 會在需要時自動為你安裝並載入。

Quarto 基礎知識

這是 Quarto 檔案，一個延伸檔名為 .qmd 的純文字檔案：

```
---
title: "Diamond sizes"
date: 2022-09-12
format: html
---

```{r}
#| label: setup
#| include: false

library(tidyverse)

smaller <- diamonds |>
  filter(carat <= 2.5)
```

We have data about `r nrow(diamonds)` diamonds.
Only `r nrow(diamonds) - nrow(smaller)` are larger than 2.5 carats.
The distribution of the remainder is shown below:

```{r}
#| label: plot-smaller-diamonds
#| echo: false

smaller |>
  ggplot(aes(x = carat)) +
  geom_freqpoly(binwidth = 0.01)
```
```

它包含三種重要的內容：

- 由 --- 圍起的一個（選擇性的）*YAML* 標頭。

- 以 ``` 包圍的 R 程式碼區塊

- 混合了簡單文字格式（如 # heading 和 _italics_ ）的文字

圖 28-1 顯示了 RStudio 中的一份 .qmd 文件，其筆記本介面（notebook interface）上程式碼和輸出交錯排列。你可以點選執行（Run）圖示（位於程式碼區塊頂端，看起來像播放按鈕）、或按下 Cmd/Ctrl+Shift+Enter 來執行每個程式碼區塊。RStudio 會執行程式碼並在行內（inline）顯示結果。

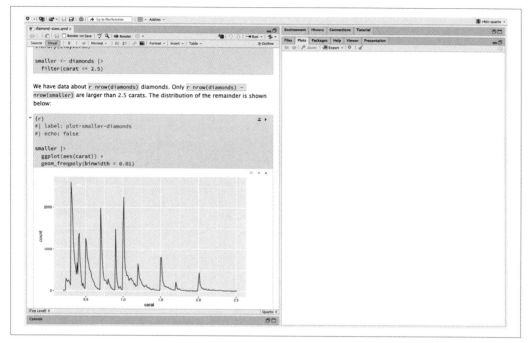

圖 28-1　RStudio 中的 Quarto 文件。程式碼和輸出在文件中交錯顯示，圖表輸出就在程式碼下方

如果你不喜歡在文件中看到圖表和輸出，而更願意使用 RStudio 的主控台（Console）和圖表窗格（Plots panes），可以點擊 Render 旁邊的齒輪圖示，切換到 Chunk Output in Console，如圖 28-2 所示。

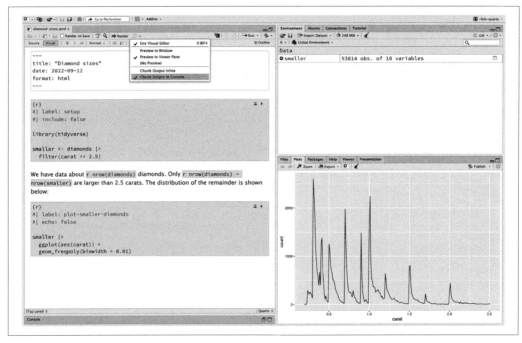

圖 28-2　RStudio 中的 Quarto 文件，在「Plots」窗格中顯示圖表輸出

要生成包含所有文字、程式碼和結果的完整報告，請點擊「Render」或按下 Cmd/
Ctrl+Shift+K。也可以使用 quarto::quarto_render("diamond-sizes.qmd") 以程式化的方
式進行。這將在檢視器窗格（Viewer pane）中顯示報告，如圖 28-3 所示，並建立一個
HTML 檔案。

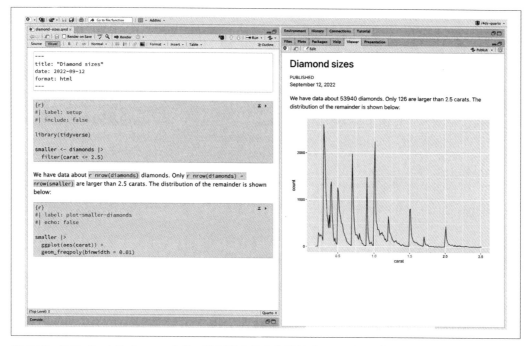

圖 28-3　RStudio 中的 Quarto 文件，檢視器窗格中為描繪（render）出來的文件

描繪文件時，Quarto 會將 .qmd 檔案傳送給 knitr（*https://oreil.ly/HvFDz*），後者會執行所有程式碼區塊，並建立一個包含程式碼及其輸出的新 Markdown（.md）文件。knitr 生成的 Markdown 檔案隨後由 pandoc（*https://oreil.ly/QxUsn*）處理，後者負責建立最後的檔案。圖 28-4 展示了這一過程。這種兩步式工作流程的優勢在於，你可以建立多種輸出格式，這將在第 29 章中介紹。

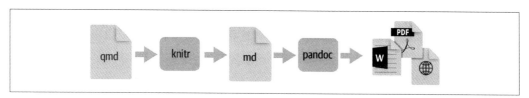

圖 28-4　從 qmd 到 knitr，到 md，到 pandoc，再到 PDF、MS Word 或 HTML 格式輸出的 Quarto 工作流程圖

要開始建立自己的 .qmd 檔案，請在功能表列中選擇 File > New File > Quarto Document...。RStudio 會啟動一個精靈（wizard），你可以用它在檔案中預先充填有用的內容，提醒你 Quarto 的關鍵功能是如何運作的。

下面將詳細介紹 Quarto 文件的三個組成部分：Markdown 文字、程式碼區塊和 YAML 標頭（header）。

習題

1. 選擇 File > New File > Quarto Document，建立新的 Quarto 文件。閱讀指示，練習個別執行區塊。先點選適當的按鈕來描繪文件，然後使用相應的快捷鍵做同樣的事。驗證你是否能夠修改程式碼、重新執行並檢視修改後的輸出。

2. 為三種內建格式各建立一個新的 Quarto 文件：HTML、PDF 和 Word。分別描繪出這三種文件。請問輸出有何不同？輸入有何不同？（你可能需要安裝 LaTeX 才能建置 PDF 輸出，RStudio 會提示你是否需要安裝。）

視覺編輯器

RStudio 中的視覺編輯器（Visual editor）提供一種 WYSIWYM 介面（*https://oreil.ly/nEiGf*）來讓你編輯製作 Quarto 檔案。在底層，Quarto 文件（.qmd 檔案）中的散文是用 Markdown 編寫的，這是用於格式化純文字檔案的一套輕量化慣例集。事實上，Quarto 使用的是 Pandoc markdown（Quarto 可以理解的稍微擴充過的 Markdown 版本），包括表格、引文（citations）、交叉參考（cross-references）、腳註（footnotes）、divs/spans、定義串列（definition lists）、屬性、原始 HTML/TeX 等，並支援執行程式碼單元格（code cells）和檢視其行內輸出。正如第 548 頁「原始碼編輯器」中所述，儘管 Markdown 就是易於讀寫而設計的，但仍然需要學習新的語法。因此，如果你是計算文件（computational documents，如 .qmd 檔案）的新手，但有使用 Google Docs 或 MS Word 等工具的經驗，那麼開始使用 RStudio 中的 Quarto 最簡單的方法就是使用視覺編輯器。

在視覺編輯器中，你可以使用功能表列上的按鈕插入圖片、表格、交叉參考等，也可以使用通用的 Cmd/Ctrl+/ 捷徑插入任何內容。如果位於行開頭（如圖 28-5 所示），也可以單純輸入 / 來調用捷徑。

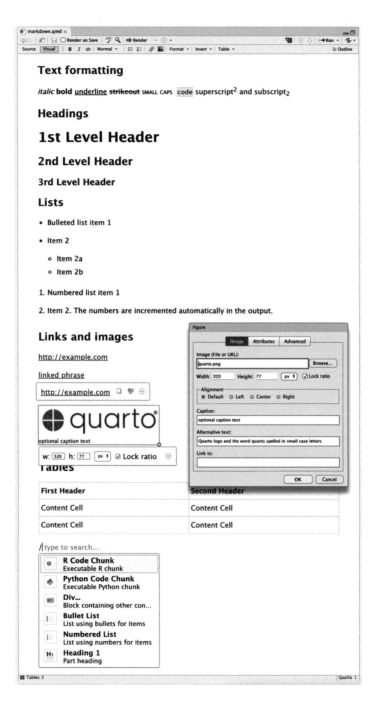

圖 28-5　Quarto 視覺編輯器

視覺編輯器還能幫助你插入影像並自訂影像顯示方式。你可以將剪貼簿（clipboard）中的圖片直接貼上到視覺編輯器中（RStudio 會在專案目錄中放置該圖片的複本並連結至它），也可以使用視覺編輯器的 Insert > Figure/Image 功能表找出要插入的圖片或貼上其 URL。此外，使用相同的選單還可以調整圖片大小，新增標題、替代文字（alternative text）和連結。

視覺編輯器還有很多功能我們沒有在此一一列舉，隨著使用經驗的積累，你可能會發現那些功能非常有用。

最重要的是，雖然視覺編輯器會顯示帶有格式的內容，但在其內部，它會以純 Markdown 格式儲存你的內容，你可以在視覺編輯器和原始碼編輯器之間來回切換，使用其中任何一種工具檢視和編輯內容。

習題

1. 使用視覺編輯器重新建立圖 28-5 中的文件。

2. 使用視覺編輯器，先使用 Insert 功能表插入程式碼區塊，然後使用「Any...（插入任何內容）」工具插入程式碼區塊。

3. 使用視覺編輯器，想辦法做到下列這些事：

   a. 新增腳註。

   b. 新增水平尺規（horizontal rule）。

   c. 新增區塊引述（block quote）。

4. 在視覺編輯器中，選擇 Insert > Citation，然後使用 10.21105/joss.01686（*https://oreil.ly/H_Xn-*）這個 DOI（digital object identifier）來引用標題為「Welcome to the Tidyverse」的論文。描繪文件並觀察這個參考在文件中的顯示效果。你在文件的 YAML 中觀察到了什麼變化？

原始碼編輯器

你也可以使用 RStudio 中的原始碼編輯器（Source editor）編輯 Quarto 文件，而無須藉助視覺編輯器。有 Google Docs 等工具編寫經驗的使用者會對視覺編輯器感到熟悉，而有撰寫 R 指令稿（scripts）或 R Markdown 文件經驗的使用者則會對原始碼編輯器感到熟悉。原始碼編輯器對於消除 Quarto 語法錯誤也很有用，因為在純文字中通常更容易發現那些錯誤。

下面的指南介紹如何在原始碼編輯器中使用 Pandoc 的 Markdown 來編寫 Quarto 文件：

```
## Text formatting

*italic* **bold** ~~strikeout~~ `code`

superscript^2^ subscript~2~

[underline]{.underline} [small caps]{.smallcaps}

## Headings

# 1st Level Header

## 2nd Level Header

### 3rd Level Header

## Lists

-    Bulleted list item 1

-    Item 2

    -    Item 2a

    -    Item 2b

1.  Numbered list item 1

2.  Item 2.
    The numbers are incremented automatically in the output.

## Links and images

<http://example.com>

[linked phrase](http://example.com)

![optional caption text](quarto.png){
  fig-alt="Quarto logo and the word quarto spelled in small case letters"}

## Tables

| First Header | Second Header |
|--------------|---------------|
| Content Cell | Content Cell  |
| Content Cell | Content Cell  |
```

學習這些的最佳方式就是實際試試。這需要幾天時間,但很快它們就會成為你的本能,不再需要去思考它們。如果你忘記了,你可以透過 Help > Markdown Quick Reference 看到便利的參照表。

習題

1. 透過製作簡短的履歷表來練習所學到的知識。標題應該是你的姓名,至少應包含學歷或經歷等段落。每個部分都應包括帶有項目符號的職位或學位清單。請用粗體字突顯年份。

2. 使用原始碼編輯器和 Markdown 的快速參考,找出如何做到:

   a. 新增腳註。

   b. 新增水平尺規(horizontal rule)。

   c. 新增區塊引述(block quote)。

3. 將 `diamond-sizes.qmd`(*https://oreil.ly/Auuh2*)的內容複製貼上到本地端的 R Quarto 文件中。檢查是否可以執行,然後在次數多邊圖(frequency polygon)後新增文字,描述其最顯著的特徵。

4. 在 Google Docs 或 MS Word 中建立一份文件(或找出你以前建立的文件),其中包含一些內容,如標題、超連結、格式化文字等。複製該文件的內容並貼上到視覺編輯器中的 Quarto 文件內。然後,切換到原始碼編輯器,檢視其原始碼。

程式碼區塊

要在 Quarto 文件中執行程式碼,需要插入一個區塊(chunk)。有三種方法可以做到:

- 按下快捷鍵 Cmd+Option+I/Ctrl+Alt+I

- 點選編輯器工具列上的插入(insert)按鈕圖示

- 手動鍵入區塊界定符 ```` ```{r} ```` 和 ```` ``` ````

我們建議你學習鍵盤快速鍵。從長遠來看,這將為你節省大量時間!

你可以繼續使用快速鍵 Cmd/Ctrl+Enter 執行程式碼,現在(我們希望!)你已經熟悉並愛上這個捷徑了。不過,程式碼區塊有新的捷徑:Cmd/Ctrl+Shift+Enter,它會執行程式式碼區塊中的所有程式碼。可以把程式碼區塊想像成函式。一個程式碼區塊應該相對獨立,並圍繞單項任務展開。

接下來的章節將介紹由 ```{r} 構成的區塊標頭（chunk header），後面跟著一個選擇性的區塊標籤（chunk label）和其他各種區塊選項（chunk options），每個都自成一行，並以 #| 標示。

區塊標籤

區塊可被賦予一個選擇性的標籤：

```
```{r}
#| label: simple-addition

1 + 1
```
#> [1] 2
```

這樣做有三個好處：

- 使用指令稿編輯器左下角的下拉式程式碼導覽器（code navigator），可以更輕鬆地找到特定的程式碼區塊：

- 由區塊生成的圖將擁有實用的名稱，便於在其他地方使用。詳情請參閱第 555 頁的「圖形」。

- 可以建立快取區塊（cached chunks）所成的網路，避免每次執行都得重新進行昂貴的計算。更多內容請參閱第 559 頁的「快取」。

你的區塊標籤應簡短而且容易回想，不應包含空格。我們建議使用連字號（-）來分隔單詞（而非底線 _），並避免在區塊標籤中使用其他特殊字元。

一般來說，你可以隨心所欲賦予你的區塊任何標籤，但有一個區塊名稱有特殊的行為：setup。在筆記本模式（notebook mode）下，名為 setup 的程式區塊會先自動執行一次，然後才執行其他程式碼。

此外，區塊標籤不能重複。每個區塊標籤都必須是唯一的。

區塊選項

區塊輸出可以透過選項（*options*）來自訂，它們是提供給區塊標頭的欄位（fields）。knitr 提供近 60 個選項，你可以用它們來自訂程式碼區塊。這裡我們將介紹最重要的、你會經常用到的區塊選項。你可以在此看到完整的清單（*https://oreil.ly/38bld*）。

最重要的一組選項控制著是否執行程式碼區塊，以及要在完成的報告中插入哪些結果：

eval: false

防止程式碼被估算（顯然，若不執行程式碼，就不會產生任何結果）。這對於顯示範例程式碼（example code）非常有用，或停用一大段程式碼而無須註解掉每一行程式碼。

include: false

執行程式碼，但不在最終文件中顯示程式碼或結果。若不想讓設定程式碼干擾報告，請使用此功能。

echo: false

防止程式碼（而非結果）出現在完成檔案中。在為不想看到底層 R 程式碼的人撰寫報告時可以使用。

message: false 或 warning: false

防止最終的檔案中出現訊息（messages）或警告（warnings）。

results: hide

隱藏列印輸出。

fig-show: hide

隱藏圖表。

error: true

即使程式碼回傳錯誤，也會使得描繪（render）工作繼續進行。這很少會出現在最終版本的報告中，但如果你需要除錯 .qmd 中的具體內容，它可能會很有用。如果你是在教授 R 時想故意包含錯誤，這也很有用。預設值，也就是 error: false，只要文件有出現錯誤，就會導致描繪失敗。

每一個區塊選項都會被新增到區塊標頭，接在 #| 後面。舉例來說，在下面的區塊中，由於 eval 被設定為 false，所以結果不會列印出來：

```{r}
#| label: simple-multiplication
#| eval: false

2 * 2
```

下表概述了每個選項抑制的輸出類型：

選項	執行程式碼	顯示程式碼	輸出	圖表	訊息	警告
eval: false	X		X	X	X	X
include: false		X	X	X	X	X
echo: false		X				
results: hide			X			
fig-show: hide				X		
message: false					X	
warning: false						X

全域選項

隨著使用 knitr 的經驗增加，你會發現一些預設的區塊選項並不符合你的需求，因此你會想更改它們。

為此，你可以在文件 YAML 的 execute 底下新增偏好選項（preferred options）。舉例來說，如果你要為特定讀者準備一份報告，而那些讀者不需要看到你的程式碼，只想看到你的結果和敘述，那麼你可以在文件層級（document level）設定 echo: false。這預設會隱藏程式碼，只秀出你特意選擇顯示的區塊（藉由 echo: true）。你可以考慮設定 message: false 和 warning: false，但這樣會增加除錯問題的難度，因為在最終文件中看不到任何資訊。

```
title: "My report"
execute:
  echo: false
```

由於 Quarto 在設計上就是多語言的（它既能搭配 R 語言，也能使用 Python、Julia 等其他語言），因此所有的 knitr 選項在文件執行層級（document execution level）都不可用，因為其中一些選項僅適用於 knitr，而不適用於 Quarto 用來執行其他語言程式碼的其他引擎（例如 Jupyter）。不過，你仍然可以在 knitr 欄位的 opts_chunk 底下將這些選項設定為文件的全域選項（global options）。例如，在編寫書籍和教程時，我們可以設定：

```
title: "Tutorial"
knitr:
  opts_chunk:
    comment: "#>"
    collapse: true
```

這會使用我們喜歡的註解格式，確保程式碼和輸出緊密結合。

行內程式碼

還有一種將 R 程式碼嵌入 Quarto 文件的方法：直接在文字中使用 `` `r ` ``。如果你會在文字中提到資料的特性，這種方法就很有用。舉例來說，本章開頭使用的範例文件中有：

We have data about `` `r nrow(diamonds)` `` diamonds. Only `` `r nrow(diamonds) - nrow(smaller)` `` are larger than 2.5 carats. The distribution of the remainder is shown below:

描繪（render）報告時，這些計算結果會插入到文字中：

We have data about 53940 diamonds. Only 126 are larger than 2.5 carats. The distribution of the remainder is shown below:

在文字中插入數字時，format() 會是你的好朋友。它允許你設定數字的 digits（位數），這樣列印時就不會使用高得誇張的精確度，還可以使用 big.mark 使數字更容易閱讀。你可以將這些函式組合成一個輔助函式：

```
comma <- function(x) format(x, digits = 2, big.mark = ",")
comma(3452345)
#> [1] "3,452,345"
comma(.12358124331)
#> [1] "0.12"
```

習題

1. 新增一個章節，探討鑽石大小如何因切工、顏色和淨度而變化。假設你正在為不懂 R 的人編寫報告，與其在每個區塊上設定 echo: false，不如設定一個全域選項。

2. 下載 diamond-sizes.qmd（*https://oreil.ly/Auuh2*）。新增描述最大的 20 顆鑽石的章節，包括一個表格來顯示其最重要屬性。

3. 修改 diamonds-sizes.qmd，使用 label_comma()，以產生經過良好格式化的美觀輸出。還要包含大於 2.5 克拉鑽石的百分比。

圖形

Quarto 文件中的圖形（figures）可以是嵌入的（如 PNG 或 JPEG 檔案）或作為程式碼區塊的結果生成。

要從外部檔案嵌入影像，可以使用 RStudio 視覺編輯器（Visual Editor）中的插入（Insert）功能表，然後選擇 Figure/Image。這會叫出一個選單，你可以在其中找出要插入的圖片、新增替代文字（alternative text）或說明，並調整其大小。在視覺編輯器中，你也可以單純將剪貼簿中的圖片貼上到文件中，RStudio 會將該圖片的複本放到專案資料夾中。

如果你在程式碼中包含了會生成圖形的程式碼區塊（例如 ggplot() 呼叫），所產生的圖形將自動納入你的 Quarto 文件中。

圖形大小

在 Quarto 中繪製圖形，最大的挑戰在於如何讓圖形有正確的大小和形狀。有五個主要選項可以控制圖形的大小：fig-width、fig-height、fig-asp、out-width 與 out-height。確定影像的大小很有挑戰性，因為有兩種尺寸（R 建立的圖形尺寸和插入到輸出文件中的尺寸）、和多種指定尺寸的方法（即高度、寬度和長寬比：三選二）。

。我們推薦使用五個選項中的三個：

- 如果圖表的寬度一致，往往會更美觀。為了實現這一點，請在預設值中設定 fig-width: 6（6 英寸）和 fig-asp: 0.618（黃金比例）。然後在個別區塊中，只調整 fig-asp。

- 使用 out-width 控制輸出大小，並將其設定為輸出文件主體寬度（body width）的某個百分比。我們建議使用 out-width: "70%" 和 fig-align: center。這樣既不會讓圖表太擠，又不會佔用太多空間。

- 如果要在單一列中放置多個圖表，可將 layout-ncol 設定為 2 表示兩個圖表、3 表示三個圖表，依此類推。取決於你想要說明的內容（例如，顯示資料或顯示圖表變化），你也可以調整 fig-width，這將在下文中討論。

如果你發現自己不得不瞇著眼睛才能看清圖中的文字，那麼你就需要調整 fig-width。如果 fig-width 大於圖形在最終文件中描繪的尺寸，文字就會太小；如果 fig-width 較小，文字就會太大。你通常需要做一些實驗來找出 fig-width 與文件中最終寬度之間的合適比例。為了闡明其原理，下面三幅圖的 fig-width 分別為 4、6 和 8：

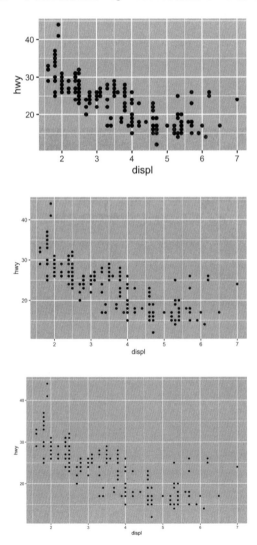

若要確保你所有圖形中的字型大小（font size）都一致，在設定 out-width 時，你還得調整 fig-width，以維持與你預設 out-width 相同的比例。舉例來說，如果你的預設 fig-width 是 6，而 outwidth 是 "70%"，那麼當你把 out-width 設定為 "50%" 時，你就得將 fig-width 設定為 4.3（6 * 0.5 / 0.7）。

圖形的大小調整和縮放是一門藝術，也是一門科學，要想做到正確，可能需要反覆試驗。你可以在「Taking Control of Plot Scaling」部落格貼文（*https://oreil.ly/EfKFq*）中瞭解更多有關圖形縮放的資訊。

其他重要選項

把程式碼和文字混合在一起（比如在本書中那樣）時，你可以設定 fig-show: hold，以讓圖表顯示在程式碼之後。這樣做還有一個令人愉快的副作用，那就是迫使你將大段程式碼與其解說拆分開來。

要為圖表新增說明（caption），請使用 fig-cap。在 Quarto 中，這會使圖表從內嵌式改為「浮動式」。

若要產生 PDF 輸出，預設的圖形類型就是 PDF。這是很好的預設值，因為 PDF 是高品質的向量圖形（vector graphics）。但若要顯示成千上萬的點，就可能會產生較大且較慢的圖形。在那種情況下，請設定 fig-format: "png" 來強制使用 PNG。它們的品質略低，但更加緊湊。

為生成圖形的程式碼區塊命名是個好主意，即使你不經常給其他區塊加上標籤也是一樣。區塊標籤用來產生圖形在磁碟上的檔名，因此為你的區塊取名可以更容易挑出圖形，並在其他情況下重複使用（例如，你想在電子郵件中快速放入一個圖形）。

習題

1. 在視覺編輯器中開啟 diamond-sizes.qmd，找出一張鑽石圖片，複製並貼上到文件中。雙擊影像並新增說明。調整影像大小並描繪文件。觀察影像是如何儲存到當前工作目錄中的。

2. 編輯 diamond-sizes.qmd 中生成圖表的程式碼區塊標籤，改以 fig- 前綴開頭，並使用區塊選項 fig-cap 為圖表新增說明。然後編輯程式碼區塊上方的文字，使用 Insert > Cross Reference 為圖形新增交叉參考。

3. 使用以下區塊選項逐一改變圖形的大小；描繪你的文件，並描述圖形的變化。

a. `fig-width: 10`

b. `fig-height: 3`

c. `out-width: "100%"`

d. `out-width: "20%"`

表格

與圖形類似，你可以在 Quarto 文件中包含兩種類型的表格（tables）。它們可以是直接在 Quarto 文件中建立的 Markdown 表格（使用 Insert Table 選單），也可以是透過程式碼區塊生成的結果。本節我們將重點討論後者，即透過計算產生的表格。

預設情況下，Quarto 會以你在主控台裡面看到的樣子印出資料框和矩陣：

```
mtcars[1:5, ]
#>                     mpg cyl disp  hp drat    wt  qsec vs am gear carb
#> Mazda RX4          21.0   6  160 110 3.90 2.620 16.46  0  1    4    4
#> Mazda RX4 Wag      21.0   6  160 110 3.90 2.875 17.02  0  1    4    4
#> Datsun 710         22.8   4  108  93 3.85 2.320 18.61  1  1    4    1
#> Hornet 4 Drive     21.4   6  258 110 3.08 3.215 19.44  1  0    3    1
#> Hornet Sportabout  18.7   8  360 175 3.15 3.440 17.02  0  0    3    2
```

如果你希望資料顯示時有額外的格式化，可以使用 `knitr::kable()` 函式。下面的程式碼會生成表 28-1：

```
knitr::kable(mtcars[1:5, ], )
```

表 28-1　一個 knitr kable

	mpg	cyl	disp	hp	drat	wt	qsec	vs	am	gear	carb
Mazda RX4	21.0	6	160	110	3.90	2.620	16.46	0	1	4	4
Mazda RX4 Wag	21.0	6	160	110	3.90	2.875	17.02	0	1	4	4
Datsun 710	22.8	4	108	93	3.85	2.320	18.61	1	1	4	1
Hornet 4 Drive	21.4	6	258	110	3.08	3.215	19.44	1	0	3	1
Hornet Sportabout	18.7	8	360	175	3.15	3.440	17.02	0	0	3	2

閱讀 ?knitr::kable 的說明文件，瞭解自訂表格的其他方法。如果需要更深入的客製化，可以考慮使用 gt、huxtable、reactable、kableExtra、xtable、stargazer、pander、tables 和 ascii 套件。每個套件都提供一組工具，用來從 R 程式碼回傳經過格式化的表格。

習題

1. 在視覺編輯器中開啟 diamond-sizes.qmd，插入一個程式碼區塊，並使用 knitr::kable() 新增一個表格，顯示 diamonds 資料框的前五列。

2. 改用 gt::gt() 顯示相同的表格。

3. 新增以 tbl- 前綴開頭的區塊標籤，並使用區塊選項 tbl-cap 為表格新增說明。然後，編輯程式碼區塊上方的文字，使用 Insert > Cross Reference 為表格新增交叉參考。

快取

一般情況下，文件的每一次描繪（render）都是完全從零開始的。這對可重現性（reproducibility）非常有利，因為這能確保你在程式碼中捕捉到每一個重要的計算。不過，若有些計算需要很長時間，這可能會很痛苦。解決方案就是 cache: true。

你可以使用標準的 YAML 選項在文件層級啟用 knitr 快取（cache），以快取文件中的所有計算結果：

```
---
title: "My Document"
execute:
  cache: true
---
```

你還可以啟用區塊層級的快取，以快取特定區塊中的計算結果：

```{r}
#| cache: true

# code for lengthy computation...
```

設定後，這會把區塊的輸出儲存到磁碟上一個特別命名的檔案中。在後續的執行中，knitr 會檢查程式碼是否有變化，如果沒有，就會重複使用快取的結果。

這個快取系統必須謹慎使用，因為預設情況下，它只基於程式碼，而不包含程式碼的依存關係（dependencies）。舉例來說，這裡的 processed_data 區塊依存於 raw-data 區塊：

```{r}
#| label: raw-data
#| cache: true

rawdata <- readr::read_csv("a_very_large_file.csv")
```

```{r}
#| label: processed_data
#| cache: true

processed_data <- rawdata |>
  filter(!is.na(import_var)) |>
  mutate(new_variable = complicated_transformation(x, y, z))
```

快取 processed_data 區塊意味著，如果 dplyr 管線發生變化，它將被重新執行，但如果 read_csv() 呼叫發生變化，它並不會被重新執行。使用 dependson 區塊選項可以避免這個問題：

```{r}
#| label: processed-data
#| cache: true
#| dependson: "raw-data"

processed_data <- rawdata |>
  filter(!is.na(import_var)) |>
  mutate(new_variable = complicated_transformation(x, y, z))
```

dependson 應該包含一個字元向量，包含快取區塊所依存的每一個區塊。每當 knitr 發現快取區塊的依存關係有任何一個發生變化時，它就會更新快取區塊的結果。

請注意，如果 a_very_large_file.csv 發生變化，區塊將不會更新，因為 knitr 快取功能只會追蹤 .qmd 檔案內的變化。若想同時追蹤該檔案的變化，可以使用 cache.extra 選項。這是一個任意的 R 運算式，當它改變時，就會使得快取失效。可以使用的一個很合適的函式是 file.mtime()：它會回傳上次修改的時間。然後你就可以這樣寫：

```{r}
#| label: raw-data
#| cache: true
#| cache.extra: !expr file.mtime("a_very_large_file.csv")
```

```
rawdata <- readr::read_csv("a_very_large_file.csv")
```

我們遵循 David Robinson（*https://oreil.ly/yvPFt*）的建議來命名這些區塊：每個區塊都以其建立的主物件命名。這使得 dependson 規格更容易理解。

隨著你的快取策略逐漸變得複雜，最好定期使用 knitr::clean_cache() 清理所有快取。

習題

1. 建立一個區塊網路，其中 d 依存於 c 和 b，而 b 和 c 都依存於 a。讓每個區塊印出 lubridate::now()，設定 cache: true，然後驗證你對快取的理解。

疑難排解

對 Quarto 文件進行疑難排解可能很有挑戰性，因為你不再處於互動式 R 環境中，你需要學習一些新技巧。此外，錯誤可能是 Quarto 文件本身的問題，也可能是 Quarto 文件中 R 程式碼的問題。

帶有程式碼區塊的文件中，一個常見錯誤是程式碼區塊的標籤重複，如果你的工作流程涉及程式碼區塊的複製和貼上，這種情況尤其普遍。要解決這種問題，只需更改其中一個重複的標籤即可。

如果錯誤是由文件中的 R 程式碼引起的，首先應該嘗試在互動工作階段中重現該問題。重新啟動 R，然後從 Run 區域底下的 Code 功能表中選擇「Run all chunks」，或者按下快捷鍵 Ctrl+Alt+R。幸運的話，這將會重現問題所在，然後你就可以透過互動方式找出到底發生了什麼事。

如果這沒有幫助，那一定是你的互動式環境和 Quarto 環境有所差異。你需要系統性地探索那些選項。最常見的差異是工作目錄：Quarto 的工作目錄就是它所在的目錄。透過在區塊中加入 getwd() 來檢查工作目錄是否與你所期望的一致。

接著，絞盡腦汁，找出可能導致錯誤的所有因素。你需要系統性地在 R 工作階段和 Quarto 工作階段中檢查它們是否都相同。最簡單的方法是在導致問題的區塊上設定 error: true，然後使用 print() 和 str() 檢查設定是否符合預期。

YAML 標頭

透過調整 YAML 標頭（header）的參數，你可以控制許多其他的「全文件」設定。你可能想知道 YAML 代表什麼：它是「YAML Ain't Markup Language」，旨在以人類易於讀寫的方式表示階層式資料。Quarto 用它來控制輸出的許多細節。這裡我們將討論三個面向：自成一體的文件（self-contained documents）、文件參數（document parameters）和書目（bibliographies）。

自成一體

HTML 文件通常有許多外部依存關係（如圖片、CSS 樣式表、JavaScript 等），預設情況下，Quarto 會將這些依存關係放在與 .qmd 檔案同一目錄底下的 _files 資料夾中。如果你在託管平台（hosting platform，如 QuartoPub（*https://oreil.ly/SF3Pm*））上發佈 HTML 檔案，該目錄中的依存關係將與你的文件一起釋出，因此可在發佈的報告中取用。但是，如果你想透過電子郵件將報告發送給同事，你可能更希望有一個單獨的、自成一體的、內嵌（embeds）了所有依存關係的 HTML 文件。為此，你可以指定 embed-resources 選項。

```
format:
  html:
    embed-resources: true
```

生成的檔案將是自成一體的，因此不需要外部檔案，也不需要存取網際網路，就能在瀏覽器中正常顯示。

參數

Quarto 文件可以包含一或多個參數（parameters），這些參數的值可以在描繪（render）報告時設定。若你想用不同的關鍵輸入值重新描繪同一份報告時，參數就非常有用。舉例來說，你可能要為每家分店製作銷售報表、為每位學生製作考試成績報告，或生成各國的人口統計摘要。要宣告一或多個參數，請使用 params 欄位。

此範例使用 my_class 參數來確定要顯示的汽車類別：

```
---
format: html
params:
  my_class: "suv"
---

```{r}
```
```

```
#| label: setup
#| include: false

library(tidyverse)

class <- mpg |> filter(class == params$my_class)
```

`r params$my_class`s 的燃油經濟性

```{r}
#| message: false

ggplot(class, aes(x = displ, y = hwy)) +
  geom_point() +
  geom_smooth(se = FALSE)
```

如你所見，程式碼區塊中的參數是一個名為 params 的唯讀串列。

你可以直接將原子向量（atomic vectors）寫入 YAML 標頭。你還可以在參數值前加上 !expr 來執行任意的 R 運算式。這是指定日期或時間參數的好方法。

```
params:
  start: !expr lubridate::ymd("2015-01-01")
  snapshot: !expr lubridate::ymd_hms("2015-01-01 12:30:00")
```

參考書目和引用文獻

Quarto 可以自動生成多種樣式的引文（citations）和書目（bibliography）。在 Quarto 文件中新增引文和書目最直接的方法是使用 RStudio 中的視覺編輯器（visual editor）。

要使用視覺編輯器新增引文，請選擇 Insert > Citation。可以從多種來源插入引文：

- DOI（*https://oreil.ly/sxxlC*）參考。
- Zotero（*https://oreil.ly/BDpHv*）個人或團體書庫。
- Crossref（*https://oreil.ly/BpPdW*）、DataCite（*https://oreil.ly/vSwdK*）或 PubMed（*https://oreil.ly/Hd2Ey*）的搜尋結果。
- 你的文件參考書目（檔案目錄中的一個 .bib 檔案）。

在底層，視覺化模式使用標準的 Pandoc Markdown 表示引文（例如 [@citation]）。

如果你使用前三種方法之一新增引文，視覺編輯器會自動為你建立一個 bibliography.
bib 檔案，並將該引文新增到它裡面。它還會在文件 YAML 中新增一個 bibliography 欄
位。隨著你新增更多參考文獻，該檔案也會隨之填入參考文獻。你還可以使用多種常見
書目格式直接編輯該檔案，包括 BibLaTeX、BibTeX、EndNote 和 Medline。

要透過原始碼編輯器在 .qmd 檔案中建立引文，請使用由 @ 和書目檔案中的引文識別字
（citation identifier）組成的鍵值（key）。然後將引文放在方括號（square brackets）
中。這裡有些範例：

```
Separate multiple citations with a `;`: Blah blah [@smith04; @doe99].

You can add arbitrary comments inside the square brackets:
Blah blah [see @doe99, pp. 33-35; also @smith04, ch. 1].

Remove the square brackets to create an in-text citation: @smith04
says blah, or @smith04 [p. 33] says blah.

Add a `-` before the citation to suppress the author's name:
Smith says blah [-@smith04].
```

Quarto 描繪你的檔案時，會建立一個參考書目並附加到文件結尾。此書目將包含書目檔
案中的每一條引用文獻，但不包含章節標題。因此，常見的實務做法是在檔案結尾為書
目新增一個章節標題，如 # References 或 # Bibliography。

你可以透過在 csl 欄位中參考一個 CSL（citation style language）檔案來更改引文和書目
的風格：

```
bibliography: rmarkdown.bib
csl: apa.csl
```

與書目欄位（bibliography field）一樣，CSL 檔案也應包含檔案路徑。這裡我們假設 CSL
檔案與 .qmd 檔案位於同一目錄下。為常見書目樣式查詢 CSL 樣式檔案的一個好地方是
引用樣式（citation styles）的官方儲存庫（*https://oreil.ly/bYJez*）。

工作流程

我們之前討論過捕捉 R 程式碼的基本工作流程，也就是先在主控台（*console*）中進行互
動式工作，然後在指令稿編輯器（*script editor*）中捕捉可行的成果。Quarto 將主控台
和指令稿編輯器結合在一起，模糊了互動式探索和長期程式碼捕捉之間的界限。你可以

用 Cmd/Ctrl+Shift+Enter 進行編輯和重新執行，在一個區塊內快速反覆修訂程式碼。當你感到滿意，就可以繼續並開始新的程式碼區塊。

Quarto 之所以重要，還因為它將散文和程式碼緊密結合在一起。這使它成為一種出色的**分析筆記本**（*analysis notebook*），因為它可以讓你開發程式碼並記錄你的想法。分析筆記本與物理科學領域的傳統實驗筆記本（lab notebook）有著許多共同的目標。它會：

- 記錄你做了什麼以及為什麼這麼做。無論你的記憶力有多好，如果不記錄你所做的事情，總有一天你會忘記重要的細節。寫下來就不會忘記了！

- 支援嚴謹的思考。如果你在思考的過程中記下思路並不斷反思，你就更有可能得出強而有力的分析。最終你需要寫出分析報告與他人分享時，這也能節省你的時間。

- 幫助他人瞭解你的工作。一個人進行資料分析的情況很少見，你往往會是團隊中的一員。實驗筆記本不僅能幫助你與同事或實驗室夥伴分享你所做的工作，還能幫助你理解為什麼要這樣做。

關於有效使用實驗筆記本的許多好建議也可以套用到分析筆記本之上。我們借鑑了自己的經驗和 Colin Purrington 關於實驗筆記本的建議（*https://oreil.ly/n1pLD*），歸納出以下訣竅：

- 確保每本筆記都有描述性的標題、容易回想的檔名和簡要說明分析目標的第一段落。

- 使用 YAML 標頭的日期（date）欄位記錄你開始製作筆記本的日期：

  ```
  date: 2016-08-23
  ```

  請使用 ISO8601 YYYY-MM-DD 格式，這樣就不會產生歧義。即使你通常不是這樣書寫日期，也要使用這種格式！

- 如果你在一個分析想法上花了很多時間，結果卻發現它是一個死胡同，也請不要刪除它！寫下失敗原因的簡要說明，並將其留在筆記本中。這將有助於你在今後再次進行分析時避免走入同樣的死胡同。

- 一般來說，你最好在 R 之外進行資料登錄。但如果真的有需要記錄一小段資料，可以使用 `tibble::tribble()` 將其明確列出。

- 若發現資料檔案中有錯誤，切勿直接修改，而應編寫程式碼來更正該數值，並解釋為什麼要進行修正。

- 在結束一天的工作之前，確保可以描繪筆記本。如果使用快取，請確保有清除快取。這樣你就可以在程式碼還在你腦海中的時候解決任何問題。

- 若希望你的程式碼可以長期重現（也就是說，你可以在下個月或明年再來執行它），你就需要記錄你程式碼所使用的套件之版本。一種嚴謹的做法是使用 *renv*（*https://oreil.ly/_I4xb*），它會將套件儲存在你的專案目錄中。一個快速但沒那麼可靠的做法是加入執行 sessionInfo() 的一個區塊，這樣雖然無法讓你輕易地重新建立現在的套件，但至少你可以知道它們是什麼。

- 在你的職業生涯中，你會建立許許多多的分析筆記本。你打算如何組織它們，以便將來能再次找到它們呢？我們建議把它們儲存在個別專案中，並制定一個良好的命名方案。

總結

本章將向你介紹 Quarto，它可用於編寫和發佈可重現的計算文件（computational documents），其中包括你的程式碼和散文。你學到如何在 RStudio 中使用視覺編輯器或原始碼編輯器編寫 Quarto 文件、程式碼區塊的工作原理和自訂選項、如何在 Quarto 文件中引入圖形和表格，以及快取計算的選項。此外，你還學到了如何調整 YAML 標頭選項，以建立自成一體或參數化的文件，以及包含引文和書目。我們還為你提供了一些疑難排解和工作流程訣竅。

雖然這些介紹足以讓你開始使用 Quarto，但要學習的東西還有很多。Quarto 仍然相對年輕，並且仍在快速發展。跟上其創新的最佳途徑是 Quarto 官方網站（*https://oreil.ly/_6LNH*）。

有兩個重要的主題我們在此並沒有涉及：協作（collaboration）和向其他人準確傳達你的想法的細節。協作是現代資料科學的重要組成部分，使用 Git 和 GitHub 等版本控制工具可以讓你的工作變得更加輕鬆。我們向你推薦《*Happy Git with R*》，這是一本由 R 使用者 Jenny Bryan 撰寫的 Git 和 GitHub 入門指南。該書可在線上免費取得（*https://oreil.ly/bzjrw*）。

我們也並未觸及你應該撰寫什麼才能清楚傳達你的分析結果。為了增進你的寫作能力，我們強烈推薦你閱讀 Joseph M. Williams 和 Joseph Bizup 所著的《*Style: Lessons in Clarity and Grace*》（Pearson 出版）或 George Gopen 所著的《*The Sense of Structure: Writing from the Reader's Perspective*》（Pearson 出版）。這兩本書都能幫助你理解句子和段落的結構，並為你提供使寫作更加清晰的工具（如果買新的，這兩本書算是相當昂貴，但很多英語課程都用這兩本書，所以有很多便宜的二手書）。George Gopen 還有許多關於寫作的短文（*https://oreil.ly/qS7tS*）。這些文章主要針對律師，但幾乎所有內容也都適用於資料科學家。

## 第二十九章

Quarto 格式

簡介

到目前為止，你已經看到 Quarto 被用於製作 HTML 文件。本章將簡要介紹 Quarto 可以生成的其他多種輸出類型。

設定文件輸出的方式有兩種：

*   透過修改 YAML 標頭，永久性設定：

    ```
    title: "Diamond sizes"
    format: html
    ```

*   透過手動呼叫 quarto::quarto_render() 來暫時性設定：

    ```
    quarto::quarto_render("diamond-sizes.qmd", output_format = "docx")
    ```

    由於 output_format 引數也可以接受值的一個串列，因此若要以程式化方式生成多種類型的輸出，這一點就非常有用：

    ```
    quarto::quarto_render(
      "diamond-sizes.qmd", output_format = c("docx", "pdf")
    )
    ```

輸出選項

Quarto 提供多種輸出格式。你可以在 Quarto 說明文件中找到所有格式的完整清單
（*https://oreil.ly/mhYNQ*）。許多格式共用某些輸出選項（例如，toc: true 用來包含目
錄），但其他格式有特定的選項（例如，code-fold: 用來將程式碼區塊摺疊到 HTML 輸
出的 <details> 標記中，讓使用者視需要展開顯示；它不適用於 PDF 或 Word 文件）。

要覆寫預設選項，需要使用擴充過的 format 欄位。舉例來說，如果你想描繪（render）
一個帶有浮動目錄的 HTML 文件，你可以使用：

```
format:
  html:
    toc: true
    toc_float: true
```

你甚至可以透過提供格式的一個串列，描繪成多種輸出格式：

```
format:
  html:
    toc: true
    toc_float: true
  pdf: default
  docx: default
```

若不想覆寫任何預設選項，請注意特殊語法（pdf: default）。

要描繪出文件的 YAML 中指定的所有格式，可以使用 output_format = "all"：

```
quarto::quarto_render("diamond-sizes.qmd", output_format = "all")
```

文件

上一章主要介紹預設的 html 輸出。該主題有幾種基本變體，可生成不同類型的文件。例
如：

- pdf 使用 LaTeX（一種開源的文件排版系統）製作 PDF，你需要安裝該系統。若尚未
  安裝，RStudio 會提示你進行安裝。

- docx 用於 Microsoft Word（.docx）文件。

- odt 用於 OpenDocument Text（.odt）文件。

- rtf 用於 Rich Text Format（.rtf）文件。

- `gfm` 用於 GitHub Flavored Markdown（`.md`）文件。

- `ipynb` 用於 Jupyter Notebooks（`.ipynb`）文件。

請記住，在生成要與決策者共享的文件時，你可以在文件的 YAML 中設定全域性選項來關閉程式碼的預設顯示：

```
execute:
  echo: false
```

對於 HTML 文件，另一種選擇是將程式碼區塊預設為隱藏，但點選後即可看到：

```
format:
  html:
    code: true
```

簡報

你還可以使用 Quarto 製作簡報（presentations）。相較於 Keynote 或 PowerPoint 等工具，Quarto 的視覺化控制能力較弱，但自動將 R 程式碼結果插入簡報可以節省大量時間。簡報的工作原理是將你的內容劃分為投影片（slides），每一個二階（`##`）標頭表示一張新投影片的開始。此外，第一階（`#`）標頭表示新章節的開始，帶有預設置中的章節標題投影片。

Quarto 支援多種簡報格式，包括：

revealjs

　　使用 revealjs 的 HTML 簡報

pptx

　　PowerPoint 簡報

beamer

　　使用 LaTeX Beamer 的 PDF 簡報

你可以在此瞭解有關使用 Quarto 製作簡報的更多資訊（*https://oreil.ly/Jg7T9*）。

互動性

就跟任何 HTML 文件一樣，使用 Quarto 建立的 HTML 文件也可以包含互動式元件。在此，我們將介紹在 Quarto 文件中加入互動功能的兩種選擇：htmlwidgets 和 Shiny。

htmlwidgets

HTML 是一種互動式格式，你可以使用 *htmlwidgets*（可生成互動式 HTML 視覺化效果的 R 函式）來利用這種互動性。以下面顯示的 *leaflet* 地圖為例，如果你在 Web 上檢視該頁面，你可以拖曳地圖、放大或縮小等。在書中顯然無法做到這一點，因此 Quarto 會自動為你插入一張靜態截圖。

```
library(leaflet)
leaflet() |>
  setView(174.764, -36.877, zoom = 16) |>
  addTiles() |>
  addMarkers(174.764, -36.877, popup = "Maungawhau")
```

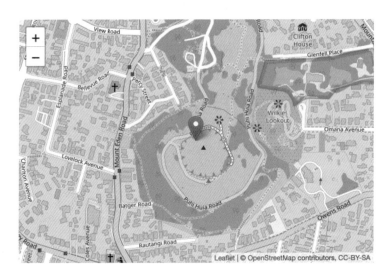

htmlwidgets 的最大優勢在於，你無須瞭解任何 HTML 或 JavaScript 知識即可使用它們。所有細節都封裝在套件中，因此你不用去擔心。

提供 htmlwidgets 的套件有很多，包括：

- dygraphs（*https://oreil.ly/SE3qV*）用於互動式時間序列（time series）的視覺化

- DT（*https://oreil.ly/l3tFl*）用於互動式表格

- threejs（*https://oreil.ly/LQZud*）用於互動式 3D 圖表

- DiagrammeR（*https://oreil.ly/gQork*）用於示意圖（如流程圖和簡單的節點連結圖）

要瞭解有關 htmlwidgets 的更多資訊，並檢視提供 htmlwidgets 的套件的完整清單，請前往 *https://oreil.ly/lmdha*。

Shiny

htmlwidgets 提供客戶端互動性（*client-side* interactivity）：所有的互動功能都在瀏覽器中進行，與 R 無關。這很好，因為你只需發佈 HTML 檔案，而無須與 R 有任何關聯。不過，這從根本上限制了你可以對那些東西所做的事情，因為它們都是以 HTML 和 JavaScript 實作的。一種替代做法是使用 shiny，這個套件允許你使用 R 程式碼來建立互動功能，而無須 JavaScript。

要從 Quarto 文件中呼叫 Shiny 程式碼，請在 YAML 標頭中新增 server: shiny：

```
title: "Shiny Web App"
format: html
server: shiny
```

接著，你就可以使用「輸入（input）」函式為文件新增互動式元件：

```
library(shiny)

textInput("name", "What is your name?")
numericInput("age", "How old are you?", NA, min = 0, max = 150)
```

What is your name?

[   ]

How old are you?

[   ]

你還需要一個帶有 context: server 的程式碼區塊，其中包含需要在 Shiny 伺服器中執行的程式碼。

然後，你可以用 input$name 和 input$age 來參考這些值，每當它們發生變化時，用到它們的程式碼就會自動重新執行。

我們無法在這裡向你展示一個實時的 Shiny 應用程式，因為 Shiny 的互動是在伺服端（*server side*）進行的。這意味著你不懂 JavaScript 也能編寫互動式 apps，但你需要伺服器來執行它們。這就帶來了一種後勤問題：Shiny 應用程式需要一個 Shiny 伺服器才能線上執行。當你在自己的電腦上執行 Shiny 應用程式時，Shiny 會自動為你設定一個 Shiny 伺服器，但如果你想在線上釋出這種互動功能，就需要一個公開的 Shiny 伺服器。這就是 Shiny 的基本取捨：你可以在 Shiny 文件中做任何在 R 中可以做的事情，但它需要有人執行 R。

要瞭解有關 Shiny 的更多資訊，我們推薦閱讀 Hadley Wickham 所著的《*Mastering Shiny*》（*https://oreil.ly/4Id6V*）。

網站與書籍

只需一點額外的基礎設施，你就可以使用 Quarto 生成完整的網站或書籍：

- 把你的 .qmd 檔案放在一個目錄中，index.qmd 就會變成首頁。

- 新增一個名為 _quarto.yml 的 YAML 檔案，提供導覽功能。在這個檔案中，將 project 類型設定為 book 或 website，例如：

    ```
    project:
      type: book
    ```

舉例來說，下面的 _quarto.yml 檔案用三個原始碼檔案建立了一個網站：index.qmd（首頁）、viridis-colors.qmd 和 terrain-colors.qmd。

```
project:
  type: website

website:
  title: "A website on color scales"
  navbar:
    left:
      - href: index.qmd
        text: Home
      - href: viridis-colors.qmd
        text: Viridis colors
      - href: terrain-colors.qmd
        text: Terrain colors
```

一本書所需的 _quarto.yml 檔案也有類似的結構。下面的範例展示如何建立一本包含四章的書籍，並將其描繪為三種不同的輸出（html、pdf 和 epub）。同樣地，原始碼檔案是 .qmd 檔案。

```
project:
  type: book

book:
  title: "A book on color scales"
  author: "Jane Coloriste"
  chapters:
    - index.qmd
    - intro.qmd
    - viridis-colors.qmd
    - terrain-colors.qmd

format:
  html:
    theme: cosmo
  pdf: default
  epub: default
```

我們建議你為網站和書籍使用 RStudio 專案。根據 _quarto.yml 檔案，RStudio 會識別出你正在處理的專案類型，並在 IDE 中新增一個 Build 分頁，你可以用它來描繪和預覽你的網站和書籍。網站和書籍也可以使用 quarto::render() 進行描繪（render）。

要瞭解更多相關資訊，請參閱 Quarto Websites（*https://oreil.ly/P-n37*）和 Quarto Books（*https://oreil.ly/fiB1h*）的線上說明文件。

其他格式

Quarto 提供更多輸出格式：

- 你可以使用 Quarto Journal Templates（*https://oreil.ly/ovWgb*）撰寫期刊文章（journal articles）。

- 你可以使用 format: ipynb（*https://oreil.ly/q-E7l*）將 Quarto 文件輸出到 Jupyter Notebooks。

有關更多格式的清單，請參閱 Quarto 格式說明文件（*https://oreil.ly/-iGxF*）。

總結

在本章中，我們向你介紹使用 Quarto 交流成果的多種選擇，包括靜態和互動式文件、簡報、網站和書籍。

要進一步瞭解這些不同形式的有效溝通方式，我們推薦以下資源：

- 要想提升簡報技巧，不妨試試 Neal Ford、Matthew McCollough 和 Nathaniel Schutta 合著的《*Presentation Patterns*》（*https://oreil.ly/JnOwJ*）。它提供一套有效的模式（包括低階和高階的），你可以將其用於改善你的簡報。繁體中文版《簡報模式｜打造傑出簡報的技巧》由碁峰資訊出版。

- 如果你要發表學術講座，你可能會喜歡「The Leek group guide to giving talks」（*https://oreil.ly/ST4yc*）。

- 我們自己還沒試過，但聽說 Matt McGarrity 針對公開演講的線上課程（*https://oreil.ly/lXY9u*）很不錯。

- 如果你要建立許多儀表板（dashboards），請務必閱讀 Stephen Few 的《*Information Dashboard Design：The Effective Visual Communication of Data*》（O'Reilly 出版）。它將幫助你建立真正有用的儀表板，而不僅僅只是好看而已。

- 有效傳達自己的想法往往得益於一定的平面設計（graphic design）知識。Robin Williams 的《*The Non-Designer's Design Book*》（Peachpit Press 出版）就是一個很好的開始。

索引

※ 提醒您：由於翻譯書排版的關係，部分索引名詞的對應頁碼會和實際頁碼有一頁之差。

X

Y

Z

關於作者

Hadley Wickham 是 Posit, PBC 的首席科學家（Chief Scientist）、2019 年 COPSS 獎得主，也是 R Foundation 的成員。他致力於開發工具（包括計算和認知工具），以便讓資料科學變得更簡單、迅速且有趣。他的工作涵蓋了資料科學的套件（如 tidyverse，其中包含了 ggplot2、dplyr 和 tidyr）和原則性軟體開發（principled software development，例如 roxygen2、testthat 和 pkgdown）。他還是一位作家、教育家和演說家，致力於推廣使用 R 進行資料科學。欲瞭解更多資訊，請訪問他的網站（*http://hadley.nz*）。

Mine Çetinkaya-Rundel 是杜克大學（Duke University）統計科學系（Department of Statistical Science）的 Professor of the Practice，也是 Posit, PBC 的 Developer Educator。Mine 專注於統計和資料科學教學法的創新，特別強調計算式、可重現的研究、以學生為中心的學習和開源教育。作為 OpenIntro 專案的一部分，她撰寫了入門統計教科書，並是 Data Science in a Box 的創立者和維護者，她在 Coursera 上教授廣受歡迎的「Statistics with R specialization」專業課程。Mine 是 2021 年 Hogg Award for Excellence in Teaching Introductory Statistics、2018 年 Harvard Pickard Award 和 2016 年 ASA Waller Education Award 的獲獎者。欲瞭解更多資訊，請訪問她的網站（*https://mine-cr.com*）。

Garrett Grolemund 是一名統計學家、教師，也是 Posit Academy 學習部門的主任。他是《*Hands-On Programming with R*》（O'Reilly 出版）的作者，也是 tidyverse 的早期貢獻者。

出版記事

本書封面上的動物是鴞鸚鵡（kakapo，學名 *Strigops habroptilus*）。鴞鸚鵡又被稱為貓頭鷹鸚鵡（owl parrot），是一種無法飛行的大型鳥類，原生於紐西蘭（New Zealand）。成年鴞鸚鵡的身高可達 64 公分，體重約 4 公斤。羽毛通常為黃綠色，但個體之間存在顯著差異。鴞鸚鵡是夜行性動物，依靠強大的嗅覺在夜間導航。儘管無法飛行，但鴞鸚鵡擁有強壯的腿部，使牠們在奔跑和攀爬方面比大多數鳥類表現更出色。

kakapo 這個名稱來自紐西蘭土著毛利（Maori）人的語言。鴞鸚鵡在毛利文化中扮演了重要角色，既是食物來源，也是毛利神話的一部分。鴞鸚鵡的外皮和羽毛也曾被用來製作披風和斗篷。

由於在歐洲殖民時期引入掠食者到紐西蘭，鴞鸚鵡現在處於極危狀態，目前存活的個體不到 200 隻。紐西蘭政府正在積極嘗試在三座無掠食者的島嶼上提供特殊保護區來恢復鴞鸚鵡的數量。

O'Reilly 書籍封面上的許多動物都面臨瀕臨絕種的危機；牠們都是這個世界重要的一份子。

封面插畫是 Karen Montgomery 依據《*Wood's Animate Creations*》所繪製。

R 資料科學 第二版

作　　者：Hadley Wickham, Mine Çetinkaya-Rundel,
　　　　　Garrett Grolemund
譯　　者：黃銘偉
企劃編輯：詹祐甯
文字編輯：王雅雯
設計裝幀：陶相騰
發 行 人：廖文良

發 行 所：碁峰資訊股份有限公司
地　　址：台北市南港區三重路 66 號 7 樓之 6
電　　話：(02)2788-2408
傳　　真：(02)8192-4433
網　　站：www.gotop.com.tw
書　　號：A755
版　　次：2024 年 04 月二版
建議售價：NT$980

國家圖書館出版品預行編目資料

R 資料科學 / Hadley Wickham, Mine Çetinkaya-Rundel, Garrett
Grolemund 原著；黃銘偉譯. -- 二版. -- 臺北市：碁峰資訊,
2024.04
　　面；　公分
　譯自：R for data science, 2nd ed.
　ISBN 978-626-324-789-5(平裝)
　1.CST：資料探勘　2.CST：電腦程式語言　3.CST：電腦程式
設計
312.74　　　　　　　　　　　　　　　　　113004017